Leichter Einstieg in die Elektrotechnik und Elektronik

Einstieg und Praxis

Bo Hanus

Markt+Technik

ISBN 978-3-98810-100-6

Produktmanagement Christian Braun, Burkhardt Lühr
Herstellung Jutta Brunemann
Covergestaltung David Haberkamp
Coverfotos © Nassorn, Anatoliy_gleb, eaumstocker, MDABDULALIM, Aycatcher – Adobe Stock

Satz inpunkt[w]o, Wilnsdorf (www.inpunktwo.de)
Druck Himmer GmbH Druckerei & Verlag, Augsburg
Printed in Germany

Vorwort

Dieses Buch wurde gezielt nicht wie ein langweiliges Schulbuch verfasst, sondern ganz locker wie eine unterhaltsame Erzählung über eine gemütliche Reise durch die Welt der Elektrotechnik und Elektronik geschrieben. Eine Erzählung, in der es keine unnötigen Stolpersteine und keine geschwollenen Sätze geben darf und bei der die einzelnen Themen leicht verständlich und gespickt mit praktischen und interessanten Beispielen sind.

Wir wünschen Ihnen, dass Sie sich nach dem Durchlesen dieses Buches sagen können: »War wirk ich interessant und ich habe da, ohne dass ich etwas lernen wollte oder musste, eigentlich ziemlich viel Interessantes mitbekommen.«

Das könnte also klappen?

Viel Spaß beim Lesen wünschen Ihnen

Bo Hanus und seine Co-Autorin und Ehefrau Hannelore Hanus-Walther

Inhaltsverzeichnis

1. Batterien und Akkumulatoren 11

1.1 Das Laden eines Akkumulators 18
1.2 Elektrische Eigenschaften der Batterien und Akkus 20
1.3 Die Selbstentladung 34
1.4 Die Tiefentladeschwelle 36
1.5 Memory-Effekt 40

2. Die Wechselspannung und der Wechselstrom 41

2.1 Die elektrische Wechselspannung 42
2.2 Der elektrische Wechselstrom 50

3. Die elektrische Leistung 57

3.1 Die Kilowattstunden 61

4. Windenergie und Windgeneratoren 67

5. Solarelektrik und Photovoltaik 72

5.1 Die Solarzellen 72
5.2 Temperaturabhängigkeit der Solarzellen 79

6. Die Stromleitungen und das Hausnetz 90

6.1 Der Fehlstrom-Schutzschalter 94
6.2 EIB/KNX und Co. 97

7. Die Haustechnik und ihre wichtigsten Bausteine 102

7.1 Anschluss einer Deckenleuchte 102
7.2 Funkschalter 113
7.3 Steckdosen anschließen 122

8. Magnetismus – die wichtige elektrische Muskelkraft.................... 124

8.1 Zungenschalter (Reed-Schalter) und Zungenrelais (Reed-Relais)....... 128

8.2 Elektromagnetische Relais.................... 131

8.3 Hubmagnete.................... 140

8.4 Elektromagnetische Türklingel.................... 142

8.5 Lautsprecher.................... 144

9. Transformatoren.................... 147

9.1 Elektromagnetische Felder als Kraftüberträger in Transformatoren.................... 151

10. Der Widerstand und das ohmsche Gesetz.................... 155

10.1 Das ohmsche Gesetz.................... 161

10.2 Potentiometer.................... 165

10.3 Fotowiderstände.................... 167

11. Messgeräte.................... 170

11.1 Multimeter.................... 171

11.2 Oszilloskope.................... 181

11.3 Richtig messen ist einfach.................... 182

12. Kondensatoren und Kapazität.................... 187

13. Spulen und Drosseln.................... 202

14. Halbleiterdioden.................... 207

14.1 Siliziumdioden (Si-Dioden).................... 207

14.2 Germaniumdioden.................... 210

14.3 Schottky-Dioden.................... 211

14.4 Zenerdioden ... 212
14.5 Fotodioden ... 215
14.6 Infrarotdioden (IR-Dioden) ... 216

15. Leuchtdioden (LEDs) ... 218

15.1 Standard-LEDs ... 219
15.2 Low-Current-LEDs ... 229
15.3 Bi-Color-LEDs ... 230
15.4 Blink-LEDs ... 233

16. Gleichrichter und Netzgeräte ... 237

16.1 Gleichrichter ... 237
16.2 Netzgeräte und Netzteile ... 243

17. Transistoren ... 248

18. Integrierte Schaltungen (ICs) ... 256

19. Digitaltechnik und Digitalisierung ... 266

20. Schalten, steuern und regeln ... 284

20.1 Mikroschalter und Neigungsschalter ... 284
20.2 Schalten mit oder ohne Relais? ... 287

21. Einbruchschutz ... 296

Stichwortverzeichnis ... 315

Elektrische Energie – die unsichtbare Kraft

Unsichtbar mag die elektrische Energie zwar sein, aber sie lässt sich messtechnisch leicht ermitteln und bei Bedarf auch leicht sichtbar machen. Sie lässt sich zudem sehr leicht erklären, wenn man es so richtig gezielt anstrebt.

Wir haben in diesem Buch die sinnvollen Portionen des ganzen Fachwissens ähnlich literarisch gestaltet, wie man es bei der Beschreibung einer Reise durch unbekannte, aber sehr interessante Länder macht. Bei jedem Themengebiet werden daher auch die dazugehörenden praktischen Anwendungen gezeigt, damit alle Zusammenhänge leichter im Gedächtnis gespeichert werden können. Angestrebt wurde, dass Sie dieses Buch wie einen interessanten Roman lesen können ohne einen Zwang, etwas lernen zu müssen, aber dass von unseren »Erzählungen« dennoch eine solide Menge neu erworbenes Fachwissen im Gedächtnis gespeichert bleibt.

Die elektrische Energie ist ja für uns nichts Neues, und genau genommen würden wir ohne sie eigentlich richtig verzweifeln. Dennoch: Obwohl die elektrische Energie in unsere Haushalte, an Arbeitsplätzen und sogar bis in unsere Hosen- oder Jackentaschen immer mehr eindringt, kommt sie vielen von uns ähnlich unvorstellbar vor wie die Unendlichkeit des Universums. Dabei gibt es dafür keinen Grund, denn sowohl an der elektrischen Energie als auch an all den elektrischen und elektronischen Produkten, die wir ständig verwenden, ist nichts Mysteriöses, die Technik ist ja niemals mysteriös. Fast alles von dem, was auf den ersten Blick als zu komplex und zu undurchschaubar erscheint, lässt sich sehr leicht erklären. Das ist gegenwärtig sehr wichtig, denn wir sind umringt von Gütern und Vorrichtungen, in denen der elektrische Strom die treibende Kraft ist, zu der wir eine ausbaufähige Beziehung erstreben sollten. Andernfalls werden wir schrittweise nur zu manipulierbaren Usern, die wie die Tiere in einem Tierheim einfach brav alles das fressen müssen, was ihnen im Fressnapf vorgelegt wird. Eine angemessene Portion Wissen hängt hier also eng mit der Freiheit zusammen.

Irgendwie schränkt die Freiheit ja auch ein plötzlicher elektrischer Defekt im Haushalt ein, wenn man sich kein brauchbares Bild darüber machen kann, was da eigentlich passiert ist, wie schlimm es ist und was eine Reparatur kosten könnte. Aber das bringen wir nun schnell in Ordnung! Dieses Buch wird Ihnen zeigen, dass vieles, was Ihnen bisher vielleicht als etwas Undurchschaubares vorgekommen ist, in Wirklichkeit verblüffend einfach ist, was sich leicht erklären und begreifen lässt. Abgesehen davon werden Sie besser im Bilde darüber sein, wem Sie auf diesem Gebiet etwas glauben dürfen und wem lieber nicht. Und das hier erworbene Wissen wird Ihnen vielleicht auch zeigen, wie interessant dieses Fachgebiet ist, wie leicht man es eigentlich in den Griff bekommen kann und wie man eventuell auch beruflich von dem hier so locker erworbenen Fachwissen profitieren kann. Also legen wir los?

1. Batterien und Akkumulatoren

Die zwei unterschiedlichen Stromquellen kennen wir bereits seit unserer Kindheit: als Batterien und als Steckdosen. Allerdings: Eine Steckdose ist keine Energiequelle als solche, sondern nur etwas, woraus man die elektrische Energie beziehen kann, die irgendwo irgendwie erzeugt wird. Darauf kommen wir später noch näher zurück.

Dass wir aus den Batterien (oder Akkus) **Gleichstrom** und aus der Steckdose den **Wechselstrom** beziehen, ist klar. Und dass der Wechselstrom nicht nur in den Steckdosen »lauert«, sondern im ganzen elektrischen Hausnetz etabliert ist, dürfte wohl auch deutlich sein.

Die elektrische Energie steht uns also in zwei Grundformen zur Verfügung:

- als **Wechselspannung** und **Wechselstrom** oder
- alternativ als **Gleichspannung** und **Gleichstrom**.

Als internationale Abkürzung für die Wechselspannung bzw. den Wechselstrom wird **AC** (**A**lternating **C**urrent) verwendet. Anstelle von AC wird alternativ auch das bekannte Symbol ~ genutzt.

Für Gleichspannung und Gleichstrom wird die Abkürzung **DC** (**D**irect **C**urrent) oder alternativ das Symbol = verwendet. Beispiele:

- **230 V AC** oder alternativ **230 V~** bedeutet, dass es sich um eine **230-Volt-Wechselspannung** handelt.
- **12 V DC** oder alternativ **12 V=** bedeutet, dass es sich um eine **12-Volt-Gleichspannung** handelt.

Jetzt schauen wir uns erst die Batterien etwas näher an, denn das sind »Energiequellen«, die wir ständig brauchen.

Die Bezeichnung **Batterie** wird gegenwärtig ziemlich wahllos sowohl für *wiederaufladbare* als auch für *nicht aufladbare (Einweg-)Batterien* angewendet. Unter dem Begriff **Akku** (Akkumulator) ist dagegen nur eine *wiederaufladbare Batterie* zu verstehen.

In Batterien entsteht die elektrische Energie durch chemische Vorgänge nach dem Prinzip aus Abb. 1.1: Werden z. B. in ein Gefäß mit verdünnter Schwefelsäure (als Strom leitende Flüssigkeit) eine Kupferplatte und eine Zinkplatte getaucht, entsteht zwischen diesen zwei »Elektroden« ein *elektrisches Potenzial*. Die Kupferplatte (Kupfer-Elektrode) ist der Pluspol, die Zinkplatte (Zink-Elektrode) der Minuspol dieser Batterie. Als Batterie-Elektroden werden auch andere Metalle bzw. Materialien wie Aluminium, Kupfer, Eisen, Zinn, Gold, Silber, Quecksilber, Lithium, Wasserstoff, Natrium u. a. genutzt (es schadet nicht, wenn man weiß, dass es so etwas gibt, aber es handelt sich hier nur um ein Thema, das in einem solchen Buch zumindest ordnungshalber erwähnt werden sollte).

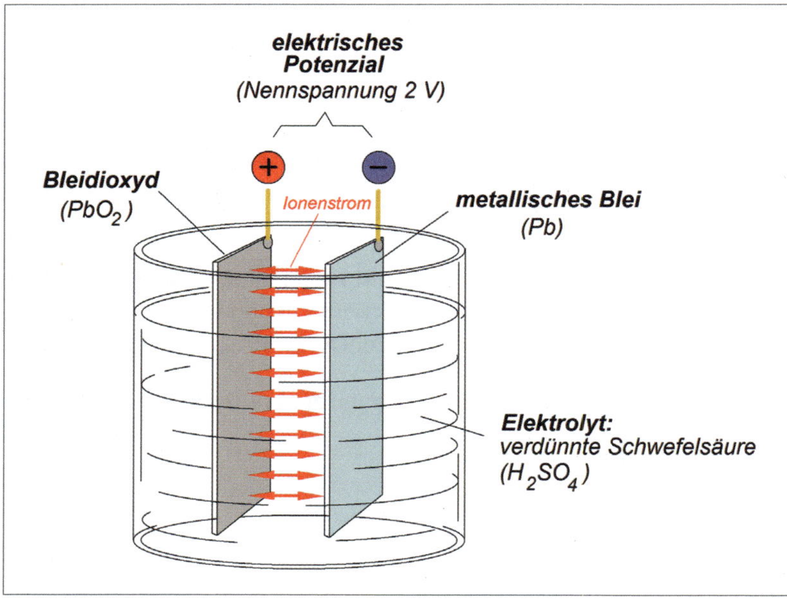

Abb. 1.1: Prinzip einer einfachen Batterie, wie es die meisten von uns schon irgendwann in der Schule gelernt haben

Abmessungen der Batterie	Bezeichnung
29 mm, ϕ ca. 11,5 mm	Lady "N"
44 mm, ϕ ca. 10,5 mm	Micro "AAA"
51 mm, ϕ ca. 15 mm	Mignon "AA"
50 mm, ϕ ca. 26 mm	Baby "C"

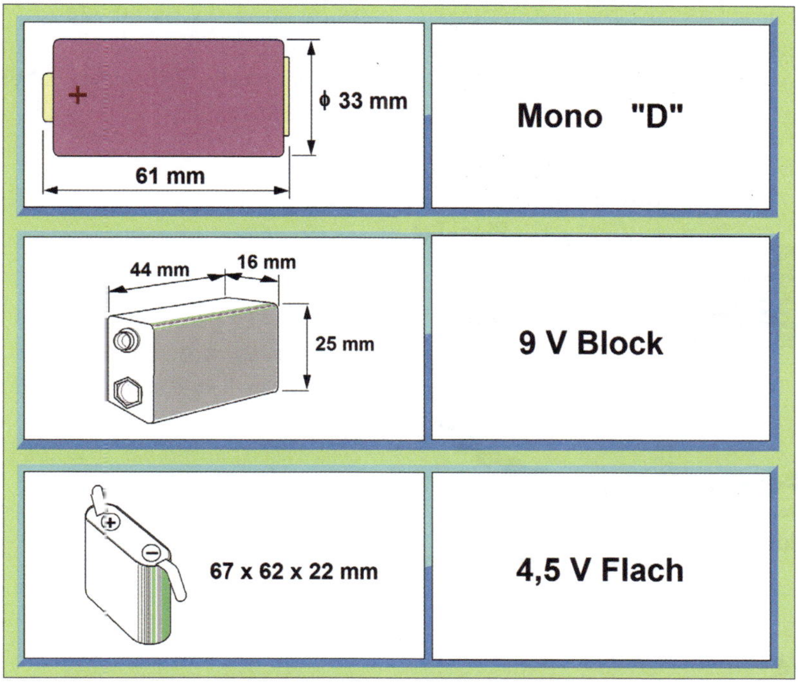

Abb. 1.2: Viele der kleinen Einwegbatterien kennen wir schon aus unserer Kindheit. Wir mögen sie, wir wenden sie an und wir nehmen es ihnen aus Gewohnheit nicht übel, dass sie eigentlich sehr teure Energiespeicher sind

Abb. 1.3: Interessant: Wie eindrucksvoll diese Menge von insgesamt 224 Einwegbatterien »AA« auch aussieht, alle zusammen können leider nur eine Energie von höchstens einer einzigen Kilowattstunde speichern und wiedergeben

Zu den bekanntesten Batterien gehören die *Einwegbatterien*, von denen wir vor allem die kleinen *Baby-AA-* und *Micro-AAA-Batterien* sowie auch diverse *Knopfzellen* kennen (von denen die meisten als nicht wiederaufladbare »Einwegknopfzellen« gehandelt werden). Sie gehören alle zu der Gruppe der *nicht wiederaufladbaren Batterien*, sind aber alternativ in der gleichen Form und mit den gleichen Spannungen von 1,5 V pro Zelle als *wiederaufladbare Akkus* erhältlich.

Die gängigsten der kleineren Lithium-Ionen-Akkus sind größer als die guten alten AA- oder AAA-Einwegbatterien oder als ihre »weniger attraktiven Vorgänger«, die zunächst als NiCd- und später als NiMH-Akkus z. B. in Akku-Werkzeugen waren. Sie können daher leider nicht einfach als Ersatz in irgendein älteres Gerät eingelegt werden.

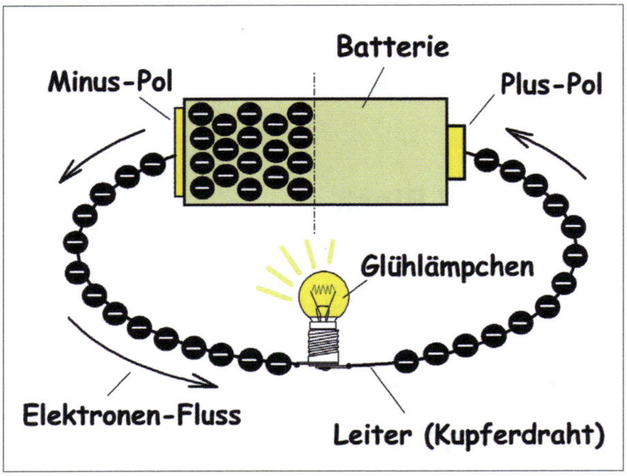

Abb. 1.4: Für Akku-Werkzeuge, Staubsauger, Rasenmäher und ähnliche Kleingeräte werden Li-Ion-Akkus meistens in Form von kompakten Akku-Packs ausgeführt. In ihnen sind jeweils mehrere Einzelzellen miteinander so verlötet, dass der Akku-Pack über eine höhere Ausgangsspannung oder auch über eine höhere Kapazität verfügt

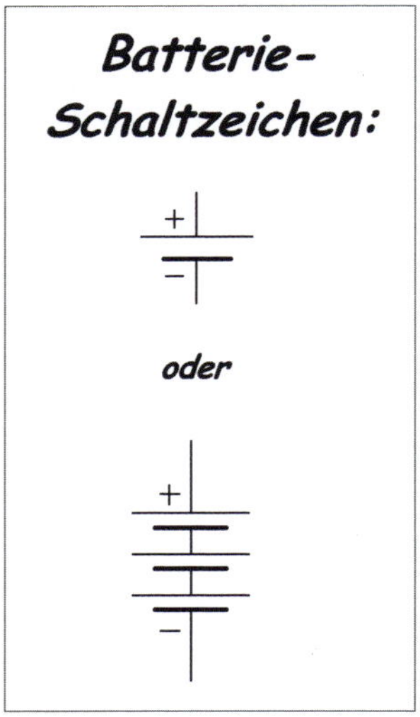

Abb. 1.5: In technischen Schaltplänen werden alle Batterien mit diesen Zeichensymbolen dargestellt. Dem Zeichner steht dabei frei, ob er nur die Einzelform wählt oder ob er mehrere solcher Schaltzeichen zu einer Reihe bildet – um z. B. zu verdeutlichen, dass es sich tatsächlich um mehrere miteinander verschaltete Batterien handelt

Zu den *nicht wiederaufladbaren Batterien* gehören auch noch z. B. diverse 9-V-und 12-V-Batterien sowie die meisten Knopfzellen.

Die chemische Zusammensetzung aller Batterien ändert sich mehr oder weniger laufend, wir können uns vorerst damit zufriedengeben, dass wir bei der Anschaffung ohnehin meistens nur auf die Form bzw. Größe und Nennspannung achten. Das Gleiche trifft im Prinzip auch auf die Einwegknopfzellen zu, denn in der Praxis ersetzt man einfach eine ausgediente Knopfzelle durch denselben Typ. Dass die Knopfzellen z. B. als Alkaline, Silberoxid, Lithium, Zink-Luft usw. ausgelegt sind, ist für uns bei normalen Anwendungen nur selten von Bedeutung. Die Entwicklung geht schnell voran, und außerdem können bei Bedarf ausführlichere technische Fachauskünfte aus dem »Netz« leicht gefunden werden.

Die gängigsten Knopfzellen sind als *Einwegzellen* (*Primärzellen*) ausgelegt und somit nicht aufladbar. Es gibt aber auch wiederaufladbare Knopfzellen, allerdings hapert es bei ihnen noch mit der Spannungsidentität. Oft werden hier z. B. Knopfzellen mit einer Spannung von 3,6 V oder 3,7 V als wiederaufladbare Alternative zu den 3-V-Knopfzellen angeboten. Das ist eigentlich eine etwas zu hohe Spannung, und nicht alle 3-Volt-Kleingeräte müssen von dieser höheren Versorgungsspannung unbedingt entzückt sein.

Wiederaufladbare Batterien (Akkus) werden – technisch eleganter – auch als *Sekundärzellen* bezeichnet. Gegenwärtig haben sich als Energiespeicher für kleinere Verbraucher die *Lithium-Ionen-Akkus* etabliert. Sie haben runde oder flache Formen, meist Nennspannungen von ca. 3,6–3,7 V pro Glied und werden z. B. für Akku-Werkzeuge, Akku-Staubsauger, Akku-Rasenmäher usw. als die bereits erwähnten Akku-Packs (Abb. 1.4) mit höheren Ausgangsspannungen und höheren Leistungen konfektioniert. Solche Akku-Packs werden in der Praxis auch nur schlicht als Akkus (*Li-Ion-Akkus*) oder als Batterien (*Li-Ion-Batterien*) bezeichnet.

Für ein Fachbuch würde es sich gehören, dass man sich zumindest kurz anschaut, worum es sich bei einem solchen tollen Lithium-Ionen-Akku überhaupt handelt: Dieser Akku ist also ein aufladbarer Energiespeicher, der auf Elektrolyten basiert, die fähig sind, Lithium-Ionen gut zu leiten. Die heutigen – inzwischen etwas perfektionierten – Lithium-Ionen-Akkus (Lithium-Ionen-Batterien) basieren überwiegend auf *Lithium-Nickel-Mangan-Cobalt-Oxiden* und werden als sogenannte *Nickel-Mangan-Cobalt-Akkus* (NMC-Akku) gehandelt. Sie sind verblüffend leistungsfähig und im Vergleich mit ihren – ebenfalls wiederaufladbaren – NiCd-und NiMH-Vorgängern ziemlich strapazierfähig.

Offiziell heißt es zwar, dass sie dennoch empfindlich auf zu tiefe Entladung, zu hohe Überladung, zu große Hitze und zu große Kälte reagieren, aber unter normalen Umständen und bei normalem Umgang fallen diese Schwachstellen nicht auf. Da praktisch alle diese Akku-Werkzeuge und Geräte mit dazugehörenden Ladegeräten erhältlich sind, droht normalerweise keine Überladung, und eine zu tiefe Entladung verhindert schon der »Akku-Verbraucher« damit, dass er üblicherweise vorher stoppt, weil ihm die angebotene Spannung nicht mehr passt. Der »Nachhaltigkeit« dieser Akkus dürfte entgegenkommen, wenn man sie nicht immer gleich ans Ladegerät anschließt, solange sie noch von einer gerade geleisteten Arbeit spürbar erwärmt sind. Da hilft auch kein Ladegerät, das über einen kleinen internen Lüfter verfügt, denn der Akku ist in seinem Inneren aufgeheizt und ein leichtes Blasen richtet da nicht viel aus. Praktischer ist es, wenn man sich – falls erforderlich – einfach mehrere Ersatzakkus zulegt.

Nicht alle Lithium-Ionen-Akkus sind gleich. Zu den bauartbedingten Unterschieden gehören z. B. unterschiedliche Materialien der Elektroden oder unterschiedliche Elektrolyte. Die Zelle des einen Akku-Typs kann z. B. einen flüssigen Elektrolyt enthalten, ein anderer Akku ist als *Lithium-Polymer-Akku* konzipiert usw. Dem Käufer/Anwender bleiben solche genaueren Daten sowieso vorenthalten. Macht nichts, denn die meisten von uns hätten ohnehin keine Ahnung davon, wozu so etwas gut sein könnte. Es genügt, wenn man z. B. beim Kauf eines neuen Akku-Staubsaugers zumindest darauf achtet, dass in ihm auch wirklich ein Lithium-Ionen-Akku und nicht noch ein NiMH-Akku sitzt.

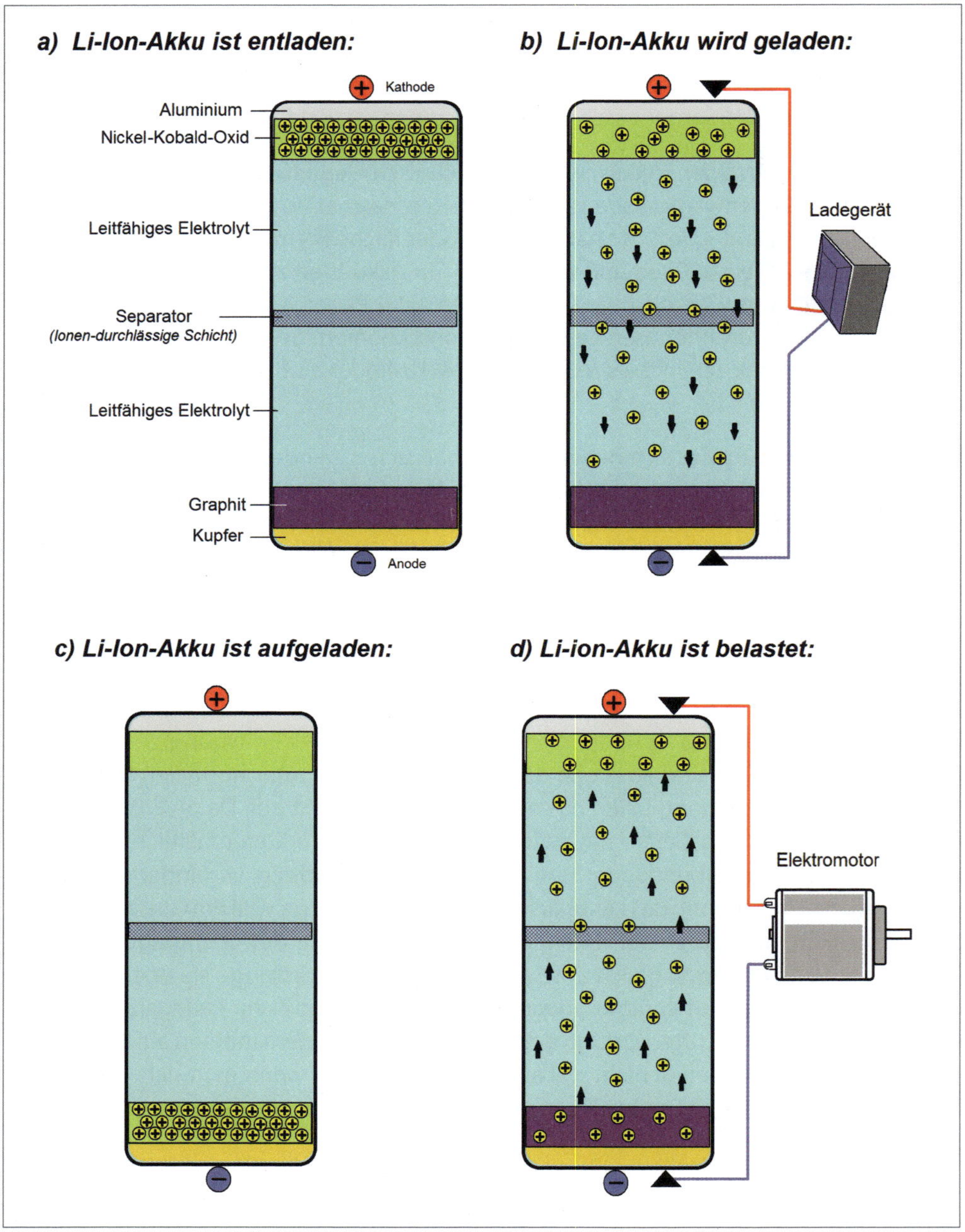

Abb. 1.6: Die Lade- und Entladevorgänge bei einem Lithium-Ionen-Akkumulator

Wir sehen uns daher nur ganz kurz an, was in einem Lithium-Ionen-Akku vorgeht, wenn man ihn dazu zwingen will, dass er genau das macht, wofür man ihn gekauft hat. Mithilfe der Abb. 1.6 lässt sich alles flott erklären: Abb. 1.6a zeigt prinzipiell das Innenleben eines solchen Akkus, wenn er (noch) nicht geladen ist. Seine Aluminium-Kathode ist mit einer Beschichtung von *Nickel-Cobalt-Mangan* belegt, in der die *Lithium-Ionen* in einem *entladenen* Akku sozusagen ihr Dasein fristen.

Wir haben bereits erwähnt, dass es auch ein Lithium-Ionen-Akku absolut nicht mag, wenn er völlig entladen würde, wie es in Abb. 1.6a vereinfacht dargestellt ist. In der Praxis sollten daher auch bei einem solchen »zumutbar entladenen« Akku zumindest ein paar der *Lithium-Ionen* auch noch in der unteren *Graphit-Schicht* sitzen, denn er sollte technisch bedingt noch eine Restspannung aufweisen. Das ist aber in der Praxis normal, denn sein Verbraucher hört automatisch auf zu funktionieren, sobald er von seinem Akku nicht mehr genügend Leistung geliefert bekommt. Somit wird der Akku automatisch niemals komplett bis auf null entladen.

Erwähnungswert ist noch der in der Akku-Mitte eingezeichnete **Separator**: Das ist eine spezielle ionendurchlässige Schicht, die die zwei Pole des Akkus vor einem Kurzschluss schützt und die in Wirklichkeit im Akku anders konfiguriert ist, als die Zeichnung – nur wegen der besseren Verständlichkeit – es zeigt.

Wird so ein Akku nach Abb. 1.6b geladen, lösen sich die Lithium-Ionen (die hier als kleine gelbe Kreise mit Pluszeichen dargestellt sind) aus der *Nickel-Cobalt-Mangan-Oxid-Beschichtung* von der Kathode und fließen durch den Separator nach unten. Sie fließen durch den leitfähigen Elektrolyt zu der *Graphit-Beschichtung* der *Kupfer-Anode* und lagern sich dort ab. Der Akku ist somit nach Abb. 1.6c voll aufgeladen.

Wird der Akku dann über eine Last (z. B. den eingezeichneten Motor) entladen, wandern die Lithium-Ionen nach Abb. 1.6d wieder zu der Kathode zurück und geben dabei die elektrische Energie an den Elektromotor als den Strom, der durch sie fließt, frei. Einen ähnlichen Vorgang weist prinzipiell jedes Laden eines jeden wiederaufladbaren Akkumulators auf, aber in einer etwas anderen Art und Form – womit wir uns vorerst zufriedengeben.

Größere Akkus (Akkus mit größeren Kapazitäten) werden immer noch mit Vorliebe – und aus Kostengründen – überwiegend als Blei-Akkus gefertigt (Abb. 1.7). Wir kennen sie vor allem als Solarbatterien oder als »die guten alten« Energiespeicher für Kraftfahrzeuge aller Art. Sie bestehen aus Einzelzellen, die einheitlich für eine Nennspannung von 2 Volt ausgelegt sind. Für Pkw- und Lkw-Batterien werden diese Einzelzellen als sechs oder zwölf Glieder in Reihen zu 12-Volt- oder 24-Volt-Batterien verschaltet.

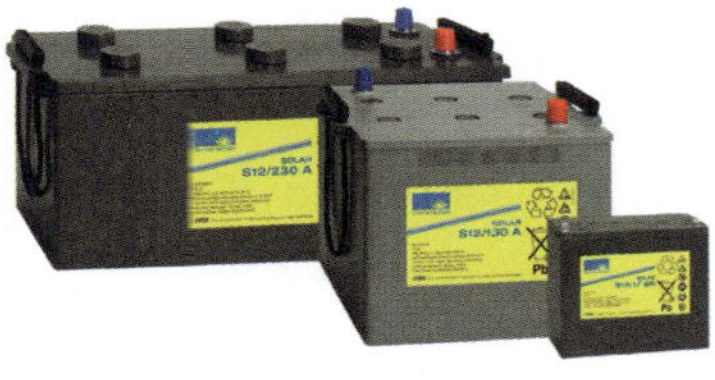

Abb. 1.7: Blei-Akkus kennen die meisten von uns vor allem als Solarbatterien oder Autobatterien (kennen wir sie aber wirklich?)

1.1 Das Laden eines Akkumulators

Klar ist, dass bei wiederaufladbaren Batterien (Akkumulatoren, abgekürzt Akkus) die jeweils verbrauchte Energie auch nachgeladen werden muss, wenn sie weiterhin ihre Aufgabe erfüllen sollen.

Bei Autobatterien geschieht das Nachladen automatisch während jeder Fahrt. Zuständig dafür ist die sogenannte *Lichtmaschine*. Das ist ein elektrischer Wechselstromgenerator, der mit dem Automotor meist mithilfe eines Keilriemens verbunden ist. Sobald der Automotor läuft, erzeugt dieser Generator den benötigten Ladestrom für die Autobatterie. Da es sich um einen Wechselstromgenerator handelt, wird der von ihm erzeugte Wechselstrom gleichgerichtet und somit zu einem Gleichstrom umgewandelt. Eine zusätzliche Spannungsregelung sorgt dafür, dass die Ladespannung nicht einen Höchstwert überschreitet, der für die Autobatterie zu gefährlich wäre.

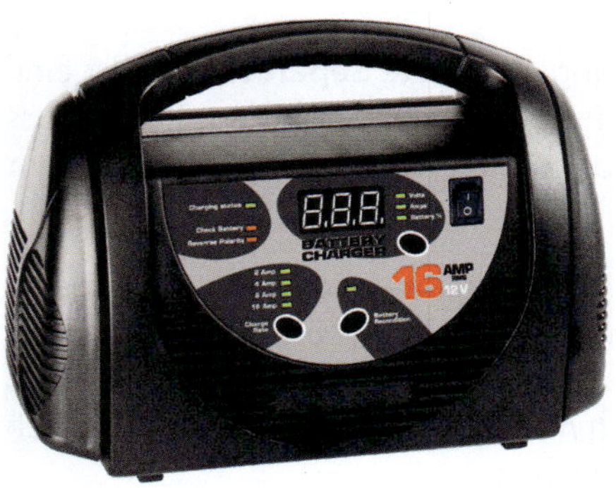

Abb. 1.8: Die Auswahl an Ladegeräten für Autobatterien ist riesig

Für das Nachladen aller handelsüblichen Blei-Akkumulatoren (Blei-Akkus) gibt es eine große Auswahl an Ladegeräten (Abb. 1.8).

Zum Aufladen eines Blei-Akkus braucht man zwar nicht unbedingt ein echtes Ladegerät, sondern einfach nur eine Spannungsquelle, die über die erforderliche *Ladespannung* verfügt und einen brauchbaren *Ladestrom* liefern kann. In dem Fall müsste jedoch das Laden vor allem in der Endphase optimal geregelt werden, wenn man möchte, dass der Akku auch richtig voll aufgeladen wird und dass das Aufladen nicht eine Ewigkeit dauert.

Die *Ladespannung* sollte etwa 18 % bis 22 % höher sein als die *Nennspannung* des geladenen Akkus, denn der elektrische Ladestrom kann in die Batterie nur dann hineinfließen, wenn die Ladespannung höher als die jeweilige Batteriespannung ist. Um z. B. eine 12-Volt-Autobatterie optimal aufladen zu können, müsste die Ladespannung ca. 14 Volt betragen ($12\,V \times 1{,}18 \approx 14\,V$). Der *Ladestrom* darf bei Blei-Akkus und bei NiCd-Akkus höchstens 10 %, bei NiMH- und Lithium-Ionen-Akkus höchstens 20 % von der offiziellen Akku-Kapazität betragen. Eine 60-Ah-Autobatterie darf also höchstens mit einem Ladestrom von ca. 6 A geladen werden usw.

Eine minimale Grenze gibt es dagegen beim Ladestrom nicht. Je niedriger der Ladestrom ist, desto länger muss einfach geladen werden. Das verläuft nach dem gleichen Prinzip wie das Einlassen von Wasser in eine Badewanne. Ist z. B. eine 40-Ah-Autobatterie »halb leer«, müssen die verbrauchten 20 Ah nachgeladen werden. Da beim Laden bis zu etwa 20 % der zugeführten Energie durch Ladeverluste verloren geht, müssen nicht 20 Ah, sondern etwa 24 Ah nachgeladen werden. In die Batterie müsste demnach theoretisch etwa sechs Stunden lang ein Strom von 4 A oder zehn Stunden lang ein Strom von 2,4 A vom Ladegerät »hineingepumpt« werden (6 Std. x 4 A = 24 Ah; 10 Std. x 2,4 A = 24 Ah).

In der Praxis jedoch bezieht der Akku einen optimalen Ladestrom nur bei Anwendung sehr spezieller Ladegeräte, die so ausgelegt sind, dass ihre Ladespannung mit der steigenden Spannung des geladenen Akkus schrittweise steigt. Ansonsten sinkt der Ladestrom während des Ladens laufend – was damit zusammenhängt, dass der Spannungsunterschied zwischen der steigenden Akku-Spannung und der Ladespannung immer kleiner wird. Dieser Hinweis ist für die Praxis nur insofern von Bedeutung, dass die Dauer eines Nachladens entsprechend großzügiger einzuschätzen ist, falls kein Ladegerät oder ein schlechteres Ladegerät verwendet wird. Ein »etwas intelligenteres« Ladegerät erhöht nämlich in der Endphase des Ladevorgangs die Ladespannung, damit der Akku, der inzwischen schon fast wieder seine volle Spannung hat, immer noch einen ausreichend hohen Ladestrom erhält. Das beschleunigt das Laden – und auf diese Weise arbeiten z. B. die »besseren« Kfz-Ladegeräte.

Beim Kauf eines Akku-Werkzeugs oder Akku-Gerätes ist üblicherweise zumindest ein Akku und ein passendes Ladegerät als Zubehör dabei und alles ist bereits vom Hersteller gut aufeinander abgestimmt. Das Laden/Nachladen funktioniert erprobt fast immer, aber es spielt sich in einer Grauzone ab, in die ein tieferer Einblick nur wenige Kunden reizen würde. Dennoch: Von der Qualität des Ladegerätes hängt zum einen die Ladezeit und zum anderen die Nachhaltigkeit des Akkus ab. Das sogenannte *Management eines Ladegerätes* – also eine gut ausgetüftelte Regulierung des Ladestroms und der Ladespannung – muss sich dabei während des Ladens an die gleitend steigende Akku-Spannung gut anpassen können. Das klappt in der Praxis bei handelsüblichen Ladegeräten meistens problemlos und der Anwender braucht sich dabei um nichts zu kümmern.

Es sollte jedoch vermieden werden, einen noch aufgeheizten Akku – der z. B. gerade aus dem Rasenmäher entnommen wurde – nachzuladen, bevor er sich etwas abkühlen konnte. So etwas mag er nämlich gar nicht und es könnte seine Lebenserwartung unnötig beeinträchtigen. Das gilt auch für Ladegeräte, in denen ein winziger Lüfter die Luft etwas herumwirbelt, denn der innen aufgeheizte Akku bekommt davon kaum etwas zu spüren.

Etwas komplizierter wird es mit dem Laden größerer Batterien/Akkus bzw. größerer Batteriespeicher, denn hier schafft sich der Kunde nicht immer irgendeinen Fertigbausatz an und bevorzugt lieber eine eigene, maßgerecht ausgetüftelte Lösung. Da muss dann das Ladegerät gut an die Nennspannung und Nennleistung der eingeplanten Batterie angepasst werden.

1.2 Elektrische Eigenschaften der Batterien und Akkus

Anwendungsbezogen interessieren uns bei einer Batterie bzw. einem Akku folgende wichtige elektrische Eigenschaften, die technisch eleganter als »technische Parameter« bezeichnet werden:

- Nennspannung
- Kapazität und Belastbarkeit
- Selbstentladung
- Tiefentladeschwelle
- Memory-Effekt

Die Nennspannung

Typisch für eine Batterie oder einen Akku ist, dass ihre Spannung nicht konstant ist und nicht konstant bleibt, sondern vom jeweiligen Zustand ihrer Aufladung abhängt. Was als die **Nennspannung einer Batterie** bezeichnet wird, stellt daher nur einen **Spannungs-Durchschnittswert** bzw. **Spannungs-Nennwert** dar.

So beträgt z. B. die Spannung einer voll aufgeladenen 12-Volt-Autobatterie etwa 13,6–14 Volt. Wird sie bei einem stehenden Fahrzeug nicht nachgeladen und eine Autolampe oder ein anderer Verbraucher bezieht von ihr ununterbrochen Strom, wird die in ihr gespeicherte elektrische Energie prompt verbraucht und ihre Spannung sinkt gleitend in Richtung null. Ein derartiges »Leerpumpen« der Autobatterie stellt allerdings nur eine Ausnahmesituation dar, die in Hinsicht auf die Lebenserwartung einer Bleibatterie vermieden werden sollte.

Bei einem normal betriebenen Fahrzeug wird die Autobatterie während der Fahrt von der sogenannten Lichtmaschine laufend nachgeladen, und die Spannung einer 12-Volt-Batterie bewegt sich in der Praxis zwischen etwa 11,5 und 13,6 Volt.

Bei einem Akku-Werkzeug (z. B. bei einem Akku-Schrauber) stellt die Nennspannung des Akkus ebenfalls nur einen Richtwert dar, der bei einem voll aufgeladenen Akku um etwa 20 % höher liegt, als der offiziellen Nennspannung entspricht. Während eines länger dauernden Betriebs ohne eine Zwischenaufladung kann seine Spannung sehr tief sinken. Von der Art und der Belastung des Werkzeugs oder des Gerätes hängt es dann ab, bis zu welchem Spannungsminimum seine Funktion noch als brauchbar bezeichnet werden kann.

Auch bei allen Einwegbatterien, deren einzelne Zellen (Glieder) als 1,5-Volt-Batterien bezeichnet werden, stellt die Nennspannung nur einen Richtwert dar. Die tatsächliche Spannung neuer Einwegbatterien beträgt in der Praxis etwa 1,56 bis 1,6 Volt und sinkt danach ebenfalls gleitend bis auf einen Minimalwert ab, bei dem sie ihre Funktion nicht mehr meistert. Man sagt dann einfach »die Batterie ist leer«. In Wirklichkeit ist sie nur selten ganz leer, aber ihre Spannung ist z. B. auf einen Wert von 1,2 Volt gesunken, und diese »Restspannung« reicht nicht mehr für die Spannungsversorgung des von ihr betriebenen Gerätes aus.

Die Nennspannungen einzelner Batterieglieder (Zellen) hängen von der Art der Batterien ab. Wird eine höhere Spannung benötigt, als eine einzelne Batterie liefern kann, können einfach beliebig viele Batterien in Reihe geschaltet werden. Die einzelnen Spannungen addieren sich dann einfach, wie es die Abbildungen 1.9 und 1.10 zeigen.

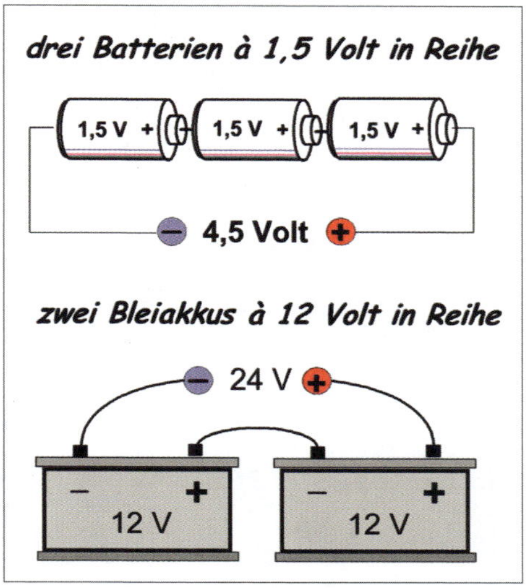

Abb. 1.9: Wird eine höhere Ausgangsspannung benötigt, als eine einzelne Batterie liefern kann, werden einfach mehrere Batterien in Reihe geschaltet

Für die Energieversorgung der meisten Akku-Werkzeuge und Akku-Geräte (z. B. für Akku-Rasenmäher) werden die Batterien herstellerseitig zu kompakten Akku-Packs konfektioniert. Bei kleineren Akku-Packs werden einfach nur mehrere Lithium-Ionen-Einzelakkus in Reihe geschaltet, um die erforderliche höhere Versorgungsspannung für das Gerät (meist für seinen Elektromotor) zu erhalten. Für größere Akku-Packs mit höheren Leistungen werden einzelne kleinere Batterien nach dem Prinzip aus Abb. 1.11 seriell/parallel verschaltet, damit sich in so einem Pack auch der Ausgangsstrom ähnlich addiert wie die Spannung. Die jeweilige Anzahl der Batterien in einem Akku-Pack richtet sich dann einfach nach dem Bedarf des Verbrauchers.

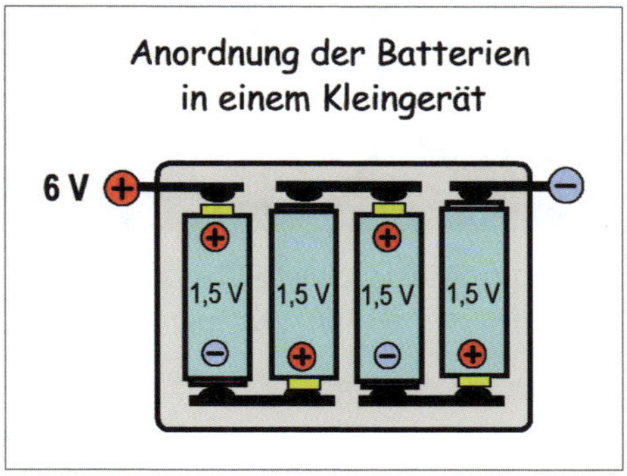

Abb. 1.10: Das kennen wir ja: Viele kleinere Geräte benötigen für ihre Spannungsversorgung mehrere Batterien, für die sie über vorgefertigte interne »Unterkünfte« verfügen

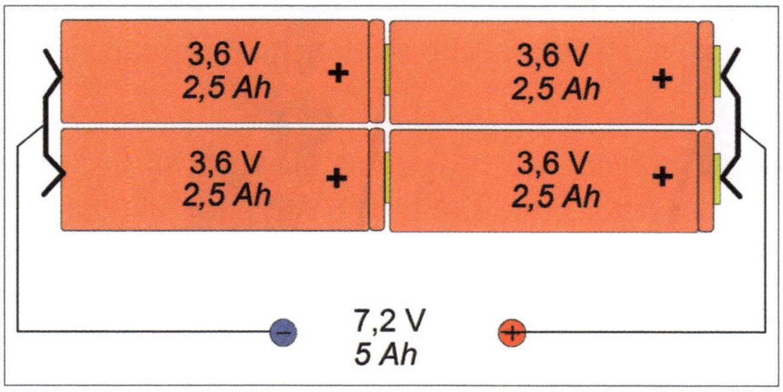

Abb. 1.11: Bei einer seriellen/parallelen Verschaltung mehrerer Akkus addieren sich sowohl ihre Spannungen als auch ihre Kapazitäten

Wir haben bei unseren vorhergehenden Beispielen Lithium-Ionen-Akkus mit einer Nennspannung von je 3,6 V eingezeichnet, aber so etwa die Hälfte der momentan handelsüblichen Lithium-Ionen-Akkus ist für eine Spannung von 3,7 V ausgelegt. Das ist zwar nicht von besonderer Bedeutung, aber es ist durch gewisse kleinere Unterschiede bei den Herstellungstechnologien verursacht. Das macht natürlich nichts aus, es ist aber gut, wenn man es weiß.

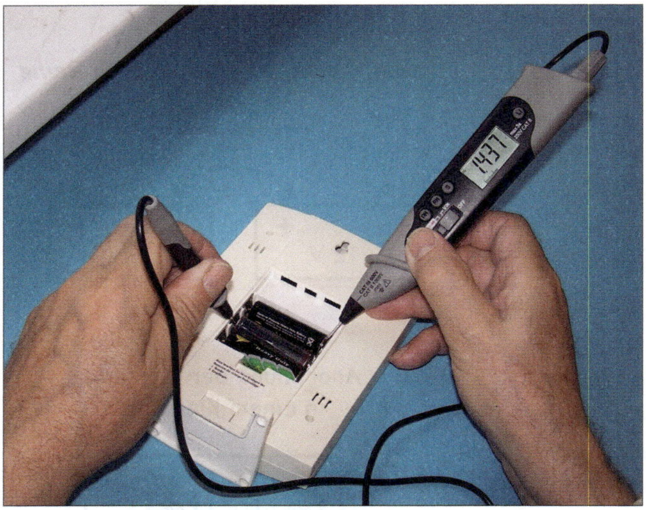

Abb. 1.12: Für eine schnelle Überprüfung der Batteriespannung eignet sich am besten ein Stift-Multimeter

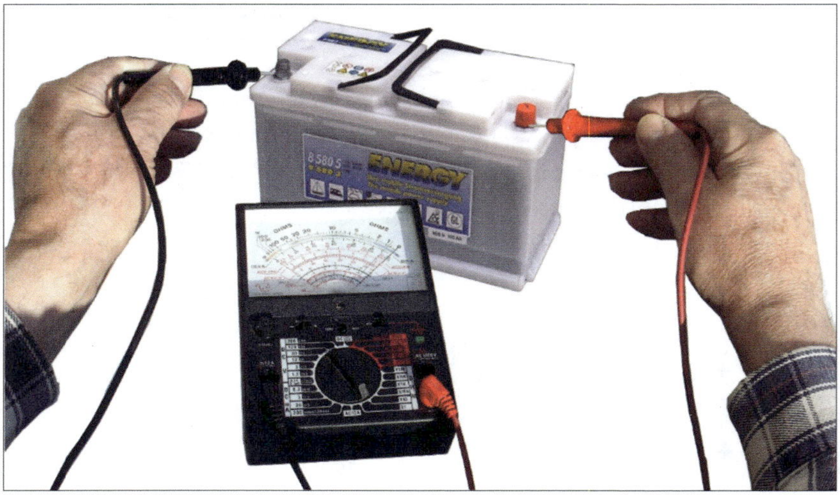

Abb. 1.13: Ein Analog-Multimeter (Zeiger-Multimeter) wird mit Vorliebe für Messungen gebraucht, bei denen Wert auf den gleitenden Verlauf der Spannungsvorgänge gelegt wird

Hinweis

Bezeichnungen wie **Nennspannung**, **Nennleistung** sowie auch alles andere, was mit »Nenn« beginnt, beziehen sich sehr oft nur auf theoretisch erzielbare Werte, die in der Praxis **keinen brauchbaren Stellenwert** haben. Hinter solchen Werten verstecken sich oft nur verkaufsfördernde »Mogelpackungen«.

Beispiel: Ein Photovoltaikmodul, das den Kunden als ein 1.000-Watt-Solarmodul verkauft wird, liefert unter keinen Umständen eine höhere tatsächliche Ausgangsleistung als ca. 660 Watt. Wenn nämlich so ein Modul (bei optimalem Licht) in die Nähe seiner Ausgangsleistung kommt, heizt es sich ganz automatisch derartig auf, dass »laut seiner physikalisch bedingten Kennlinie« seine Leistung durch die Erwärmung um ein Drittel sinkt. Der Nennwert von 1.000 Watt hat zwar theoretisch als physikalischer Wert seine Berechtigung. Er bezieht sich aber nur auf die theoretischen Eigenschaften einer Siliziumdiode, die in einem Laboratorium bei einer extremen Kühlung und nur einige wenige Millisekunden diese theoretische Leistung vollbringen würde – bevor sie sich blitzschnell aufgeheizt hat.

Wir kommen auf dieses Thema später noch zurück. Vorerst sollte dieses Beispiel nur darauf hinweisen, dass auch im Zusammenhang mit der Technik der Slogan »Glauben, das ist nur etwas für die Kirche« seine Berechtigung hat.

Kapazität und Belastbarkeit

Von der Kapazität einer Batterie/eines Akkus hängt die Menge der elektrischen Energie ab, die in diesem »Energiespeicher« gespeichert werden kann. Sie hängt zwar teilweise von der Größe einer Batterie/eines Akkus ab, kann aber typen- oder altersabhängig vor allem bei kleineren Batterien und Akkus erhebliche Unterschiede aufweisen.

Bei Taschenlampen oder diversen Kleingeräten der Unterhaltungselektronik, die für Einwegbatterien ausgelegt sind, zerbricht man sich im Allgemeinen mit der Frage der Kapazität nicht den Kopf und setzt einfach irgendwelche Batterien ein, die in das Gerät passen. Hier wird in der Praxis selten gehobener Wert darauf gelegt, wie hoch die Kapazität (oder Restkapazität) einer solchen neuen Batterie ist.

Das stellt für die Anbieter einen günstigen Aspekt dar, denn bei vielen Einwegbatterien ist weder ein Hinweis auf ihre Kapazität in **Ah (Amperestunden)** noch auf ihr Herstellungsdatum, ihre Selbstentladung oder das Verfallsdatum zu finden. Der Anwender muss sich dann einfach damit zufriedengeben, dass die neue Batterie eine Zeit lang das Gerät mit elektrischem Strom versorgt.

Eine Ausnahme bilden in dieser Hinsicht unter den Einwegbatterien meistens nur die Knopfzellen, denn hier wird in der Regel zumindest die Kapazität in Milliamperestunden (mAh) angegeben. Beispiele zeigen die beiden Abbildungen 1.14 und 1.15.

Alkaline Knopfzellen

Typ	Spannung	Kapazität	Abm. ϕ x H (mm)
V 76 PX	1,55 V	145 mAh	11,6 x 5,4
V 625 U	1,5 V	200 mAh	11,6 x 5,9

Taschenrechner-Knopfzellen, Spannung 1,5 V

Typ	Kapazität	Abm. ϕ x H (mm)
LR 43	73 mAh	11,6 x 4,2
LR 44	105 mAh	11,6 x 5,4

Lithium-Knopfzellen, Spannung 3 V

Typ	Kapazität	Abm. ϕ x H (mm)
CR 1216	25 mAh	12 x 1,6
CR 1220	38 mAh	12 x 2
CR 1225	48 mAh	12 x 2,5
CR 1616	50 mAh	16 x 1,6
CR 1620	68 mAh	16 x 2
CR 1632	125 mAh	16 x 3,2
CR 2016	80 mAh	20 x 1,6
CR 2025	170 mAh	20 x 2,5
CR 2032	235 mAh	20 x 3,2
CR 2320	150 mAh	23 x 2
CR 2325	190 mAh	23 x 2,5
CR 2430	285 mAh	24,7 x 3
CR 2450N	540 mAh	24,7 x 5
CR 2477N	950 mAh	24,7 x 7,7
CR 1025	30 mAh	10 x 2,5

Zink-Luft-Knopfzellen für Hörgeräte
Spannung: 1,4 V

Typ	Kapazität	Abm. ϕ x H (mm)
ZA 312	175 mAh	7,9 x 3,6
ZA 13	305 mAh	7,9 x 5,4
ZA 10	95 mAh	5,9 x 3,6
ZA 675	610 mAh	11,6 x 5,4

Abb. 1.14: Kurzer Einblick in die Vielfalt der Knopfzellen-Typen

Knopfzelle "Silberoxyd", Spannung 1,5 V

Typ	Kapazität	Abm. ϕ x H (mm)
301	120 mAh	11,6 x 4,2
309	80 mAh	7,9 x 5,4
317	12 mAh	5,8 x 1,6
319	21 mAh	5,8 x 2,7
321	14,5 mAh	6,8 x 1,6
329	40 mAh	7,9 x 3,1
357	190 mAh	11,6 x 5,4
362	23 mAh	7,9 x 2,1
364	20 mAh	6,8 x 2,15
366	40 mAh	11,5 x 1,65
370	38 mAh	9,5 x 2,1
371	38 mAh	9,5 x 2,1
373	29 mAh	9,5 x 1,65
377	28 mAh	6,8 x 2,6
379	16 mAh	5,8 x 2,1
381	50 mAh	11,6 x 2,1
384	45 mAh	7,9 x 3,6
386	130 mAh	11,6 x 4,2
389	80 mAh	11,6 x 3,1
390	80 mAh	11,6 x 3,1
391	50 mAh	11,6 x 2,1
392	45 mAh	7,9 x 3,6
393	80 mAh	7,9 x 5,4
394	84 mAh	9,5 x 3,6
395	55 mAh	9,5 x 2,6
396	32 mAh	7,9 x 2,6
397	32 mAh	7,9 x 2,6
399	55 mAh	9,5 x 2,6

Abb. 1.15: Offensichtlich können es die Hersteller nicht lassen, zu jeder neuen Armbanduhr gleich auch eine »extra neue« Knopfzelle einzuplanen

Bei wiederaufladbaren Batterien/Akkus (auch bei Akku-Packs) wird – im Gegensatz zu vielen Einwegbatterien – die Kapazität in der Regel immer aufgeführt. Bei kleineren Akkus wird sie in **Milliamperestunden (mAh)**, bei größeren Akkus in **Amperestunden (Ah)** angegeben. Die Umrechnung erfolgt, ähnlich wie z. B. bei Metern, in Millimetern: **1 Ah = 1.000 mAh**.

Wir sehen uns anhand eines praktischen Beispiels näher an, was sich hinter den **Amperestunden (Ah)** konkret verbirgt: Wird z. B. eine Autobatterie als eine **100-Ah-Batterie** bezeichnet, handelt es sich nur um einen theoretischen **Nennwert**, der sich darauf bezieht, was in der Batterie komplett steckt, aber nicht darauf, was man aus ihr tatsächlich auch herausholen kann. Kein Vergleich also mit einer Bierflasche, aus der man z. B. garantiert einen halben Liter Bier entnehmen kann, wenn auf der Flasche »0,5 l« steht.

Dadurch, dass während der Stromabnahme die Batteriespannung laufend sinkt, wird sie irgendwann zu »unbrauchbar« oder zu »unerwünscht« niedrig. Ein Rest der Energie ist zwar in der Batterie vorhanden, aber durch die zu tief gesunkene Spannung nicht mehr für den vorhandenen Zweck brauchbar. Wie groß die wirklich brauchbare Energiemenge ist, die eine Batterie liefern kann, hängt sowohl von der Art der Batterie als auch von den Ansprüchen auf die »gerade noch brauchbare« Höhe der bezogenen Spannung ab.

In der Praxis macht man sich über diese Eigenheit einer Batterie meist keine Gedanken, wenn eine solche Batterie (oder ein Akku-Pack) bereits von einem Hersteller auf den dazugehörenden Verbraucher (Auto, Handwerksgerät usw.) gut dimensioniert wurde. Gezielte Beachtung verdient diese Eigenheit jedoch bei Batterien, die z. B. als Photovoltaik-Energiespeicher dienen sollen. Hier lohnt es sich, dass man noch vor dem Kauf vom Anbieter eine genaue Auskunft zu der Speicherkapazität verlangt, die tatsächlich zur Verfügung steht.

Es ist zwar wenig bekannt, aber der theoretische Nennwert kann bei so manchem großen und teuren Batteriespeicher manchmal sogar mehr als doppelt so hoch sein, als von ihm tatsächlich bezogen werden kann oder entnommen werden darf. Der »unbrauchbare« oder technisch »untaugliche« Rest der gespeicherten elektrischen Energie bleibt dann einfach im Batteriespeicher oder in der Batterie stecken. Dank ihm muss dann zwar jeweils nur die fehlende Energiemenge nachgeladen werden, aber so ein »Vorratsraum« ist halt teuer.

Wie groß ein solcher unbenutzter Teil der Kapazität bei einer Batterie sein kann, hängt nach unserem Beispiel an erster Stelle von dem Verbraucher und an zweiter Stelle von den produktspezifischen Eigenschaften der Batterie bzw. eines Batteriespeichers ab. Von den produktspezifischen Eigenschaften einer Batterie dürfte uns bei unseren Planungsüberlegungen vor allem interessieren, wie tief sie entladen werden darf. Daraus ergibt sich, wie groß der Teil der »brauchbaren« Speicherkapazität ist und wie groß der »unbenutzte Vorratsraum« ist, über den wir bei unseren Kaufüberlegungen vielleicht nicht richtig aufgeklärt wurden.

Und nun zur Rolle des »elektrischen Verbrauchers«, der mitbestimmend dafür ist, einen wie großen Teil der Batteriekapazität er im Hinblick auf seine optimale Funktion gebrauchen kann und ab wann ihm z. B. die zu tief gesunkene Spannung nicht mehr genügt: Genau genommen hat hier nicht nur der eigentliche Verbraucher das Sagen, sondern auch der Anwender. Damit ist Folgendes gemeint: Es reicht nicht immer, wenn z. B. die Batterie eines Staubsaugers noch genügend »Saft« hat, um noch sanft saugen zu können. Wenn der Anwender mit der Saugleistung irgendwann nicht mehr zufrieden ist, bezeichnet er die Batterie einfach als leer und tauscht sie durch eine frisch aufgeladene aus.

Anhand von Abb. 1.16 lässt sich die Abhängigkeit der Energieabgabe von einem Verbraucher bei einer kleinen Batterie leicht erläutern: Einen wie großen Teil der gespeicherten Energie von einer Batterie (in diesem Fall von einem 3,7-V-Lithium-Ionen-Akku) ein Verbraucher insgesamt entnehmen kann, hängt von der Art und den Ansprüchen des Verbrauchers bzw. des Anwenders ab.

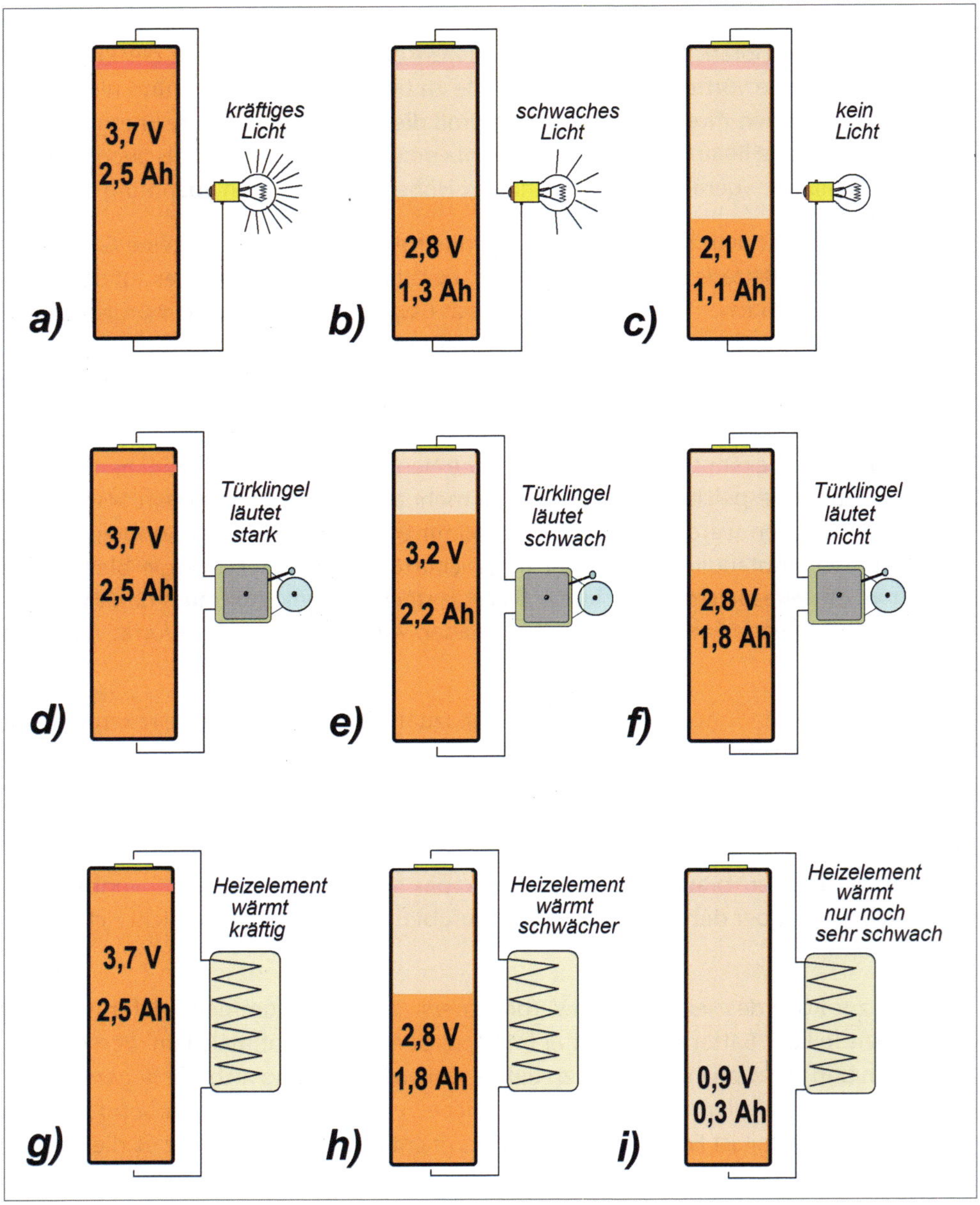

Abb. 1.16: Wie viel Energie ein Verbraucher von einem Energiespeicher maximal bezieht, hängt von seiner Art ab

Abb. 1.16a bis 1.16c zeigt, dass ein Lämpchen – bzw. eine beliebige Leuchte – nur so lange »brauchbar stark« leuchtet, bis die Akku-Spannung so tief gesunken ist, dass ihr Licht unbrauchbar schwach wird. Da bleibt jedenfalls im Akku von seiner Energie noch ziemlich viel als Vorrat ungenutzt.

Das Gleiche trifft bei den Beispielen 1.16d bis 1.16f zu: Anstelle der hier eingezeichneten Türklingel kann man sich viele andere Verbraucher wie Akku-Werkzeuge, Fernbedienungen, Smartphones usw. vorstellen, die einfach nicht mehr mitmachen oder nicht mehr zufriedenstellend funktionieren, wenn ihnen die Akku-Spannung zu niedrig wird. Auch hier wird die Akku-Kapazität nicht voll ausgeschöpft.

Anders ist es mit der Stromabnahme bei einer Heizspirale und bei Verbrauchern, die die bezogene Energie nach den Beispielen in Abb. 1.16g bis 1.16.i direkt in Wärme umwandeln. Sie haben von sich aus keinen Grund zu stoppen und können ganz hungrig den Akku sozusagen völlig »leer pumpen«. Sie wärmen während der gleitend sinkenden Akku-Spannung zwar immer etwas weniger, aber sie wandeln brav und verlustfrei jedes Tröpfchen der bezogenen elektrischen Energie in Wärme um. Zu solchen Verbrauchern gehören z. B. elektrische Wasserkocher, Kochplatten, Heizkissen, Akku-Wärmestrümpfe, Heizkabel für Gewächshäuser usw.

Der in Abb. 1.16 eingezeichnete kleine Akku reicht zwar für den schnellen Einblick in die Problematik aus, aber in der Praxis würde er nur für sehr bescheidene Aufgaben genügen. An seiner Stelle müssen wir uns daher einen größeren Energiespeicher vorstellen. Das kann sowohl »nur« ein etwas robusterer Akku-Pack als auch ein riesiger Energiespeicher (für Solar- und Windenergie-Überschüsse) sein, von dem vielleicht ein Berichterstatter begeistert behauptet, dass er einen halben Ort mit Energie versorgen kann. Solche Aussagen gehören einfach zu den inzwischen üblichen »modifizierten Berichterstattungen«.

Ähnlich wie es unsere Beispiele in Abb. 1.16 zeigen, verhalten sich auch alle großen Energiespeicher. Das trifft auch für diverse Solarenergie-Speicher für Privathäuser zu, aber der Kunde wird darüber nicht immer ausreichend deutlich informiert.

Auch aus einer Autobatterie können wir normalerweise nicht die ganze Energie herausholen, die in ihr steckt (ist ja bei uns Menschen das Gleiche). Da wir jetzt noch genauer erläutern möchten, was man konkret von den angegebenen **Amperestunden (Ah)** überhaupt erwarten kann, sehen wir uns einfach einige praktische Beispiele an:

Wie in einem Kochbuch beginnen wir mit der Formulierung »Man nehme eine 100-Ah-Autobatterie«.

100 Ah, das sind also 100 Amperestunden. Eine Energie, die in einer voll aufgeladenen Autobatterie quasi »gelagert« ist. Wie schon erwähnt wurde, handelt es sich hier um einen sogenannten Nennwert, der nicht bedeutet, dass wir davon ausgehen dürfen, dass wir aus dieser Batterie auch die vollen 100 Ah jemals herausholen werden. Das hat auch etwas mit der **Tiefentladeschwelle** eines Blei-Akkus zu tun, die bei einem 12-Volt-Akku typabhängig zwischen ca. 10,5 V und 11 V liegt. Die Batteriespannung darf diese Schwelle also während der Stromentnahme nicht unterschreiten, da es sie beschädigen oder sogar vernichten würde (darauf kommen wir noch in Kapitel 1.5 zurück).

Wie viel Ah uns eine 100-Ah-Autobatterie tatsächlich liefert, kann zwar typabhängig etwas unterschiedlich sein, aber wenn wir hier für unsere Rechenbeispiele eine runde Zahl von 60 Ah nehmen, werden wir damit bei einigen Autobatterien bzw. diversen anderen Batteriespeichern zufriedenstellend abschneiden.

Bei einigen solcher Batterien können die »angenommenen« 60 Ah als etwas zu pessimistisch, bei anderen als etwas zu optimistisch betrachtet werden. In der Praxis kann man mit den grob geschätzten 60 Ah zumindest bequem rechnen, da es eine runde Zahl ist.

Konkret bedeutet es dann, dass wir aus einer solchen Autobatterie z. B.

- nur 60 Stunden lang einen Strom von 1 A oder
- nur 30 Stunden lang einen Strom von 2 A oder
- nur 20 Stunden lang einen Strom von 3 A entnehmen dürften usw.

Eine Formel erübrigt sich hier, denn es geht ja deutlich um das Gleiche, wie wenn man ausrechnen möchte, wie viele Maß Bier man sich auf dem Münchner Oktoberfest gönnen darf, wenn man in der Brieftasche nur noch einen Hunderter hat. Na ja, also mit den Ah ist es hier mit dem Umrechnen eigentlich gar nicht so schwierig.

Eine solche Umrechnung kann auch für »die Fahrt in der Gegenrichtung« erfolgen – also für den Strom, den man unter Umständen für das Nachladen einer Batterie braucht. Was entnommen wurde, muss dann logischerweise nachgeladen werden. Kein Problem, aber man muss dabei mit zusätzlichen Ladeverlusten von ca. 20 % rechnen.

Für den normalen Umgang mit Batterien jeglicher Art dürften die vorhergehenden Informationen nur für individuelle kreative Projekte von Bedeutung sein, denn auch bei allen handelsüblichen Akku-Geräten und -Werkzeugen sind Ladegeräte automatisch dabei. Es ist aber gut zu wissen, worum es sich z. B. bei so einem Nachladen konkret handelt.

Genau genommen müssten zwar bei der Berechnung des Kapazitätsverbrauchs noch einige weitere Faktoren, etwa die jeweilige Strombelastung, Stromstöße, Umgebungstemperatur usw., mitberücksichtig werden, aber das hat für die Praxis bei normalen Anwendungen keinen erhöhten Stellenwert. Unter anderem auch deshalb nicht, weil die theoretische Kapazität eines Akkus typ- und herstellerabhängig gewisse Toleranzabweichungen von bis zu etwa ±10 % (manchmal auch mehr) aufweist. Zudem bleibt auch noch die Frage offen, wie tief eine Batterie/ein Akku entladen werden kann bzw. entladen werden darf (darauf kommen wir noch in Kapitel 1.5 zurück).

Auch bei kleineren Akkus, bei denen die Kapazität nur in **mAh (Milliamperestunden)** angegeben wird, können wir bei Bedarf nachrechnen, wie lange so ein Akku mit seinem energetischen Vorrat einen Verbraucher betreiben kann. Das setzt allerdings voraus, dass wir die Stromabnahme des Verbrauchers kennen bzw. ihn messtechnisch (mit einem Amperemeter) ermitteln und dass wir so etwas überhaupt irgendwann berechnen müssen oder wollen.

Bekannt ist der Stromverbrauch z. B. bei diversen Leuchtkörpern, elektronischen Kleingeräten, elektronischen Bausätzen und Bausteinen für den Selbstbau bzw. Modellbau. Wir sehen uns an einigen Beispielen an, wie die Kapazität eines Akkus auf den Stromverbrauch der von ihm betriebenen Verbraucher abgestimmt werden kann:

Beispiel A

Die 6-Volt-LED-Leuchte aus Abb. 1.17 bezieht einen Strom von 80 mA. Angenommen, wir verwenden für diese Beleuchtung vier kleine AA-Einwegbatterien (à 1,5 V) als eine 6-V-Batterie mit einer Kapazität von bescheidenen 700 mAh.

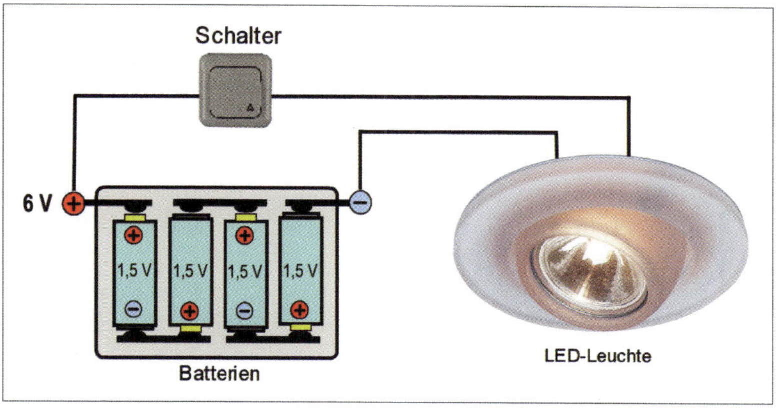

Abb. 1.17: Beispiel einer Stromversorgung einer kleinen LED-Leuchte

Für wie viele Leuchtstunden dürfte hier theoretisch die Kapazität dieser (voll aufgeladenen) Akkus ausreichen? Das rechnen wir leicht nach:

700 mAh : 80 mAh = **8,75** (Betriebsstunden)

Und wenn wir anstelle der 700-mAh-Einwegbatterien einen größeren 2.700-mAh-Akku anwenden:

2.700 mAh : 80 mAh = **33,75** (Betriebsstunden)

Hinweis

Bei den hier berechneten Betriebsstunden handelt es sich um theoretische Werte, die sich jeweils auf eine volle Entladung der Batterie beziehen. Da wir jedoch in der Praxis eine zu tief gesunkene Batteriespannung ab einem Mindestwert nicht mehr gebrauchen können, hängen die tatsächlich gerade noch brauchbaren Betriebsstunden davon ab, inwieweit uns die Lichtintensität eventuell noch ausreicht. Das heißt, dass wir von den berechneten Betriebsstunden in der Praxis zumindest 1/5 abziehen können, um den unbrauchbaren Teil der Akku-Kapazität zu berücksichtigen (auf Näheres kommen wir später noch zurück).

Beispiel B

Wir möchten für eine Markise oder Jalousie einen Selbstbau-Elektroantrieb mit einem Gleichstrommotor errichten, der für eine Spannung von 6–9 V und einen Laststrom von 1,8 A ausgelegt ist. Die Stromversorgung soll nach Abb. 1.18 mit zwei Lithium-Ionen-Akkus à 3,6 V/2 Ah bewerkstelligt werden, deren Nachladen eventuell solarelektrisch erfolgen könnte.

Beim *Nutzungsbereich* der Kapazität eines Lithium-Ionen-Akkus darf man davon ausgehen, dass ein Gleichstrommotor, der für eine Spannung von 6–9 V ausgelegt ist, bei diesem Antrieb auch dann noch seine Aufgabe meistern wird, wenn die Spannung der zwei in Reihe geschalteten Akkus in die Nähe von 5 V sinkt. Probieren geht hier zwar ebenfalls über Studieren, aber in diesem Beispiel dürfte man vorerst einfach schätzen, dass sich aus den angewendeten Akkus mindestens eine volle Amperestunde problemlos herausholen lässt.

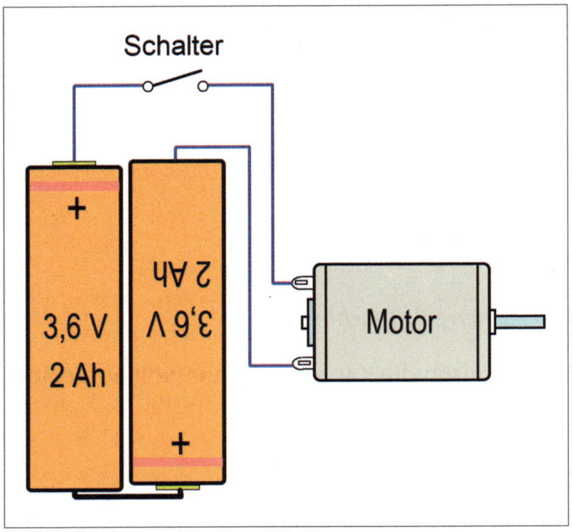

Abb. 1.18: Stromversorgung eines Markisen-/Jalousien-Elektroantriebs mit einem 6-9-Volt-Antriebsmotor

Die Dauer des Aus- oder Einfahrens der Markise/Jalousie beträgt erprobt maximal nur 2 x 10 Sekunden. Der Elektromotor bezieht aus dem Akku jeweils nach dem Einschalten maximal etwa eine Sekunde lang einen wesentlich höheren Strom als die angegebenen 1,8 Ampere, also werden wir einfach von einer Stromabnahme von 2 A ausgehen.

Also: Das Aus- und Einfahren der Markise/Jalousie dauert 20 Sekunden. Das sind drei Vorgänge pro Minute – also 3-mal AUF und ZU.

Und was muss dann der Akku pro Minute an Strom liefern? Das ist ganz einfach: Der Motor bezieht laut unserer Aufrundung einen Strom von ca. 2 A eine Minute lang. Eine Stunde hat 60 Minuten, also beträgt der Stromverbrauch pro Minute **2 A : 60 = 0,0333333 A**. Das behauptet zumindest ein Taschenrechner. Daraus würde sich z. B. ein Verbrauch von 0,3 Ah pro 10 Minuten ergeben.

Unser Motorantrieb würde also pro 30 AUF- und ZU-Fahrten bescheidene **0,3 Ah** von der Akku-Kapazität verbrauchen. Würde man die Markise jeweils nur einmal pro Tag betätigen, kämen wir mit dem ausgerechneten »Ampere-Verbrauch« auf stolze 30 Tage. Man könnte nun noch beliebig weiterrechnen, aber diese einfachen Schritte zeigen bereits verständlich, wie leicht man solche Aufgaben in den Griff bekommt.

Wir haben für dieses Beispiel zwei Akkus ausgewählt, die für eine einzige Markise zu überdimensioniert wären. Sie würden besser ausgelastet sein, wenn sie z. B. mehrere Jalousien betreuen könnten. Abgesehen davon könnten sich großzügiger dimensionierte Akkus bei einer Solarstrom-Versorgung im Oktober und November etwas mehr auf Vorrat aufladen, was dann in den düsteren Monaten Dezember und Januar sehr vorteilhaft wäre (auf diese Themen kommen wir später ausführlicher zurück).

Dank der Kapazitätsangabe in den Katalogen können wir uns bei der Suche nach guten aufladbaren Akkus zielgerecht orientieren. Eine möglichst hohe Kapazität ist manchmal vor allem bei Akkus wichtig, die z. B. für den Betrieb von intensiv betriebenen Akku-Werkzeugen, Geräten oder Spielzeugen mit einem erhöhten Energie- oder Strombedarf vorgesehen sind. Hier hat eine höhere Kapazität den Vorteil, dass die Stromversorgung jeweils längere Zeit ohne Unterbrechung erfolgen kann und das Nachladen seltener erforderlich ist. Höhere Kapazität hat allerdings ein höheres Gewicht zur Folge, was vor allem bei Akku-Handwerkzeugen nicht immer – und nicht für jeden – passt.

Eine erhöhte Aufmerksamkeit verdient in diesem Zusammenhang die Kapazität der Auto- und Fahrzeugbatterien. Die gängigen 12-Volt-Autobatterien bestehen aus sechs Blei-Akku-Zellen à 2 Volt, die in der Batterie in Reihe geschaltet sind. Zu den wichtigsten Aufgaben einer Autobatterie gehört das Anlassen des Motors, das mit einem großen Stromstoß beim Anlauf des Anlassers verbunden ist, der als ein kräftiger Gleichstrommotor ausgelegt ist. Aus diesem Grund müssen Autobatterien so ausgelegt werden, dass sie – im Vergleich mit anderen Batterien – den großen Stromstoß bewältigen und verkraften können.

Die Kapazität einer Autobatterie muss u. a. an die Größe des Fahrzeugmotors (vor allem auf die Abnahmeleistung seines Anlassers) abgestimmt und zudem so gewählt werden, dass sie auch noch die elektrische und elektronische Ausstattung des Fahrzeugs im vorgesehenen Umfang betreuen kann. Was darunter zu verstehen ist, bleibt im Ermessen der Fahrzeughersteller und orientiert sich selbstverständlich an Erfahrungswerten. Die Fahrzeug-Lichtmaschine, die als elektrischer Generator den Ladestrom für die Autobatterie liefert, ist so dimensioniert, dass sie bei einem normalen Betrieb des Fahrzeugs die Autobatterie laufend nachlädt.

Verborgene Stromfresser finden

Pkws neuerer Bauart beziehen auch im Ruhestand aus ihrer Autobatterie etwas (oft z. B. bis an die 30 mA) Strom für das Stand-by der internen Elektronik. Wäre dem nicht so, könnte man z. B. bei dem abgestellten Fahrzeug nicht via Funk die Tür öffnen. Kommt es beispielsweise vor, dass in der internen Elektronik der Stromverbrauch durch einen ganz geheimen internen Defekt stärker steigt, kann sich die Autobatterie zu stark bis ganz entladen.

Ein konkretes Beispiel aus der Praxis: Bei einem Pkw, der vier Tage lang in aller Ruhe in der Garage stand, reagierte plötzlich der Anlasser nicht – die Autobatterie war leer. So richtig leer! Sie ließ sich danach zwar wieder aufladen, aber war kurz danach wieder schnell leer. Erst wurde sicherheitshalber die Autobatterie erneuert, aber das Problem blieb bestehen. Nach einem längeren Herumsuchen wurde festgestellt, dass das Fahrzeug einen sehr erhöhten Stand-by-Strom von über 150 mA bezog, auch wenn sein Motor nicht lief. Schuld daran war ein unauffälliger Defekt im Autoradio. Das Autoradio funktionierte nämlich trotz seiner »erhöhten Fresssucht« ganz normal und signalisierte keinen Defekt.

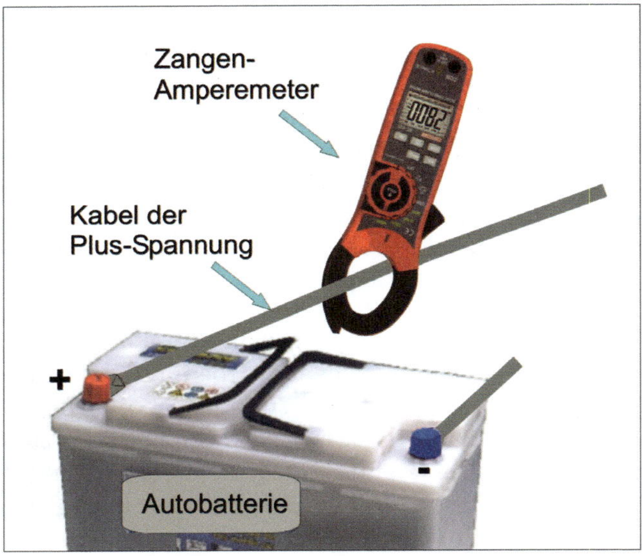

Abb. 1.19: Mit einer sogenannten Strommesszange kann man an der Ausgangsstromleitung der Autobatterie jederzeit leicht überprüfen, welchen Stand-by-Strom das Fahrzeug auch im Ruhestand bezieht – und ob die Batterie nicht durch einen unauffälligen Defekt in der Elektronik unerwünscht entladen wird

Vergleichbare Ursachen können bei der Autoelektronik natürlich genauso auftreten wie bei jeder anderen Elektronik auch. Bei einem Auto fallen jedoch solche kleinen Defekte oft gar nicht auf, bleiben verdeckt und zerren nur ganz sanft an der Kapazität der Autobatterie, die plötzlich leer ist – und das Fahrzeug stellt sich dann einfach tot. Da haben wir also eigentlich eine verschleierte Gefahr? Das ist nicht so schlimm: Mit einer sogenannten **Strommesszange** kann man leicht ab und zu nach Abb. 1.19 selbst den Stand-by-Strom seines Autos kontrollieren. Anstelle des Wortes »kontrollieren« dürfte es zwar heißen »kontrollieren lassen«, aber so eine Kontrolle wäre mindestens doppelt so teuer wie eine kostengünstige Strommesszange, mit der man Stand-by-Strom jederzeit leicht kontrollieren kann.

Wichtig

Achten Sie bitte bei der Suche nach einer passenden Strommesszange darauf, dass sie **auch** für das Messen von Gleichstrom ausgelegt ist! Manche der preiswerteren Stromzangen sind (aus Kostengründen) nur für Wechselstrom-Messungen konzipiert. Wenn auf einer solchen Zange beim Strommessungs-Wahlschalter nur **A~** und nicht **A=** oder **A~/=** steht, ist sie für diesen Zweck nicht geeignet. Die Auswahl ist sehr groß und man findet unter den Angeboten auch Gleichstrom-Messzangen, die kostengünstig sind.

Ansonsten sollte berücksichtigt werden, dass die Kapazität einer Autobatterie nur für das Fahrzeug und sein vorgesehenes Zubehör dimensioniert ist. Zusätzliche Verbraucher (Heizbezüge, Kühlboxen, zusätzliche Audio-Verstärker) beziehen von der Autobatterie oft mehr Energie, als die Lichtmaschine des Fahrzeugs nachladen kann. Von der Kapazität der Autobatterie hängt dann ab, wie lange – und unter welchen Umständen – sie einen erhöhten Stromverbrauch verkraften kann.

Autobatterie Beispiel A

Die Audio-Anlage des Fahrzeugs wird mit einem 100-Watt-Verstärker (Verstärker-Endstufe) nachgerüstet, und die Lautstärke der Musikberieselung wird z. B. bei einer Wiesenparty bei einem stehenden Fahrzeug voll aufgedreht. Geht man dabei nur vom eigentlichen Verbrauch der Endstufe aus, bezieht diese von der Autobatterie theoretisch einen Strom von bis zu etwa 8,3 Ampere, denn 100 Watt geteilt durch 12 Volt (als Spannung der Autobatterie) ergibt einen Strom von 8,3 Ampere. Der energetische Vorrat der Autobatterie sinkt bei dieser Stromabnahme theoretisch um ca. 8,3 Ah pro Stunde bzw. ca. 16,6 Ah innerhalb von zwei Stunden usw. Eine 60-Ah-Autobatterie, die vor der »Musikveranstaltung« relativ voll aufgeladen war, kann auf diese Weise zu tief »leer gepumpt« werden.

Wir haben das anhand einer einfachen Formel ausgerechnet:

Leistung in W (Watt) **: Spannung** in V (Volt) **= Strom** in A (Ampere)

Diese Formel kann man sich sehr leicht merken, denn es ist die gleiche wie z. B. bei der Berechnung einer Fläche: **Fläche** (in m^2) **: Länge** (in m) **= Breite** (in m)

Soweit nur für die Erläuterung der Zusammenhänge.

Autobatterie Beispiel B

Während der Fahrt in den Urlaub wird an den Zigarettenanzünder eine elektrische Kühlbox angeschlossen, die als 12-V/4-A-Verbraucher von der Autobatterie bis zu 4 Ampere pro Stunde bezieht. An einem sehr heißen Tag – bzw. im Stau – läuft die Kühlung der Box eventuell ununterbrochen und verbraucht somit von der zur Verfügung stehenden Batteriekapazität stolze 4 Ah pro Stunde. Wird z. B. in einem Stau neben der Kühlbox auch noch die Musikelektronik des Fahrzeugs in Anspruch genommen, wird bei abgeschaltetem Motor der bezogene Strom die Energiereserve der Autobatterie ebenfalls ziemlich strapazieren. Während der Fahrt lädt dann zwar die Lichtmaschine die Autobatterie fleißig nach, aber der Ladestrom ist dann herstellerseitig meistens so berechnet, dass er während einer nächtlichen Fahrt gerade noch den Stromverbrauch der Lichter ausreichend »großzügig« kompensieren kann. Werden an die Autobatterie noch zusätzliche Verbraucher angeschlossen, kann die Stromentnahme viel höher werden, als die Lichtmaschine nachliefern kann.

Fazit: Als Abhilfe bietet sich in solchen Fällen das Ersetzen der Autobatterie durch eine neue Autobatterie mit einer höheren Nennkapazität oder die Anwendung einer Zweitbatterie an. Beide Lösungen setzen allerdings voraus, dass die Lichtmaschine ausreichend Gelegenheit zum Nachladen der größeren Batterie bzw. der beiden Batterien erhält. Das kann ziemlich problemlos funktionieren, wenn das Fahrzeug überwiegend nur tagsüber (ohne Licht) längere Strecken fährt und nur selten angelassen wird. Andernfalls ist ein zusätzliches Nachladen der Autobatterie(n) mit einem externen Ladegerät erforderlich.

Der Begriff »Belastbarkeit« hängt nicht von der eigentlichen Kapazität einer Batterie/eines Akkus ab, sondern von seiner Fähigkeit, größere Stromabnahmen bzw. Stromstöße zu verkraften.

Als ein gutes Beispiel eines erhöhten Anspruchs auf die Belastbarkeit finden wir z. B. bei der Autobatterie: Sie muss beim Anlassen des Motors einen kräftigen Anlauf-Stromstoß verkraften können und zudem während der Stromversorgung des Anlassers einen relativ hohen Strom liefern können. Aus diesem Grund wird empfohlen, dass man den Anlasser jeweils nur kurz laufen lassen soll, und wenn der Motor nicht schnell genug startet, erst nach einer kurzen Pause von 8–10 Sekunden den Startversuch wiederholt, damit sich die Autobatterie ausreichend regenerieren kann.

1.3 Die Selbstentladung

Die in einer Batterie – oder in einem Akku – gespeicherte elektrische Leistung und Spannung geht im Laufe der Zeit durch die sogenannte Selbstentladung schrittweise verloren. Die Selbstentladung wird in Prozent angegeben, die sich üblicherweise auf den prozentualen *Energieverlust pro Monat* beziehen – es sei denn, der Anbieter hebt gezielt bei einer Spezialbatterie z. B. hervor, dass ihre Selbstentladung auch noch nach zehn Jahren nur 10 % beträgt.

Wird beispielsweise bei einem Blei-Akku eine Selbstentladung von 6 % (ohne nähere Erklärung) angegeben, bedeutet es, dass sein energetischer Vorrat auch im Ruhestand um 8 % monatlich sinkt. Und beträgt die Selbstentladung eines NiCd-Akkus (Nickel-Cadmium-Akkumulator) z. B. 30 % – was bei einigen dieser Akkus vorkommt – dann entlädt er sich unter Umständen schon während der Lagerung beim Händler fast auf null.

Da bei den meisten Batterien und Akkus jeglicher Hinweis auf die Selbstentladung bzw. auf das Datum der Herstellung fehlt, ist es bei vielen Standard-Batterien (und vor allem bei den gängigen Einwegbatterien) nur eine Glückssache, wie sie sich in dieser Hinsicht nach dem Kauf verhalten. So manche Einwegbatterien, zu denen auch Knopfzellen gehören, können durch einen längeren Transportweg (Schifffahrt Hongkong/Hamburg) oder durch eine lange Lagerung bereits beim Kauf relativ nah an ihrem »Rentenalter« sein. Der Kunde kann sich hier nur auf die ethischen Maßstäbe des Anbieters verlassen, denn so etwas wie ein Verfallsdatum wurde bei Batterien noch nicht durchgesetzt.

Die Ursache der Selbstentladung können wir auf folgende Weise erläutern: Wir wissen, dass jedes Material und jede Flüssigkeit einen spezifischen elektrischen Widerstand hat, der für seine Leitfähigkeit bestimmend ist.

Schließen wir an einen Akku einen elektrischen Verbraucher an, wird von ihm die im Akku gespeicherte elektrische Energie schrittweise verbraucht. Das ist klar und wir wissen inzwischen, dass wir anhand des Stromverbrauchs etwa einer Lampe leicht nachrechnen können, für wie lange die Kapazität einer voll aufgeladenen Batterie oder eines Akkus ausreichen dürfte.

Man könnte sich einfachheitshalber vorstellen, dass sich der Elektrolyt, der sich bei einem Akku zwischen seinen Elektroden (Polen) befindet, als eine elektrische Belastung auf den Akku auswirken dürfte, die an der vorhandenen energetischen Reserve sozusagen nagt. Die Summe der Einflüsse, die bei einem Akku die Selbstentladung verursachen, ist ziemlich komplex: Der Innenwiderstand eines Akkus bzw. einer Akkuzelle setzt sich nämlich aus zwei Komponenten zusammen: aus dem *ohmschen Widerstand* und aus zusätzlichen elektrochemischen Anteilen, die auf der *Elektrodenkinetik* beruhen und als *Faraday-Widerstand* (R_F) bezeichnet werden. Diese zwei Widerstände kann man sich einfach als zwei ohmsche Widerstände in Reihe vorstellen, die als interne Verbraucher quasi wie kleine Blutsauger wirken. Es kann zwar nicht schaden, wenn man weiß, dass es so etwas gibt, aber es richtet erprobt keinen Schaden an einem Menschen an, wenn es ihm lebenslang »schnuppe« bleibt.

Die Selbstentladung verdient vor allem bei stationär angewendeten Akkus eine erhöhte Aufmerksamkeit. Nehmen wir als Beispiel einen herkömmlichen Blei-Akku: Sein Elektrolyt besteht aus einer verdünnten Schwefelsäure und ist elektrisch leicht leitend. Er wirkt sich daher auf den Akku ähnlich aus wie eine externe Belastung. Das verursacht – neben anderen Einflüssen – eine Selbstentladung, die bei einem Blei-Akku – auch bei einer Autobatterie – je nach der Qualität – zwischen ca. 4 % und 8 % (pro Monat) liegt. Bei manchen kleinen, älteren wiederaufladbaren Akkus beträgt die Selbstentladung sogar ca. 25–30 % pro Monat.

Da bei vielen der kleineren Batterien und Akkus jeglicher Hinweis auf die Selbstentladung bzw. auf das Datum der Herstellung fehlt, bleibt es bei vielen Standard-Batterien nur eine Glückssache, wie sie sich in dieser Hinsicht nach dem Kauf verhalten.

Gut zu wissen

Wenn der Automotor eines Verbrenners nach dem ersten Startversuch nicht sofort anspringt, freut sich die Autobatterie, wenn man ihr vor dem nächsten Startversuch erst eine ca. zehn Sekunden lange Pause gönnt. Sie kann sich dadurch etwas erholen und dem Anlasser somit beim nächsten Startversuch einen kräftigeren Stromstoß versetzen.

Manche spezielleren Batterien, zu denen z. B. auch diverse Lithium-Batterien gehören, weisen eine sehr niedrige Selbstentladung auf, die nur etwa 10 % in 20 Jahren beträgt und umgerechnet bei ca. 0,04 % bis 0,08 % pro Monat liegt. Bei solchen Batterien weisen die Hersteller und Anbieter wohl auf die niedrige Selbstentladung hin, aber auch unter den neuesten Lithium-Batterien sind ab und zu einige, die vor allem im Hinblick auf ihre ursprüngliche Kapazität enttäuschend bald nachlassen.

Gut zu wissen

Auch bei Blei-Akkus, die für Anwendungen bei Photovoltaik vorgesehen sind, wird die Selbstentladung in der Regel aufgeführt und als niedrig gepriesen. Bei der Bewertung dieser Angabe ist jedoch ein objektiver Vergleich geboten, denn bei »guten« Solar-Blei-Akkus wird z. B. eine Selbstentladung von 3–4 % werbewirksam gepriesen, aber bei guten (und wesentlich preiswerteren) Autobatterien liegt die Selbstentladung auch oft nur zwischen ca. 3,5 % und 5 %. Allerdings wird bei Autobatterien auf diese Eigenschaft nicht speziell hingewiesen. Sie kann jedoch den technischen Unterlagen entnommen werden – was in der Praxis für einen normalen Kunden ziemlich aufwendige Recherchen in Anspruch nehmen könnte, denn der Händler selbst ist üblicherweise mit Fragen zu der Selbstentladung völlig überfordert.

1.4 Die Tiefentladeschwelle

Der Begriff **Tiefentladeschwelle** bezieht sich darauf, wie tief ein wiederaufladbarer Akku entladen werden darf bzw. soll. Nachdem inzwischen die NiCd- und NiMH-Akkus durch die erheblich leistungsstärkeren und strapazierfähigeren Lithium-Ionen-Akkus so ziemlich aus dem Rennen sind, werden wir mit der Tiefentladung eigentlich nur noch bei den guten alten Blei-Akkus konfrontiert. Vor allem also bei unseren Autobatterien.

Solange alles normal funktioniert, brauchen wir uns auch hier mit dieser komischen Eigenheit nicht zu befassen. Es sei denn, dass es uns dennoch gelingt, die Spannung unserer Autobatterie unter die Tiefentladeschwelle zu kriegen. Das kann z. B. passieren, wenn wir eine bereits halb leere Autobatterie durch eine länger laufende Stromabnahme so belasten, dass ihre Spannung unter diese kritische Spannungsschwelle sinkt.

Eine Autobatterie sowie auch ein anderer Blei-Akku können durch ein zu tiefes Entladen beschädigt bzw. vernichtet werden. Ihre Tiefentladeschwelle wird meist vom Hersteller genau definiert und darf grundsätzlich nicht unter diese Spannungsschwelle entladen werden. Diese Schwelle liegt bei herkömmlichen 12-Volt-Blei-Akkus und 12-Volt-Autobatterien typabhängig meist zwischen ca. 10,5 und 11 Volt. Wird die Batterie zu tief unterhalb dieser Schwelle entladen, was z. B. durch ein länger vergessenes Kofferraumlicht verursacht wird, kann sie dadurch irreparabel beschädigt werden. Je nach Typ (und Qualität) lässt sich danach zwar eine gute Autobatterie wiederaufladen, aber sie weist anschließend oft eine erhöhte Selbstentladung auf. Bei etwas Glück kann eine solche Erhöhung der Selbstentladung so geringfügig sein, dass sie kaum auffällt, aber bei etwas Pech ist die Selbstentladung ziemlich hoch. Die Batterie entlädt sich danach viel zu schnell und kann ihre Aufgabe nicht mehr zufriedenstellend meistern.

Da bei den meisten Batterien und Akkus jeglicher Hinweis auf die Selbstentladung bzw. auf das Datum der Herstellung fehlt, bleibt es bei vielen Standard-Batterien (und vor allem bei den gängigen Einwegbatterien) eine Glückssache, wie sie sich in dieser Hinsicht nach dem Kauf verhalten.

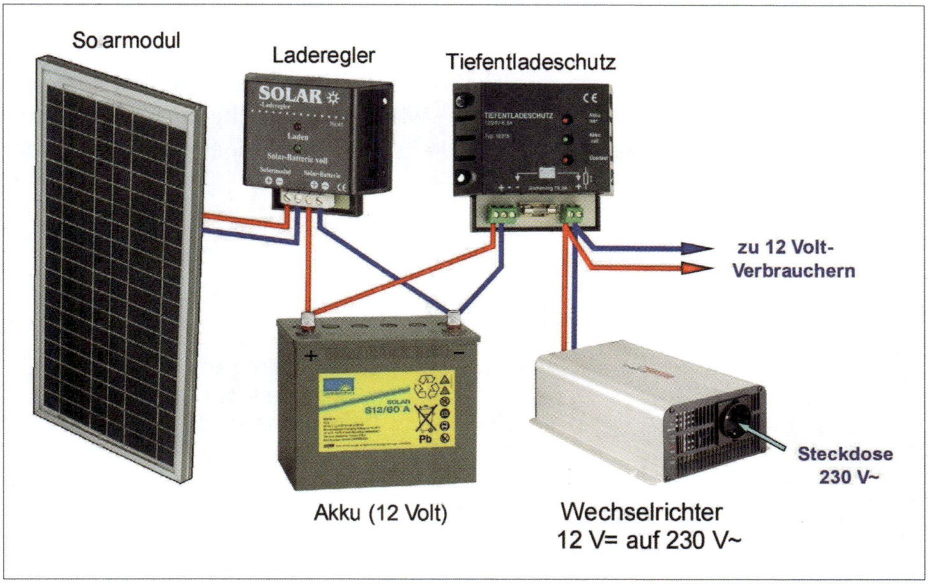

Abb. 1.20: Ein Tiefentladeschutz-Gerät schützt einen Blei-Akku vor einer zu tiefen Entladung

Das Problem der Tiefentladung gewinnt vor allem bei Anwendungen in der Photovoltaiktechnik an Bedeutung, denn hier werden als Energiespeicher mit Vorliebe Blei-Akkus verwendet, die nur wetterabhängig – bzw. sonnenscheinabhängig – geladen werden. Um hier die Bleibatterien vor einer zu tiefen Entladung zu schützen, werden nach Abb. 1.20 zwischen die Batterie und die elektrischen Verbraucher spezielle **Tiefentladeschutz-Geräte** geschaltet, die als handelsübliches Solartechnik-Zubehör erhältlich sind.

Ein solcher Tiefentladeschutz ist so ausgelegt, dass er die über ihn angeschlossenen elektrischen Verbraucher abschaltet, sobald die Spannung einer 12-Volt-Bleibatterie auf die sogenannte *Tiefentlade-Abschaltspannung* von ca. 10,5 bis 11,1 V (typbezogen) gesunken ist. Er schaltet diese Verbraucher erst dann wieder ein, nachdem die Batteriespannung auf eine *Tiefentlade-Rückschaltspannung* von z. B. 12,6 Volt gestiegen ist. Der Spannungs-Zwischenraum (diese sogenannte Hysterese des Tiefentladeschutz-Gerätes) muss gezielt etwas größer gehalten werden, da andernfalls der Tiefentladeschutz ständig hin- und herschalten würde. Dies aus dem Grund, dass die Batteriespannung nach dem Abschalten der »Last« (des Verbrauchers) automatisch etwas ansteigt, und da würde ein zu knapp eingestellter Tiefentladeschutz wiederum umgehend die Verbraucher an die Batterie zuschalten usw. (dieser Vorgang würde sich dann pendelnd ständig wiederholen).

Tiefentladeschutz-Geräte sind meist für den Schutz von 12-Volt- oder von 24-Volt-Bleibatterien ausgelegt. Sie sind oft als Universalgeräte wahlweise auf 12 Volt oder auf 24 Volt umschaltbar. Bei einigen dieser Geräte sind bereits herstellerseitig die *Tiefentlade-Abschaltspannung* und die *-Rückschaltspannung* **fest eingestellt**, bei anderen Geräten kann der Anwender diese Schwellen **selbst einstellen** und auf seine Batterie abstimmen. Das setzt allerdings voraus, dass dem Anwender bekannt ist, bei welcher Spannung die Tiefentladeschwelle seiner Batterie laut Hersteller exakt liegt.

Einige Geräte und Vorrichtungen, die speziell für Batteriebetrieb bzw. für eine solarelektrische Gleichstrom-Versorgung ausgelegt sind – wie z. B. elektrische Solar-Garagentorantriebe oder Solar-Kühlschränke –, verfügen bereits über einen eigenen (eingebauten) Tiefentladeschutz.

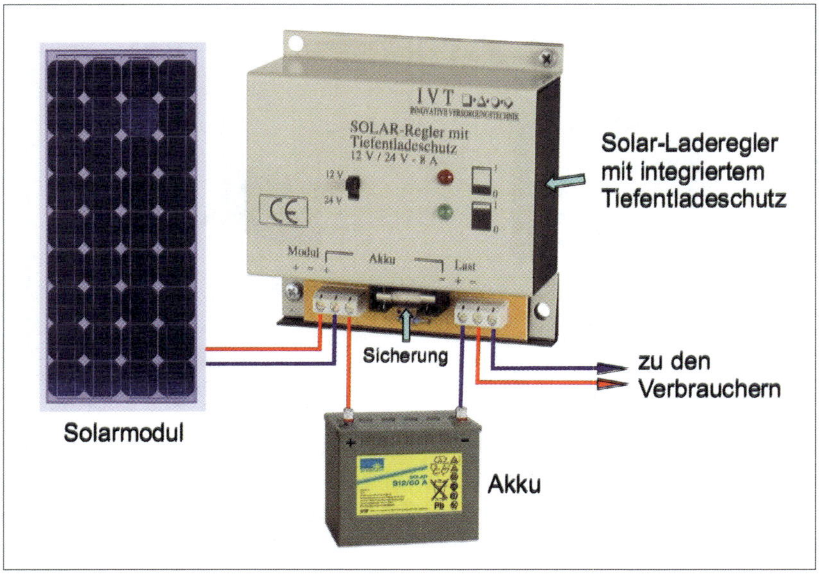

Abb. 1.21: Für Photovoltaikanlagen werden bevorzugt Laderegler verwendet, in denen schon ein Tiefentladeschutz eingebaut ist

Für Anwendungen in der Photovoltaik-Technologie ist der Tiefentladeschutz wahlweise als separates Gerät oder als ein in den Laderegler integriertes Gerät (Abb. 1.21) erhältlich. Die letztere Lösung ist kostengünstiger, da der Tiefentladeschutz quasi als Untermieter im Gehäuse des Ladereglers untergebracht ist.

Bei den Bleibatterien von Kraftfahrzeugen darf allerdings aus Gründen der Verkehrssicherheit ein Tiefentladeschutz **nicht** angewendet werden.

Bei Akku-Werkzeugen oder elektronischen Geräten, die noch mit den NiCd-Akkus bestückt wurden, sollte das vom Hersteller empfohlene regelmäßige Tiefentladen der Akkus nicht außer Acht gelassen werden. Das ist jedoch in der Praxis für den Anwender kaum zumutbar. Nehmen wir als Beispiel einen Akku-Schrauber, der z. B. irgendwo im Keller-Hobbyraum aufbewahrt und vielleicht nur ein- oder zweimal im Jahr verwendet wird. Ein solches Werkzeug werden Sie kaum wie ein kränkelndes Baby pflegen und akribisch darauf achten wollen, dass sein Akku (Akku-Pack) zumindest einmal in zwei oder drei Monaten regelmäßig entladen und neu aufgeladen wird. Dieses Problem gibt es zum Glück bei den neuen Werkzeugen und Geräten mit Li-Ion-Akkus nicht, denn die halten üblicherweise ihre Spannung und Kapazität erprobt auch ein Jahr »brauchbar hoch« bzw. fast unverändert hoch ohne Nachladen.

Soweit also vorerst zu diesen sehr praktischen Stromquellen, die eigentlich jeder von uns seit der Kindheit kennt und mit denen auch jeder von uns bereits »normal« umgehen lernte.

Lange Zeit hat eigentlich niemanden so richtig gestört, dass es sich dabei um sehr schwache Stromlieferanten handelte. Die batteriebetriebenen Verbraucher und die dazugehörenden Batterien wurden »brauchbar« aufeinander abgestimmt und es funktionierte.

Jetzt haben wir damit aber plötzlich ein neues Problem: Die immer perfekteren Roboter mit verblüffender Gelenkigkeit funktionieren »vorzeigefähig« und mit ausreichender Dauer, nur solange sie über ein Kabel laufend Strom beziehen können. Die jetzige Batterieversorgung reicht im Prinzip leider gerade nur dafür aus, dass so ein toller Roboter nur kürzere Zeit vor einer Kamera zeigen kann, was er so alles kann. Dann ist die Batterie aber ziemlich schnell leer und nichts läuft mehr. Die von solchen Vorführungen erweckten Hoffnungen auf Roboter, die etwa als Hausroboter oder als Pflegekräfte länger herumtoben können, dürfte man vorerst mit etwas Vorsicht betrachten. Es wird zwar intensiv an neuen Batterien bzw. an neuen Energiespeichern geforscht, aber in den letzten 100 Jahren wurde trotzdem noch nichts Umwerfendes erreicht. Leider.

Es wird zwar auf diesem Gebiet sehr intensiv geforscht, die Erfolge machten bisher allerdings nur kleinere Schritte. Man erhofft sich aber, dass z. B. die Silizium-Komposite in naher Zukunft die jetzigen reinen Graphit-Anoden der Zellen ersetzen und verdrängen werden, um eine viel höhere Energiedichte bei den Zellen zu ermöglichen. Unter dem Begriff »höhere Energiedichte« ist zu verstehen, dass ein Akku dadurch über eine höhere Kapazität bei gleichem Volumen verfügen wird.

Solche Akkus werden ja dringend für Roboter gebraucht, denen keiner der jetzigen Akkus eine ausreichende Bewegungsfreiheit ermöglicht. Oft reicht die Kapazität eines Akkus gerade nur dafür aus, dass er kurz vorführen kann, wie toll er sich bewegt und was er alles vollbringen könnte, wenn er es wirklich könnte. So richtig herumtoben kann er jedoch eigentlich nur, solange er – ähnlich wie ein Wachhund – an ein Anschlusskabel »angekettet« ist. Die Technik schreitet jedoch ganz schön flott voran, und wir dürfen uns vorerst damit zufriedengeben, dass wir – dank der »neuen« Lithium-Ionen-Akkus – endlich Akku-Werkzeuge haben, die kurz nach der Inbetriebnahme nicht gleich wieder aufgeben.

1.5 Memory-Effekt

Annähernd so ähnlich wie jedes Lebewesen hat auch jeder Akku ein eigenartiges Gedächtnis. Das war besonders bei den früheren NiCd-Akkus, teilweise auch bei ihren NiMH-Nachfolgern, sehr ärgerlich: Hat man sie nicht laufend gut nachgeladen oder wurden sie einmal zu tief entladen, haben sie es sich gemerkt und bauten dann einfach ab. Das manifestierte sich vor allem in der Form von steigender Selbstentladung bis zu einer ausgesprochenen Aversion gegen weiteres Nach- bzw. Aufladen. Teilweise leiden unter einem solchen Memory-Effekt immer noch z. B. auch alle Blei-Akkumulatoren – im Zusammenhang mit einer zu tiefen Selbstentladung. Es kann da zwar typabhängig unterschiedlich sein, aber Probleme kann es nur dann verursachen, wenn so ein Blei-Akkumulator in die Jahre kommt oder wenn er bei einer spezielleren Anwendung nicht gut gepflegt wurde.

Bei den inzwischen gut etablierten Li-Ion-Akkus stellt der Memory-Effekt in der Praxis keine bedeutende Schwachstelle dar, wie es früher bei den – inzwischen ziemlich unbedeutend gewordenen – NiCd- und NiMH-Akkus war.

Bei Geräten und Werkzeugen, in denen sich die ausgedienten NiCd-Akkus auswechseln lassen, konnten früher an ihrer Stelle die »neueren« NiMH-Akkus (Akku-Packs) eingesetzt werden. NiMH-Akkus litten nicht so schwer unter dem Memory-Effekt, waren/sind pflegeleichter, und obwohl sie typbezogen auch noch unter gewisser Selbstentladung leiden, hält es sich hier in Grenzen. Soweit sich der Besitzer damit abfinden kann, dass in seinem Werkzeug oder Gerät noch ein NiMH-Akku sitzt, der im Gegensatz zu einem Li-Ion-Aku einen sehr kurzen Atem hat, ist schneller Handlungsbedarf nicht nötig. Wer allerdings z. B. eine Grasschere mit einem NiMH-Akku und eine zweite Grasschere mit einem Lithium-Ionen-Akku hat, der wird staunen, wie groß der Leistungsunterschied zugunsten des mit einem Li-Ion-Akku betriebenen Gerätes ist. Die früheren Probleme mit dem Memory-Effekt, die vor allem bei den NiCd- und NiMH-Akkus den Anwendern das Leben schwer machten, haben inzwischen bei den neueren Li-Ion-Akkus an Bedeutung verloren. Sie sind zwar noch ein klein wenig da, aber stören und nerven nicht mehr.

2. Die Wechselspannung und der Wechselstrom

Ähnlich wie die vorher behandelten Batterien ist auch das elektrische Hausnetz für uns nichts Neues, aber im Gegensatz zu den Batterien hatten wir das Hausnetz als solches niemals greifbar in der Hand. Und so blieb es mehr oder weniger etwas ziemlich Unbekanntes – oder sogar etwas ganz Mysteriöses. Kein Wunder: Man kann da ja nichts Greifbares sehen und obwohl man es bei Bedarf spüren könnte, kann man auf so ein Vergnügen gut verzichten. Es könnte sich dabei in der Praxis ja nur um einen elektrischen Schlag handeln, der nicht unbedingt unter die erstrebenswerten Sehnsüchte eines normal gepolten Menschen fällt.

Ein Elektriker dürfte natürlich beim Lesen dieser Zeilen ruhig schmunzeln, denn er würde den elektrischen Strom ganz nüchtern mit einem braven Hund vergleichen, der nur dann zubeißt, wenn man sich ihm gegenüber nicht richtig verhält.

In Wirklichkeit gibt es auf dieser Welt kaum einen Tätigkeits- oder Lebensbereich, in dem man jegliche Gefahren so leicht durch einfaches Abschalten verhindern kann wie bei der Arbeit mit der Elektrik. Aber das nur nebenbei.

Die elektrische Wechselspannung und der elektrische Wechselstrom stellen jedenfalls im Prinzip die gleiche Kraft dar wie die Gleichspannung und der Gleichstrom, die wir bereits bei den Batterien etwas transparenter beschrieben haben.

Im Zusammenhang mit dem Thema Batterien konnten wir davon ausgehen, dass es sich dabei um bekannte Stromquellen handelt, die so gut wie jeder zu Hause hat. Aber hoppla: Wenn es um die Wechselspannung und den Wechselstrom geht, hat ja auch etwa die Hälfte der Bevölkerung die »echten« Stromquellen quasi zu Hause oder besitzt sie halt, wenn sie ein Auto oder ein Fahrrad mit einem älteren Fahrraddynamo hat.

Jetzt müssen wir ordnungshalber einen kurzen »Seitensprung« machen und darauf hinweisen, dass der sogenannte Fahrraddynamo kein Dynamo, sondern in Wirklichkeit ein **Alternator** ist (ein Dynamo erzeugt Gleichstrom, ein Alternator erzeugt Wechselstrom). Die Bezeichnung »Dynamo« hat ihre Wurzeln in der Vergangenheit, in der anfänglich die Lichtmaschinen der Autos tatsächlich als Dynamos gebaut wurden, bis sie auch da durch die technologisch günstigeren Alternatoren verdrängt wurden.

Mr. Shakespeare hat zwar irgendwann den bekannten Satz »Was ist schon ein Name?« in die Welt gesetzt, in der Technik muss man dennoch etwas mehr darauf achten, wie etwas heißt. Also: Wir haben in unseren Autos Lichtmaschinen, die als *Alternatoren* Wechselstrom erzeugen, der anschließend gleichgerichtet wird, um die Autobatterie nachladen zu können. Hätten wir da – so wie früher – weiterhin Dynamos, würden sie uns gleich den für das Laden der Autobatterie benötigten Gleichstrom liefern. Aber: Dynamos brauchen für die Stromerzeugung zu schwere Permanentmagnete, und Alternatoren bieten sich auch aufgrund ihres niedrigeren Gewichts als die bessere Lösung an.

Dass viele von uns also diese kleinen Elektrizitätswerke in ihren Autos, Traktoren oder Rasenmähern haben, wird uns leider weiterhin nichts mehr bringen als vielleicht die Genugtuung, dass wir eigentlich etwas ganz Tolles besitzen. Was ansonsten hinter den Kulissen der ganzen Technik steckt, erklären wir nun schrittweise.

2.1 Die elektrische Wechselspannung

Wir wissen, dass jede Quelle der elektrischen Energie eine vorgegebene Spannung hat und dass jedes elektrische Gerät oder jede Lampe für eine – vom Hersteller bestimmte – *Betriebsspannung* ausgelegt ist.

Die elektrische Spannung wird in **Volt** (abgekürzt **V**), manchmal auch in **Kilovolt** (**kV**) oder in **Millivolt** (**mV**) angegeben bzw. gemessen. Mit der Umrechnung ist es ähnlich wie bei den Längenmaßen (Meter, Kilometer und Millimeter):

1 kV = 1.000 V, 1 mV = 0,001 V

Abhängig von der Art der vorgesehenen Stromversorgung werden elektrische Geräte in *netzbetriebene* oder *batteriebetriebene* eingestuft. Manche dieser Geräte sind für beide Arten der Stromversorgung vorgesehen. Zudem verfügen viele Batteriegeräte bekanntlich über ein zusätzliches Netzteil, über das sie wahlweise an eine 230-Volt-Steckdose oder an einen USB-Stecker angeschlossen werden können.

Die 230-Volt-Spannung beziehen wir in Deutschland als *Hausnetz-Normspannung* (Licht- und Steckdosen-Spannung) aus dem öffentlichen elektrischen Netz. Für diese Spannung sind fast alle Haushaltsnetzgeräte und die meisten elektrischen Vorrichtungen ausgelegt. Das ist uns aber bekannt, denn wenn wir z. B. eine normale Lampe kaufen wollen, müssen wir darauf achten, dass sie auch tatsächlich für die vorgesehene Spannung ausgelegt ist.

Und so wird eine Spannung gemessen:

Als Messgerät können wir wahlweise ein Voltmeter (Abb. 2.1) oder ein Multimeter (Abb. 2.2) verwenden.

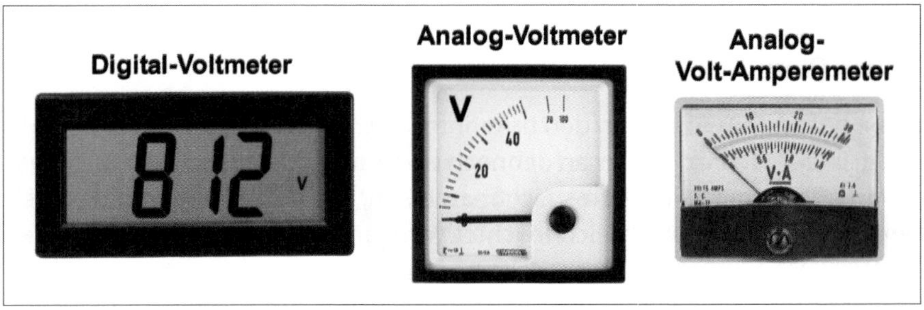

Abb. 2.1: Ausführungsbeispiele einiger kleiner Panel-Messgeräte, die wahlweise als Digital- oder Analogmessgeräte (Zeigermessgeräte) erhältlich sind

Ein Voltmeter als Messgerät, das nur die Spannung misst, wird meistens nur für Anwendungen genutzt, bei denen es z. B. als Einbaumessgerät (Panel-Gerät) für die Kontrolle einer einzigen Spannungsquelle dienen soll. Solche Voltmeter sind – bis auf seltene Ausnahmen – nur für einen einzigen Spannungsbereich ausgelegt und bieten meistens keine Möglichkeit, sie genauer auf den vorgesehenen Spannungsbereich einzustellen. Abgesehen davon sind die meisten solcher Voltmeter entweder **nur** für das Messen von Gleichspannungen oder **nur** für das Messen von Wechselspannungen ausgelegt. Und sie sind wahlweise erhältlich als *Digital-Voltmeter* oder *Analog-Voltmeter* (*Zeiger-Voltmeter*) – und zwar in sehr vielen Ausführungen.

Möchte man z. B. mit einem Voltmeter einfach laufend die Spannung einer 12-V-Solarbatterie überwachen, würden wir uns dafür ein Gleichstrom-Voltmeter aussuchen, dessen Spannungsbereich etwa 0–18 V beträgt. Da eine voll aufgeladene Batterie höchstens bei ca. 14,2 V liegen wird, ist ein Spannungsbereich ziemlich wichtig bei Analog-Voltmetern. Würde man sich für dieses Vorhaben mit einem Analog-Voltmeter (Zeiger-Voltmeter) zufriedengeben, dessen Spannungsbereich z. B. bei 0–100 V liegt, würde sich der jeweils gemessene Spannungswert nur sehr ungenau ablesen lassen. Bei Digital-Voltmetern mit einem fest vorgegebenen Spannungsbereich wirkt sich ein zu großer Spannungsbereich nur auf die Zahl hinter dem Komma aus.

Beispiel: Ein Digital-Voltmeter, das für einen Spannungsbereich bis zu 15 V ausgelegt ist, wird die Batteriespannung z. B. in der Form von *12,36 V* anzeigen. Ein Voltmeter derselben Bauart, aber mit einem Spannungsbereich von 600 V, wird dieselbe Spannung nur etwas ungenauer als *12,3 V* anzeigen.

Zu beachten ist: Ein an die Batterie angeschlossenes Voltmeter ist ein Verbraucher! Zwar ein sehr bescheidener Verbraucher, aber von einem Daueranschluss an eine Batterie sollte man lieber absehen. Bei Selbstbau-Projekten, bei denen man die Spannung unter Kontrolle haben möchte, sollte man das Voltmeter nur bedarfsbezogen über einen Taster kurz zuschalten können. Erhöhte Vorsicht ist in der Hinsicht auch bei Spannungsmessungen an Zink-Luft-Knopfzellen für Hörgeräte geboten. Da sie quasi jeweils erst »Luft schnappen« müssen, bevor sie ihre Spannung aufs Optimum aufbauen, beansprucht eine Spannungsmessung ein paar mehr Messversuche, die an ihrem ohnehin bescheidenen Energievorrat nagen. Für diese Spannungsmessung sollte daher kein Billigmessgerät verwendet werden, das einen zu geringen *Innenwiderstand* hat und somit zwar als sehr schwache, aber dennoch unnötige Belastung wirkt. Für solche Spannungskontrollen sollte daher bevorzugt ein gutes Multimeter eingesetzt werden.

Für gängige Messungen in der Elektrotechnik und Elektronik werden ohnehin bevorzugt **Multimeter** verwendet, mit denen man meistens wahlweise sowohl die Spannung als auch den Strom – und zusätzlich auch den ohmschen Widerstand (bei einigen Geräten zudem Kapazität und Induktion) messen kann. Multimeter sind wahlweise als Digital-Multimeter oder Analog-Multimeter (Abb. 2.2) erhältlich.

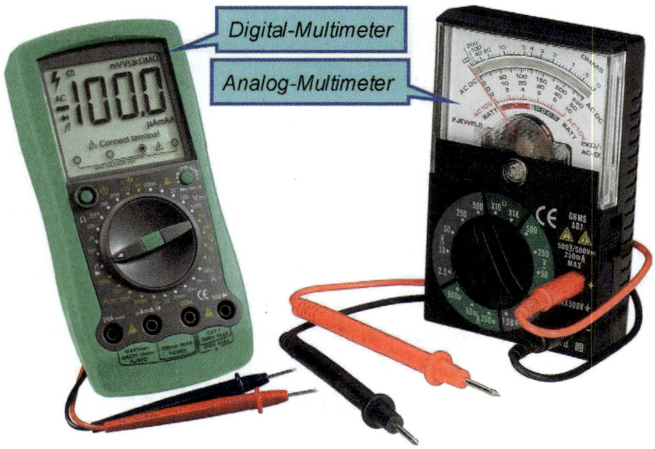

Abb. 2.2: Multimeter gibt es ebenfalls wahlweise als Digital- oder Analog-Multimeter (Zeiger-Multimeter)

Je teurer sie sind, desto mehr Messbereiche und höhere Messgenauigkeit können sie bieten. Sie haben viele bis sehr viele Messbereiche und teilweise ziemlich gewöhnungsbedürftige Bedienungsansprüche. Vor allem bei manchen teuren Multimetern, die fast alles können, außer Kaffee zu kochen, sind die Ansprüche auf geduldige Einarbeitung für einen Einsteiger etwas strapazierend. Da lohnt sich zunächst besser ein einfacheres Digital-Multimeter, das bevorzugt so ausgelegt ist, dass es jeweils selbst erkennt, was es zu messen hat, und sich automatisch darauf einstellt. Hier erleichtern eine gute Beratung und Vorführung in einem Fachgeschäft die Auswahl.

Mit der Spannungsmessung ist es eigentlich bei allen Multimetern sehr einfach: Man stellt (bei Bedarf) den benötigten Spannungsbereich auf dem Voltmeter/Multimeter ein, hält dann einfach die zwei Messspitzen des Voltmeters/Multimeters (nach Abb. 2.3) z. B. an die Pole der Batterie oder an die Klemmen einer Lampe und damit hat es sich. Also kein Problem, wenn man ein Digitalmessgerät hat und wenn man bei einem »weniger intelligenten« Voltmeter den Spannungsbereich nicht auf eine viel zu niedrigere Spannung einstellt. Da kann es dann natürlich danebengehen, und das Gerät fängt zudem manchmal auch hemmungslos zu rauchen an.

Als eine erprobte Gegenmaßnahme hilft hier für einen Einsteiger am besten der Trick, dass er sich für die ersten Experimente bevorzugt ein kleines, einfaches Multimeter zulegt, das man notfalls erst mal brutal vernichten kann, ohne dass man danach bei der Bank gleich nach einem Kredit für ein neues Messgerät fragen müsste. Das ist selbstverständlich nur eine »Auflockerungsbemerkung« zum Schmunzeln, denn in der Praxis gibt es auch bei den ersten Messversuchen keine Probleme und keinen Rauch. Der droht erprobt eigentlich erst dann, wenn man das Stadium erreicht, in dem man denkt, dass man schon alles kann.

Fast jeder Elektriker und Elektroniker hat dann zu Hause irgendwo ein Multimeter, an dem ein oder zwei Messbereiche nicht mehr funktionieren, weil er das gute Stück irgendwann versehentlich zu respektlos oder zu unaufmerksam behandelt hat.

Analog-Multimeter (Zeiger-Multimeter) finden manche Anwender sympathischer als Digital-Multimeter, oft aus dem Grund, dass da der Zeiger quasi blitzschnell und optisch gleitend nachvollziehbar zeigt, wie sich z. B. eine Spannung langsam aufbaut oder sinkt. Das macht ein Digital-Multimeter auf diese Weise nicht. Und wenn es sich zudem um ein Billiggerät handelt, kann es auch noch vorkommen, dass es zu lange hin- und herspringt, bevor es ihm gelingt, den endgültigen Messwert anzuzeigen. Diese Nachteile weisen allerdings teurere Digital-Multimeter nicht auf (darauf kommen wir noch zurück).

Von der Preisklasse der Messgeräte hängt meistens auch ihre Messgenauigkeit ab. Für gängige Haus-und-Garten-Messungen kommt es nicht darauf an, ob die Messgenauigkeit übertrieben hoch ist. Eine Ungenauigkeit bis zu etwa 3 % stört hier nicht – soweit es den persönlichen Ansprüchen genügt. Ärgerlich wird es jedoch, wenn so ein Messgerät um 5 % oder noch mehr ungenau ist (manche Hersteller sehen es mit ihren Angaben zur Messgenauigkeit zudem nicht so genau). Und noch schlimmer sind Digital-Multimeter, die erst lange hin und her herumrechnen, bis es ihnen gelingt, den endgültigen Messwert anzuzeigen. Und die gibt es leider wirklich! Allerdings nur in den niedrigen Preisklassen. Bei einem Onlinekauf sollten Sie daher unbedingt auf die Rücksende-Bedingungen achten.

Aber: In der Praxis braucht man bei einfacheren Gelegenheitsarbeiten mit der 230-V~-Netzspannung nicht unbedingt immer die Spannung als solche zu messen. Oft genügt es, wenn man prüfen kann, ob die Spannung nach der vorhergehenden Abschaltung des Sicherungsautomaten auch wirklich weg ist oder doch noch da ist. Dafür gibt es eine Menge verschiedener einfacher Spannungsprüfer, die zwar oft nur grob die Spannungswerte anzeigen, aber sehr bedienungsfreundlich sind.

Abb. 2.3: Die einfachsten Spannungsprüfer sind als kleine Schraubendreher ausgeführt, in denen ein kleines Neonlämpchen die Anwesenheit einer Netzspannung anzeigt

In den einfachsten Spannungsprüfern leuchtet z. B. ein kleines Neonlämpchen auf, wenn man mit der Spitze des Spannungsprüfers einen Leiter oder eine Klemme berührt, in dem/der noch die »bissige« Wechselspannung lauert. Wie Abb. 2.3 zeigt, sind solche Spannungsprüfer meistens als kleine Schraubendreher ausgeführt. Sie sind sehr beliebt und kostengünstig, aber ein gewisser Nachteil besteht darin, dass das Licht des Neonlämpchens z. B. bei kräftigerem Sonnenschein kaum sichtbar ist. Das lässt sich jedoch bei Verdacht jederzeit leicht während der Arbeit am elektrischen Hausnetz kontrollieren. Es gibt alternativ auch Spannungsprüfer, die das Vorhandensein der Spannung auch akustisch (z. B. durch Brummen oder Piepsen) melden. Manche davon melden es auch berührungslos. Da genügt es, wenn sie z. B. nach (Abb. 2.4) nur in die Nähe eines Leiters gehalten werden.

Abb. 2.4: Sehr viele Spannungsprüfer melden die Anwesenheit der Netzspannung auch akustisch (z. B. mit einem Brummton) – und teilweise sogar auf Abstand

Nachlässigkeit bei der Arbeit mit der Netzspannung kann sich bekanntlich sehr unangenehm rächen. Auch wenn Sie z. B. auf einem trockenen Fußboden quasi gut isoliert stehen, kann Ihnen eine andere zufällige Berührung mit einem elektrisch leitenden Gegenstand, mit dem Null- oder Schutzleiter, einen brutalen elektrischen Schlag versetzen. Genau genommen müsste man verantwortungsvoll auch darauf hinweisen, dass ein solcher Schlag sogar lebensgefährlich sein kann. Es ist jedoch angebracht, in diesem Zusammenhang fair darauf hinzuweisen, dass solche schlimmen Unfälle fast niemals bei der eigentlichen Arbeit am elektrischen Hausnetz, sondern (laut Statistik) beim unachtsamen Umgang mit defekten Elektrogeräten oder ihren beschädigten Anschlusskabeln vorkommen.

Was es mit so einer Netzspannung, die aus dem öffentlichen Netz ins Haus hineingeführt wird, genauer auf sich hat, sehen wir uns nun näher an:

Wir beginnen mit dem Kabel und seinen fünf Adern (Leitern) nach Abb. 2.6.

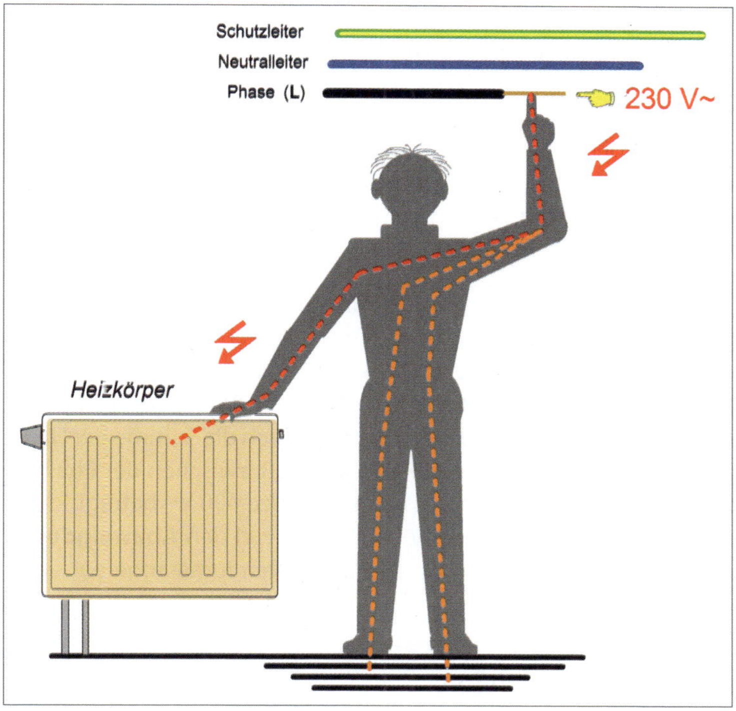

Abb. 2.5: Das wissen wir ja, aber unterschätzen dürfen wir es nicht, denn sowohl der Himmel als auch der elektrische Strom kennen keine Günstlinge

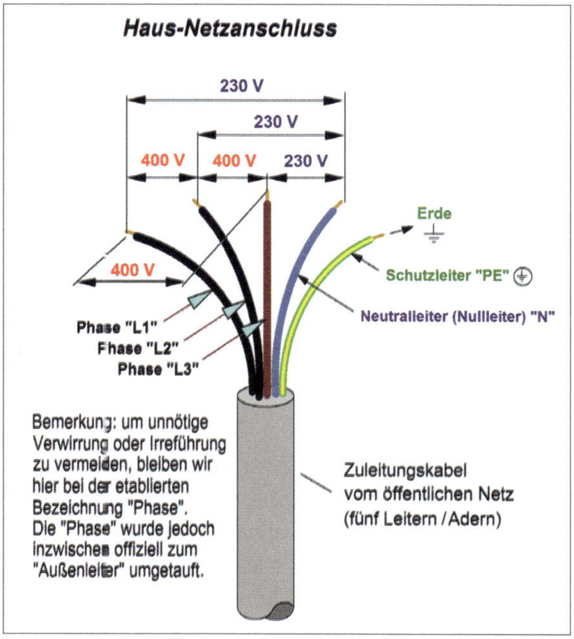

Abb. 2.6: Aus dem öffentlichen Wechselspannungsnetz bezieht jedes Haus seine Netzspannung vorschriftsmäßig über ein fünfadriges Kabel

Auf den ersten Blick stellen wir fest, dass so ein Kabel vielleicht mehr Adern hat, als man eigentlich benötigen dürfte. Stimmt! Für Steckdosen und Lichtleitungen wird nach Abb. 2.7 jeweils nur eine der Phasen – in Kombination mit dem Nullleiter und Schutzleiter – verwendet. Unsere *Hausnetz-Anschlüsse* sind dennoch als *Drehstrom-Anschlüsse* (*Drei-Phasen-Anschlüsse*) nach Abb. 2.6 ausgelegt. Daher also die fünf Adern. An den Drehstrom wird wahlweise nur der Küchenherd angeschlossen (und eventuell auch eine Drehstrom-Steckdose in der Garage oder in der Hobby-Werkstatt). Ansonsten ist der Drehstrom für größere Elektromotoren und größere Maschinen unentbehrlich.

Die einzelnen Phasen des Drehstroms muss der Elektroinstallateur vorschriftsmäßig im Haus so verteilen, dass die vom öffentlichen Netz bezogene elektrische Energie möglichst ausgewogen von allen drei Phasen Strom bezieht. Das klappt zwar pro einzelnem Haushalt nie optimal, aber der Energielieferant strebt auf diese Weise an, dass seine drei Phasen möglichst gleichmäßig ausgelastet werden – was letztendlich durch die Summe der Haushalte zufriedenstellend gelingt. Allerdings um den Preis, dass z. B. zwischen der Phase in der Steckdose und der Phase der Lichtleitung die Spannung stolze 400 V~ beträgt (diese unterschiedlichen Phasen befinden sich oft auch nebeneinander in den **Abzweigdosen** (neudeutsch **Verteilerdosen**), die oben in den Wänden der Wohnräume angelegt sind). Darauf kommen wir später noch zurück.

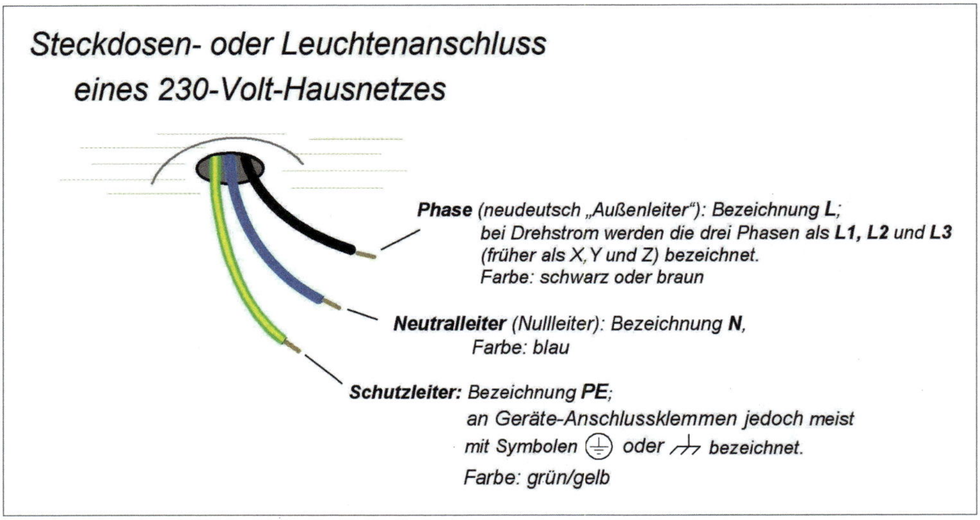

Abb. 2.7: Für die Einzelanschlüsse normaler Steckdosen und Leuchtkörper benötigt ein gewöhnlicher Haushalt nur dreiadrige Zuleitungen

Wie schon angesprochen wurde, brauchen wir von den fünf Leitern aus Abb. 2.6 für die normale Stromversorgung eines Haushalts eigentlich nur zwei, aber für den Schutz gegen unerwünschte Unfälle hat sich noch ein dritter Leiter als sehr nützlich gezeigt. Wenn es nämlich um elektrische Verbraucher geht, die elektrisch leitende Metallteile haben, müssen die Teile, mit denen der Anwender in Berührung kommen könnte, mit dem Schutzleiter gut verbunden sein. Der Schutzleiter ist dann perfekt geerdet.

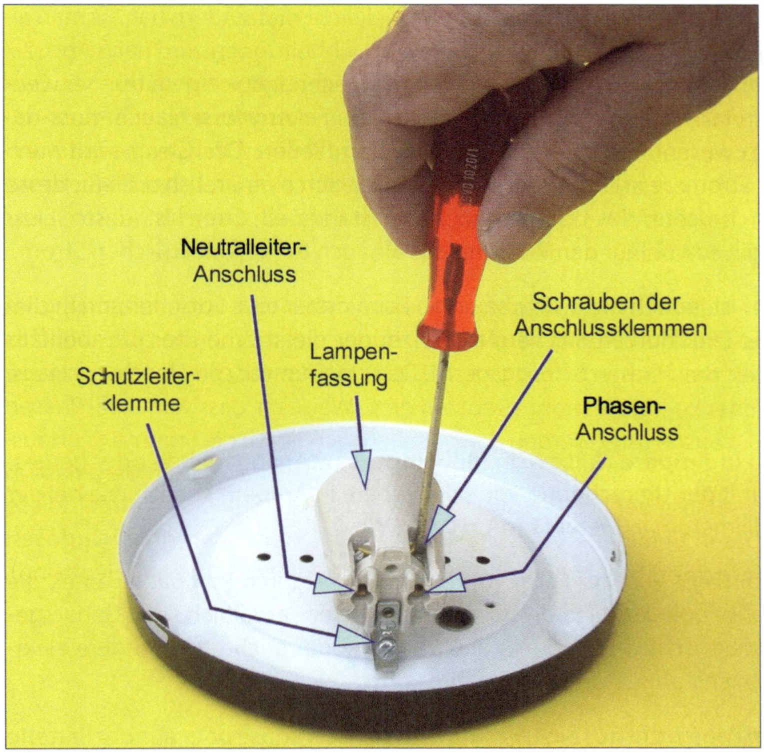

Abb. 2.8: Der Schutzleiter muss bei einer solchen Lampe mit ihrem elektrisch leitenden Metallboden perfekt verbunden sein

Wenn dann bei einem inneren Defekt die »beißende Phase« (also der **Leiter L**) unerwünscht mit so einem metallischen Teil in Verbindung (zu einem Kurzschluss) kommt, schaltet der Sicherungsautomat oder eine Sicherung den Strom blitzschnell ab.

Lampen sowie beliebige andere Elektrogeräte, die keine elektrisch leitenden Bauteile haben, brauchen keinen Schutzleiter und somit nur eine zweiadrige Zuleitung – bzw. auch nur ein zweiadriges Anschlusskabel.

Jetzt noch zu der Bezeichnung **Phase**, die seit mehr als 100 Jahren in der Praxis immer noch anstelle der neudeutschen missverständlichen Bezeichnung **Außenleiter** verwendet wird. Vor allem deshalb, weil die Bezeichnung Außenleiter eigentlich sehr irreführend klingt, da man sie bestenfalls mit dem Volkslied »Horch, was kommt von draußen rein« assoziiert. Das hat sich wohl jemand ausgedacht, der absolut keine Lust auf die Elektrotechnik hatte und dem nur jemand gesagt hat, dass der elektrische Strom von außen ins Haus kommt. Damit sich also unsere Leser nicht mit der Frage quälen müssen, warum nur drei von den fünf Leitern als Außenleiter bezeichnet werden, obwohl ja alle fünf Leiter von außen ins Haus kommen, widmen wir dieser Erklärung nachfolgend etwas mehr Zeit.

2.2 Der elektrische Wechselstrom

Der elektrische Strom wird oft mit dem Wasserstrom verglichen: Aus einem dünnen Gartenschlauch fließt ein schwacher Wasserstrom, aus einem Feuerwehrschlauch muss dagegen bei Bedarf ein wesentlich kräftigerer Wasserstrom fließen. Das Gleiche gilt auch für den elektrischen Strom: Je kräftiger der Strom ist, der durch einen Leiter fließt, desto größer muss der Durchmesser des Leiters sein. Und je stärker ein Strom ist, desto mehr kann er leisten. Das gilt sowohl für den Wasserstrom als auch für den elektrischen Strom.

Der elektrische Strom ist jedoch nicht sichtbar. Man kann daher eine Stromleitung in dieser Hinsicht mit einer Druckluftleitung vergleichen, in der die strömende Luft ebenfalls nicht sichtbar ist, aber dennoch erfahrungsgemäß z. B. pneumatische Handwerkzeuge antreiben kann.

Die Stromstärke wird in **Ampere** (**A**) bzw. in **Milliampere** (**mA**) angegeben oder gemessen. Auch hier ist es mit der Umrechnung von Milliampere in Ampere ähnlich wie bei der Umrechnung von Millimetern in Meter (**1 mA = 0,001 A**).

Der elektrische Strom fließt – in der Form von Elektronen – durch kompakte Leiter, die überwiegend als Drähte oder Kabel in diversen Durchmessern erhältlich sind. Genau genommen fließt der elektrische Strom durch alle Metalle (oder auch durch andere elektrisch leitende Materialien), ohne Rücksicht auf ihre Form.

Der elektrische Strom kann nicht aus eigener Kraft aus der Steckdose oder aus der Batterie herausfließen. Interessant an der Sache ist, dass in einer elektrischen Steckdose, die sozusagen »unter Strom steht«, in Wirklichkeit überhaupt kein Strom ist bzw. »sitzt«. Er »eilt« blitzschnell erst dann heran, sobald er durch eine Last abgerufen wird. Und er kommt jeweils nur in der Stärke an, die von der Last angefordert wird. So können wir z. B. bei Staubsaugern die Leistung – also den von ihnen bezogenen Strom – nach Bedarf einstellen. Jeder Verbraucher, egal ob es sich um einen Gleichstrom- oder Wechselstrom-Verbraucher handelt, bestimmt quasi selbst, welchen Strom (in Ampere) er braucht.

Da jede elektrische Spannungsquelle aus zwei Polen besteht, kann der Strom immer erst von einem Pol (Pluspol) zum anderen Pol (Minuspol) fließen, wenn eine elektrisch leitende Verbindung erstellt wird.

In einer intakten (aufgeladenen) Batterie herrscht am Minuspol ein Überschuss an Elektronen und am Pluspol ein Mangel an Elektronen. Wird an die zwei Pole z. B. ein Glühlämpchen angeschlossen, fließen durch ihren Glühfaden die Elektronen vom Minuspol zum Pluspol. Allerdings nur so lange, bis sich ein Gleichgewicht einstellt (bis die Batterie leer ist).

Der Fluss der Elektronen bewegt sich – als fließende elektrische Ladung – zwar **vom Minuspol zum Pluspol**, aber der elektrische Strom fließt in der Gegenrichtung **vom Pluspol zum Minuspol**. Daher gilt in der Elektrotechnik (und Elektronik) als Faustregel, dass der elektrische Strom immer vom Pluspol zum Minuspol fließt. Darauf werden auch alle Schaltungen und Funktionen abgestimmt.

> **Hinweis**
> Obwohl die herkömmlichen Glühlampen inzwischen zunehmend durch LED-Lampen verdrängt werden, werden wir sie in einigen unserer Beispiele aus dem Grund bevorzugen, dass man da leicht verständlich den Lampen-Glühfaden einzeichnen kann. Dadurch lässt sich jeweils der Weg des elektrischen Kreislaufs deutlich ersichtlich nachvollziehen – was bei anderen Verbrauchern nicht so einfach auf den ersten Blick zu erkennen wäre.

Der *hochohmige* Glühfaden des Glühlämpchens wirkt sich auf die strömenden Elektronen als eine Bremse aus. Würde man bei diesem Beispiel das Glühlämpchen weglassen und die Pole einer Batterie nur mit einem Kupferdraht verbinden, hätte das einen **Kurzschluss** zur Folge. Ein sehr dünner Kupferdraht würde dabei schmelzen (wie eine Sicherung »durchbrennen«), ein dicker Kupferdraht würde einen explosionsartigen Ausgleich der Pol-Potenziale (einen stark funkenden Kurzschluss) verursachen. Als Abhilfe gegen ein solches Risiko dienen Sicherungen, die z. B. auch bei einem Pkw zwischen der Autobatterie und den Zuleitungen zu allen Lampen und anderen elektrischen Verbrauchern eingegliedert sind. Auch ein jedes Hausnetz verfügt über Sicherungen oder **Sicherungsautomaten** (neudeutsch **Leitungsschutzschalter**), die bei einem Kurzschluss die geschützte Leitung blitzschnell vom Netz abschalten.

Die Strom-Maßeinheit heißt **Ampere** (abgekürzt **A**). In der Elektronik wird der Strom manchmal nur in **Milliampere (mA)** bzw. **Mikroampere (µA)** angegeben. Auch hier ist es mit der Umrechnung ähnlich wie bei den metrischen Maßeinheiten: 1 A = 1.000 mA bzw. 1.000.000 µA. Gemessen wird der elektrische Strom mit einem **Amperemeter**, das in einer Leitung einfach so angeschlossen wird, dass der Strom nach Abb. 2.9 durchfließt.

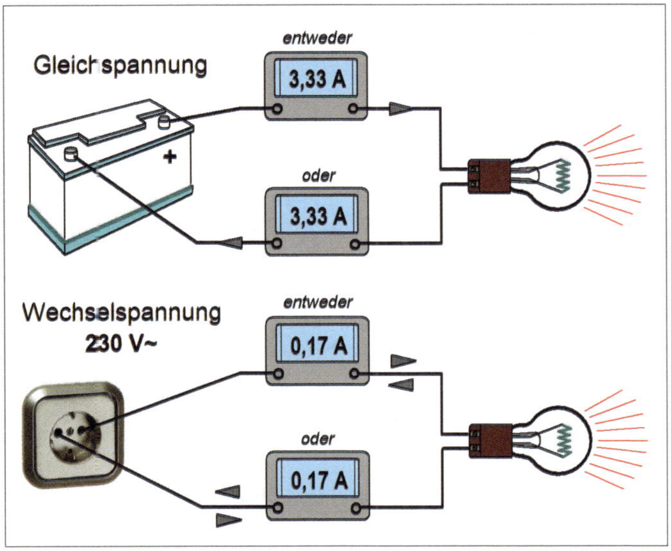

Abb. 2.9: Beispiele einer Strommessung: Dass hier in jedem der zwei Beispiele jeweils zwei Amperemeter eingezeichnet sind, weist nur darauf hin, dass es egal ist, in welchem Teil der Leitung das Messgerät angeschlossen wird

Der Unterschied zwischen Wechselstrom und Gleichstrom ist vom Prinzip her leicht zu erklären:

Wird eine Glühlampe an eine Batterie angeschlossen, fließt durch sie ununterbrochen ein konstanter Strom (*Gleichstrom*) nur in einer Richtung. Wird eine Lampe an eine 230-V~-Netzsteckdose angeschlossen, fließt durch sie eine sinusförmige Wechselspannung wie in Abb. 2.10. Bei uns muss dieser Wechselstrom exakt eine Frequenz von 50 Hz (*50 Hertz*) haben. Das sind 50 volle Sinuswellen pro Sekunde.

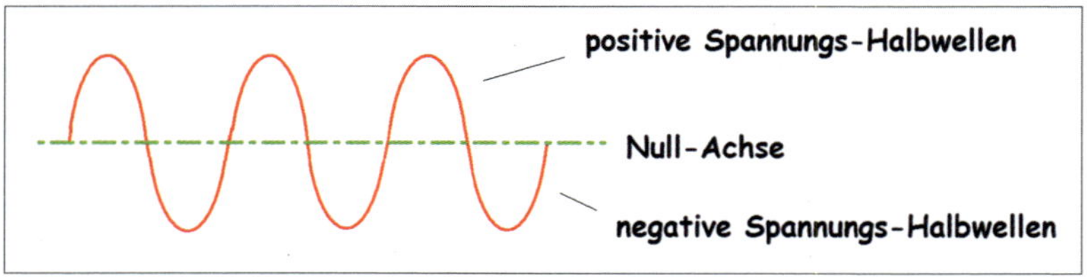

Abb. 2.10: Die Wechselspannung in unserem Hausnetz muss vorschriftsgerecht einen perfekten Sinusverlauf haben

Aber: Was kann man sich darunter konkret vorstellen? In der Musik kennt man solche Sinusfrequenzen auch, aber wirklich reine Sinusfrequenzen können unter allen traditionellen Musikinstrumenten nur einige wenige der größten Orgelpfeifen als sehr reine Musiktöne (reine Luftschwingungen) erzeugen. In der Elektrotechnik müssen dagegen verpflichtend und perfekt alle Wechselstromgeneratoren der Elektrozentralen ins öffentliche Netz liefern.

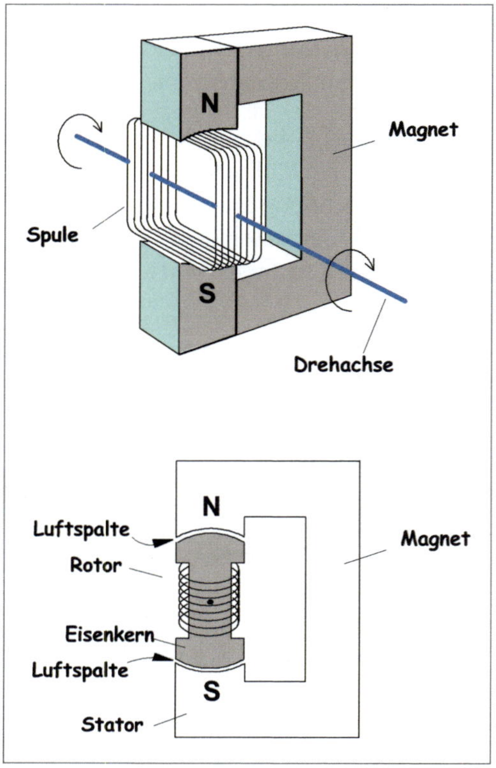

Abb. 2.11: Prinzipdarstellung eines Sinusgenerators: Wenn eine Kupferdraht-Spule im Magnetfeld dreht, entsteht in ihr sinusförmige elektrische Spannung und sie funktioniert somit als ein Wechselstromgenerator

Einen Wechselstromgenerator dieser Art könnte man sich im Kleinformat auch zu Hause nach den Beispieldarstellungen in den Abbildungen 2.11 und 2.12 eventuell selbst leicht bauen. Das haben wir zwar nicht vor, aber anhand dieser Zeichnungen lässt sich erklären, wieso ein solcher Generator einen sinusförmigen Wechselstrom erzeugen kann:

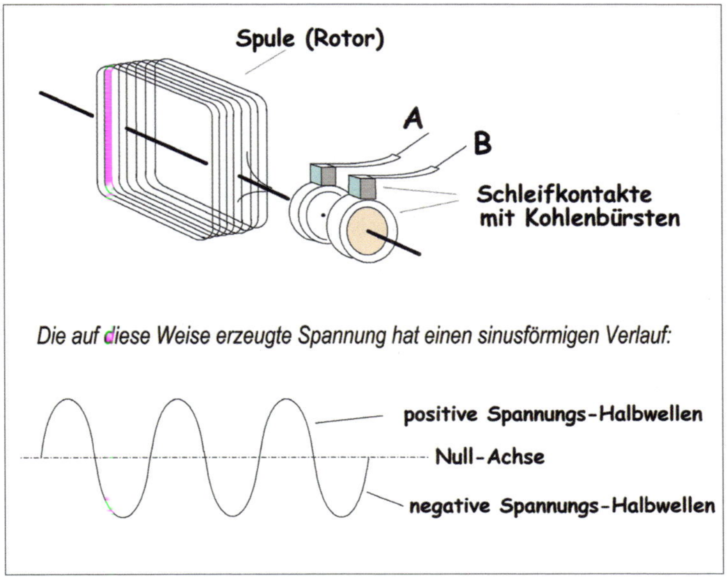

Abb. 2.12: Nach dieser Prinzipskizze kann von der drehenden Spule aus Abb. 2.11 der Strom über Schleifkontakte entnommen und über die Leitungen A und B weitergeleitet werden

In Wirklichkeit sehen die meisten Stromgeneratoren wie riesige Elektromotoren aus und bestehen aus einem *Stator* (dem unbeweglichen Körperteil) und einem *Rotor* (dem drehenden Körperteil).

Das eigentliche Prinzip der Stromerzeugung macht sich die Energie der elektromagnetischen Felder zunutze. Wenn nach Abb. 2.13 durch einen – oder mehrere – Leiter (Drähte) elektrischer Strom fließt, entsteht rings um ihn (sie) ein kreisförmiges *elektromagnetisches Feld*, dessen Kraftlinien entlang des ganzen Leiters verlaufen. Das Gleiche gilt auch für die Wicklung einer elektrischen Kupferspule.

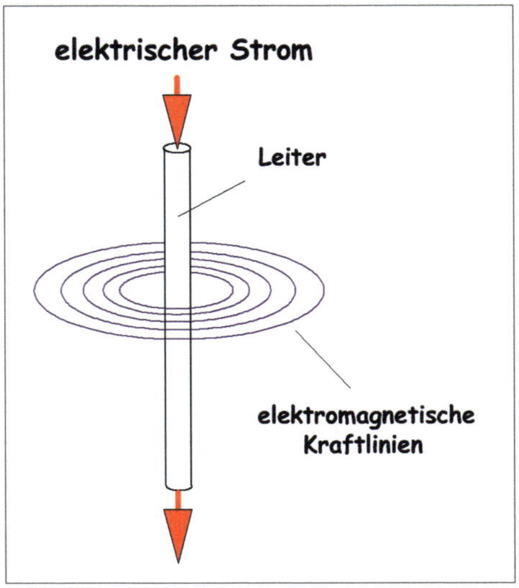

Abb. 2.13: Wenn durch einen oder mehrere nebeneinander angeordnete Leiter elektrischer Strom fließt, entsteht entlang dieses Leiters ein kreisförmiges elektromagnetisches Feld

Das Ganze funktioniert auch umgekehrt: Wird z. B. ein Dauermagnet in der Nähe eines Leiters gedreht, entsteht in dem Leiter elektrische Spannung (*Wechselspannung*). In diesem Fall handelt es sich aber um eine winzige Spannung. Wenn jedoch eine Spule z. B. an einem c-förmigen Eisenkern, wie im unteren Teil der Abb. 2.11 zeichnerisch dargestellt ist, angebracht wird und zwischen den Enden dieses Eisenkerns ein Dauermagnet gedreht wird, entsteht in der Spule elektrische Spannung, die sinusförmig verläuft. Am höchsten ist diese Spannung jeweils in dem Moment, in dem der Magnet in senkrechter Position ist und seine Kraftlinien durch den c-förmigen Eisenkern der Spule am stärksten fließen. In dem Augenblick, in dem der Magnet jeweils die waagerechte Position passiert, kommt es zu einem Wechsel der Spannungsrichtung (von positiver Halbwelle zu negativer Halbwelle oder umgekehrt). Die Sinusspannung sinkt bei Durchqueren der Nullachse auf null und steigt oder sinkt danach in Abhängigkeit davon, ob sich der Nordpol des Magneten (bildlich gesehen) gerade nach oben oder nach unten (siehe Abb. 2.12) dreht.

Alternativ kann bei einem solchen Generator der Magnet als *Stator* und die Spule als *Rotor* ausgelegt sein. Wir haben hier – der leichteren Übersicht wegen – die Spule nur vereinfacht dargestellt.

In der Praxis erhält die Spule (die Rotor-Wicklung) eines solchen Stromgenerators einen massiven magnetisch leitenden Kern, wobei angestrebt wird, dass die **Luftspalte** zwischen dem Rotor und dem Stator möglichst minimal gehalten wird, um die Verluste des magnetischen »Kreislaufs« auf ein technisch machbares Minimum zu beschränken (die Luft ist ja ein schlechter magnetischer Leiter).

Die in Wechselstromgeneratoren erzeugte Spannung hat einen sinusförmigen Verlauf – was durch die Anordnung und die Form der Pole des Generators erzielt wird. Eine solche sinusförmige Spannung (**Sinusspannung**) besteht – wie hier bereits zeichnerisch deutlich dargestellt wurde – aus positiven und negativen Halbwellen. Für die Einspeisung der Wechselspannung in das öffentliche elektrische Netz ist es erforderlich, dass der Spannungsverlauf optimal sinusförmig ist und die Frequenz exakt 50 Hertz (50 Hz) beträgt. Das sind 50 positive und 50 negative Halbwellen pro Sekunde.

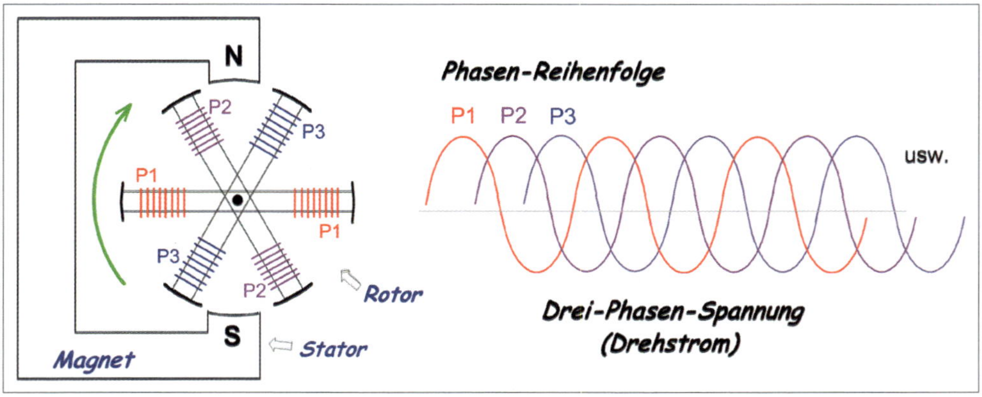

Abb. 2.14: Prinzip der Drehstrom-Erzeugung

Größere elektrische Generatoren sind üblicherweise mit mehreren Wicklungen (*Polen*) ausgelegt und erzeugen in den meisten Fällen Drei-Phasen-Spannungen (einen *Drehstrom*), deren Sinusoiden gegenseitig jeweils um 120° verschoben sind. Wie aus unserer vereinfachten bildlichen Darstellung in Abb. 2.14 hervorgeht, sind die einzelnen Spulensektionen (P1, P2, P3) an den magnetisch leitenden Polen am Rotor des Generators kreisförmig (3 x 120°) angeordnet und ergeben somit einen geschlossenen Kreis von 360°.

Größere elektrische Generatoren sind jedoch mit einer »Unmenge« an Wicklungen ausgelegt, die sowohl am Rotor als auch am Stator angebracht sind. Bei größeren Generatoren werden anstelle von Dauermagneten üblicherweise nur Elektromagnete verwendet. Daher benötigen sowohl der Rotor als auch der Stator ziemlich aufwendige Wicklungen. Dabei liegt es nur im Ermessen der Konstrukteure, ob der Stator oder der Rotor als der eigentliche Elektromagnet konzipiert wird.

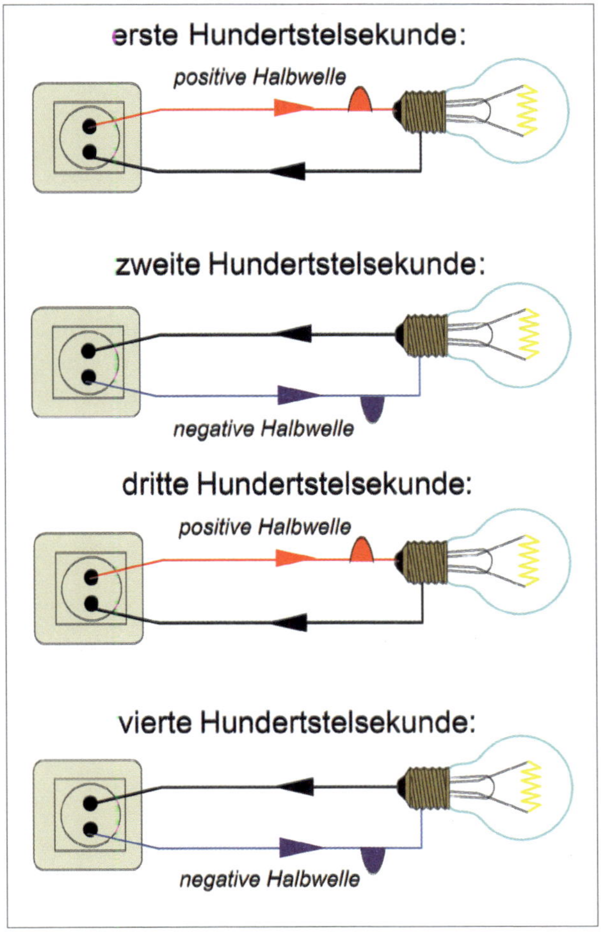

Abb. 2.15: Die Wechselspannung liefert den Verbrauchern eigentlich nur die elektrische Energie in der Form von halbwellenförmigen Spannungsimpulsen

Oft wird gefragt: Wieso wirkt es sich auf die Leistung eines Verbrauchers nicht negativ aus, wenn er anstelle eines Gleichstroms nur lückenhafte Spannungsimpulse der wellenförmigen Wechselspannung (z. B. nach Abb. 2.16) erhält?

Antwort: Das kommt dadurch, dass da quasi ein Trick angewendet wird, den Abb. 2.16 verrät.

In Wirklichkeit erreichen die Spannungsspitzen der sinusförmigen 10 Volt genau 14,1 Volt (nach der Formel 10 V x 1,41). Nach der gleichen Formel hat dann die 230-V-Wechselspannung Halbwellen mit einer maximalen Spannung von 324,3 V (230 V x 1,41 = 324,3 V). Die Summe der Energie ist dann bei beiden Spannungsarten wie bei den in Abb. 2.16 Mitte eingezeichneten zwei Flächen »geometrisch« identisch.

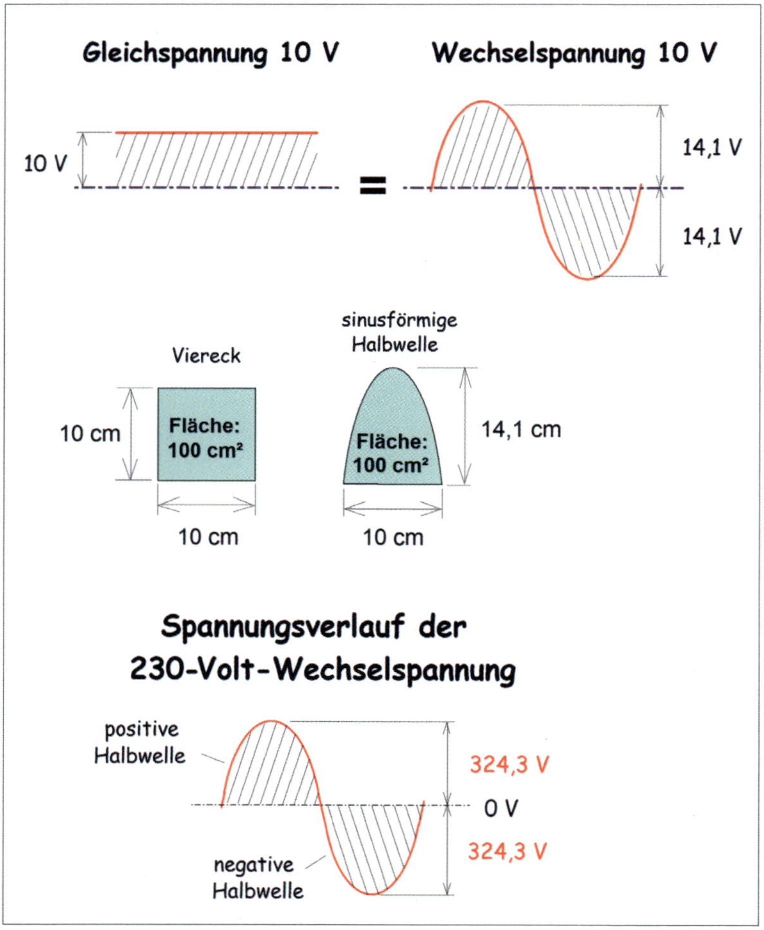

Abb. 2.16: Die offizielle Höhe einer Wechselspannung bezieht sich nicht auf die maximale Höhe der sinusförmigen Wellen, sondern auf die geometrische Fläche der Halbwellen, die bei einer perfekten Sinusspannung immer 1,41-mal höher sind als die Nennspannung

3. Die elektrische Leistung

Mit der elektrischen Leistung werden die meisten von uns bereits bei jedem Kauf eines neuen Lämpchens konfrontiert, denn man muss dabei vor allem die richtige Leistung finden. Selbstverständlich müssen auch die Spannung und die Ausführung stimmen, aber bei der Leistung (in Watt) ist die Auswahl besonders groß.

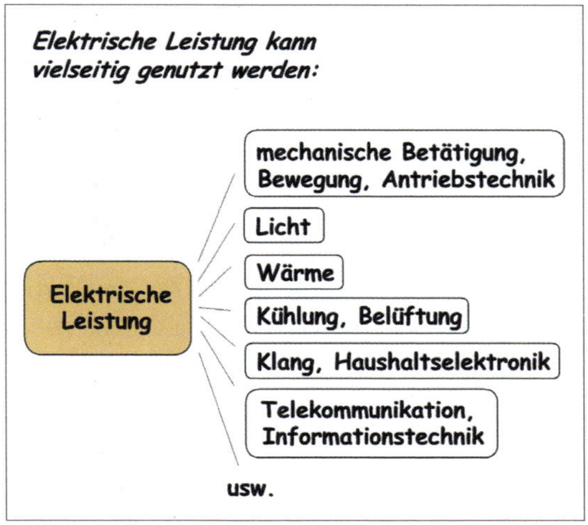

Abb. 3.1: Die elektrische Leistung: eine respektable Kraft!

Bei den meisten neuen LED-Lampen werden oft zwei Leistungen in Watt – z. B. als *6 W (40 W)* – angegeben bzw. auf der Verpackung aufgedruckt. Die 6 Watt beziehen sich auf die echte Abnahmeleistung, die die Lampe tatsächlich verbraucht, die 40 Watt fungieren hier nur als ein Verbrauch, den unsere gute alte Glühbirne mit derselben Lichtintensität beziehen würde. Das ist praktisch, denn so ein Vergleich mit der früher verwendeten Glühbirne erleichtert uns die Auswahl:

Wenn wir z. B. früher in einem Raum eine 40-W-Glühlampe hatten und die Beleuchtung passte, können wir sie einfach durch eine LED-Lampe ersetzen, auf der in Klammern die 40 W stehen.

Lampe	Leistungs-aufnahme	Lichtstrom in Lumen
Standard-Glühlampe 	15 W	ca. 90 lm
	25 W	ca. 230 lm
	40 W	ca. 430 lm
	60 W	ca. 730 lm
	75 W	ca. 960 lm
	100 W	1350 lm

Abb. 3.2: Vergleich der Leistungen mit Lichtstärken von herkömmlichen 230-V~-Glühlampen

Neu ist bei allen LED-Lampen, dass sie – im Gegensatz zu Glühbirnen – nicht mehr nur eine einzige Standard-Lichtfarbe haben, sondern typbezogen für ziemlich unterschiedliche Lichtfarben ausgelegt sind. So haben wir beim Kauf einer LED-Lampe plötzlich die Qual der Wahl, die uns bei den Glühbirnen erspart wurde. Dagegen haben wir die Möglichkeit, dass wir beim Kauf einer LED-Lampe jeweils die optimale Lichtfarbe auswählen können. Wie die beiden folgenden Tabellen zeigen, werden bei den LED-Leuchten die Lichtfarben als *Farbtemperatur in Kelvin* angegeben. Wir können dann z. B. für das Schlafzimmer ein wärmeres Licht wählen als für die Garage.

Es lohnt sich daher, sich vor dem Kauf einer neuen LED-Lampe die beiden Tabellen anzuschauen und eventuell zu notieren, welche Lichtfarbe sich für das eine oder andere Vorhaben am besten eignen dürfte. Auf den Verpackungen der LED-Lampen wird nur selten etwas mehr als z. B. *3.300 K* aufgedruckt sein, was ohne einen vorhergehenden Blick in unsere Tabellen nur eine nichtssagende Zahl ist.

Gut zu wissen

Einige LED-Leuchten verfügen über einen dreistufigen Schalter, mit dem die erwünschte Lichtfarbe (als *Farbtemperatur in Kelvin*) vor der Montage an der Lampe eingestellt werden kann.

Farbtemperatur in Kelvin:	Bevorzugte Anwendungsbereiche:
2600 K	Intime Raumbeleuchtung - dieses Licht hat ein warmes, leicht orangefarbiges Spektrum, das den Raum jedoch etwas schwächer ausleuchtet.
3300 K	Wohnraumbeleuchtung - dieses Licht hat eine freundliche Farbe, die der Beleuchtung mit herkömmlichen Glühlampen am nächsten kommt.
4500 K	Büro- oder Heimarbeitsplatz-Beleuchtung - dieses Licht hat ein etwas helleres Farbspektrum, als Glühlampen-Licht (und beleuchtet stärker).
6300 K	Vitrinenbeleuchtung, Arbeitsplatzbeleuchtung, Hintergrund- und Spotbeleuchtung - dieses Licht hat ein sonnenlichtähnliches Spektrum.

Abb. 3.3: Auf den meisten der handelsüblichen LED-Lampen sind die Kelvin-Daten aufgeführt, die sich auf die Farbtemperatur des Lichtspektrums in Kelvin beziehen

Bereich / Raum	Empfehlenswerte Farbtemperatur des Lichtspektrums in Kelvin (K)
Wohnbereich, Schlafzimmer, Küche, Bad	ca. **2500** bis **2650 K:** ein warmes, leicht orangefarbiges Licht, das den Raum zwar etwas schwächer ausleuchtet, aber ein gemütliches Ambiente unterstützt. ca. **2700** bis **3400 K:** ein etwas helleres Licht, das der herkömmlichen Glühlampenbeleuchtung nahekommt.
Küche, Büro, WC, Halle, Haushalts-Arbeitsraum, Kellerraum	ca. **3400** bis **4600 K:** im Vergleich mit der herkömmlichen Glühlampen-beleuchtung ein helleres Licht, das den Raum gut ausleuchtet, aber im Bereich zwischen 4000 und 4600 K etwas kühler wirkt.
Werkstatt, Garage, Treppenhaus, Außenbereich	ca. **5000** bis **6300 K**: ein sonnenlichtähnliches, sehr helles Spektrum.

Abb. 3.4: Diese Kelvin-Zahlen der Farbtemperatur-Bereiche nach der Kelvin-Farbtemperatur des Lichtspektrums können beim Kauf einer LED-Lampe dienlich sein

Wir wissen, dass man viel elektrische Energie einsparen kann, wenn man möglichst alle herkömmlichen stromfressenden Glühlampen in der Wohnung oder im Haus durch die energiesparenden LED-Lampen ersetzt. Es kann aber nicht schaden, wenn man dabei auch berücksichtigt, wann und wo die Einsparung ein schnelleres Ersetzen der Glühlampe durch eine LED-Lampe rechtfertigt. Es geht ja schließlich vor allem ums Geld.

Beispiel: Wir haben in der Garage zwei 60-W-Glühbirnen in der Decke, die nur ab und zu eingeschaltet werden, im Sommer weniger, im Winter mehr. Wenn wir von ca. 15 Stunden pro Monat ausgehen, ergibt es 180 Stunden im Jahr. Die zwei Glühlampen haben zusammen einen Verbrauch von 120 Watt. Wenn sie also 180 Stunden leuchten, verbrauchen sie 180 x 120 Watt = 21.600 W (= 21,6 kWh) an Energie pro Jahr.

Wenn unser Stromlieferant z. B. 38 Cent pro kWh (Kilowattstunde) berechnet, ergibt das (21,6 kWh x 0,38 €) insgesamt einen Betrag von 8,20 € pro Jahr.

Und was springt heraus, wenn wir diese zwei 60-W-Glühbirnen durch z. B. zwei 10-W-LED-Lampen ersetzen? Das haben wir gleich: Das sind also 20 W (der LEDs) mal 120 Stunden – ergibt 2.400 W (2,4 kWh) an Energieverbrauch im Jahr. Die Stromkosten sinken dadurch auf ca. 91 Cent (2,4 kWh x 0,38 € = 0,912 €).

Für solche einfachen Berechnungen braucht man zum Glück keine langweiligen Formeln, denn es ergibt sich alles ganz einfach und logisch. Es reicht, wenn man dazu nur etwas Geduld und einen Taschenrechner hat, der flott zeigt, was Sache ist.

Dennoch: In der Praxis blicken da sehr viele Menschen nur aus dem Grund überhaupt nicht durch, weil ihnen schon der Begriff *kWh* irgendwie schleierhaft vorkommt. Dabei geht es um das Gleiche wie bei den Kilometern, die wir mit einem Auto hinter uns bringen oder bereits gebracht haben: 1.000 m = 1 km und 1.000 W = 1 kW. So einfach ist es! Wenn wir also einen Verbraucher laufen lassen, der 1.000 Watt (also 1 kW) pro Stunde frisst, ergibt das 1 kWh (eine Kilowattstunde). Und die kostet uns laut unserem Beispiel die stolzen 38 Cent. So einfach ist es!

Obwohl es so einfach ist, können sich verblüffend viele Menschen nicht gut vorstellen, was z. B. in ihren Haushalten zu den echten und was zu den harmlosen Stromfressern zählt. Dabei lässt sich alles leicht ausrechnen, aber man sollte sich erst richtig vorstellen können, wie die Begriffe Strom, Spannung und Leistung zusammenhängen und wo man welche Berechnung braucht.

Also: **Spannung** (in Volt) **x Strom** (in Ampere) **= Leistung** (in Watt)

Dies ist eine sehr wichtige Formel und sie ist ähnlich wie die Formel für die Berechnung einer Fläche, wo es heißt: **Länge x Breite = Fläche**.

Merkt man sich: Sowohl eine elektrische Leistung als auch eine Fläche sind etwas, was sich einfach aus zwei anderen Werten errechnen lässt, dann fällt das Ganze gar nicht schwer.

Ähnlich wie bei der Berechnung einer Fläche – z. B. eines Grundstücks – gilt dann in der Elektrotechnik: **Leistung** (W) **: Spannung** (V) **= Strom** (A)

oder **Leistung** (W) **: Strom** (A) = **Spannung** (V)

Diese harmlose Formel ist sehr wichtig und sehr nützlich, denn alle elektrischen Verbraucher in unserem Haushalt haben z. B. mit unseren Haustieren (oder auch Familienmitgliedern) eines gemeinsam: Man sollte wissen, was und wie viel sie fressen. Pardon: Ausgesprochen elegant ist diese Formulierung zwar nicht, aber sie trifft zu – und das zählt!

Abb. 3.5: Ein Steckdosen-Energiemessgerät verschafft eine leichte Kontrolle des Energieverbrauchs bei beliebigen elektrischen »Steckdosengeräten«

Und im Vergleich mit dieser angesprochenen »Fütterung« haben wir hier den großen Vorteil, dass es in der Elektrotechnik in dieser Hinsicht nur eine einzige »Futtersorte« gibt: die **elektrische Leistung in Watt** (oder Kilowatt).

Irreführend ist es dabei mit den sogenannten Stromzählern: Es sind in Wirklichkeit keine Stromzähler, sondern Zähler der gelieferten elektrischen Energie als **Leistung** (in Wattstunden bzw. Kilowattstunden). Und wie die vorherige Formel zeigt, ergibt sich diese elektrische Leistung aus **Spannung x Strom** – und nicht nur aus Strom.

3.1 Die Kilowattstunden

Der Stromzähler des Stromlieferanten zählt in jedem Haushalt laufend den Energieverbrauch in Kilowattstunden. Wie der Name des Zählers andeutet, handelt es sich hier um die Erfassung der bezogenen Energie in der Form von **Leistung** (in Kilowatt) **mal Zeit** (in Betriebsstunden). Die Endsumme wird als **Kilowattstunde(n)** – abgekürzt **kWh** – bezeichnet. Eine Kilowattstunde = 1.000 Wattstunden (1 kWh = 1.000 Wh).

Einige Beispiele:

- Bezieht eine 50-Watt-Beleuchtung zwei Stunden lang den elektrischen Strom, entsteht ein Stromverbrauch von 100 Wh (= 0,1 kWh).
- Bezieht eine elektrische Kochplatte eine Stunde lang eine elektrische Leistung von 1.500 Watt (1,5 kW), ergibt sich daraus ein Energieverbrauch von 1,5 kWh. Bleibt sie zwei Stunden lang eingeschaltet, verdoppelt sich der Energieverbrauch auf 3 kWh usw.
- Eine 7-Watt-Energiesparlampe verbraucht erst nach ca. 142,8 Betriebsstunden eine einzige Kilowattstunde an elektrischer Energie (1.000 Watt : 7 Watt = 142,8 Betriebsstunden).

Nun zurück zur elektrischen Leistung und ihrer Nutzung: Bei vielen Verbrauchern lässt sich mit einem Steckdosen-Energiemessgerät wie in Abb. 3.5 einfach und schnell kontrollieren, was sie aus der Steckdose beziehen. Das geht bei manchen Verbrauchern allerdings nicht, da sie wie z. B. Deckenleuchten nicht an einer Steckdose angeschlossen sind, oder weil der Zugang zur Steckdose (hinter dem schweren Küchenherd) nicht gerade verlockend ist.

Etwas mehr Aufmerksamkeit dürften auch die »heimlichen« Energiefresser verdienen, von denen es in so manchem Haushalt nur so wimmelt. Zu ihnen gehören auch alle Stand-bys in Küchenherden, Kühlschränken, Unterhaltungselektronik, Leuchten, Garagentoren usw.

Zu den sehr interessanten und oft unsichtbaren oder unauffälligen kleinen Stromfressern gehören die vielen Klingeltransformatoren, die ihr Dasein oft direkt im Schrank mit Sicherungsautomaten schön ruhig fristen. Sie haben meist nur einen relativ geringen Stand-by-Verbrauch von 1 W (manchmal etwas mehr), was nicht ausgesprochen alarmierend wäre, wenn sie eine etwas »vorzeigefähigere« Gegenleistung liefern würden.

Wenn man dieses eine Watt erst mit 24 Stunden pro Tag und anschließend mit 365 Tagen multipliziert, ergibt es immerhin 8.760 Watt (8,76 kWh) pro Jahr. Der ganze Spaß kostet bei den heutigen Strompreisen zwar nur etwa 3 Euro jährlich, was nicht ausgesprochen schlimm aussieht. Wenn aber z. B. ein Architekt so eine Wechselstrom-Vorrichtung heutzutage noch für ein neues Einfamilienhaus einplant, kommen dazu völlig sinnlos alle die erforderlichen extra Stromleitungen – plus Lohnkosten. Und die können schön teuer werden! Wer anstelle dieser Lösung eine Funk-Türglocke verwendet, spart viel Geld. Er wird vielleicht – als einzige Ausgabe – alle drei bis fünf Jahre nur eine einzige kleine Knopfzelle für den in der Klingel integrierten Funksender kaufen müssen. Die Empfänger solcher Türglocken sind wahlweise als Steckdosen-Empfänger ausgelegt und haben den Vorteil, dass sie in beliebiger Menge im ganzen Haus verteilt werden können.

Auch dieses einfache Beispiel zeigt, wie vorteilhaft es ist, wenn man im Bilde ist über die Zusammenhänge zwischen Spannung, Strom, Leistung und den damit verbundenen Stromkosten. Allerdings: Wie bereits erwähnt, handelt es sich bei den sogenannten Stromkosten in Wirklichkeit um Energiekosten, aber die Bezeichnung »Stromkosten« ist halt geläufig.

Was die elektrische Leistung als solche anbelangt, die meisten von uns haben bereits in der Schule gelernt (oder mussten es sogar auswendig lernen), dass sich die elektrische Leistung auch mit der Pferdestärke irgendwie messen lässt. Wer das Pech hat, dass er zu Hause kein Pferd besitzt, hat das Nachsehen, weil für solche Umrechnungen eine brauchbare Vorstellung davon fehlt, was ein Pferd überhaupt kann – oder nicht kann.

Wenn es also heißt, dass die Leistung eines Motors z. B. 1 PS beträgt, dürfte es stattdessen heißen, dass sie 736 Watt beträgt, denn 1 PS = 736 Watt (das muss man halt glauben). Soweit zum »greifbaren« Vergleich der zwei Leistungsmaßeinheiten. Wir verzichten auf das Grübeln darüber, wie viele von uns sich unter dem Begriff 1 PS (eine Pferdestärke) konkret vorstellen können, was für eine Leistung ein angemessen motiviertes Pferd tatsächlich aufbringen kann.

Aber das macht nichts! Hauptsache, man kann sich zumindest ungefähr vorstellen, dass ein Pferd kräftig genug ist, um etwa mit einem wohlgenährten Reiter im Sattel durch die Gegend galoppieren zu können oder als Kutschpferd seine tägliche Ration Hafer zu verdienen.

Mit der elektrischen Leistung hat dieser Vergleich nur so viel zu tun, dass z. B. ein Elektromotor mit einer Ausgangsleistung (Abgabeleistung) von 736 Watt (= 0,736 kW) ungefähr die gleiche Leistung aufbringen müsste wie ein kooperatives und ausreichend motiviertes Pferd. Dieser Vergleich reicht zwar aus, um sich die Größenordnung der elektrischen Leistung in etwa vorstellen zu können. Elektrische Leistung kann jedoch leicht in Leistungen umgewandelt werden, die – wie z. B. Licht oder Wärme – mit einer rein mechanischen Leistung wie der eines Pferdes nicht nachvollziehbar wäre.

Zur Erinnerung an die drei brauchbaren Konfigurationen zur Berechnung der elektrischen Leistung, die auf einer Kombination von Strom und Spannung beruht:

Spannung (in Volt) **x Strom** (in Ampere) **= Leistung** (in Watt)

Weitere zwei Konfigurationen dieser Formel lauten:

Leistung (in Watt) **: Spannung** (in Volt) **= Strom** (in Ampere)

Leistung (in Watt) **: Strom** (in Ampere) **= Spannung** (in Volt)

Elektrische Leistung ist an den Typenschildern der meisten elektrischen Geräte oder Leuchten aufgeführt und braucht nur selten berechnet zu werden. Dennoch kann sich der Zugriff auf diese Formel manchmal als ganz nützlich erweisen. Als ein einfaches Beispiel dürfte noch Folgendes dienen:

Im Waschraum eines Wohnhauses sind die Steckdosen für die Waschmaschine und den Wäschetrockner an einem **gemeinsamen 16-Ampere-Sicherungsautomaten** angeschlossen. Wenn beide Maschinen gleichzeitig betrieben werden, schaltet der Sicherungsautomat den Strom oft ab.

Warum? Ist der Sicherungsautomat vielleicht überlastet? Das lässt sich leicht auskundschaften. Auf den Typenschildern (und in den Bedienungsanleitungen) der Geräte sind jeweils nur die Betriebsspannung (230 V~) und die *Anschlusswerte* bzw. die *bezogenen Leistungen* als 3.000 W (3 kW) und 2.500 W (2 kW), aber nicht der Stromverbrauch aufgeführt. Macht nichts, denn das rechnen wir leicht aus:

Die maximal bezogene Leistung beträgt 3.000 + 2.500 Watt = 5.500 Watt. Diese 5.500 Watt teilen wir durch 230 Volt und erhalten einen Strom von stolzen 23,91 Ampere (5.500 W : 230 V = 23,91 A).

Diese maximale Stromaufnahme kommt immer dann vor, wenn beide Maschinen (abhängig von der jeweiligen Programmstufe) den maximalen Strom beziehen. Ein 16-A-Sicherungsautomat ist hier deutlich unzureichend und sollte durch einen 25-A- oder 32-A-Automaten ersetzt werden.

Bei der *elektrischen Leistung*, die bei Elektrogeräten oder Elektromotoren aufgeführt wird, muss zwischen der *Abnahmeleistung* (d. h. der bezogenen bzw. verbrauchten Leistung) und der *Abgabeleistung* (d. h. der tatsächlich erbrachten Leistung) unterschieden werden. Diese zwei unterschiedlichen »Leistungen« geben z. B. Hersteller von Elektromotoren auf folgende Weise in den technischen Daten preis: **Abnahmeleistung 200 Watt**, **Abgabeleistung 108 Watt**.

Die Abnahmeleistung sagt also nur aus, was der Motor »frisst«, die Abgabeleistung sagt aus, was er tatsächlich leistet. Ein Staubsaugermotor kann z. B. 1.500 Watt »fressen«, aber in Wirklichkeit dennoch nur einen Bruchteil dieser Leistung abgeben. Mit der guten alten Glühbirne ist es in dieser Hinsicht noch schlimmer, denn sie wandelt nur etwa 5–6 % der bezogenen Energie in Licht um. Den Rest der bezogenen Energie strahlt sie in die Umgebung als Wärme ab (worauf man meist verzichten könnte). Inzwischen geben wir den energiesparenden LED-Leuchten Vorrang, denn sie verbrauchen bei der gleichen Leuchtstärke nur ca. 1/5 der elektrischen Energie, die eine herkömmliche Glühlampe frisst.

So gut wie keine energetischen Verluste entstehen bei der Umwandlung der elektrischen Energie in Wärme: Elektroheizkörper (auch Heizkissen und Heizdecken) oder Wasserkocher, deren Heizspirale vom Wasser voll umhüllt ist, arbeiten in dieser Hinsicht annähernd verlustfrei.

Wäre noch darauf hinzuweisen, dass die Leistung bei manchen induktiven Lasten (z. B. bei Transformatoren und Motoren) nicht in **Watt** (W), sondern in **Voltampere** (VA) angegeben wird. Das hat etwas mit der *Phasenverschiebung* (dem sogenannten *Phasenwinkel* ϕ) zu tun, aber wir dürfen einfachheitshalber die **VA** und die **W** als dasselbe betrachten, insofern es sich um keine wissenschaftlich perfekten Aufgabenlösungen handelt. Genau genommen müsste andernfalls für die Berechnung der *Wirkleistung* bei induktiven Lasten die folgende Formel angewendet werden:

Leistung = Spannung x Strom x cos ϕ

Das **cos ϕ** (Cosinus Phi) stellt eine Zahl dar, die immer kleiner als 1 ist und somit die Leistung etwas reduziert. Dieses cos ϕ wird in der Praxis bei kleineren induktiven Lasten jedoch nur selten angegeben (z. B. als cos ϕ = 0,95). In dem Fall bezieht man es – wenn man will – in die Formel ein. Diese »Phasenverschiebung« wirkt sich auf die erzielbare elektrische Leistung sozusagen als ein sanfter »Abspeckfaktor« aus. Es ist gut zu wissen, dass es so etwas überhaupt gibt, aber man kann es nur dann in die Formel einbeziehen, wenn es der Hersteller z. B. bei einem größeren Elektromotor oder einem anderen größeren Gerät auch angegeben hat. Für Berechnungen, die nur einen informativen Charakter haben und bei denen es daher nicht auf eine erhöhte Genauigkeit ankommt, darf man es aus der Formel weglassen. Und da das cos ϕ jedenfalls immer etwas kleiner als 1 ist, darf man dann einfach davon ausgehen, dass die so berechnete tatsächliche Leistung wohl ein klein wenig niedriger, aber keinesfalls höher sein könnte.

Klar ist, dass sich dieses cos ϕ in unserer vorhergehenden Formel eigentlich als etwas Mysteriöses manifestiert, da es sich nicht gerade einfach erklären lässt. Auch viele der technisch fundierten Insider geben sich daher gern damit zufrieden, dass sie es schlicht nur als ein mathematisches Symbol im Gedächtnis behalten, ähnlich wie z. B. die Existenz des Universums.

Dennoch: Wenn man es schön übersichtlich zeichnerisch improvisiert, stellt sich überraschend heraus, dass es sich dabei eigentlich um etwas leicht Nachvollziehbares handelt.

Es ist etwas schwierig, sich so richtig vorstellen zu können, dass die – aus einem Leiter eines Anschlusskabels – bezogene Wechselspannung und der Wechselstrom in demselben Leiter eigentlich immer als zwei »Solo-Reisende« zum Verbraucher »anreisen«. Von der Größe des cos ϕ hängt dann ab, wie weit die Sinusspannung und der Sinusstrom als Wellen voneinander entfernt sind. So ganz ungewöhnlich ist es aber in Wirklichkeit in der Elektrotechnik gar nicht, dass z. B. mehrere – bzw. sogar sehr viele – verschiedene Spannungen schön brav nebeneinander in einem elektrischen Leiter quasi als Solisten fließen, ohne dass sie sich gegenseitig stören. Angefangen hat es bereits vor sehr langer Zeit bei den Telefonleitungen und perfektioniert hat es sich beim Internet. Ohne diese kooperative »gemeinsame Wanderung« der elektrischen Signale in unseren Kommunikationsnetzen wäre man völlig aufgeschmissen, da ansonsten für jeden Teilnehmer ein eigenes Zuleitungskabel erforderlich wäre.

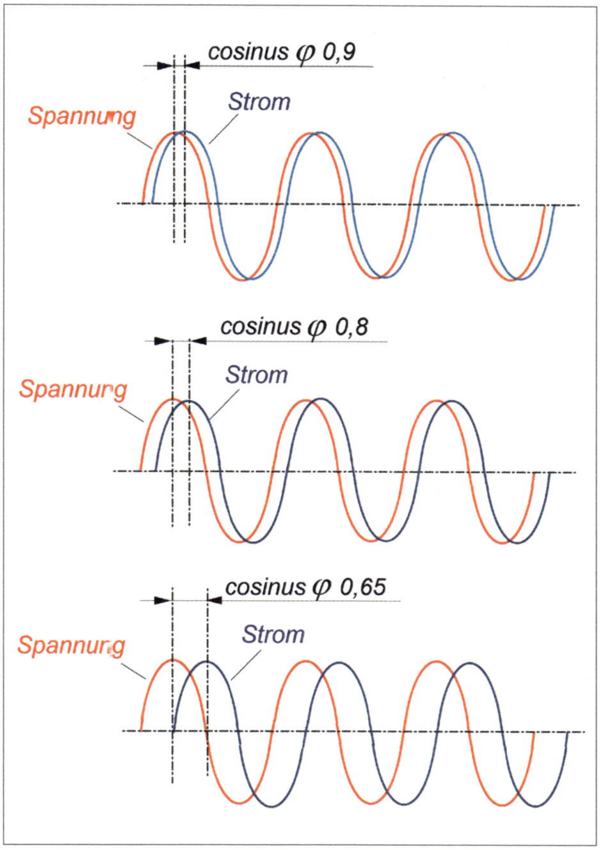

Abb. 3.6: Das »mysteriöse« cos ϕ manifestiert sich dadurch, dass es bei der bezogenen elektrischen Energie den elektrischen Strom und die elektrische Spannung als zwei ganz separate und voneinander unabhängige Kräfte etwas »weg voneinander« schiebt

Nach diesem – quasi beruhigenden – Hinweis darauf, dass so ein Verhalten der Spannungen und Signale wirklich nichts Neues ist, kann man sich nun mit etwas mehr Muße die drei Beispiele in Abb. 3.6 in aller Ruhe ansehen. Sie zeigen, wie sich das cos ϕ auf den Abstand der sinusförmig verlaufenden Spannung und des ebenfalls sinusförmig verlaufenden Stroms auswirkt.

Wir haben dabei die zeichnerisch dargestellten Abstände zwischen den Sinusschwingungen etwas größer gehalten, als sie in Wirklichkeit sind, damit die Unterschiede besser ersichtlich sind.

Je kleiner das cos ϕ ist, desto größer sind die energetischen Verluste. Das geht ja auch deutlich aus der Formell **Leistung = Spannung x Strom x cos ϕ** hervor, denn wenn man irgendwas mit einer Zahl multipliziert, die kleiner als 1 ist, wird das mathematische Ergebnis halt immer kleiner.

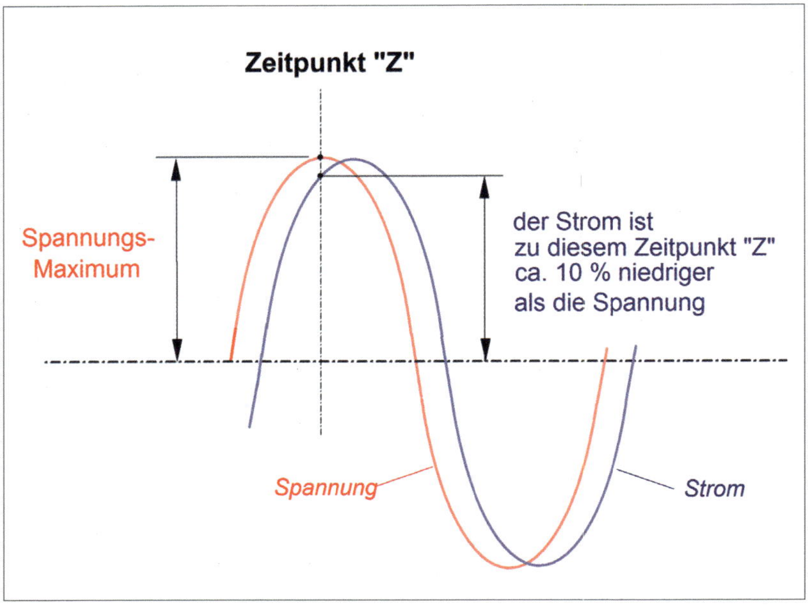

Abb. 3.7: Durch die Phasenverschiebung ist es ersichtlich nicht möglich, dass der (von einem Verbraucher bezogene) Wechselstrom und die Wechselspannung zum selben Zeitpunkt (Z) ihre maximale Höhe haben könnten

Fragt sich nun, wie man erklären könnte, weshalb durch die gezeigte Phasenverschiebung die bezogene Leistung geringer wird? Am einfachsten lässt es sich etwas improvisierend zeichnerisch mit der Abbildung 3.7 zeigen: Wo wir auch zu einem beliebigen Zeitpunkt einen vertikalen Schnitt durch den Verlauf der zwei Sinusschwingungen machen, es werden durch die Phasenverschiebung niemals gleichzeitig die Spannung und der Strom den vollen Maximumwert haben. Es wird mal mehr, mal weniger Leistung geben und bei einer Drei-Phasen-Stromzuleitung wird es logischerweise noch »wilder« verlaufen. Zwar nach einer physikalisch intakten Anordnung, aber eben dennoch ziemlich wild, und so belassen wir es lieber gutmütig dabei, dass alles wohl seine Richtigkeit haben wird. Wir wissen jedenfalls, worum es hier geht, und das zählt. Und wenn wir nicht irgendwann beruflich gezwungen werden, uns mit den Auswirkungen des cos ϕ tiefgehender auseinanderzusetzen, können wir es vorerst einfach in Ruhe lassen. Es reicht, dass wir nun zu den wenigen Menschen gehören, die sich unter cos ϕ etwas Konkretes vorstellen können. Und das zählt!

4. Windenergie und Windgeneratoren

Da gegenwärtig quasi überall, wo es Platz gibt oder wo es gefällt, möglichst viele und möglichst riesige Windgeneratoren aufgebaut werden, sehen wir uns diese Energiequellen mal näher an.

Bei den Windgeneratoren (Windrädern) werden die eigentlichen elektrischen Stromgeneratoren direkt in den oberen »Gondeln« angebracht und über ein Getriebe mit dem Windrad verbunden. Moderne Windgeneratoren werden inzwischen für Leistungen von mehreren Megawatt gebaut.

Die Abhängigkeit von der Windstärke stellt jedoch eine größere Schwachstelle dieser Energiequellen dar, als allgemein bekannt ist bzw. von vielen begeisterten Laien überhaupt bei den Planungsüberlegungen berücksichtigt wird. Dies gilt vor allem für Windgeneratoren, die im Landesinneren stehen, wo die durchschnittliche Windgeschwindigkeit sogar an den »besseren« Standorten oft nur zwischen etwa 3–4 m/s liegt. Bei dieser Windgeschwindigkeit dreht sich zwar das Windrad des Windgenerators bei »etwas Wind« optisch ganz eindrucksvoll, aber die tatsächliche energetische Leistung ist jämmerlich: Ein 1-MW-(1.000-kW)-Windgenerator liefert (laut Hersteller-Leistungskennlinie) unter Umständen bei einer Windgeschwindigkeit von 3 m/s nur eine Leistung von 2,9 kW und bei einer Windgeschwindigkeit von 4 m/s nur eine Leistung von ca. 23,5 kW. Die 2,9 kW reichen dann bestenfalls gerade noch für eine einzige Waschmaschine aus, und die 23,5 kW sind eigentlich auch nur ein Tropfen auf den heißen Stein.

Dass der Wind keine Rechnung stellt, ist ja eine beruhigende Rechtfertigung des Drangs nach solchen Projekten, aber irgendwie klappt es dann doch nicht mit dem Erfolg dieser Lösung bei den Stromrechnungen. Der Wind selbst stellt zwar keine Rechnung, aber der Wind ist nicht der Einzige, der bei solchen Projekten eine Rechnung stellen kann. Sie als Leser oder Leserin mussten in dieses Buch auch Ihr gutes Geld (plus Zeit) investieren, und das gibt Ihnen das Recht auf faire und technisch korrekte und fundierte Informationen. Also versuchen wir, nun alles ordentlich zu durchleuchten:

Zunächst sehen wir uns eine der wichtigsten, aber auch unbekanntesten Eigenschaften eines elektrischen Generators näher an: Es ist die große Abhängigkeit der Ausgangsleistung von der Drehzahl des Rotors.

Wer einmal ein Fahrrad mit dem herkömmlichen kleinen Fahrraddynamo hatte oder immer noch hat, der weiß, dass dieser Mini-Stromgenerator, der vom Vorderrad angetrieben wird, sehr sensibel auf die jeweils erzielte Drehzahl reagiert: Fährt man schnell, leuchtet die Fahrradlampe ganz schön kräftig. Fährt man etwas langsamer, wird das Licht viel schwächer, fährt man nur noch im Schritttempo, leuchtet die Fahrradlampe gar nicht mehr, weil ihr die vom Dynamo gelieferte elektrische Energie nicht genügt. Das gleiche Verhalten weisen auch alle Windgeneratoren auf.

Dass sowohl beim Fahrrad-Minigenerator als auch bei den großen Windgeneratoren ihre Ausgangsleistung von der jeweils erzielten Drehzahl abhängt, ist verständlich – und es ist uns entweder sowieso bekannt oder wir würden dem zumindest zustimmen. Was aber leider den meisten von uns nicht bekannt ist: Die Ausgangsleistung eines jeden Windgenerators steigt mit der Drehzahl (mit der Windstärke) nicht linear, sondern logarithmisch. Eine Verdopplung der Drehzahl hat nicht nur eine Verdopplung, sondern z. B. gleich eine fünffache Erhöhung der Leistung zur Folge usw. Das scheint auf den ersten Blick nicht etwas unheimlich Wichtiges zu sein, aber in Wirklichkeit verdient dieses technologisch bedingte Verhalten eines Windgenerators eine viel größere Aufmerksamkeit, als ihm aus reinem Unwissen gewidmet wird.

Leistungskennlinie eines 1 MW-Windgenerators
mit einem Rotordurchmesser von 54 m

Windgeschwindigkeit (m/s) *	Leistung (kW)
2,0	0,0
3,0	2,9
4,0	23,5
5,0	68,4
6,0	127,5
7,0	210,3
8,0	321,0
9,0	453,0
10,0	597,0
11,0	730,1
12,0	834,5
13,0	917,5
14,0	971,0
15,0	1000,5
16,0	1015,8
17,0	1025,0
18,0	1016,7
19,0	1000,0
20,0	1000,0
21,0	1000,0
22,0	1000,0
23,0	1000,0
24,0	1000,0
25,0	1000,0

* in der Nabenhöhe

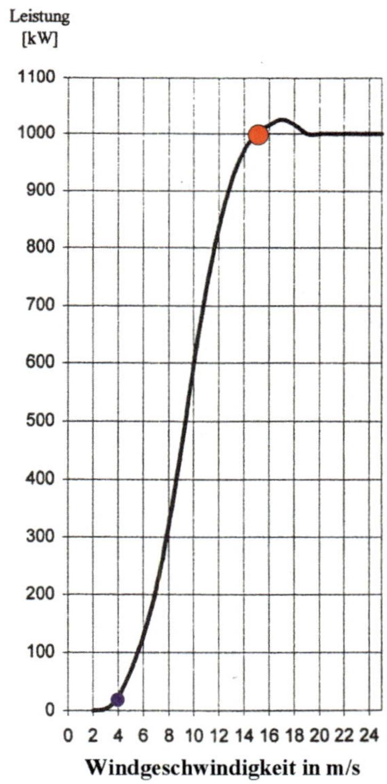

Abb. 4.1: Die tatsächliche Abhängigkeit der Ausgangsleistung eines Windgenerators steigt und sinkt mit der Windstärke physikalisch bedingt viel stärker, als man erwarten würde

Das Schlimme an der ganzen Sache ist, das so ein Windgenerator vom Hersteller normalerweise vor allem mit dem Hinweis auf seine Nennleistung dem Kunden angepriesen (oder

»angedreht«) wird. Wie böse diese Behauptung auch erscheinen mag, sie ist dennoch berechtigt, und sie ist auch für jeden Nicht-Fachmann leicht nachvollziehbar, wenn er sich die folgenden drei Buchseiten schön gemütlich durchliest.

Sollten Sie zu denen gehören, die von Grafiken nichts halten, versuchen Sie, diesmal ausnahmsweise durchzuhalten, denn Grafiken haben einen großen Vorteil: Sie sind ehrlich.

Wir haben für das Beispiel in Abb. 4.1 eine der Grafiken eines von vielen namhaften Windgeneratoren-Herstellern vor allem deshalb ausgewählt, weil hier die Nennleistung von 1 MW (Megawatt) eine schöne runde Zahl darstellt. Das hat uns gefallen, denn damit kann man leichter – und ohne herumrechnen zu müssen – einfach auf den ersten Blick das Verhältnis zwischen der Windstärke und der jeweils erzielbaren Ausgangsleistung sehen. Da technisch und physikalisch bedingt solche Windgeneratoren-Grafiken so ziemlich alle ähnlich verlaufen, weicht auch diese Grafik von den Grafiken anderer Anbieter hauptsächlich nur durch die Größen und Nennleistungen der Windgeneratoren ab.

Die bei uns aufgestellten großen Windgeneratoren sind als sogenannte *Schnellläufer* für kräftigere Windstärken konstruiert, die nur am oder im Meer ausreichend oft vorkommen. Für das Landesinnere würden sich eigentlich viel besser die sogenannten *Langsamläufer* eignen, die etwa in Australien für das Wasserpumpen verwendet werden (wir kennen solche »Wildwest-Windräder« aus diversen Western). Sie würden jedoch die bei uns gelegentlich kurz auftretenden Stürme nicht verkraften. So versuchen einige Windrad-Hersteller ihre Schnellläufer so zu konstruieren, dass sie auch bei schwächeren Windstärken (ab ca. 3,5 m/s) immerhin noch etwas mehr Energie erzeugen, als sie für den Eigenbedarf selbst verbrauchen. Bei manchen Windgeneratoren kann dann die Leistungskennlinie aus dem Beispiel in Abb. 4.1 etwas abweichen – leider aber nur »etwas« – was immer ganz einfach die Leistungskurve bestätigt. Diese sollte bei Planungen von solch großen »Hinguckern« unbedingt von den Herstellern verlangt werden, denn ohne sie bieten – wie üblich – die werbewirksamen Texte zu viel Spielraum für »Märchenerzähler«.

Nun zu unserer Grafik: Zeitraubend studieren brauchen Sie diese Grafik nicht, denn wichtig sind da nur zwei Punkte – der blaue und der rote Punkt: Der für den Verkäufer (oder Anbieter) wichtigste Punkt ist der rote Punkt oben in der Grafik: Er zeigt uns, was der Windgenerator leisten könnte, wenn er es denn leisten könnte. Das ist die Nennleistung, die in diesem Fall – wie es so oft mit der Nennleistung ist – nur einen Richtwert darstellt, den so ein Windgenerator hypothetisch bei einem starken Gewitter kurz erbringen könnte, bevor ihn das Gewitter vernichtet. Es vernichtet ihn jedoch nur selten, weil er sich bei einem so gefährlichen Gewitter immer rechtzeitig automatisch abstellt und die Propeller seines Windrads so verstellt, dass sie von dem stürmischen Wind nicht (oder nicht so leicht) vernichtet werden können.

Dass dieser Windgenerator eigentlich niemals die 1 MW (eine Million Watt bzw. 1.000 kWh) liefern würde, ist nicht so schlimm. Schlimm ist nur, dass z. B. in Bayern laut Daten aller Wetterämter die überwiegend herrschende Windgeschwindigkeit nur viel zu selten die 4 m/s (= 4 Meter pro Sekunde) erreicht oder sogar überschreitet. Dieses »Traum-Minimum« zeigt in unserer Grafik der blaue Punkt unten an. Was er anzeigt, sollte man eigentlich nur als eine Startposition bezeichnen, ab der der Windgenerator überhaupt mehr Energie liefern kann, als er für sich selbst benötigt, um sich auch bei zu wenig Wind drehen zu können.

Wie die Tabelle mit den Abhängigkeiten zwischen der Windstärke und der Produktivität des Generators zeigt, könnte so ein Windgenerator bei einer Windstärke von nur 3 m/s – die in Deutschland überwiegt – nicht einmal die Beleuchtung eines einzigen öffentlichen Pissoirs aufrechterhalten. Sein Windrad muss sich nämlich technisch bedingt auch während einer Windstille drehen, und die Energie, die er bei einer Windstärke um die 3 m/s produzieren kann, reicht gerade so für seinen eigenen Verbrauch für den Antrieb seines Windrads. Klingt komisch, aber haben Sie sich denn nie gefragt, wieso da auf der Wiese neben der Autobahn die Windräder so brav drehen, obwohl eigentlich Windstille herrscht? Kein Problem! Die Windgeneratoren werden einfach mit »externer« Energie drehend gehalten (oft sind es Dieselgeneratoren im »Erdgeschoss«).

Tatsache ist, dass sich ein Windgenerator als Energiequelle nur dann rentiert, wenn er an einem Standort aufgestellt wird, an dem es die *ausreichend oft herrschende Windstärke* rechtfertigt. Das Wort »aufgestellt« verdient auch etwas mehr Aufmerksamkeit, als wenn irgendwo im Wald nur ein Hochsitz aufgestellt wird. Für den brauchen keine autobahnähnlichen Zufahrtstraßen durch den Wald gebaut werden, der braucht auch kein riesiges Betonfundament und kein dickes Kupferkabel für seinen Anschluss ans öffentliche Netz. Und so ein Kabel verbraucht unter Umständen mehrere Tonnen Kupfer pro Anschluss. Da so ein Kabel technisch bedingt notabene jeweils auf die volle Nennleistung des Windgenerators dimensioniert werden muss, verteuert es den ganzen »Spaß« mit so einem Windrad-Hingucker noch mehr, als sich vielleicht ein Laie vorstellen kann.

Fazit: Für jegliche Rentabilitäts-Überlegungen braucht man hier keine komplizierten Berechnungen vorzunehmen: Es genügen nur der rote und der blaue Punkt in der Grafik, die jeder Hersteller/Anbieter auf Wunsch des Kunden herausrücken muss. Bei der Grafik lässt sich nicht schummeln und leicht verständlich ist diese einfache Grafik auch noch. Die einzige weitere Information, die man benötigt, sind dann nur noch die Windstärkendaten, über die das Wetteramt verfügt – falls nicht die eigenen Erfahrungen mit der standortbezogenen Windstärke ausreichen. Dann kann man den blauen Punkt einfach auf die richtige Stelle in der Grafik setzen und man ist perfekt im Bilde darüber, ob es nicht ein Eulenspiegel-Streich wäre, wenn man den Windgenerator nur einfach irgendwo aufstellte, wo es gerade noch Platz gibt.

Nebenbei: Von unserer Grafik aus Abb. 4.1 weichen die Grafiken aller anderen größeren Windgeneratoren nicht zu sehr ab. Nur ganz kleine Windgeneratoren sind in dieser Hinsicht etwas »fauler«, wie z. B. die Grafik in Abb. 4.2 zeigt.

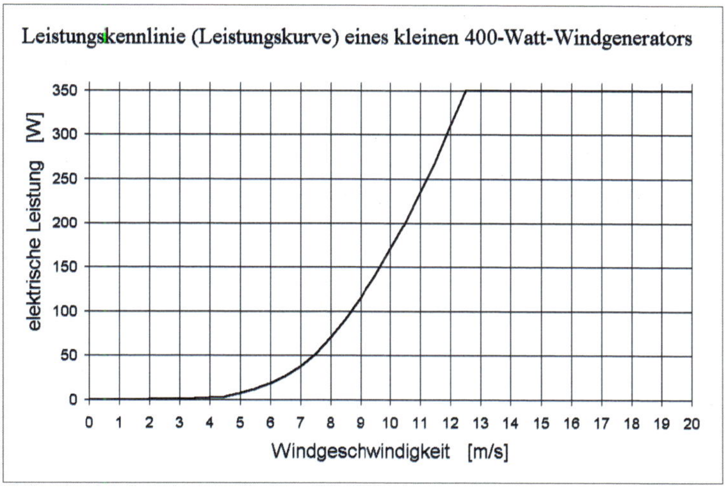

Abb. 4.2: Leistungskennlinie eines kleinen Windgenerators, der für sehr kräftige Winde (und z. B. für Jachten) gedacht ist

Offen bleibt vorerst die Hoffnung auf moderne Fusionsreaktoren sowie auch darauf, dass es uns gelingt, die Zwischenzeit irgendwie zu überbrücken, ohne dass wir vorher hysterisch das ganze Land mit Windgeneratoren und Solarparks überfüllen. Dass wir in der Zwischenzeit elektrischen Strom aus Kernkraftwerken umliegender Länder importieren, ist natürlich eine unbefriedigende Notlösung, die so manchen Kritiker zu der Behauptung inspiriert, dass wir uns auf den Weg »zurück in die Steinzeit« begeben.

In einem ehrlichen Buch über die Elektrotechnik gehören alle die vorher aufgeführten Informationen und Überlegungen eigentlich zu den (aussterbenden) Pflichten eines Autors, der für seine »Ware Buch« Geld verlangt. Die Leser und Leserinnen dieses Buches sollten das Fachwissen nicht durch »fälschlich modifizierte« Inhalte nur verstümmelt serviert bekommen. Es geht hier ja nicht nur um das reine Schulwissen, sondern darum, dass man sich in dieses ganze Fachgebiet so richtig einleben kann und dabei nicht die direkte Beziehung zu allem, was sich um uns herum täglich abspielt, durch »schonend übersprungene Tabus« auf der Strecke bleibt.

Tatsache ist, dass unser Bedarf an elektrischer Energie in den nächsten Jahren kräftig steigen wird, und Träume von rentablen Stromspeichern bleiben dabei im Reich der Märchen, weil sich die elektrische Energie nicht vergleichbar kostengünstig speichern lässt wie z. B. Gas. Alle bisherigen Versuche darf man im Hinblick auf die echte Effizienz als Flops bezeichnen, die nur als experimentelle Forschungsprojekte gutmütig akzeptiert (und finanziert) werden dürften. Der technische Fortschritt wird uns aber bei etwas Glück nicht nur sehr viele neue Stromfresser bescheren, sondern bringt eines Tages sicherlich auch neue, leistungsstarke und echt umweltfreundliche Energieerzeuger hervor.

5. Solarelektrik und Photovoltaik

Photovoltaikanlagen sowie diverse andere »kleinere« Photovoltaik-Energiequellen haben sich in den letzten Jahren in unserem Land derartig umfangreich etabliert, dass es nicht mehr erforderlich ist zu erklären, worum es sich dabei eigentlich handelt. Jeder weiß so in etwa, was es ist, wozu es gut sein kann und was alles sich damit machen oder schlicht »anstellen« lässt.

Was in solchen Energiequellen vorgeht, was sie brauchen, was sie mögen oder nicht mögen und was sich letztendlich aus ihnen wirklich »herausholen« lässt, das ist allerdings weniger bekannt. Und um das »Herausholen« geht es eigentlich an erster Stelle, denn in der Praxis gibt es in dieser Branche mehr »Märchenerzähler« als in der Kosmetik, die ja bekanntlich nur von Märchen lebt. Wir alle mögen ja Märchen, aber wir mögen es dennoch nicht, wenn sich so ein Märchen zu sehr in die Richtung des Märchens »Des Kaisers neue Kleider« bewegt. Und gerade bei der Photovoltaik kann man im übertragenen Sinn so manchen Menschen für ihre Kuckucksuhr auch noch einen Sack Vogelfutter andrehen – was ja oft mit größter Begeisterung auch getan wird, wo es nur geht. Schützen kann man sich dagegen ganz einfach: mit Wissen. Es muss sich dabei um kein besonderes Fachwissen handeln. Es reicht, wenn man einfach etwas mehr im Bilde darüber ist, welche Stärken und Schwachstellen diese Energieerzeugung hat und wie alles so ungefähr funktioniert.

Anfangen dürfte man mit der weniger bekannten Tatsache, dass Photovoltaik-Systeme nicht die Sonnenenergie und Sonnenwärme als solche voll nutzen, sondern nur die Energie der Photonen der Sonnenstrahlen (also des Lichts).

5.1 Die Solarzellen

Die Basis-Energiequellen sind bei der Photovoltaik die kleinen Solarzellen, die aus einer Unmenge *Dioden* bestehen, von denen jede einzelne ein winziger *Stromgenerator* ist.

Eine kristalline Solarzelle nach Abb. 5.1 wandelt die Sonnenenergie bzw. beliebige Lichtstrahlen auf folgende Weise um: Wenn ihre Fläche von Photonen bombardiert wird, setzen sich in ihrer oberen *Negativschicht* sowie auch in ihrer unteren *Positivschicht* sogenannte *Ladungsträger* frei. Diese geraten in das mittlere elektrische Feld, und an ihren zwei äußeren Oberflächen (an der »Sonnenseite« und an der Rückseite der Zelle) entsteht ein elektrisches Potenzial (eine elektrische Spannung). Eine belichtete Solarzelle funktioniert ähnlich wie eine Batterie (Abb. 5.2). Allerdings nur in direkter Abhängigkeit von der jeweiligen Belichtung: viel Licht = hohe Spannung und hoher Strom, weniger Licht = niedrigere Spannung und niedrigerer Strom.

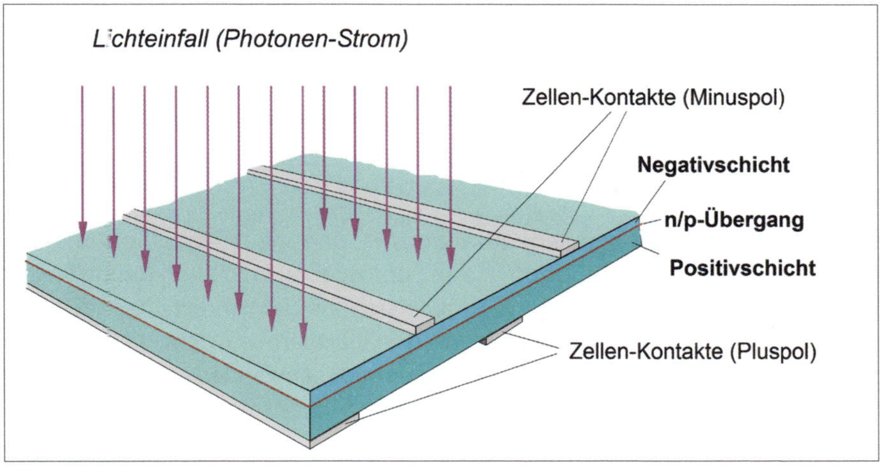

Abb. 5.1: Prinzipielle Ausführung einer kristallinen Solarzelle

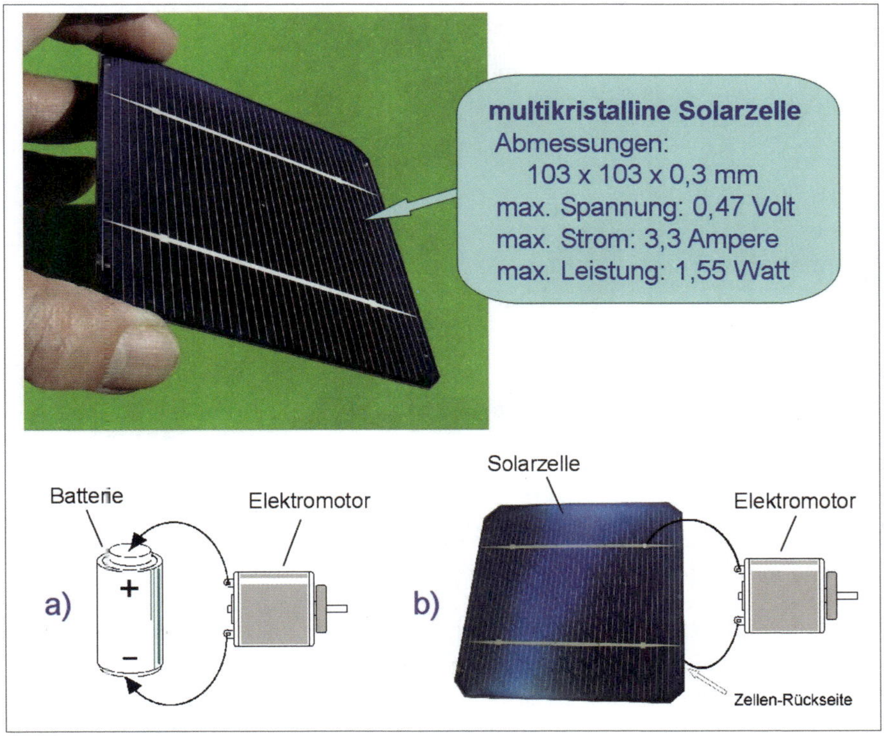

Abb. 5.2: Eine belichtete Solarzelle funktioniert ähnlich wie eine Batterie. Die von ihr gelieferte elektrische Spannung (und Leistung) ist jedoch nicht konstant, sondern hängt von der Intensität der momentanen Belichtung der Zellenfläche ab

Wird ein Verbraucher von einer Solarzelle oder von einem **Solarzellenmodul** (Photovoltaikmodul) direkt mit Strom versorgt, hängt seine jeweilige Leistung von der vorhandenen Belichtung ab. Wie sich dabei eine derart wetterabhängige solarelektrische Stromversorgung z. B. auf die Leistung einer Springbrunnenpumpe auswirkt, zeigt Abb. 5.3.

Hinweis

Es gibt zwei Sorten von Solarmodulen: *solarelektrische* und *solarthermische* Module. Die Universal-Bezeichnung »Solarmodul«, die im Sprachgebrauch oft vorkommt, lässt dann die Frage offen, um welche Art des Moduls es sich konkret handelt. Da es in diesem Kapitel um die Photovoltaik – und nicht um die Solarthermie – geht, werden wir hier die Bezeichnung Photovoltaik- bzw. Solarzellenmodul anwenden.

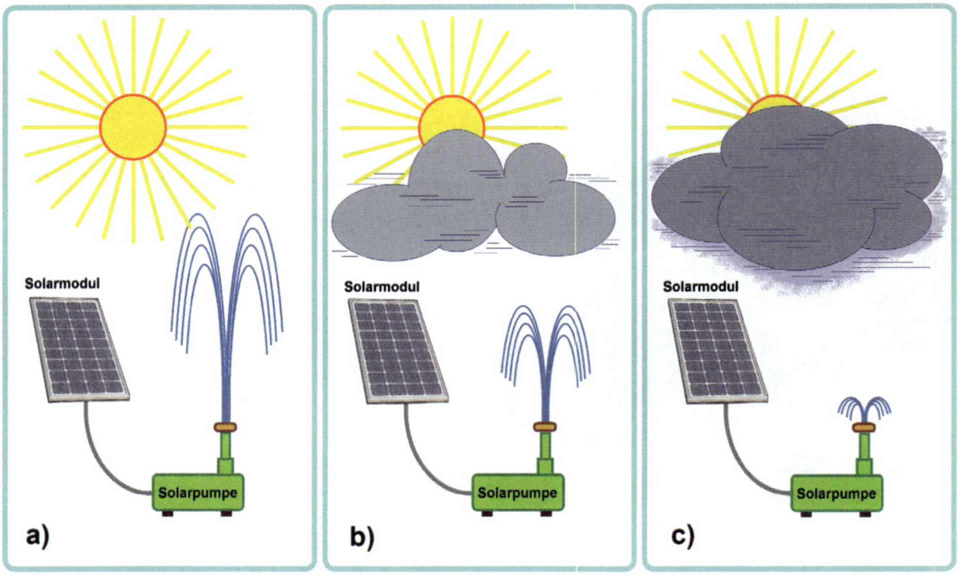

Abb. 5.3: Wird eine Solar-Springbrunnenpumpe von einem Photovoltaikmodul direkt betrieben, hängt ihre Leistung von der jeweiligen Belichtung des Moduls ab

Ein Photovoltaikmodul besteht aus vielen in Reihe geschalteten Einzelzellen, deren Spannungen sich, wie in Abb. 5.4 gezeigt, addieren. Da bei den »besseren« kristallinen Solarzellen die maximale Zellenspannung physikalisch bedingt nur ca. 0,46–0,48 Volt pro Zelle (bei optimaler Belichtung) beträgt, werden meist ziemlich viele Einzelzellen pro Modul benötigt, um eine brauchbare Ausgangsspannung zu erhalten. Die relativ niedrige Zellen-Nennspannung wiegt wiederum der ziemlich hohe Zellen-Nennstrom auf, der bei ganzen Zellen mindestens ca. 3 Ampere (bei größeren Zellen ca. 5 Ampere) pro Zelle beträgt.

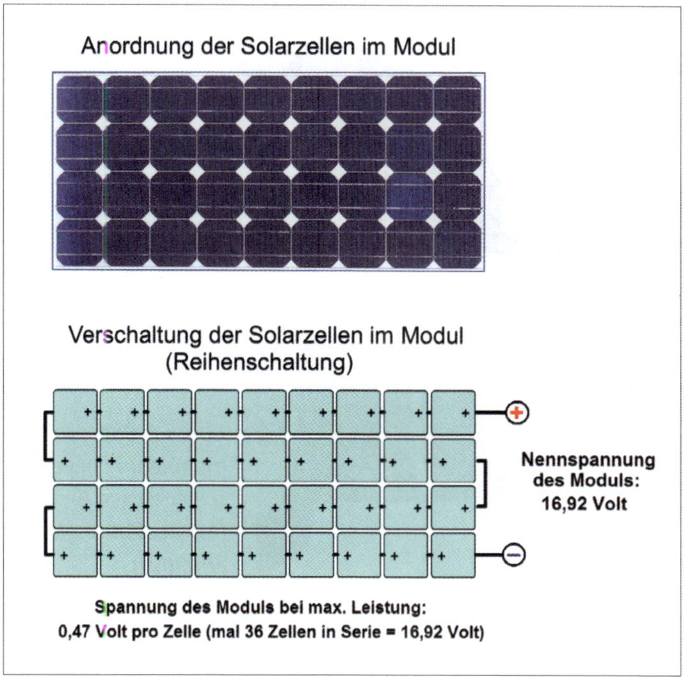

Abb. 5.4: Die Spannungen einzelner Zellenglieder eines Photovoltaikmoduls addieren sich

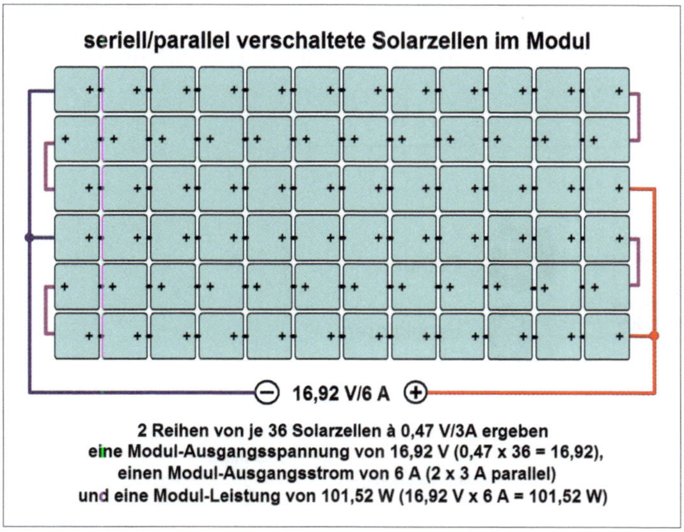

Abb. 5.5: Um eine höhere Ausgangsleistung zu erhalten, als eine Zellenreihe bieten kann, bietet eine serielle/parallele Verschaltung der Solarzellen eine Abhilfe, die wir bereits von den Akku-Packs kennen

Die einzelnen Zellen werden im Modul (siehe Abb. 5.5) zusammengelötet, anschließend wie eine Schmetterlingssammlung unter einer Glasscheibe eingerahmt und entweder mit einer speziellen lichtdurchlässigen Gussmasse eingegossen oder auf eine andere Weise »vakuumdicht« eingeschweißt. Je nach der Anzahl und Größe der verwendeten Solarzellen entstehen auf diese Weise Photovoltaikmodule unterschiedlicher Größe und Form (siehe Abb. 5.6).

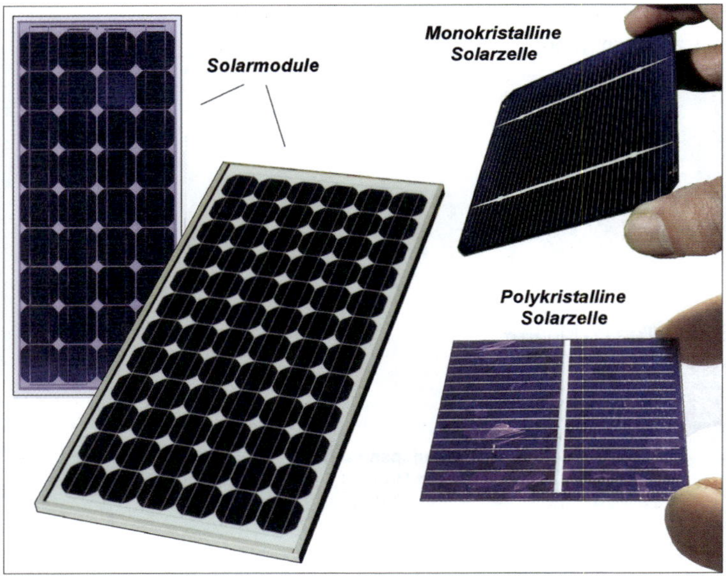

Abb. 5.6: Photovoltaikmodule sind in verschiedensten Größen und Ausführungen erhältlich

Von einem Photovoltaikmodul – oder alternativ auch nur von einigen zusammengelöteten Solarzellen – können wir den elektrischen Strom ähnlich beziehen wie aus einer Batterie. Allerdings nur dann, wenn und solange die Solarzellen ausreichend von der Sonne bestrahlt bzw. künstlich belichtet werden. Für »bescheidene« Anwendungen in Haus und Garten gibt es viele Möglichkeiten der Solarstrom-Nutzung, die die Abbildungen 5.7 und 5.8 beispielhaft zeigen.

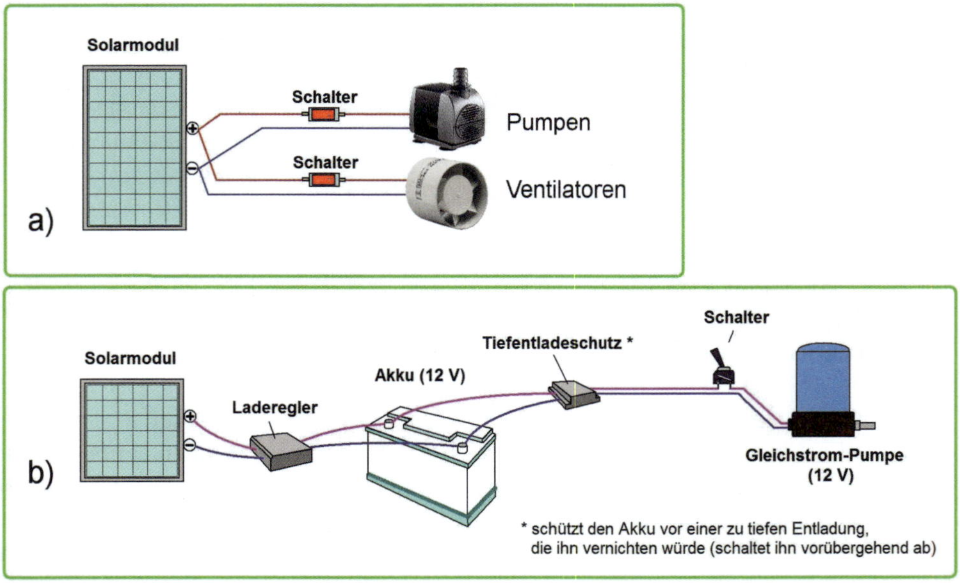

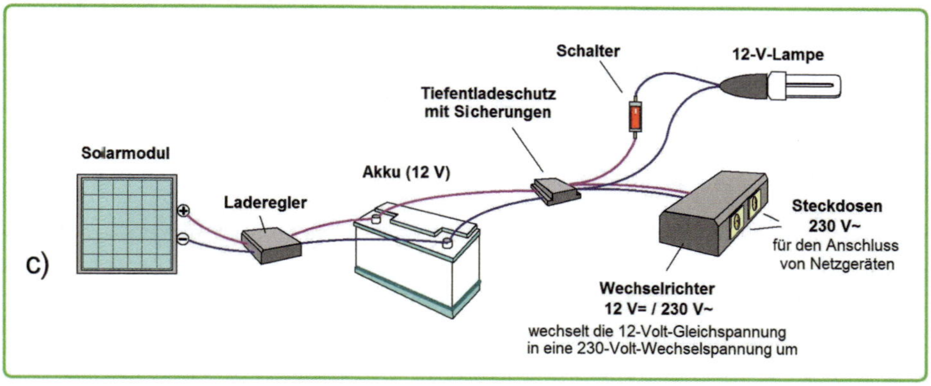

Abb. 5.7: Einfachere Beispiele der Solarstrom-Nutzung: a) bei einem Direktantrieb wird der elektrische Verbraucher (z. B. Ventilator oder Pumpe) direkt an das Photovoltaikmodul angeschlossen und man gibt sich damit zufrieden, dass er nur dann läuft, wenn die Sonne scheint, oder man verwendet nach Abb. 5.7b/5.7c einen zusätzlichen Akku als Energiespeicher

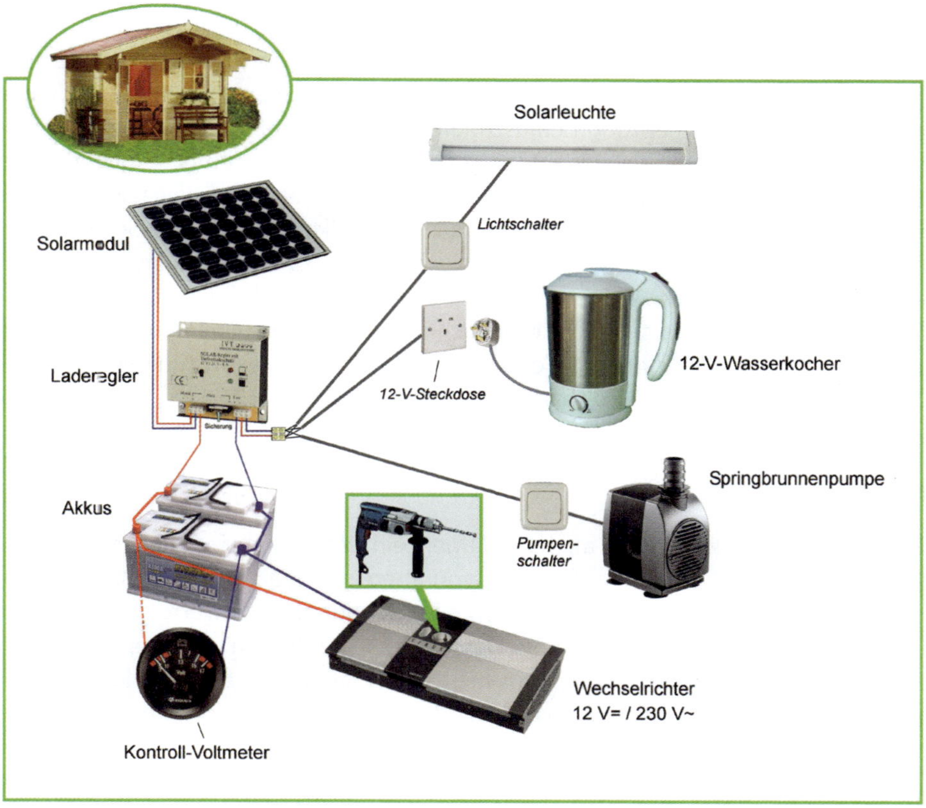

Abb. 5.8: Den Umfang solcher Solarstrom-Versorgung eines Schrebergarten-Häuschens bestimmt vor allem die zur Verfügung stehende Leistung des angewendeten Photovoltaikmoduls

Mithilfe eines zusätzlichen Akkus kann die Solarspannung nach dem Beispiel aus Abb. 5.8 gespeichert und danach jederzeit auf Abruf für die Stromversorgung der Beleuchtung und beliebiger anderer Elektrogeräte und elektrischen Vorrichtungen bezogen werden. Von der Kapazität des Akkus hängt dann die Energiereserve ab. Die Leistung des Photovoltaikmoduls wird so gewählt, dass das Nachladen des Akkus kräftig genug ist, um die vom Akku bezogene Energie mit Solarstrom nachfüllen zu können.

Das gilt ebenfalls sowohl für kleinere Balkon-Solarkraftwerke als auch für größere Photovoltaikanlagen, deren Solarmodule auf dem Dach des mit Solarstrom versorgten Objekts (Ferienhaus, Gartenlaube, Gartenpavillon u. Ä.) installiert sind. Eine solche Anlage ist ebenfalls nach dem Prinzip aus Abb. 5.8 ausgelegt. Die Größe und Anzahl der Module sowie die Größe (Kapazität) der angewendeten Solarbatterie richten sich dann einfach nach dem Energiebedarf, der sich aus der Summe und den Betriebszeiten der vorgesehenen elektrischen Verbraucher ergibt. Grenzen setzt hier nur der wetterbedingt erzielbare Einklang zwischen dem Stromverbrauch, der Größe des Energiespeichers (der Batterie) und der Leistung der Photovoltaikmodule. Dies gilt allerdings nur für Photovoltaikanlagen, die als netzunabhängige Systeme für die Stromversorgung in Haus und Garten zuständig sind.

Wichtig: Bei jeder Planung einer beliebigen Photovoltaikanlage ist die Tatsache zu berücksichtigen, dass aus keinem einzigen Photovoltaikmodul auf unserer ganzen Erdkugel in der Praxis eine höhere Leistung herauszuholen ist als 2/3 seiner offiziellen Nennleistung. Diese »Kleinigkeit« hat sich eigentlich noch nie so richtig herumgesprochen, denn keiner, der die Photovoltaikmodule verkaufen will, erzählt so etwas gezielt seinem – oder seinen – Kunden. Dabei geht es jedoch nur um eine physikalisch bedingte Schwachstelle bei allen Photovoltaikmodulen. Bei den schlechteren ist es etwas schlimmer, bei den besseren bleibt es – bei etwas Glück – nur bei dem einen Drittel, das sich einfach aus dem Modul nicht herausholen lässt. Das Wort »einfach« lässt hier einen ganz kleinen Spielraum für spezielle Solarzellen oder zusätzliche Lösungen (wie z. B. eine extra Kühlung), aber das sind dann oft nur viel zu teure »Tröpfchen auf den heißen Stein«.

Für weitere Erläuterungen dürfte uns für ein besseres Verständnis eines Photovoltaik-Projektes Abb. 5.9 helfen.

Wofür wir ein Photovoltaikmodul auch benötigen, ein Drittel seiner offiziellen Nennleistung müssen wir jedenfalls für das Planungsvorhaben immer als »nicht existent« abziehen. Dass die technischen Nennwerte ohnehin immer nur als Richtwerte gelten, haben wir ja schon an anderen Stellen erläutert. Dass es aber so schlimm auch bei den Photovoltaikmodulen sein könnte, nimmt man nicht automatisch an. Die Schuld an dieser Quasi-Mogelpackung teilen sich dann die Physik und die »verkaufsfördernde« Interpretation.

Abb. 5.9: Die meisten von uns sind ja über solche Photovoltaikanlagen »im Bilde« – aber stimmt es wirklich?

5.2 Temperaturabhängigkeit der Solarzellen

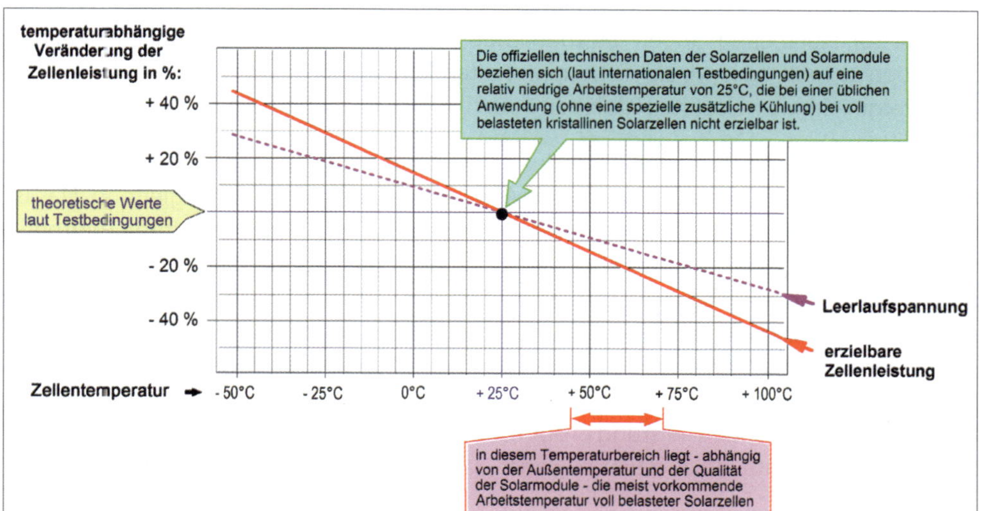

Abb. 5.10: Abhängigkeit der Zellenleistung von der Temperatur

Es kann nicht schaden, wenn wir uns erst die Grafik in Abb. 5.10 ansehen: Sie zeigt uns, wie die Leistung einer Siliziumdiode bzw. eines Photovoltaikmoduls mit der Erwärmung sinkt. Das ist physikalisch bedingt und ganz normal, man geht bei solchen Nenndaten in der Elektrotechnik und Elektronik von einer Referenz-Temperatur von 25 °C aus und das nicht nur aus reinem Vergnügen, sondern weil es die internationalen Testbedingungen so vorgeben.

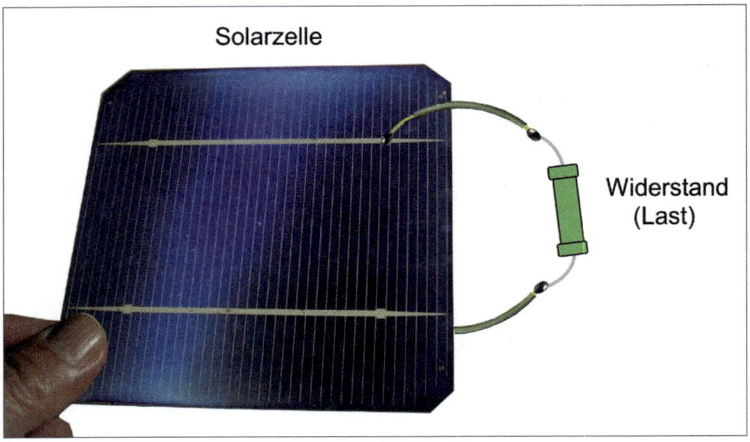

Abb. 5.11: Sobald diese Solarzelle von der Sonne kräftiger belichtet wird, erwärmt sie sich so stark, dass man sie nicht mehr zwischen den Fingern halten kann

In unserer Grafik haben wir eingezeichnet, dass sich die Arbeitstemperatur der Zellen unter normalen Umständen in etwa zwischen 45 °C und 70 °C bewegt. Aber warum? Wir können mit einem einfachen Beispiel anfangen: Wenn man eine (mit einem Widerstand belastete) Solarzelle zwischen den Fingern so hält, wie es das Foto in Abb. 5.11 zeigt, und die Solarzelle dabei gegen die strahlende Sonne ausrichtet, wird sie nach etwa drei Sekunden so heiß, dass wir sie nicht mehr halten können. Sie erwärmt sich – ähnlich wie jeder vergleichbare belastete Halbleiter – durch die produzierte Leistung.

Je mehr dann so ein Photovoltaikmodul belastet wird (also je mehr Energie es liefert), umso mehr heizt es sich auf – und seine Ausgangsleistung sinkt dabei gleitend. Das ist aber noch nicht alles: Die Sonne bombardiert dann zwar das Modul mit ihren Photonen (als Licht), was ja erwünscht ist, aber die Sonne heizt gleichzeitig das Modul auch noch zusätzlich auf. So manifestiert sich hier die Sonnenwärme bei der Solarenergie-Gewinnung als sehr kontraproduktiv. Und je kräftiger die Sonne scheint, umso kräftiger heizt sie das Modul auf. Wenn dazu auch noch Windstille herrscht, befindet sich das ohnehin heiße Modul auch noch in einem »Backofen«. Da durch so eine enorme Hitze zum Glück automatisch die Ausgangsleistung proportional sinkt, ergibt das einen »Teufelskreis«, der das Modul wiederum etwas davor bewahrt, dass es sich nicht zu sehr über ca. 75 °C aufheizt.

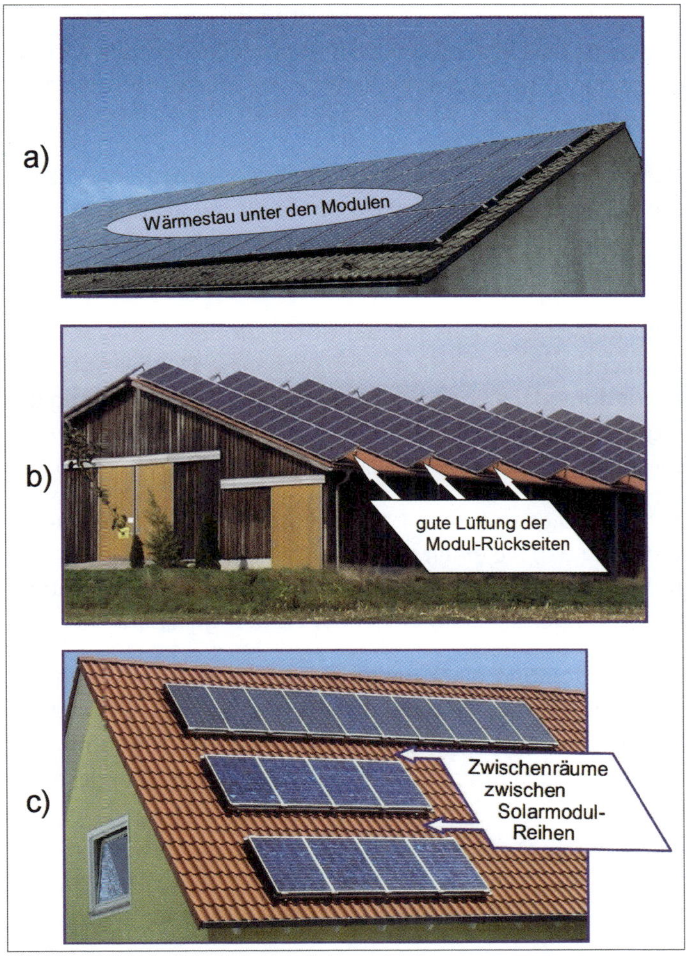

Abb. 5.12: Photovoltaikmodule sollten am Dach bevorzugt so angebracht werden, dass sie etwas lüften können

So ein Photovoltaikmodul wäre natürlich viel besser dran, wenn es nur ausreichend starkes kaltes Licht bekäme, aber keine Sonnenhitze. Und es würde ihm auch ausgesprochen gut bekommen, wenn es noch zusätzlich gut gekühlt werden könnte. Das wäre zwar machbar, aber kostspielig. Von Vorteil ist, wenn man z. B. die Module am Dach so anbringt, dass sich unter ihnen kein zu großer Hitzestau bilden kann (Abb. 5.12b/c zeigt, was man sich darunter konkret vorstellen kann).

Offen haben wir hier noch das Thema der *Qualität*. Zu dem, was auch ein Nicht-Fachmann leicht beurteilen kann, gehört z. B. die Toleranz der im Modul angewendeten Zellen. Handelsübliche Toleranzen fangen meist bei 2 % an, und die *noch brauchbare Obergrenze* liegt bei 5 %. Eine Toleranz von 5 % bedeutet, dass z. B. ein um 5 % schwächeres Modul in einer Reihenschaltung die Ausgangsleistung der ganzen Kette bestimmt – also um die

5 % abwürgt. Wo nur ein einziges Modul gebraucht wird, spielt so ein Nachteil keine große Rolle, aber für größere Projekte ist die Zellentoleranz der Photovoltaikmodule wichtig. Alles ist natürlich auch eine Frage der jeweils projektbezogenen Ansprüche und der damit verbundenen Kosten.

Ausführlichere Fachinformationen würden den Rahmen unserer Buchthemen leider sprengen, aber obwohl die Photovoltaikanlagen üblicherweise von Profis mit allem Drum und Dran entworfen und installiert werden, ist es von Vorteil, wenn der Kunde weiß, worum es da geht.

Im Vergleich mit der Anschaffung kleinerer Solarmodule ist bei größeren Solaranlagen das Preis-Leistungs-Verhältnis nicht mehr so leicht zu durchschauen. Die Investition in eine Solaranlage sollte daher gut durchdacht, durchgerechnet und individuell richtig geplant werden. Eine Solaranlage sollte nicht wie ein neuer Kühlschrank gekauft werden, bei dem man vor allem darauf achtet, ob er in die vorgesehene Nische in der Küche passt.

Die hier angeführten Aufklärungen stellen trotz ihres bescheidenen Umfangs eine brauchbare Portion von Fachinformationen dar, die einen guten Kaufentschluss oder eine fachlich gut fundierte Planung und Auftragserteilung sowie auch einen Selbstbau erleichtern. Wissen ist auch hier eine Macht, die eigentlich immer viel Geld und Ärger sparen kann.

Dennoch sollte als Motiv für die Errichtung einer netzgekoppelten Photovoltaikanlage nicht unbedingt die Hoffnung auf eine umwerfend hohe Rendite im Vordergrund stehen. Es gibt allerdings bei jedem von uns eine rein emotionale Schwelle, bei der die kommerziellen Überlegungen aufhören und der Idealismus, Forschungstrieb oder einfach der Spaß an der Sache vorherrschen.

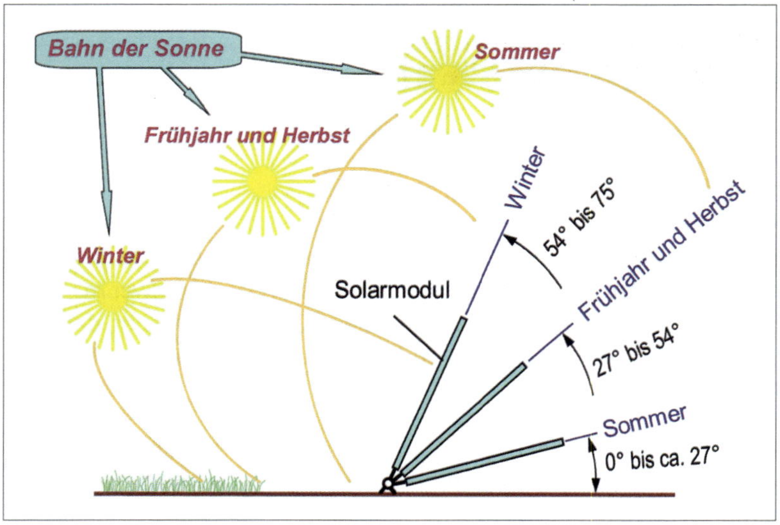

Abb. 5.13: Mit der optimalen Ausrichtung des Solarmoduls zur Sonne ist es leider nicht so einfach, denn sie hängt von der Jahreszeit ab

Dies gilt selbstverständlich nicht für größere Solarfelder, die ziemlich unpassend als Solarparks bezeichnet werden, denn das ist kein Park, das ist schlicht ein »Parkplatz« für Solarmodule. Da der solarelektrische Ertrag bekanntlich (physikalisch bedingt) um 1 % pro Jahr sinkt, ist bei solchen professionell betriebenen Photovoltaikfeldern nach etwa 20 Jahren der Ofen aus. Die Kosten für die Wartung, die Pflege und Verwaltung überschreiten dann einfach den Ertrag. Hinzu kommt noch das Problem, dass das Angebot oft größer ist als der Bedarf, und die jeweils nicht abgenommene solar produzierte Energie, die niemand haben will, lässt sich nicht bezahlbar lagern. Die Errichter gehen (wie wir es inzwischen bei einigen Windgeneratoren-Betreibern sehen konnten) einfach pleite, lassen alles stehen »wie gewachsen«, und das Nachsehen hat dann derjenige, der sein Grundstück an die Errichter oder Betreiber verpachtet hat. Auch diese Nebeninformationen gehören in ein faires Fachbuch, das vielleicht auch diejenigen lesen werden, die mit den angesprochenen Themen direkt konfrontiert sein könnten. Und woanders als in einem Fachbuch gibt es gegenwärtig für solche am Image nagenden Informationen kaum eine Spielfläche.

Jede Photovoltaikanlage ist außer Zweifel ein kleines Elektrizitätswerk, das auf eine sehr umweltfreundliche Art aus Licht elektrische Energie macht. Es handelt sich dabei um eine Umwandlung, bei der weder Schmutz noch Lärm, Gestank oder andere unerwünschte Nachteile in Kauf genommen werden müssen – zumindest nicht in dem Land, dass alles Benötigte nur importiert, aber nicht herstellt. Viele Wissenschaftler behaupten zwar, dass die Herstellung, Installation, Wartung und am Ende der Fahrt auch noch die Entsorgung fast das Doppelte an Energie verbraucht, als so eine Photovoltaikanlage während ihres Daseins liefern kann. Da wir jedoch inzwischen ziemlich kostengünstige Solarmodule aus Billiglohnländern beziehen, relativiert sich das Gleichgewicht zwischen Soll und Haben.

Als Fake-Informationen dürften wir in dem Zusammenhang die Behauptungen einstufen, nach denen China angeblich die Herstellung seiner Solarmodule kräftig subventioniert. Wahr ist im Gegenteil, dass die Chinesen mit den Solarmodulen in Wirklichkeit solide Gewinne machen, da sie ihre Exportpreise gerade bei diesen Produkten vorerst sogar großzügig hochhalten, solange das Geschäft so glänzend und konkurrenzlos läuft wie bisher.

Vor dem Kauf eines Solarmoduls oder vor der Bestellung einer größeren Photovoltaikanlage sollte man jedenfalls gut darüber im Bilde sein, worauf es wirklich ankommt und worauf man dabei achten sollte. Bei jeder elektrischen Energiequelle ist natürlich wichtig, welche Spannung und Leistung sie liefern kann. Das können wir leicht den technischen Angaben entnehmen, die bei Solarzellen und Photovoltaikmodulen auf folgenden internationalen Standard-Testbedingungen basieren:

Sonneneinstrahlung E = 1.000 W/m^2 (oder auch 100 mW/cm^2)
Zellentemperatur Tc = 25 °C
Spektralverteilung AM = 1,5

Das sind Bedingungen, die in Deutschland fast nur an sonnigen Sommertagen vorzufinden sind. Allerdings kann es auch im Dezember oder im Januar um die Mittagszeit sonnige Stunden geben, an denen die Sonneneinstrahlung nur geringfügig unterhalb der Testbedingungen liegt.

Die Herstellerangaben der Zellenparameter beziehen sich auf diese technischen *Maximumwerte*, die dann als *Nennwerte* bezeichnet werden. Manche Hersteller und Anbieter benutzen auch noch die Bezeichnung *Werte bei max. Leistung*. Alle diese Bezeichnungen haben dieselbe Bedeutung und basieren auf Messungen, die nur unter optimalen Bedingungen erreicht werden können.

Zu den wichtigsten technischen Daten einer Solarzelle/eines Photovoltaikmoduls gehören die *Nennspannung* (Spannung bei max. Leistung), der *Nennstrom* (Strom bei max. Leistung) und die *Nennleistung* (max. Leistung). Zudem gibt es da noch die *Leerlaufspannung*, den *Kurzschluss-Strom* und den *Wirkungsgrad*.

Die **Nennspannung** liegt bei *monokristallinen Zellen* bei etwa 0,48 V (bei einigen spezielleren Zellen etwas höher) und bei *polykristallinen* (auch als *multikristalline* bezeichnet) bei etwa 0,46 V bis 0,47 V. Sie ist ansonsten so gut wie unabhängig von der Zellengröße. Wenn Sie beispielsweise eine Zelle wie das Eis auf einer Pfütze zertreten, werden all ihre Bruchstücke weiterhin annähernd die gleiche Spannung liefern, die ursprünglich die ganze Zelle hatte.

Der **Nennstrom** einer Solarzelle hängt von ihrer Größe und ihrem Wirkungsgrad ab. Viele handelsübliche Solarzellen haben eine Solarfläche von nur etwa 1 dm^2 (100 cm^2) und ihr Nennstrom liegt bei etwa 2,9 A bis 3,29 A (typen-/markenabhängig). In letzter Zeit mehren sich jedoch Angebote an größeren Solarzellen. Die momentan größten Abmessungen liegen bei ca. 150 x 150 mm. Solche Zellen können dann einen Nennstrom von über 5 A liefern.

Die **Nennleistung** wird bei allen Solarzellen als reine Multiplikation von *Nennspannung* und *Nennstrom* errechnet und benötigt keine nähere Erklärung.

Erklärungsbedürftig ist dagegen die **Leerlaufspannung**. Darunter versteht man die Spannung an einer unbelasteten Zelle. Bei den meisten kristallinen Zellen ist die Leerlaufspannung typabhängig etwa 23 % bis 26 % höher als die Nennspannung.

Der **Kurzschluss-Strom** ist bei den meisten kristallinen Zellen nur etwa 6 % bis 12 % höher als der Nennstrom. Ein vorübergehender Kurzschluss an einer Solarzelle führt demzufolge nicht zu ihrer Vernichtung oder Beschädigung – vorausgesetzt, wir geben ihr nicht die Zeit, sich zu sehr aufzuheizen. Da jedoch eine Solarzelle üblicherweise Temperaturgrenzen zwischen ca. -40 °C und +125 °C verkraftet, kann sie sogar zu einer Art Kochplatte werden, ohne dass es dadurch zu einer Beschädigung kommen müsste.

Der **Wirkungsgrad** (Umwandlungs-Wirkungsgrad) hängt eigentlich nur indirekt mit den elektrischen Eigenschaften einer Solarzelle zusammen. Er gibt an, wie viel Prozent der einwirkenden Strahlungsenergie (Sonnenstrahlungsenergie) in Form von elektrischem Strom abgegeben wird.

Die modernsten handelsüblichen Solarzellen weisen herstellerabhängig gegenwärtig (weltweit) folgenden Wirkungsgrad auf:

- monokristalline Solarzellen: 13–17 %
- polykristalline Solarzellen: 10,6–16 %
- amorphe Silizium-Dünnschichtzellen: 3–10 %

Der Wirkungsgrad der mono- und polykristallinen Solarzellen sinkt während der ersten 20 Betriebsjahre um etwa 1 % pro Jahr. Mit dem Wirkungsgrad der amorphen Dünnschichtzellen geht es oft bereits nach kurzer Betriebszeit bergab. Es gibt praktische Erfahrungen mit Dünnschicht-Solarfassaden eines namhaften deutschen Herstellers, die bereits nach drei Monaten Betrieb eine Ermüdung in der Form von etwa 1/3 Leistungsnachlass aufwiesen. Der danach folgende Leistungsnachlass hält sich zwar in wesentlich bescheidenerem Rahmen, dennoch ist ein solcher Leistungsrückgang nur bedingt zumutbar.

Der Solarzellen-Umwandlungs-Wirkungsgrad ist allerdings keine Konstante, mit der sich bei Nutzung der Sonnenenergie fest rechnen ließe. Er kann ja nur dann umgewandelt werden, wenn die Sonne – oder zumindest genügend Tageslicht – verfügbar ist.

Die launische Natur hält sich dennoch in längeren Zeitabschnitten an ein Schema, mit dem sich kalkulieren lässt. Man muss dabei nur die richtigen Schnittstellen zwischen dem Spendenumfang der Natur und dem erwünschten Energiebedarf finden. Dabei wird Ihnen dieses Buch behilflich sein.

Hinweis

Die angegebenen Wirkungsgradgrenzen der aufgeführten Zellentypen orientieren sich in unserer Publikation an den jeweiligen Angeboten auf dem Weltmarkt und an den neuesten Datenblättern der fernöstlichen und amerikanischen Hersteller bzw. der westeuropäischen Anbieter. Durch Unterschiede in der Herstellungstechnologie ergeben sich hersteller- oder anbieterbezogene Wirkungsgrad-Unterschiede bei derselben Zellenart. Durch diese Schwankungen werden auch die in der Fachliteratur angegebenen aktuellen Solarzellen-Wirkungsgradgrenzen immer etwas variieren und sind daher nicht als absolute Festwerte zu betrachten. Die Entwicklung schreitet auch hier laufend voran, aber nicht alle der neuesten Informationen sind ausreichend technisch fundiert.

Abb. 5.14: Wenn im kühlen Frühjahr die Sonne schön scheint und man hat dabei im Liegestuhl ein solar beheiztes Wärmekissen, können einem eigentlich alle vorhergehenden technischen Daten so richtig gestohlen bleiben

Das wird auch noch oft gefragt: Ist der sogenannte »grüne Solarstrom« in Wirklichkeit ein außergewöhnlich schmutziger Strom – oder, wie manche Profis sagen, ein »Zappelstrom«, der vor allem in der Messtechnik laufend Probleme verursacht?

Eine faire Antwort dürfte lauten: Leider ja!

Man muss aber dem Slogan »Der Zweck heiligt die Mittel« auch einen fairen Spielraum einräumen. Da wir alle über den »Zweck« laufend kräftig informiert werden, erübrigt sich da jeglicher Bedarf an irgendwelchen zusätzlichen Informationen. Bleibt also noch das Wort »Mittel« als ein Thema offen, über das die Öffentlichkeit eigentlich nur sehr modifiziert informiert wird. Damit meinen wir nicht die Subventionen und Fördermittel, denn das ist kein Thema für ein Fachbuch. Aber dass man diesen Strom als sauberen grünen Strom an den Mann bringt, das ist halt nur eine ähnliche Werbung, wie man sie sonst nur noch »so kräftig« aus der Kosmetik-Branche kennt.

In der Technik lassen sich aber zum Glück die Grenzen zwischen »Dichtung und Wahrheit« leichter festlegen als in der Kosmetik. Wir können uns beispielsweise die technischen Quellen des grünen Solarstroms sehr genau ansehen, alles perfekt nachmessen und danach die Ergebnisse nur anhand von ermittelten Messwerten und physikalischen Parametern nüchtern bewerten.

Da waren vor längerer Zeit vor allem die Photovoltaikdächer auf Wohnhäusern. Die waren schon immer brav und haben niemanden gestört. Es hat da jedoch die ganz kleinen »Bösewichte« unter den Wechselrichtern gegeben, die in die öffentlichen Stromnetze einfach einen Wechselstrom à la »wie gewachsen« liefern durften. Das »wie gewachsen« ist nur ein poetischer Ersatz für Formulierungen in der Art »wie halt hergestellt« oder »wie halt zusammengebastelt«.

Wir haben in diesem Buch bereits an anderer Stelle erwähnt, dass ursprünglich alle Stromerzeuger darauf achten müssen, dass der von ihnen gelieferte Wechselstrom perfekt sinusförmig ist. Aber nicht nur das: Auch viele andere technische Parameter mussten (und müssen weiterhin) perfekt stimmen und werden in jeder Zentrale mit vielen Messgeräten streng überwacht. Und dann kamen plötzlich die Wechselrichter ins Spiel, die den von den Photovoltaik-Dachmodulen gelieferten Gleichstrom oft einfach auf Biegen und Brechen als einen So-als-ob-Wechselstrom in das öffentliche Netz einspeisen durften (zumindest in der Praxis). Es stellte sich dabei heraus, dass sich der Strom ins Netz eigentlich auch dann problemlos hineinpumpen lässt, wenn er nicht wirklich sinusförmig, sondern nur rechteckig oder treppenförmig (trapezförmig) ist. Es hat zwar schon immer auch solide Sinus-Wechselrichter gegeben, aber die waren teurer als die einfacheren, die nur eine Trapezspannung ins Netz lieferten, aber notfalls den Zweck auch erfüllten. Wo solche Trapez-Wechselrichter ihre zu grobe Treppenspannung ins Netz liefern, ist in der Praxis schwer nachvollziehbar. Das trifft vor allem auf die vielen kleinen Solardachanlagen zu.

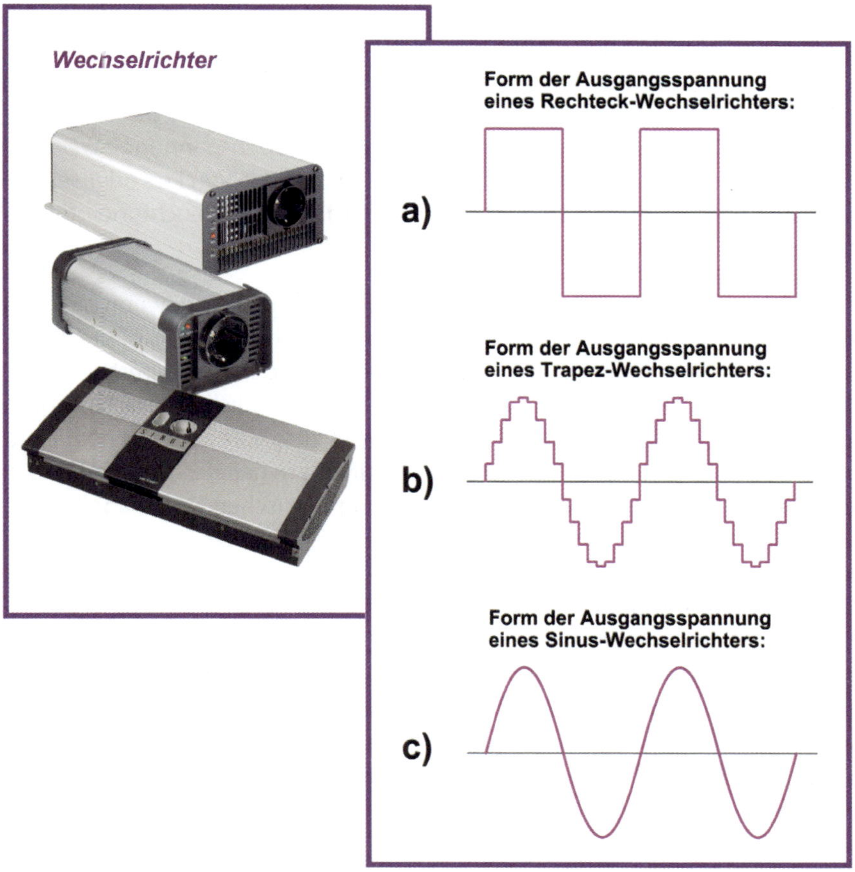

Abb. 5.15. Drei verschiedene Wechselrichter für kleine Photovoltaikanlagen (übernommen aus älterem Angebotsprospekt nur als Information)

Wenn nämlich nur ein oder zwei solcher Wechselrichter eine schlechte Sinusspannung pro Gebiet ins Netz hineinpumpen, wäre es vielleicht nur noch in kleiner Entfernung von der Quelle des Einspeisers messbar. Nachdem jedoch Photovoltaikdächer inzwischen in manchen Ortsteilen oder Straßen häufig sind, ist es mit der Perfektion der Sinusspannung einfach nicht mehr so »sauber«, wie es bisher verpflichtend alle professionellen Stromerzeuger bis in letzte Feinheiten perfekt geschafft haben.

Eine perfekte Sinusspannung hat hier allerdings keinesfalls eine ästhetische Funktion. Sie ist wichtig für perfektes Funktionieren sensiblerer elektronischer Geräte, vor allem für sensible Messgeräte, Funksysteme, medizinische Geräte usw. Jede rechteckige Spannungsform erzeugt nämlich automatisch störende Oberwellen in einer Reihe von unebenen Frequenzen, die bei einer Netzfrequenz von 50 Hz eine Frequenzreihe von 150 Hz, 450 Hz, 1.350 Hz, 4.050 Hz, 12.150 Hz usw. bilden. Sie sind zwar ziemlich schwach und ihre Spannung sinkt mit dem Abstand zur 50-Hz-Basisspannung. Sie können jedoch in der Praxis gelegentlich große Schwierigkeiten in der Messtechnik verursachen und vielen Entwicklungsingenieuren in der Mess- und Medizintechnik das Leben verkomplizieren. Dies vor allem dann, wenn ein schlecht konzipierter oder defekter Wechselrichter ins elektrische Stromnetz zum Beispiel auch noch nadeldünne Hochspannungsspitzen liefert, die manche sensiblere elektronische Geräte stören bzw. vernichten können. Aus diesem Grund wird etwa bei diversen kleineren Netzstecker-Geräten oder Treppenspannungs-Wechselrichtern darauf hingewiesen, dass sie für die Spannungsversorgung von PCs oder sensibleren elektronischen Geräten **nicht geeignet** sind, sondern nur für Beleuchtung oder für Elektrowerkzeuge.

Schlimm sind zudem die starken Spannungssprünge, die z. B. entstehen, wenn plötzlich die schweren Wolken weiterziehen und viele größere Solarfelder oder größere Dachmodulflächen in einem Wohngebiet quasi alle gleichzeitig von der Sonne bestrahlt werden. Da muss die vorhandene Energiemenge blitzschnell ins öffentliche Netz eingespeist werden. Und solches Einspeisen setzt voraus, dass die so plötzlich vorhandene Energie nur durch eine sehr kräftige Erhöhung der von Solar-Wechselrichtern gelieferten Spannung in das öffentliche Netz fließen kann. Das funktioniert beim elektrischen Strom ähnlich wie bei Wasserstrom: Bei Wasserstrom braucht man dazu einen erhöhten Wasserdruck, bei elektrischem Strom eine erhöhte Spannung. Die stößt dann einfach direkt in die elektrischen Kabel unter der Straße, an die auch alle weiteren Häuser angeschlossen sind. Alle elektrischen Verbraucher, die gerade in dem Moment an das Netz angeschlossen sind, müssen diese Spannungsstöße abfangen und eindämmen. Das hat sich irgendwie schleichend und schrittweise so ergeben. Das ist halb so schlimm, aber wenn sich dann in dem einen oder anderen Haushalt einige Geräte plötzlich wie von Geisterhand selbst um-, ein- oder ausschalten, stecken dahinter keine Geister, sondern nur gelegentliche »Spannungsstößchen« aus dem gemeinsamen Stromnetz.

Bei der Solarstrom-Einspeisung kommt es oft zu wirklich brutalen sprunghaften Spannungserhöhungen, gelegentlich auch zu einer blitzschnellen Veränderung der Phasenverschiebungen. Sie können zwar bei manchen elektrischen Verbrauchern ihre Lebenserwartung spürbar kürzen, aber messtechnisch lassen sich leider nur die Spannungssprünge, nicht aber ihre Folgen ermitteln.

Haushalte, die einen Induktionsherd haben, konnten inzwischen die Erfahrung machen, dass solche unerwarteten Spannungssprünge dazu führen, dass die Kochfelder, die z. B. auf der Kochstufe 2 oder 3 standen, plötzlich auf Kochstufe 8 oder 9 springen. Alles kocht dann blitzschnell über (auch der Koch oder die Köchin) – aber man kann sich daran gewöhnen und darauf einstellen. Diese Spannungssprünge verursachen oftmals bei manchen sensibleren elektronischen Geräten auch plötzliche Schalt-, Abschalt- und Umschaltvorgänge oder Funktionsstörungen. Dabei versuchen gegenwärtig praktisch alle Hersteller die »Fresssucht« ihrer elektronischen Vorrichtungen und Geräte dadurch zu verringern, dass alles kleiner, feiner und mit sehr sensiblen Sensoren ausgestattet wird. Die Ansprüche an eine möglichst perfekte Stromversorgung werden dadurch bei solchen sensiblen Produkten automatisch ständig nur weiter steigen.

Dabei ist die Photovoltaik eine feine und nützliche Form der Energiegewinnung, aber es kommt auf die Anwendungen an. Da diese Art der Energieerzeugung im Vergleich mit anderen Alternativen viel zu teuer und für eine Industrienation zudem schlicht unzumutbar ist, muss man die Anwendungen unbedingt sehr durchdacht dosieren. Das geht in der Praxis meist nur in kleineren Dimensionen: So kann etwa eine solarelektrische Stromversorgung einer abgelegenen Garage viel kostengünstiger sein als eine unterirdisch angelegte Kabelzuleitung für den Netzstrom. Auch in der Landwirtschaft kann sich eine solarelektrische Stromversorgung oft rentieren, denn die Zeitspannen, in denen ansonsten nicht vorhandener elektrischer Strom gebraucht wird, decken sich da oft günstig mit dem Sonnenlicht-Angebot. Mit der Erweiterung der »vorzeigefähigeren« Spielflächen sollte jedoch etwas vorsichtiger umgegangen werden, denn bei diesen Energiequellen handelt es sich zukunftsorientiert de facto nur um Übergangslösungen, die leider weltweit zu den teuersten Methoden der Stromversorgung gehören.

Der so beliebte Alibi-Hinweis auf die Liebe zur Natur sollte zudem auch etwas menschenfreundlicher und lebewesenfreundlicher modifiziert werden. Die Menschen und alle anderen Lebewesen gehören nämlich auch zur Natur. Wenn etwa Menschen im Krankenhaus oder in einem Seniorenheim unter der Hitze sehr leiden müssen oder dadurch sogar sterben, weil der zu teure »grüne Strom« eine Klimatisierung unbezahlbar macht, ist Handlungsbedarf angesagt. Aber nicht nur wir Menschen, sondern auch die Tiere der Landwirte, die hilflos in überhitzten Ställen leiden – oder sogar umkommen – brauchen dringend eine bezahlbare Klimatisierung, die wiederum »normale« Strompreise benötigt.

Diese Überlegungen und Informationen gehören nun mal in ein Buch, das sich gerade die Menschen kaufen, die über alle diese Zusammenhänge im Bild sein möchten. Wer sollte ihnen denn sonst solche Auskünfte über die technisch fundierten Informationen liefern, die endlich einmal ehrlich und ungeschminkt erläutert werden? Es bleibt dann jedem überlassen, welches Bild er sich nach seinem persönlichen Ermessen aus all den hier unter die Lupe genommenen Zusammenhängen macht.

6. Die Stromleitungen und das Hausnetz

Die Elektrotechnik umgibt uns seit unserer Kindheit. Wir bedienen da alles, was mit elektrischem Strom versorgt wird, wir haben uns damit an sich gut angefreundet und wir kommen damit meistens gut zurecht.

Was also den echten Einstieg in die Elektrotechnik angeht, haben wir den eigentlich schon alle seit unserer Kindheit hinter uns. Wir brauchen uns daher der Elektrotechnik nur noch etwas mehr zu widmen und vor allem dem, was uns interessant erscheint.

In Kapitel 2 wurde bereits kurz erläutert, dass in unserem Land die Hausanschlüsse an das öffentliche Netz als *Drehstrom-Anschlüsse* (*Drei-Phasen-Anschlüsse*) ausgelegt sind. Für Steckdosen und Lichtleitungen wird aber jeweils nur eine der Phasen (in Kombination mit dem Nullleiter) verwendet. An den Drehstrom wird meistens nur der Küchenherd angeschlossen (und eventuell auch eine Drehstrom-Steckdose in der Garage oder in der Hobby-Werkstatt).

Die einzelnen Phasen des Drehstroms muss jedoch der Elektroinstallateur vorschriftsmäßig im Haus so verteilen, dass die vom öffentlichen Netz bezogene elektrische Energie möglichst ausgewogen alle drei Phasen in Anspruch nimmt.

Das gelingt zwar in einem einzigen Haushalt nie optimal, aber der Energielieferant strebt auf diese Weise an, dass seine drei Phasen möglichst gleichmäßig ausgelastet werden – was letztendlich durch die Summe der Haushalte zufriedenstellend klappt.

Als elektrische Leitungen werden bekanntlich Kupferleiter in der Form von isolierten Kupferdrähten und Kabeln verwendet. Im Haus werden alle elektrischen Leiter wahlweise als Kabel oder als Einzelleiter in elektrischen Rohrleitungen verlegt. Mit Kabeln werden sowohl Aufputz- als auch Unterputz-Leitungen verlegt. Rohrleitungen und Flachkabel-Leitungen werden üblicherweise nur unter dem Putz verlegt.

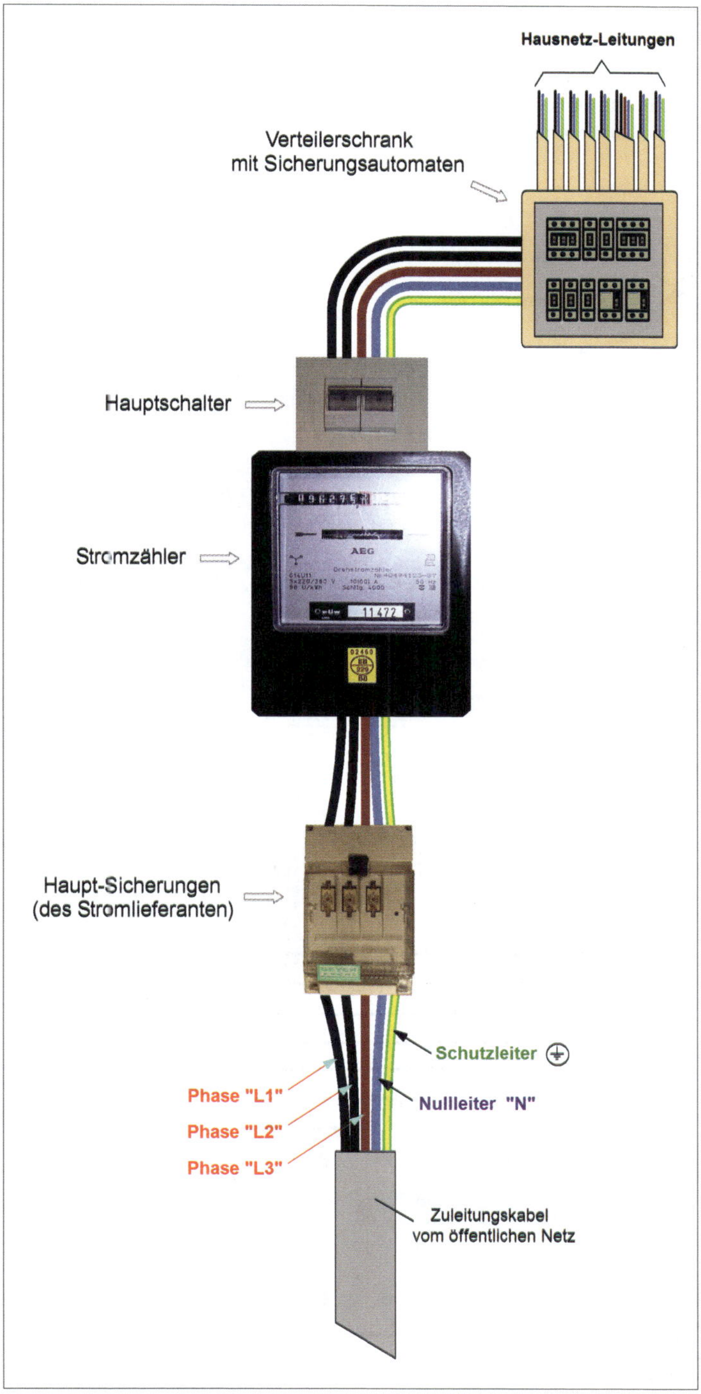

Abb. 6.1: Der Haupt-Drei-Phasen-Stromanschluss (Drehstrom-Anschluss) eines Einfamilienhauses

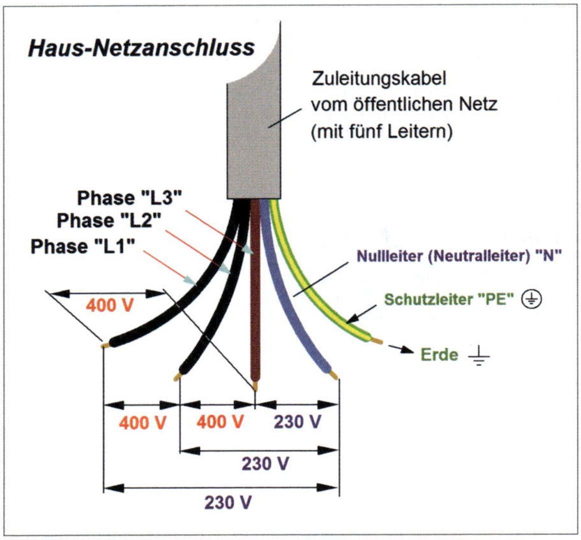

Abb. 6.2: Nur für eine schnelle Orientierung

Den Weg des elektrischen Stroms ins Haus zeigt vereinfacht Abb. 6.1. Wir sehen uns noch genauer an, wie es mit dem Inhalt des Verteilerschranks aussieht:

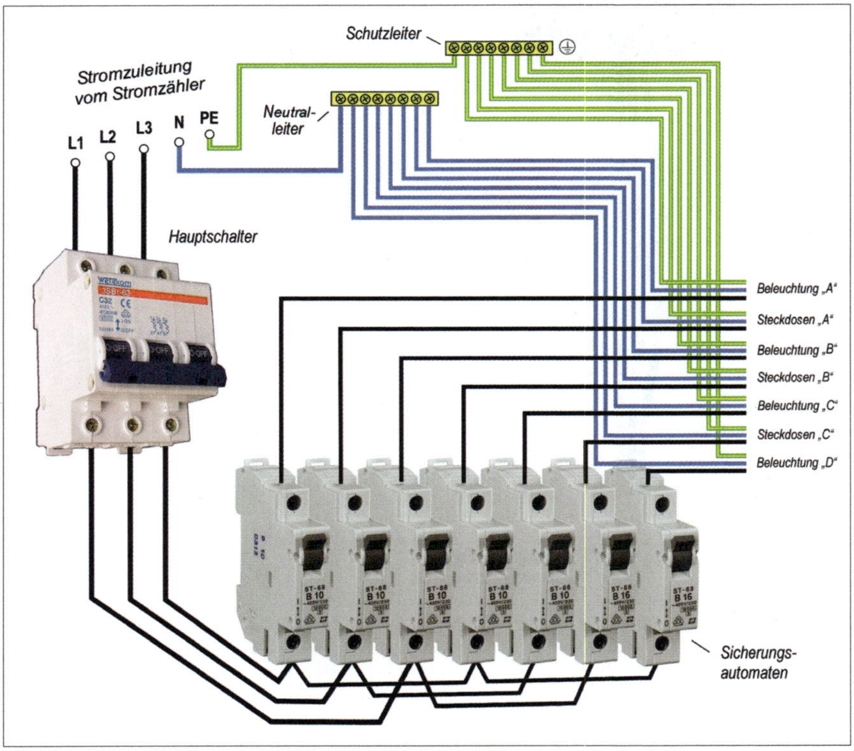

Abb. 6.3: Vereinfachtes Beispiel der Sicherungsautomaten-Anordnung in einem Verteilerschrank

Abb. 6.3 zeigt übersichtlich, wie es mit der Verteilung der Sicherungsautomaten und Anschlüsse in einem Verteilerschrank aussehen kann. Hinter dem »kann« steckt hier einfach nur, dass in der Praxis der Installateur – bzw. der Planer – nach seinem Ermessen und nach der Größe des Objekts die Anzahl und die Auswahl der Sicherungsautomaten selbst bestimmen kann. In diesem etwas vereinfacht dargestellten Verteilerschrank befindet sich ein dreipoliger Hauptschalter (*Drei-Phasen-Hauptschalter*), der ebenfalls als Sicherungsautomat (Leitungsschutzschalter) ausgeführt ist. An ihm sind in diesem Fall sieben weitere einpolige (*Einphasen-*)Sicherungsautomaten angeschlossen, bei denen die Beschriftung zeigt, welche Leitungen sie im Hausnetz schützen. Die Nullleiter und die Schutzleiter sind dabei immer alle an ihren gemeinsamen Messingschienen angeschlossen – wie es die Zeichnung übersichtlich zeigt.

Wir haben bei diesem Basisbeispiel für den Schutz der einzelnen Leitungen nur einfache einpolige Sicherungsautomaten eingezeichnet, was prinzipiell genügt. Für ein kleineres Einfamilienhaus würde man meistens gar nicht so viele Sicherungsautomaten brauchen, wie hier eingezeichnet sind. Manchmal ist eine großzügigere Anzahl der Sicherungsautomaten sinnvoll, manchmal sinnlos, aber es bleibt immer die Frage des individuellen Ermessens.

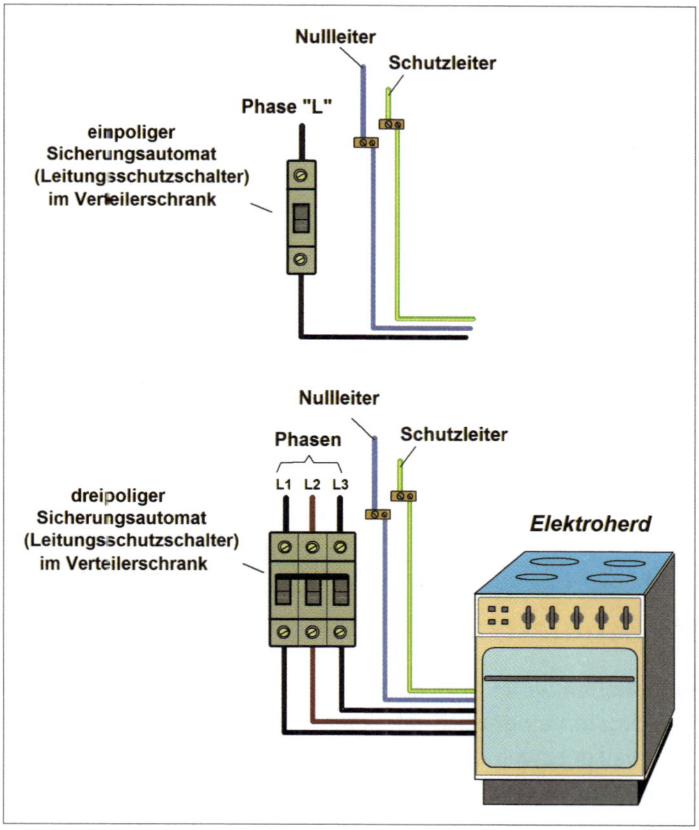

Abb. 6.4: Leitungen für Steckdosen und Leuchtkörper werden nur durch einpolige Schutzschalter, Elektroherde meistens durch dreipolige Schutzschalter geschützt

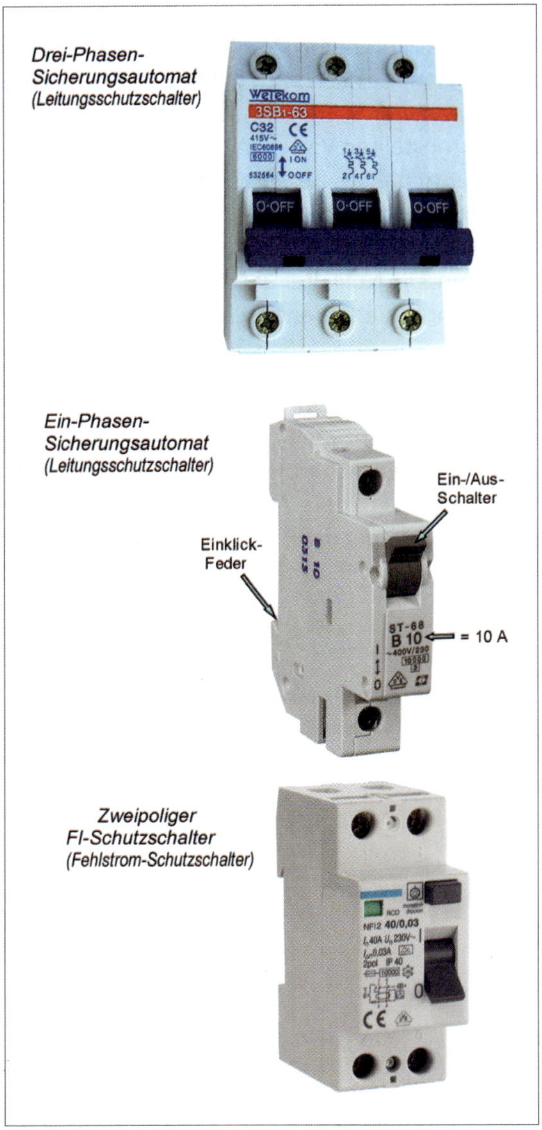

Abb. 6.5: Mit diesem Leitungsschutzschalter-Trio kommen die meisten Verteilerkästen aus – allerdings in unterschiedlicher Anzahl

6.1 Der Fehlstrom-Schutzschalter

Der besseren Übersicht wegen haben wir in Abb. 6.4 nur zwei von drei Typen (Abb. 6.5) der gängigsten Sicherungsautomaten eingezeichnet. Eigentlich nicht nur der Übersicht wegen, sondern auch deshalb, weil der zweipolige **Fehlstrom-Schutzschalter** (FI-Schutzschalter) zwar sehr nützlich ist, aber wozu er gut ist und wie er funktioniert, das beansprucht eine etwas aufwendigere Erklärung.

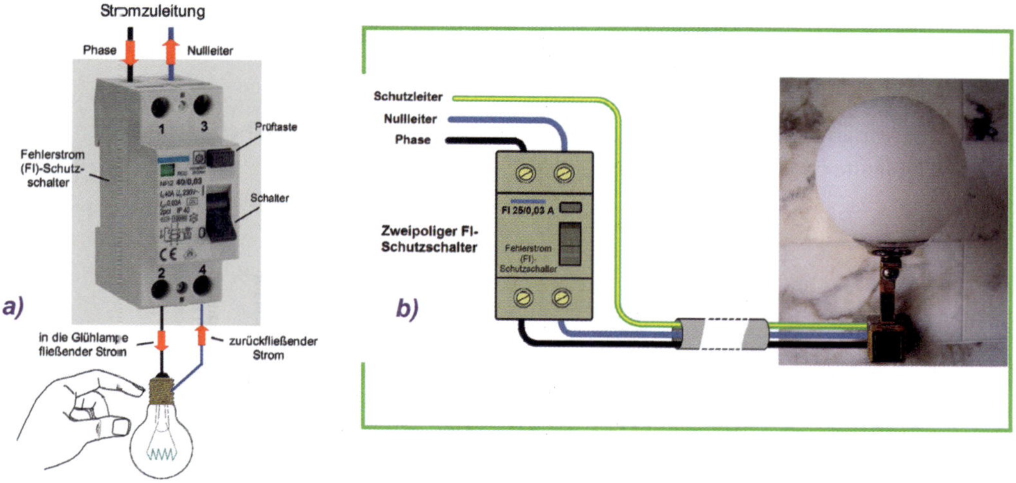

Abb. 6.6: a) Anschluss und Funktionsweise eines FI-Schutzschalters; b) Beispiel der Verbindung zwischen einem FI-Schalter und einer Badezimmer-Wandleuchte

Dass ein jeder Sicherungsautomat bei einem Kurzschluss automatisch die an ihn angeschlossene Leitung abschaltet, ist ja klar. Früher hatte man nur die unsympathischen Porzellansicherungen, die nach jedem Kurzschluss erneuert werden mussten. In der Hinsicht ist so ein Sicherungsautomat besser, denn er reagiert sogar ziemlich sensibel auch auf eine Überlastung. Das ist zwar nichts Neues, aber der FI-Schutzschalter (Abb. 6.6) ist viel intelligenter: Er funktioniert zusätzlich auch noch als eine Art Wachhund, der laufend aufpasst, ob irgendwo bei den Stromleitungen, Leuchten oder Steckdosen Stromverluste entstehen, die lebensgefährlich sei könnten.

Da als ungefährlich eine durch den Körper eines Menschen durchfließende Stromstärke von 0,03 A (30 mA) festgelegt wurde, ist dieser FI-Schutzschalter so ausgelegt, dass er erst dann abschaltet, wenn der von ihm ermittelte Stromverlust die 0,03 A überschreitet. Er überwacht einfach laufend, ob der durch ihn durchfließende Strom an seinem jeweiligen Ausgang nicht stärker als 0,03 A ist (was da jeweils Eingang oder Ausgang ist, das ändert sich allerdings 100-mal pro Sekunde). Würde ein Mensch z. B. irgendwo in der vom FI-Schutzschalter geschützten Sektion die Phase berühren und hätte dabei einen ausreichend leitenden Kontakt zur »Erde«, dann würde der Schutzschalter den Strom blitzschnell abschalten.

Abb. 6.6a verdeutlicht, was man sich darunter konkret vorstellen kann. In der Praxis wäre es – dank FI-Schutzschalter – ungefährlich, wenn zu einem Badenden in die Wanne ein eingeschaltetes Netzstrom-Elektrogerät hineinfällt (aber bitte lieber nicht an Menschen ausprobieren, die man mag). Wenn die Stromzuleitung zu den Badezimmer-Steckdosen durch so einen FI-Schutzschalter geschützt ist, dürfte da nichts passieren, denn der Schutzschalter würde den Strom blitzschnell abschalten. Er wird den Strom auch dann abschalten, wenn z. B. bei einer so geschützten Wandleuchte (Abb. 6.6b) durch einen internen Defekt oder gelockerten Schutzleiteranschluss Strom in die feuchte Wand oder in die Metallteile der Leuchte fließt.

Wie die Abbildungen 6.6 und 6.7 zeigen, benötigt der FI-Schutzschalter zusätzlich auch einen Nullleiter.

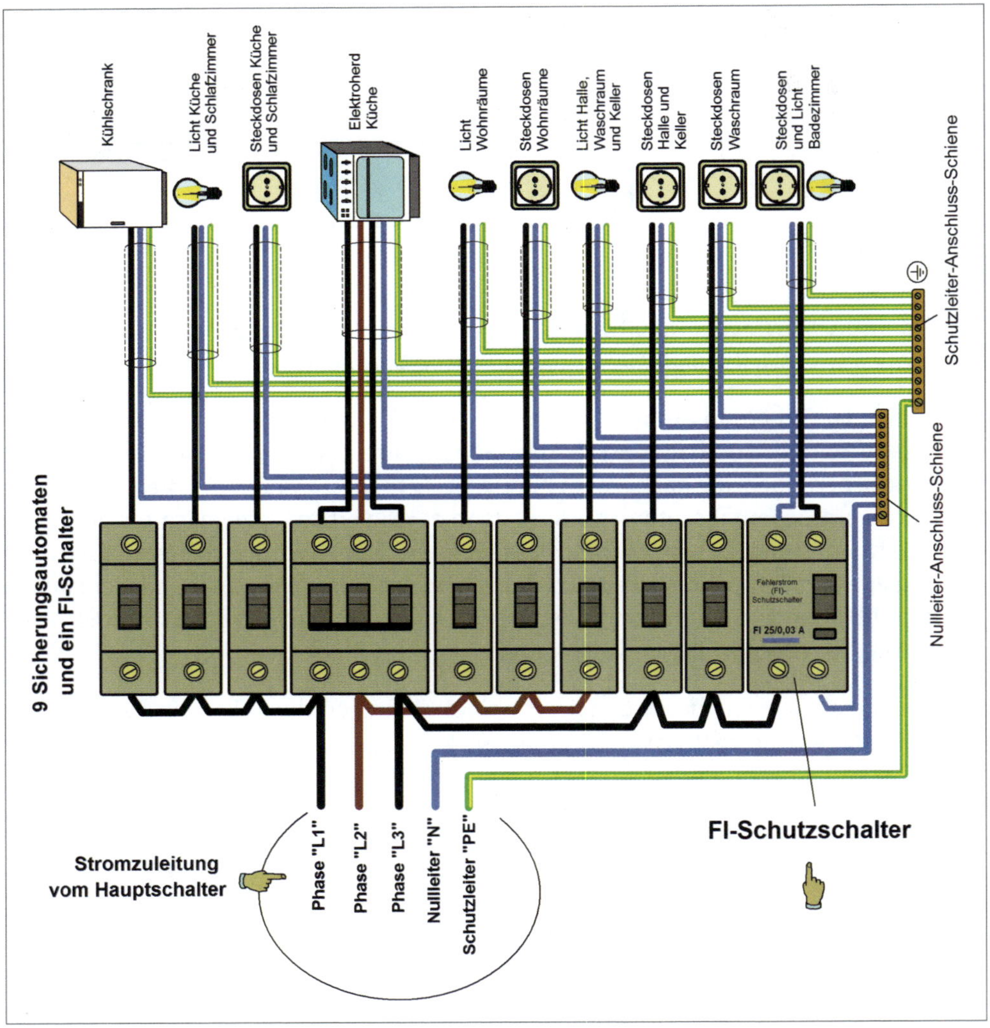

Abb. 6.7: Beispiel der Schutzschalter-Anordnung in einem Verteilerschrank

Nebenbei

Den meisten dieser Schalter ist es egal, ob die Spannungszuleitung an ihre unteren oder oberen Klemmen angeschlossen wird.

Abb. 6.7 zeigt zudem, wie die einzelnen Spannungssektionen in einem größeren Hausnetz angeordnet werden können. Die Anzahl der Sicherungsautomaten (Leitungsschutzschalter) sollte z. B. bei einem Neubau eines Einfamilienhauses unbedingt sehr detailliert mit den Menschen besprochen werden, die in dem Haus wohnen, leben und arbeiten werden. Dabei ist es sinnvoll, wenn jeder Kühlschrank und jede Tiefkühltruhe eine eigene Stromzuleitung mit eigenem Sicherungsautomaten erhalten, aber ziemlich zwecklos, wenn für die Beleuchtung und die Steckdosen zu viele separate Zuleitungen und Sicherungsautomaten installiert werden.

Unsere Beispiele mit dem Innenleben eines Verteilerschranks (Abb. 6.3 und 6.7) treffen nicht zu, wenn die Elektroinstallation mit einem EIB, KNX oder einem anderen komplexeren System ausgeführt wird. Das sind technisch sehr anspruchsvolle und auch sehr teure Alternativen zu den bisher immer noch berechtigten herkömmlichen Lösungen. Es gibt sie aber und daher werden wir ihnen einige Seiten dieses Buches widmen.

6.2 EIB/KNX und Co.

Gegenwärtig wird manchmal anstelle des herkömmlichen Verteilerschranks ein wesentlich großzügiger ausgelegter Schrank für ein EIB-, KNX- oder ein anderes Hightech-Hausnetz-System bevorzugt. Anstelle der simplen Leitungsschutzschalter und der herkömmlichen Lichtschalter werden hier viel komplexere Automaten, Tastsensoren, Schaltaktoren sowie eine größere Menge verschiedenster Haupt- und Hilfsleitungen angewendet.

Die Abbildungen 6.8 und 6.9 zeigen nur rein informativ, wie so ein Hightech-Verteilerschrank innen in etwa aussehen könnte. Anstelle der herkömmlichen Lichtschalter werden dann im Haus größere Bedienungspaneele (Sensormodule nach Abb. 6.9/6.10) oder auch diverse kleinere Tastsensoren und Funkempfänger nach Abb. 6.11 (oben) installiert, die teilweise auch sprachgesteuert Befehle ausführen, mit gesprochenen Informationen und Musik das Haus berieseln können, wo man es sich nur wünscht, usw. So ein intelligentes System kann kochen, Fußböden pflegen, brüllen, wenn im Kühlschrank der Vorrat an Bierflaschen zur Neige geht, einen Einbrecher erkennen usw.

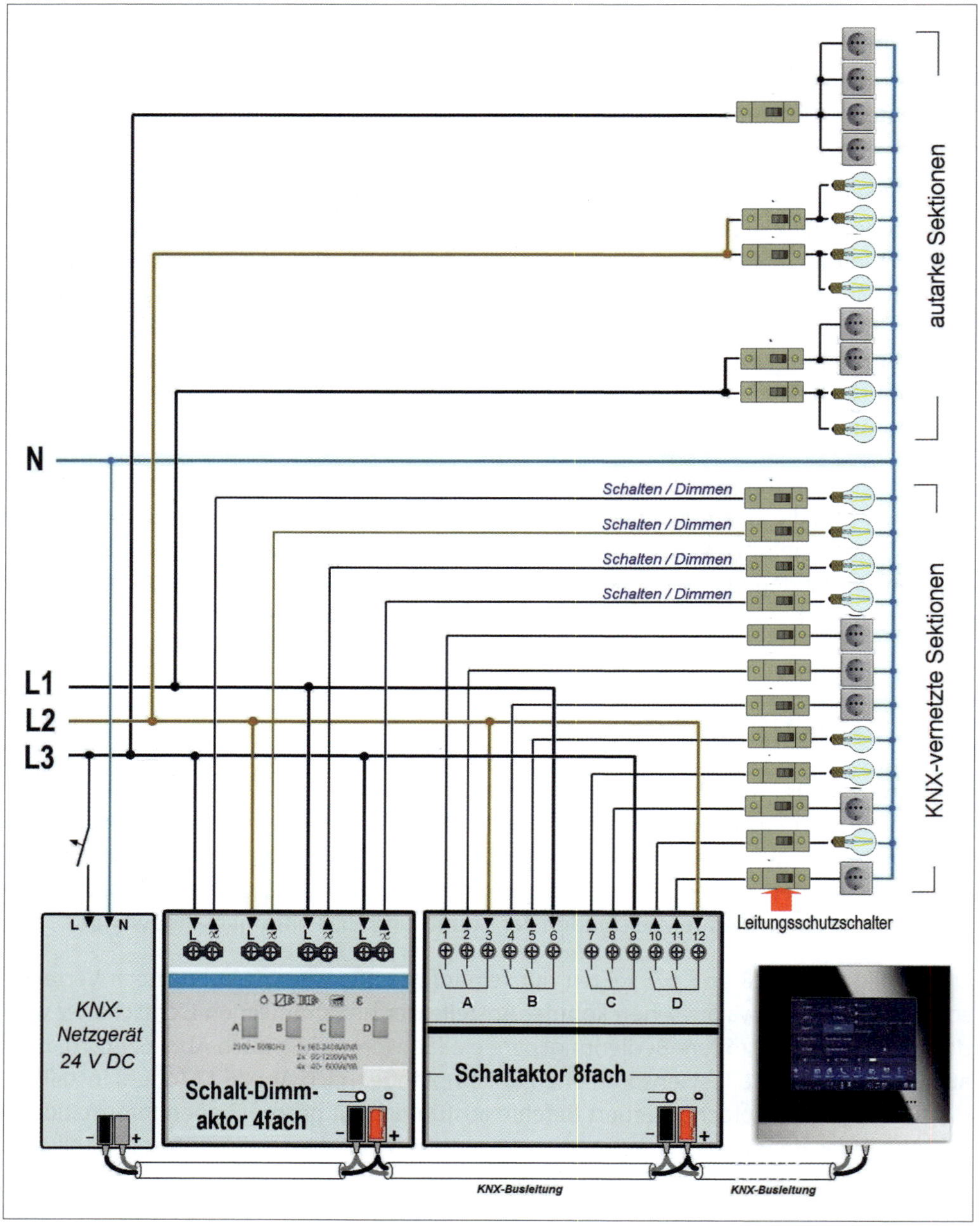

Abb. 6.8: Beispiel eines kleineren KNX-Hausnetzes

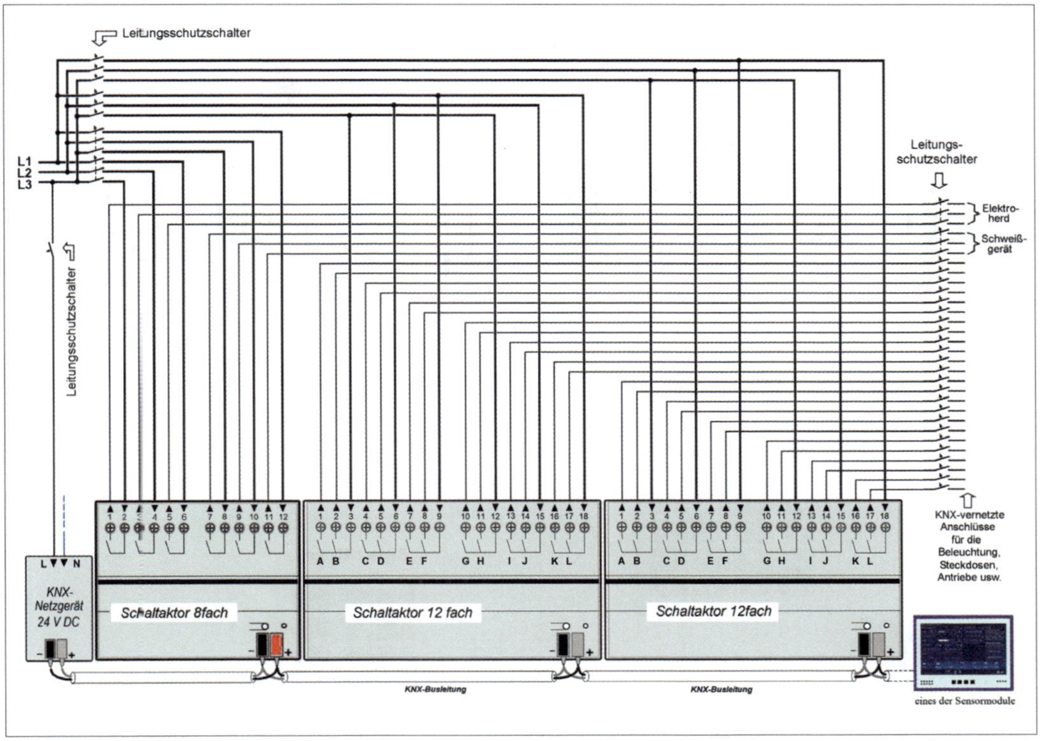

Abb. 6.9: Bei einem KNX- oder EIB-Hausnetz werden bei Bedarf beliebig viele Schaltaktoren angewendet

Abb. 6.10: Anstelle herkömmlicher Lichtschalter wenden KNX/EIB-Systeme spezielle Touchscreen-Bedienungspaneele an

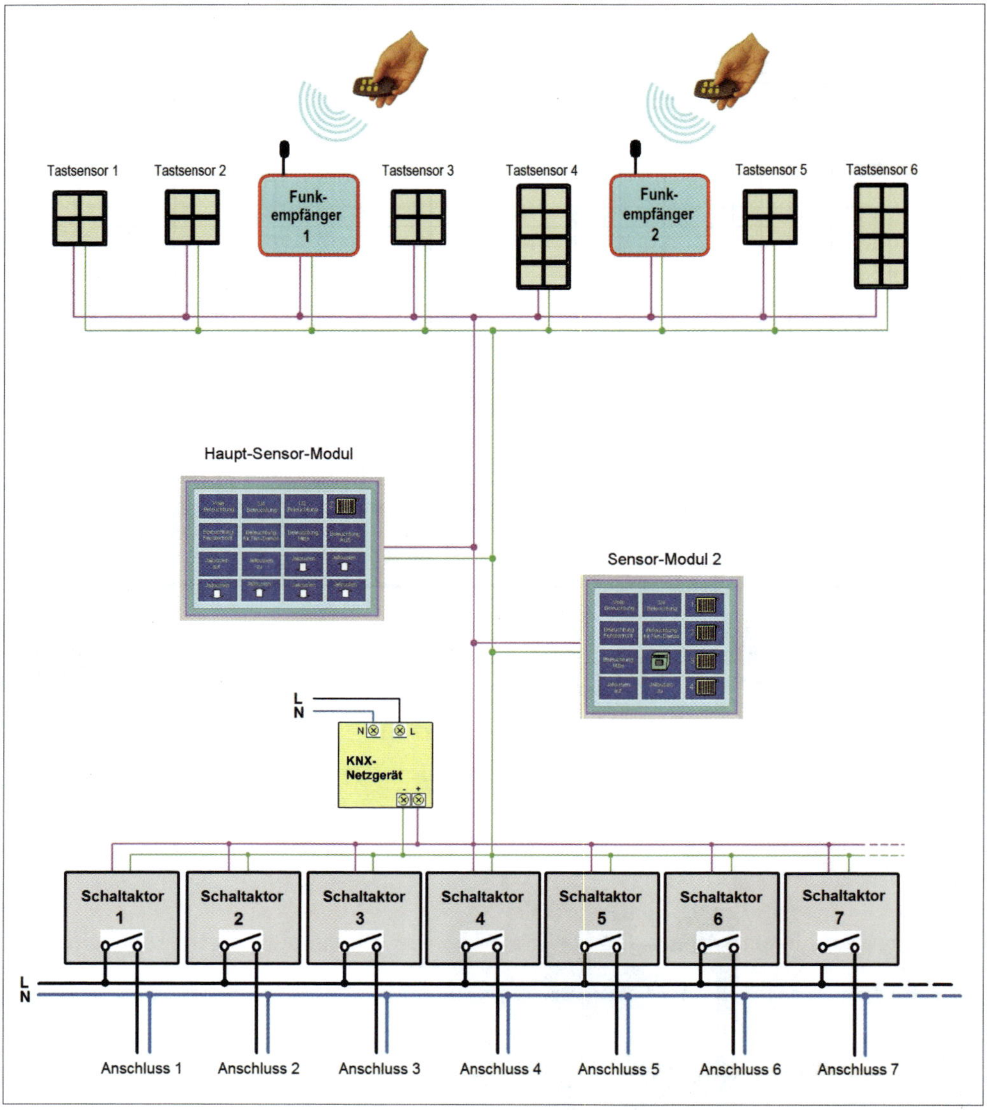

Abb. 6.11: Bei KNX/EIB-Hausnetzen kann wahlweise mit Tastsensoren (an der Wand) oder mit Funkschaltern geschaltet werden

Die Elektroinstallationstechnik wandelt sich zunehmend in die Richtung einer komplexen Gebäudetechnik, bei der vor allem bei größeren gewerblichen oder öffentlichen Objekten eine intelligente elektronische Steuerung die Regie führt: Die Beleuchtung, Belüftung, Heizung und diverse andere Vorrichtungen werden miteinander vernetzt, zentral gesteuert und überwacht, damit alles in optimalem Einklang und natürlich auch energiesparend funktioniert. Eindrucksvolle Energieeinsparungen können mithilfe der modernen Techniken vor allem bei größeren gewerblichen Objekten oder bei öffentlichen Gebäuden erzielt werden. Da kann sich beispielsweise eine intelligent gesteuerte Beleuchtung, Beheizung oder Klimatisierung dem jeweiligen Bedarf flexibel anpassen und dementsprechend auch mit dem Energieverbrauch sparsam umgehen.

Diese Anforderungen können gegenwärtig am vorteilhaftesten durch den Einsatz eines EIB/KNX-Installations-Haustechnik-Systems erfüllt werden, auf das in Europa bereits seit ca. 30 Jahren zurückgegriffen wird, wenn eine attraktivere Vernetzung der Haustechnik erwünscht ist. Bei dieser Installationsart erfolgt das eigentliche Schalten und Steuern nicht am Standort der Verbraucher bzw. der Starkstrom-Anschlüsse, sondern im Verteilerschrank – bzw. im Unterverteilerschrank. Die Ein- und Ausschaltbefehle, die wahlweise über Wandtaster, Wandpaneele oder diverse Sensoren, Funk- und IR-Fernbedienungen in das System eingegeben werden, benötigen eine zusätzliche separate *Busleitung*, die in den Abbildungen 6.8 und 6.9 ganz unten eingezeichnet ist. Bei dieser Installationsart wird daher neben den Starkstrom-Leitungen noch eine zusätzliche Kabelleitung mit Leitern von 2 x 2 x 0,8 mm verlegt, über die sowohl die Stromversorgung aller Busgeräte als auch alle erforderlichen Schaltbefehle und Rückmeldungen laufen, die als Telegrammverkehr bezeichnet werden.

Da alle Schaltbefehle und Rückmeldungen über dieselbe *Zweidrahtleitung* laufen, müssen sie natürlich codiert sein. Jeder der angeschlossenen *Befehlsgeber* und *Befehlsempfänger* muss imstande sein, seine Befehle (Telegramme) codiert zu senden bzw. zu empfangen und bei Bedarf für die Erfüllung diverser speziellerer Aufgaben auch mehrere Systemteile oder Systemkomponenten miteinander zu verknüpfen.

Wie interessant diese intelligenten Systeme auch sein mögen, den meisten Lesern zwingt sich im Zusammenhang mit diesem Thema vielleicht der Text eines uralten Songs auf: »Wer soll das bezahlen? Wer hat das bestellt? Wer hat so viel Pinkepinke? Wer hat so viel Geld?«

Mit diesem fröhlichen Songtext schließen wir dieses Thema nun ab. Trösten dürfen wir uns damit, dass so gut wie alles von dem, was man mit diesen aufwendigen Techniken machen kann, auch mit einfacheren und kostengünstigeren Lösungen bewerkstelligen kann. Und wie man es dann konkret ziemlich leicht umsetzen kann, das werden Sie selbstverständlich in diesem Buch nach und nach finden. Und Sie werden staunen, wie einfach das alles eigentlich ist!

7. Die Haustechnik und ihre wichtigsten Bausteine

Wenn es um den praktischen Einstieg in die Elektrotechnik geht, hat es wenig Sinn, erst dem theoretischen Schulwissen Vorrang zu geben. Das werden wir lieber nur jeweils dann eingliedern, wenn es zur Lösung eines praktischen Problems erforderlich wird oder wenn es der Erläuterung eines Beispiels dienen sollte. Eintrichtern werden wir es Ihnen sowieso, aber nur ganz sanft und schmerzlos.

Und so fangen wir jetzt mit etwas an, was so manchem geschickten Tüftler den ersten Schritt erleichtern könnte: das richtige Anschließen einer Lampe oder einer Deckenleuchte an das Hausnetz und an verschiedene Lichtschalter.

7.1 Anschluss einer Deckenleuchte

Am Anfang steht bei allen Arbeiten an der Netzspannung die Sicherheit: Als wichtigste Faustregel gilt, dass man solche Arbeiten nicht in Angriff nehmen darf, wenn man Eile bzw. Stress hat oder müde ist, denn dann macht man »vorprogrammiert« Fehler.

Gleich danach kommt das zuverlässige Abschalten des Stroms, anschließend die wiederholte Kontrolle der »Spannungsabwesenheit« und, wenn es die Situation erfordert, ein Warnschild (siehe Abb. 7.1) an den Verteilerschrank mit den Sicherungsautomaten.

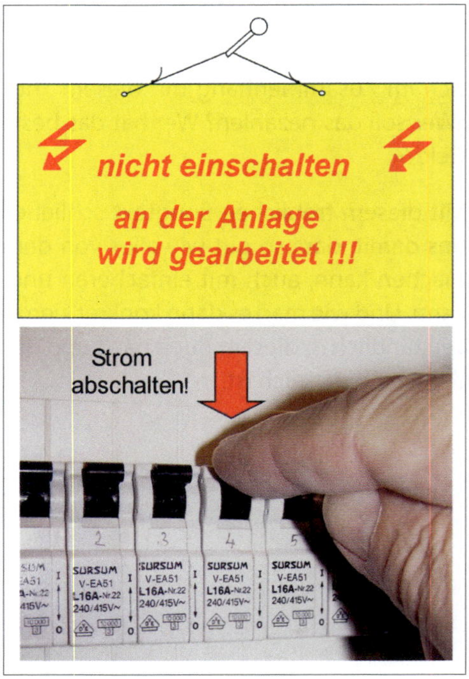

Abb. 7.1: Ein Warnschild am Sicherungsautomaten ist wichtig, wenn auch Unbefugte leichten Zugang dazu haben

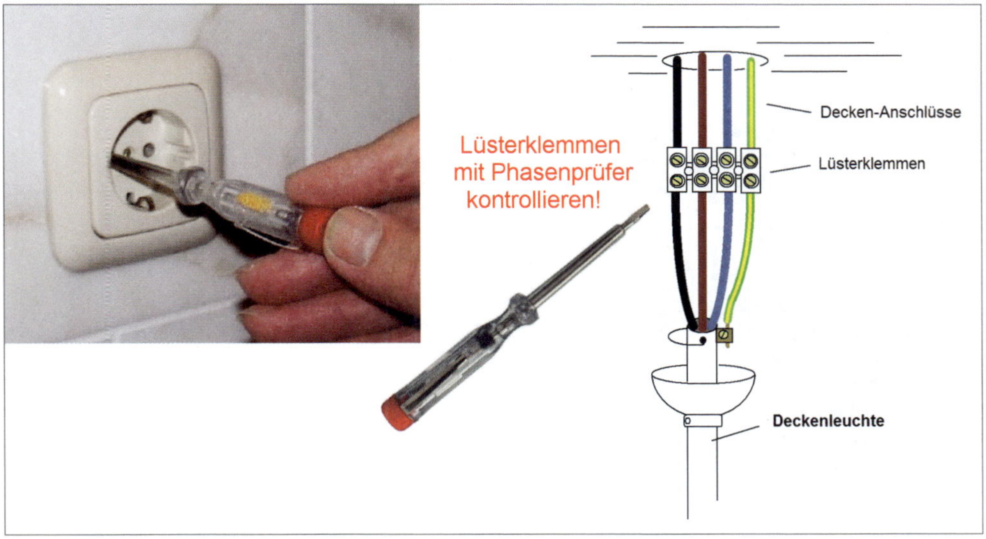

Abb. 7.2: Vor dem Abschalten des Stroms sollte mit einem Spannungsprüfer erst geprüft werden, ob er gut funktioniert, nach dem Abschalten des Stroms wird dann kontrolliert, ob der Strom auch wirklich abgeschaltet ist

An einer beliebigen Steckdose sollte des Öfteren kontrolliert werden, ob der Spannungsprüfer (den man unbedingt braucht) auch wirklich intakt ist. An der vorgesehenen Arbeitsstelle – in unserem Beispiel am Stromanschluss einer Deckenleuchte – wird dann kontrolliert, ob alles auch wirklich stromfrei ist (Abb. 7.2).

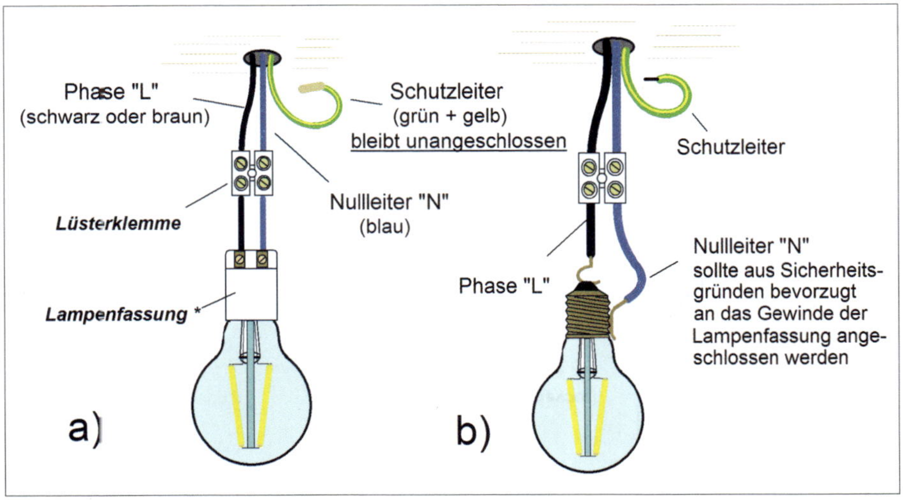

Abb. 7.3: Der Anschluss einer einfachen Lampe an der Decke ist zwar kein Kunststück, aber nicht jeder weiß vielleicht so ganz genau, wie man es am besten macht

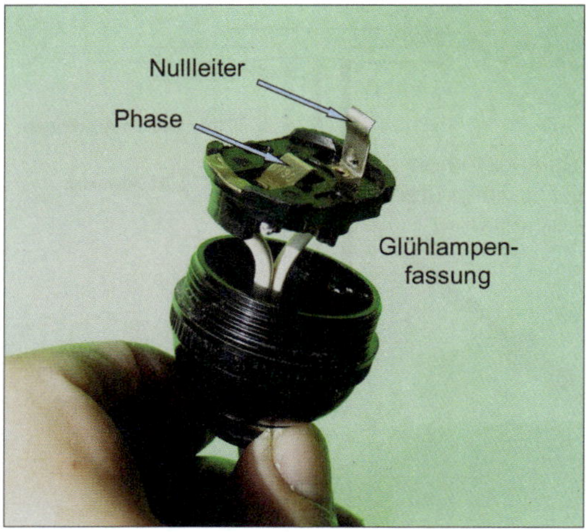

Abb. 7.4: In einer offenen Lampenfassung kann man sehen, welcher der Anschlüsse zur Lampenfassung führt

Das Anschließen einer Deckenlampe nach Abb. 7.3a gehört zwar zu den leichtesten Aufgaben, aber wenn es geht, sollte da der Nullleiter – und nicht die Phase – an die Klemme der Lampenfassung angeschlossen werden, die nach Abb. 7.3b und 7.4 mit dem Gewinde der Lampe verbunden ist. Eine defekte Lampe, die nicht leuchtet, kann dennoch unter Strom sein (was oft vergessen wird). Daher ist es von Vorteil, wenn ihr Gewinde an den Nullleiter und nicht an die *Phase L* angeschlossen ist. So können dann bei unvorsichtigem Aus- oder Eindrehen der Lampe die Finger nicht versehentlich in Berührung mit der »beißenden Phase« kommen. In den meisten Lampenfassungen kann man sehen, welcher Anschluss den Kontakt mit dem Lampengewinde herstellt.

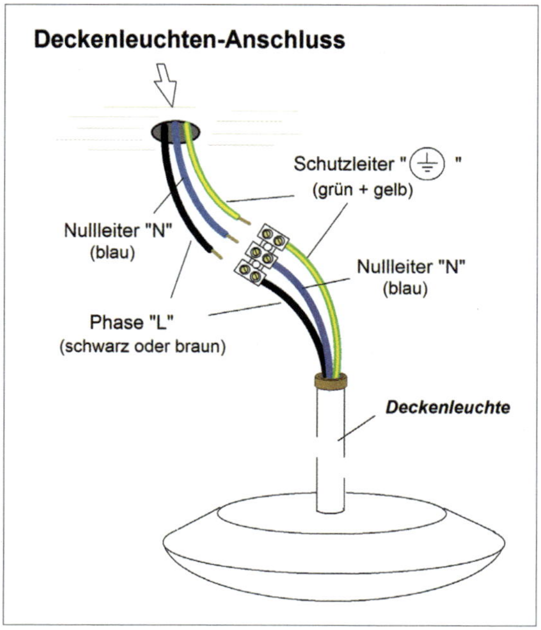

Abb. 7.5a: Leuchten, deren Teile elektrisch leitend sind, müssen über den Schutzleiter geerdet werden (dafür gibt es an ihnen eine Schraubklemme). Hier das Beispiel für eine Deckenleuchte

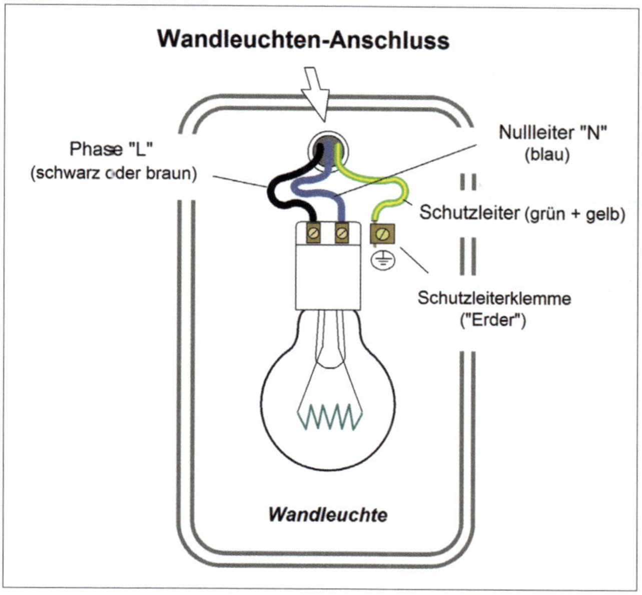

Abb. 7.5b: Hier das Beispiel für eine Wandleuchte

Wir haben bereits in Abb. 7.2 einen Deckenleuchten-Anschluss mit vier Leitern eingezeichnet. Solche Anschlüsse sind für Leuchten vorgesehen, die über zwei unabhängige Lampensektionen verfügen (was jedoch nicht alle Leuchten haben). Wie solche Sektionen angeordnet sind, bestimmt bereits der Hersteller. Beim Kauf einer neuen Leuchte dürfte darauf geachtet werden. Aber einen tieferen Sinn ergibt es natürlich nur dann, wenn diese Anschlüsse an der Decke auch vorhanden sind – was bei etwas Glück zumindest in Wohnzimmerdecken vorkommt.

Für die meisten Deckenleuchten »gucken aus der Decke« jedoch nur drei Leiter (Abb. 7.6 links). Da braucht man dann nur einen einfachen Lichtschalter (Schließer), der jedoch meist als Wechselschalter (Abb. 7.7) erhältlich ist. Seine Anschlussklemme **b**, die hier nicht gebraucht wird, bleibt da einfach nicht angeschlossen.

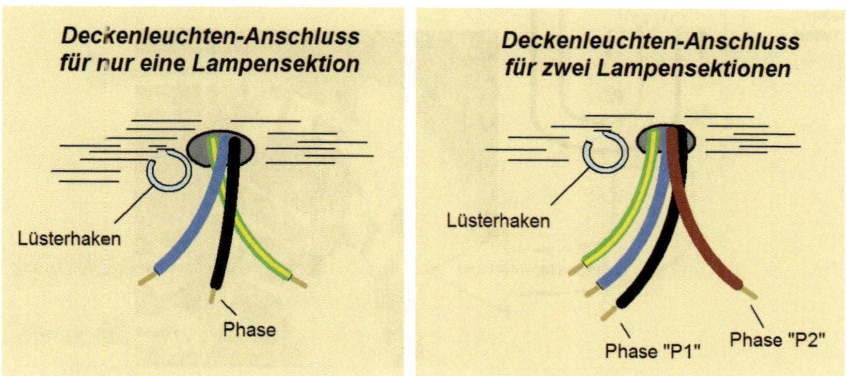

Abb. 7.6: Deckenleuchten-Anschlüsse werden wahlweise mit drei oder mit vier Leitern ausgeführt

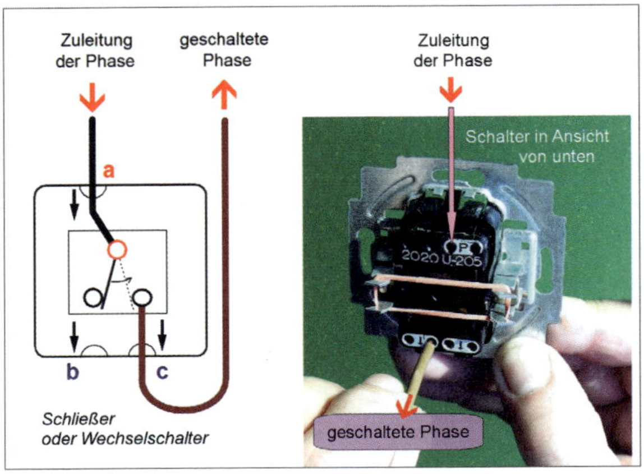

Abb. 7.7: Anschluss eines einfachen Lichtschalters (solche Schalter sind in der Regel als Wechselschalter ausgelegt, obwohl für diesen Zweck nur ein Schließer nötig wäre)

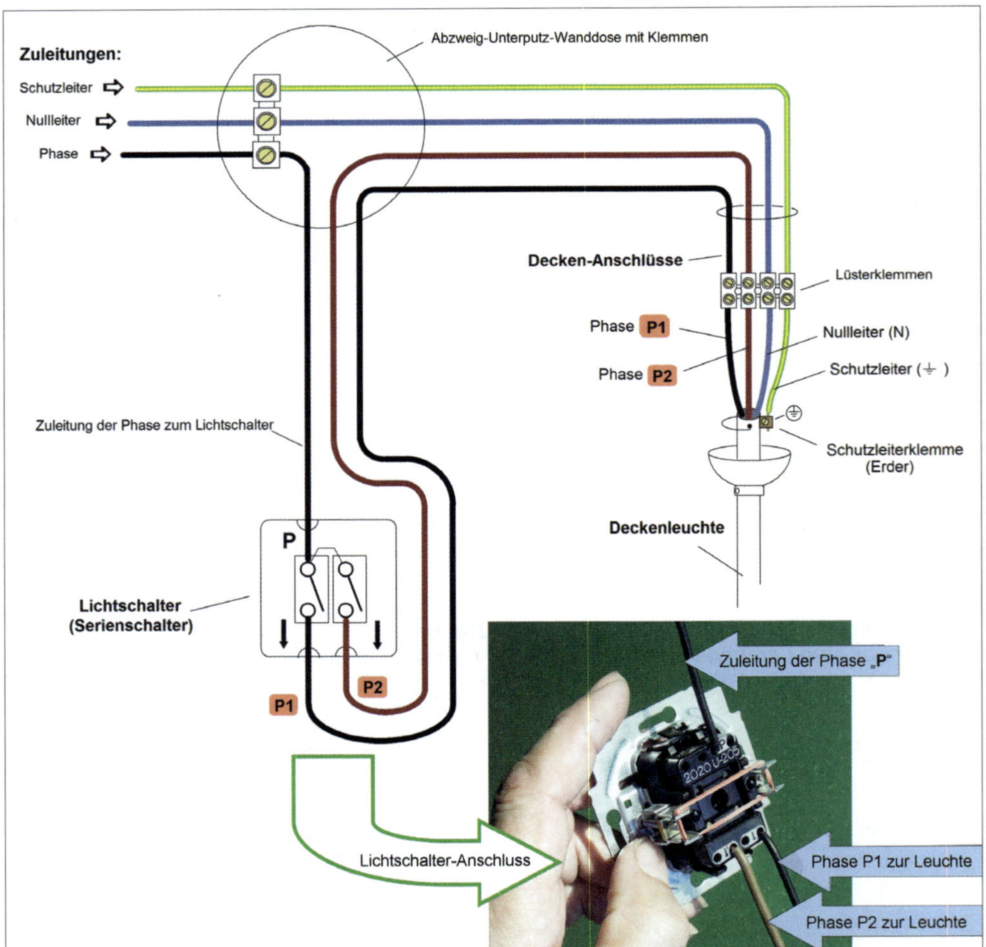

Abb. 7.8: Anschluss eines Leuchten-Doppelschalters

Den Anschluss einer Deckenleuchte mit zwei Sektionen zeigen die Abbildungen 7.8 und 7.9.

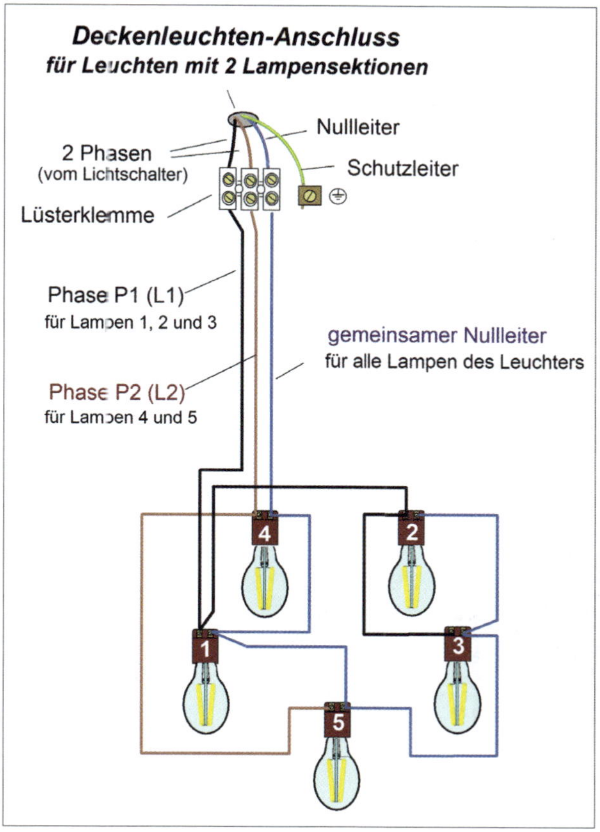

Abb. 7.9: Beispiel der Lampeneinteilung bei einer Leuchte mit zwei Lampensektionen

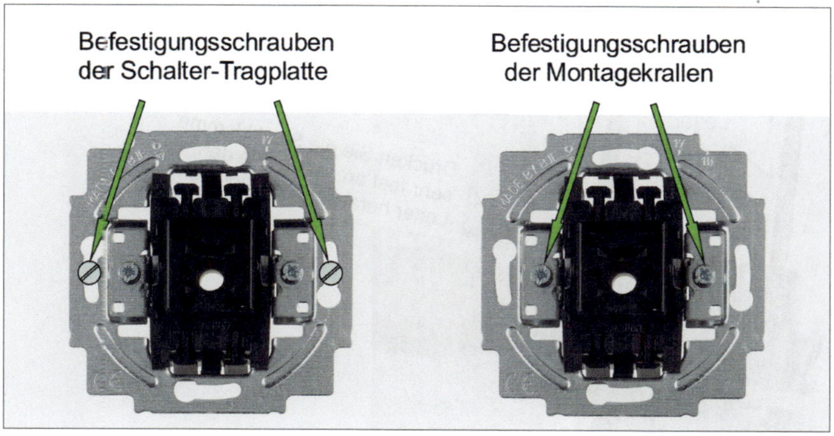

Abb. 7.10: Handelsübliche Lichtschalter sind so ausgelegt, dass sie wahlweise mit Schrauben an den Rand der Unterputz-Wanddose oder nur mit Montagekrallen befestigt werden können

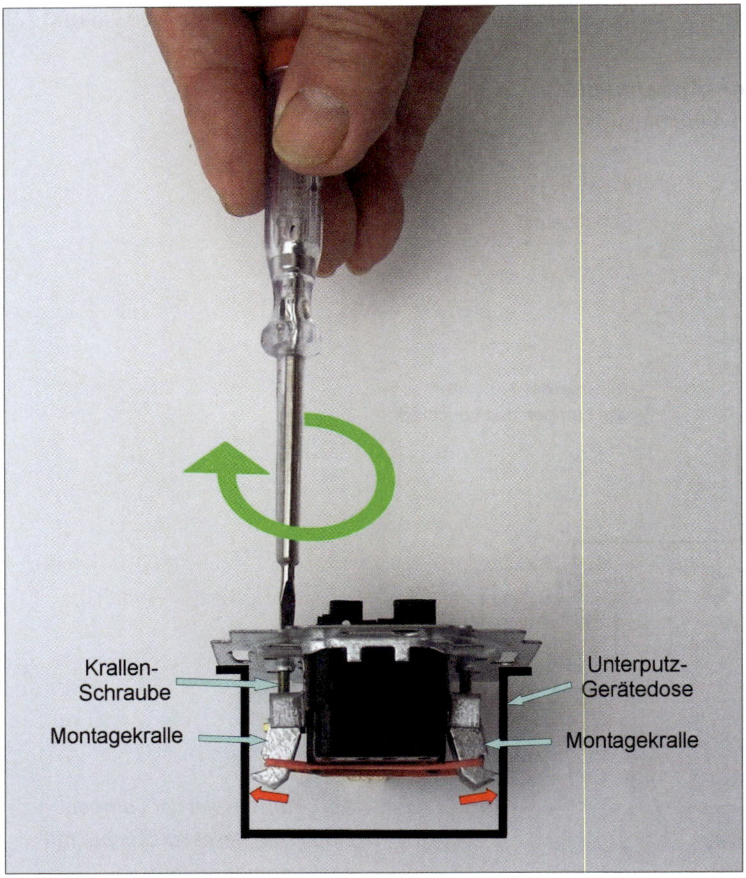

Abb. 7.11: Die Montagekrallen des Schalters können einfach mit einem Schraubendreher gegen die Innenwand der Unterputz-Wanddose festgedreht werden

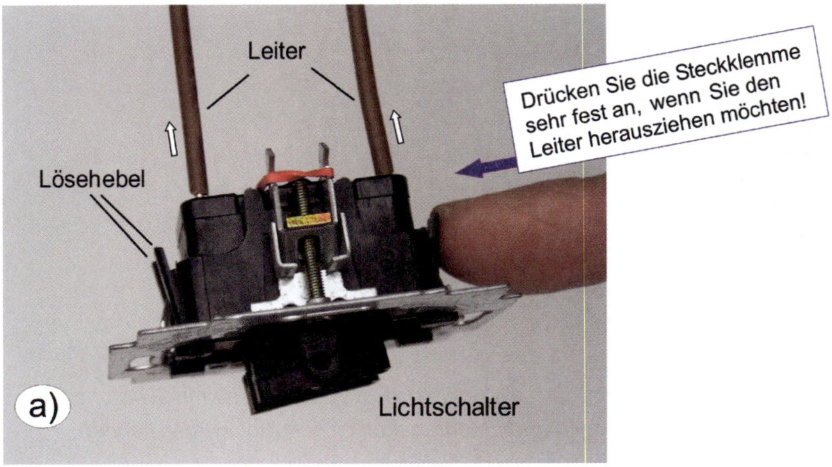

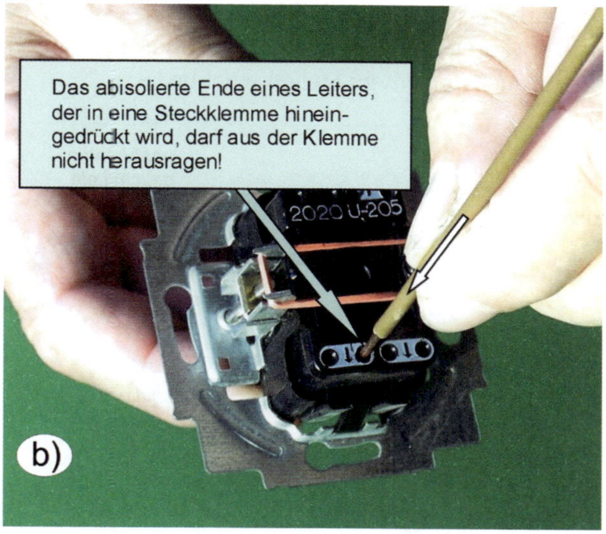

Abb. 7.12: Viele der Lichtschalter und Wandsteckdosen haben anstelle von Schraubklemmen nur federnde Druckklemmen, die dem Leiter nur dann einen ausreichenden Halt bieten, wenn die Länge seiner Kupferader maßgerecht ist

Die meisten Lichtschalter sind mit Anschluss-Steckklemmen wie in Abb. 7.12 versehen. Bei einem neu angebrachten Leiter muss die Länge des abisolierten Endes lang genug sein, um in der Klemme einen ausreichenden Halt zu haben, aber der abisolierte Teil darf nicht aus der Klemme herausragen!

Das Abisolieren des Leiters lässt sich am einfachsten mit einer dafür vorgesehenen Abisolierzange wie in Abb. 7.13 durchführen.

Abb. 7.13: Abisolierzangen gibt es in sehr vielen Ausführungen. Neben den einfachsten zwickzangenähnlichen Ausführungen gibt es auch »automatische« Werkzeuge

Für den Praktiker, der mit dem hier erworbenen Wissen auch gleich etwas Praktisches anfangen möchte, wäre es noch nützlich, etwas mehr über eine Lichtinstallation zu erfahren, bei der sich das Licht von zwei, drei oder auch noch mehr Stellen schalten lässt.

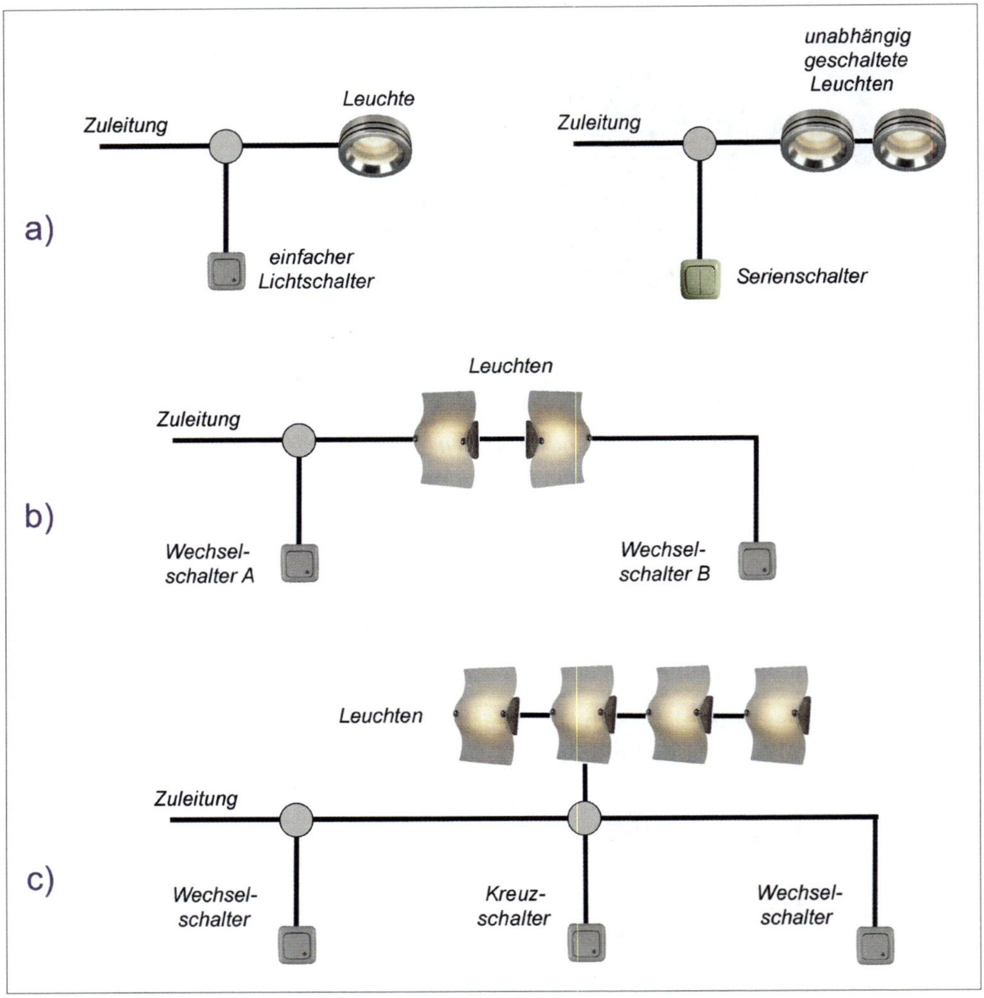

Abb. 7.14: Die herkömmlichen Lichtschalter ermöglichen es, die Beleuchtung drahtgebunden von maximal drei Stellen zu schalten

Wenn es genügt, dass sich die Beleuchtung nur von zwei Stellen aus unabhängig schalten lässt, werden dafür zwei Wechselschalter benötigt und wie in Abb. 7.15 miteinander verschaltet. Die Logik der Funktionsweise lässt sich hier leicht nachvollziehen. Erleichtern kann den Denkvorgang, wenn man sich den Weg der Phase durch die Schalter als eine Modelleisenbahn vorstellt, bei der die Schalter als Schienenweichen funktionieren, die den Strom wie eine Lokomotive auf den Schienen leiten. Bei den hier eingezeichneten

Positionen der Schalterkontakte würde der Zug vom Anschluss **L**(1) am Schalter **A** zum Anschluss **L**(1) am Schalter **B** fahren können – und weiter ginge es nicht. Die eingezeichneten Lampen bekämen also keinen Strom. Wird jedoch anschließend einer der Schalter umgeschaltet (egal welcher), geht das Licht an, denn die Lokomotive kommt somit auch bei dem rechten Schalter durch. Und dieser ganze Spaß funktioniert in allen Varianten.

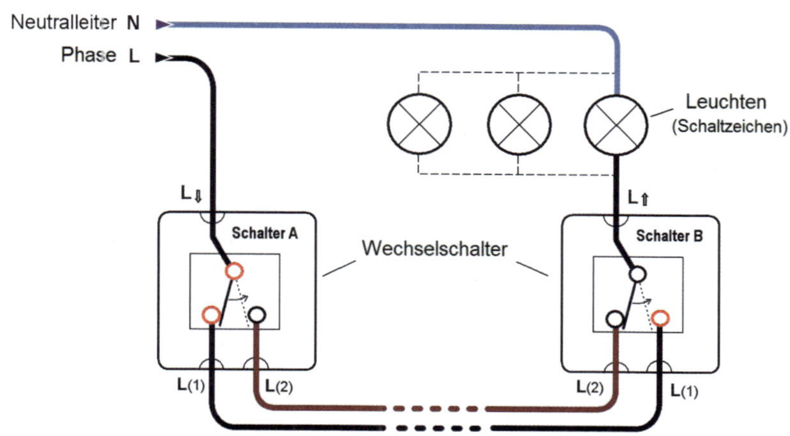

So werden die zwei Wechselschalter angeschlossen:

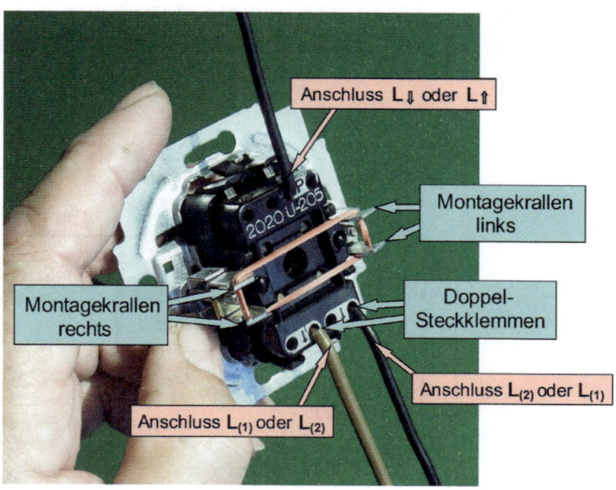

Abb. 7.15: Mit zwei Wechselschaltern kann die Beleuchtung von zwei Stellen aus unabhängig geschaltet werden

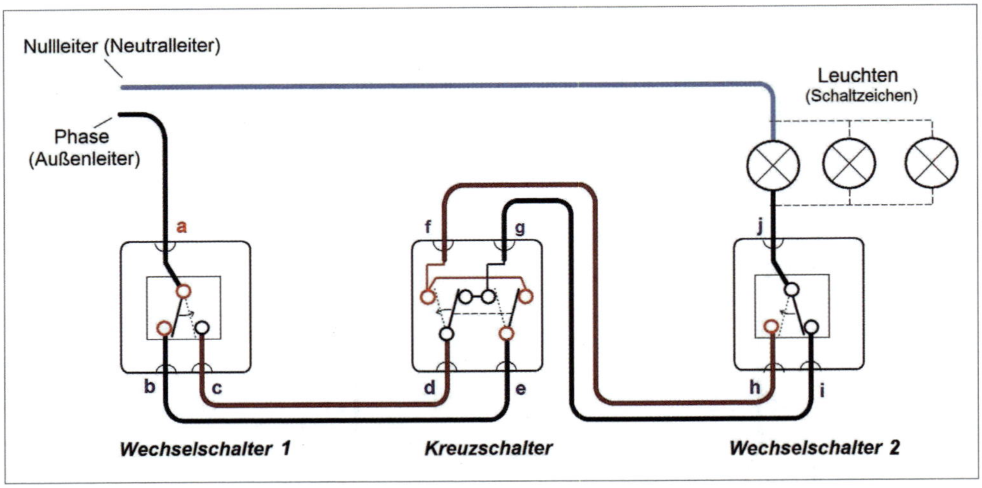

Abb. 7.16: Mit Wechselschaltern und einem Kreuzschalter (dazwischen) kann die Beleuchtung von drei Stellen aus unabhängig geschaltet werden

Etwas schwieriger wird es, wenn z. B. für das Schalten einer Treppenbeleuchtung drei Schalter benötigt werden, die ein ebenfalls unabhängiges Schalten ermöglichen sollen. Abb. 7.16 zeigt den dafür erforderlichen Schaltplan. Die Funktionsweise dieser Schaltung lässt sich auf die gleiche Weise nachvollziehen wie bei den vorhergehenden Wechselschaltern aus Abb. 7.15. Es setzt nur etwas mehr Geduld und Motivation voraus. Letzteres lohnt sich eigentlich nur für diejenigen Leser, die so einen Kreuzschalter zu Hause bereits haben, denn gerade diese Schalter gehen mit großer Vorliebe kaputt und müssen erneuert werden.

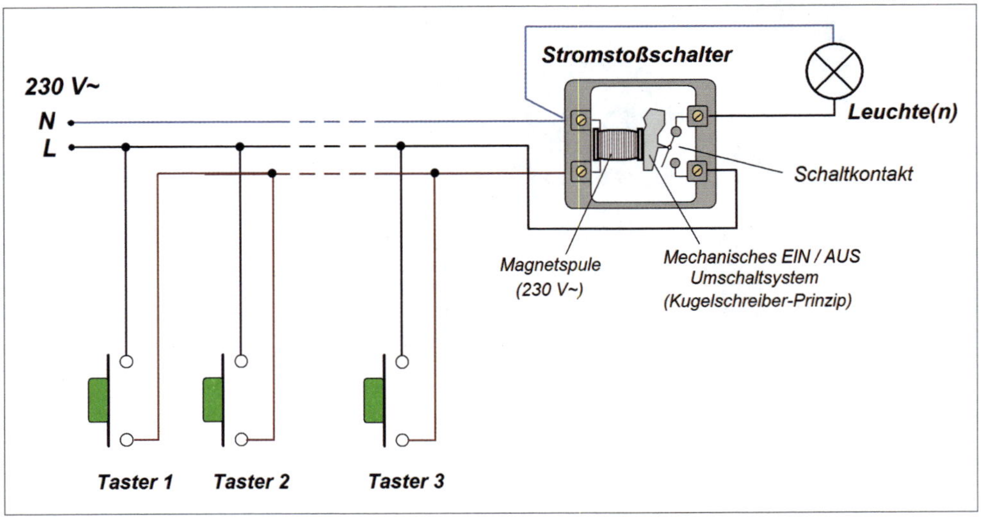

Abb. 7.17: Der Anschluss des Stromstoßschalters ist sehr einfach!

Bei neueren Elektroinstallationen bevorzugen viele Elektriker anstelle der Lösung aus Abb. 7.16 einen sogenannten **Stromstoßschalter** (Abb. 7.17), mit dem beliebig viele Lampen von beliebig vielen Stellen geschaltet werden können. Der Stromstoßschalter ist ein elektromagnetischer Schalter, der keinen Stand-by-Strom benötigt. Da er jedoch mit Tastern (mit kurzen Schaltimpulsen) bedient wird, eignet er sich bevorzugt nur zum Schalten von Leuchten bzw. auch anderen Verbrauchern, deren jeweiliger Betriebszustand immer sichtbar oder zumindest gut hörbar bleibt.

7.2 Funkschalter

Bei den meisten Elektroinstallationen werden mit den rein elektrotechnischen Bausteinen zunehmend diverse elektronische Bausteine – meist Funkschalter – kombiniert. Manchmal setzt sie schon direkt der Planer (Architekt oder Elektriker) ein, manchmal kauft und installiert sie erst im Nachhinein der (oder einer der) Bewohner.

Abb. 7.18: Ausführungsbeispiel von einfachen Funkschaltern, die hauptsächlich für das Schalten von Lampen oder auch von aufwendigerer Beleuchtung vorgesehen sind

Zu den einfachsten Funkschaltern dieser Gruppe gehören quasi als Vorreiter diverse Einbau- oder auch Einschraub-Funkschalter aus den Abbildungen 7.18 bis 7.25. Abgesehen von Funkschaltern, die als *Lampen-Zwischenfassungen* einfach nur eingeschraubt werden können, gibt es bei den Funkschaltern das Problem mit der Unterbringung. Bei Neuinstallationen ist es zwar kein Problem, denn da erhält der Funkschalter meistens eine eigene Unterputz-Dose, aber bei einem schon bestehenden Hausnetz ist es vorteilhafter, einen möglichst kleinen Funkschalter-Empfänger anzuwenden.

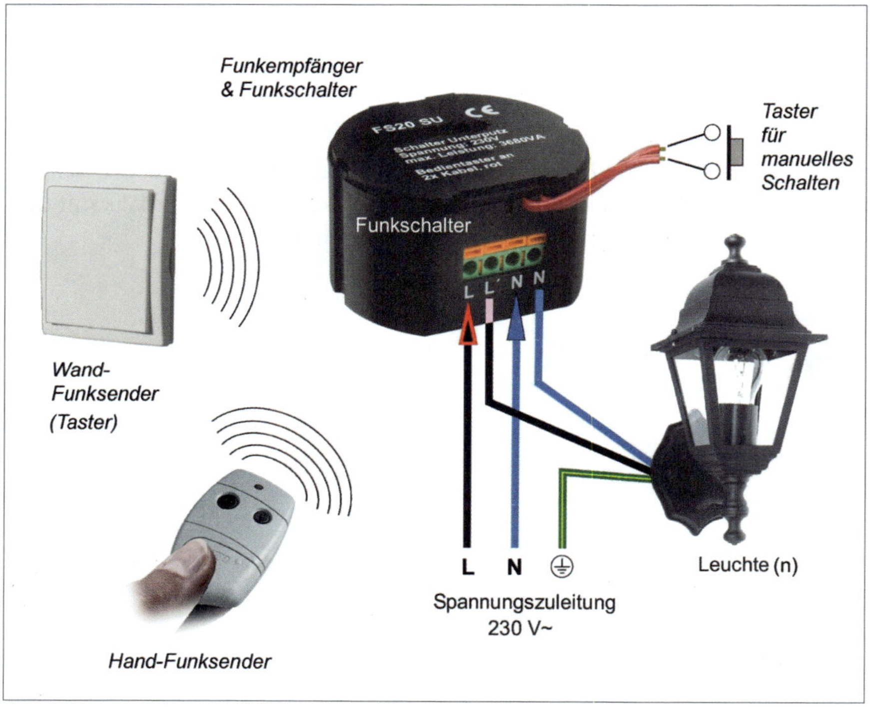

Abb. 7.19: Einige Funkschalter verfügen über einen zusätzlichen Taster-Anschluss

Insofern der Funkschalter z. B. nur eine einzige bzw. nur wenige LED-Leuchten schalten soll, die nur eine geringe Schaltleitung benötigen, lohnt es sich, dass dafür ein möglichst kleiner Funkschalter (siehe Abb. 7.21) eingesetzt wird, der sich leichter irgendwo unterbringen lässt. Dabei ist allerdings darauf zu achten, dass der Funkschalter für die vorgesehene Schaltspannung und Schaltleistung ausreichend dimensioniert ist. Meist sind jedoch auch die kleinsten 230-V~-Funkschalter für das Schalten von 10-A-Stromabnahmen ausgelegt, was weitgehend genügt.

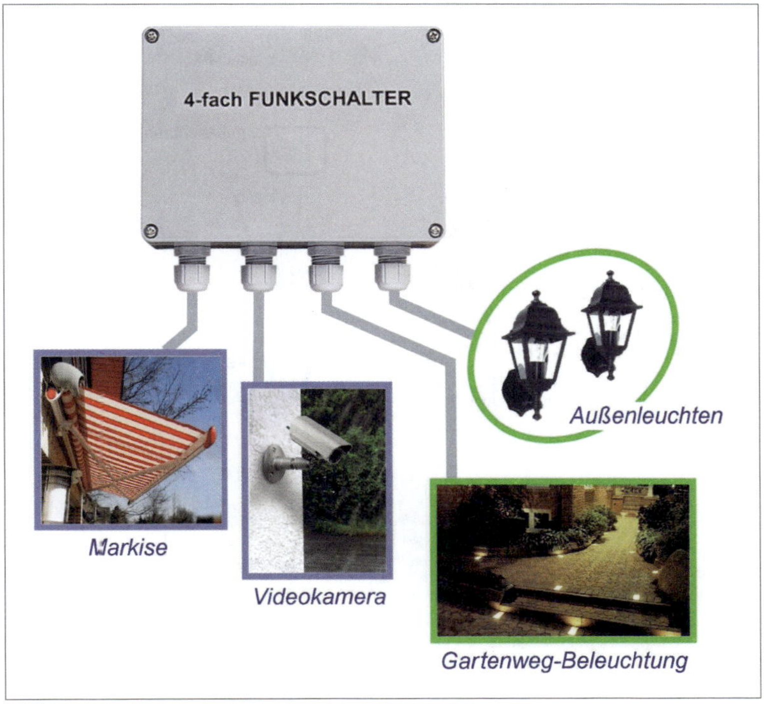

Abb. 7.20: Für den Außenbereich gibt es auch wetterfeste Mehrkanal-Funkschalter für unabhängiges Schalten mehrerer Verbraucher

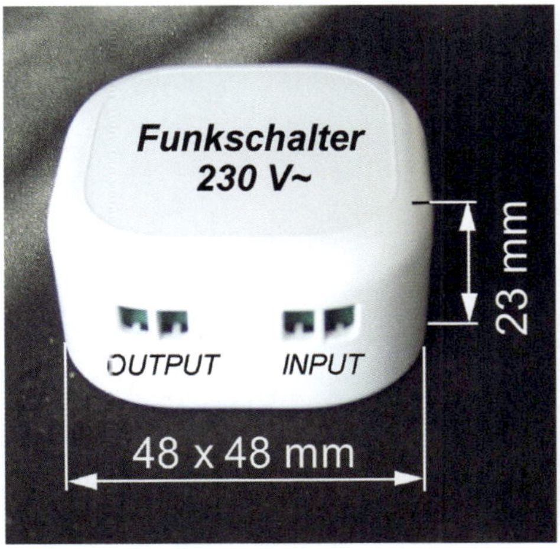

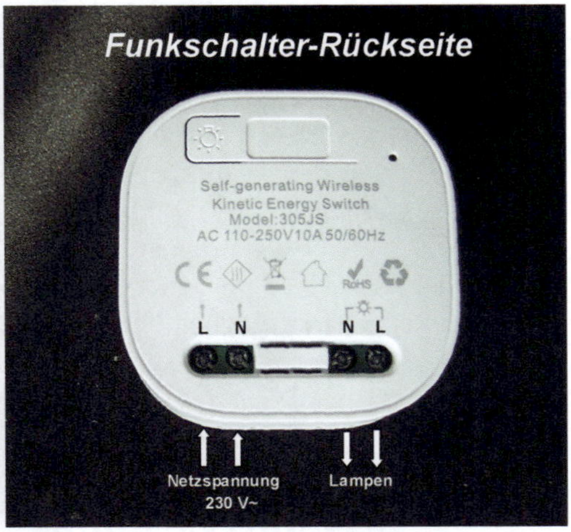

Abb. 7.21: Viele der neuesten Funkempfänger sind sehr klein, was ihre Unterbringung im Hausnetz erleichtert

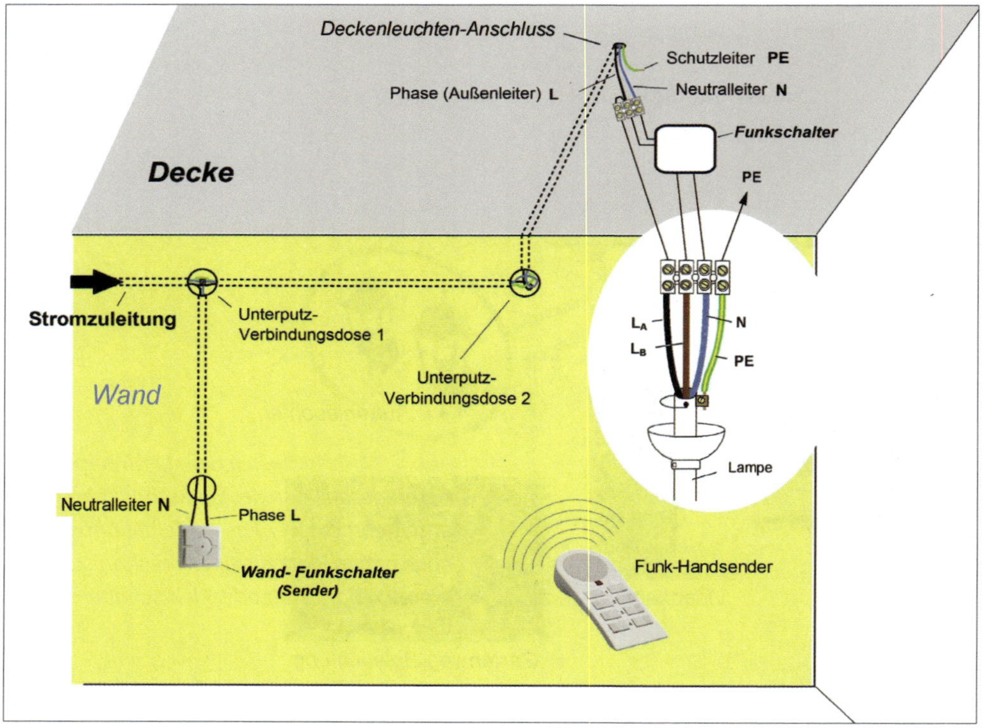

Abb. 7.22: Für die schnellere Orientierung: Anschlussbeispiel einer Deckenleuchte mit Funkschaltung

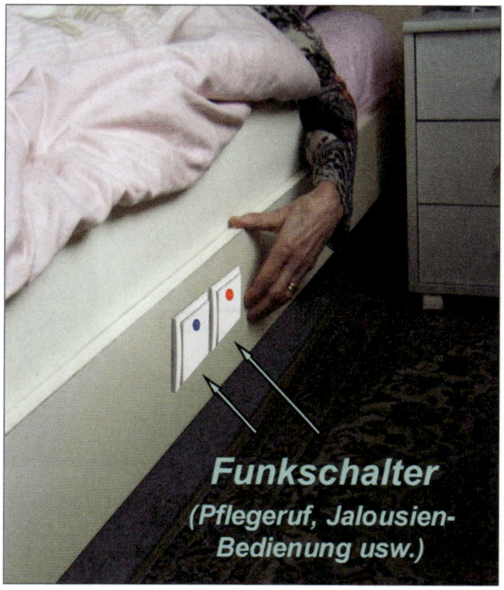

Abb. 7.23: Sehr praktisch: Ein Funkschalter kann bei Bedarf auch nur provisorisch an der Bettkante angeklebt werden

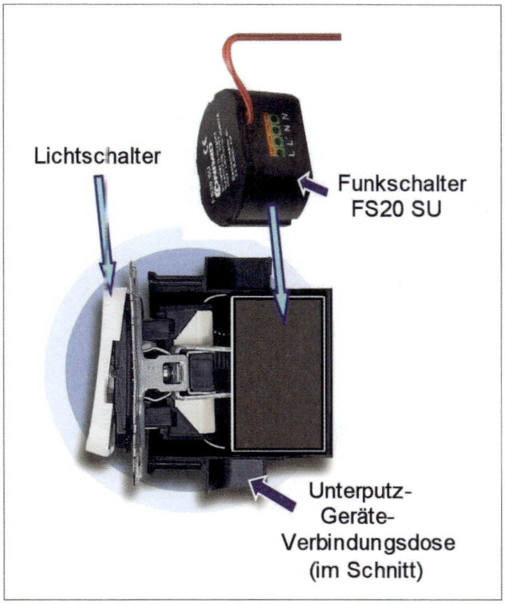

Abb. 7.24: In speziellen tieferen Unterputz-Gerätedosen kann der Funkschalter hinten untergebracht werden, es bleibt dann vorne noch genug Platz für einen mechanischen Wand-Schalttaster oder Lichtschalter

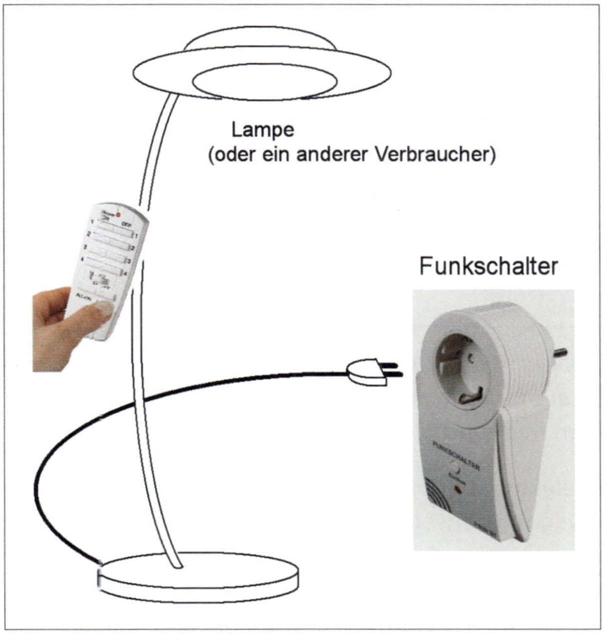

Abb. 7.25: Für das Funkschalten von Stehlampen eignen sich am besten die Steckdosen-Funkschalter

Für Hausnetze gibt es eine große Auswahl an *Unterputz-Funkschaltern*, die für den Einbau in Unterputz-Dosen vorgesehen sind. Ein Funkschalter, der über einen zusätzlichen Taster-Anschluss verfügt, kann nach Abb. 7.24 in einer tieferen Unterputz-Gerätedose hinten eingebaut werden, und davor bleibt dann noch genügend Platz für einen normalen Lichttaster für manuelles Schalten.

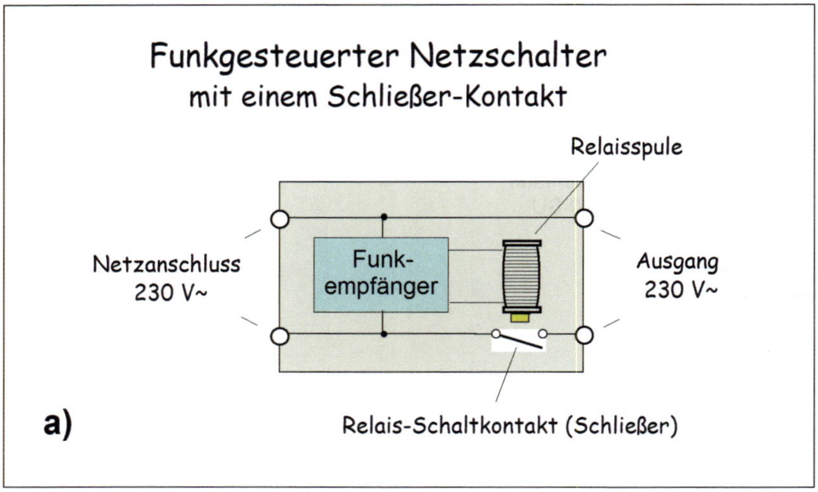

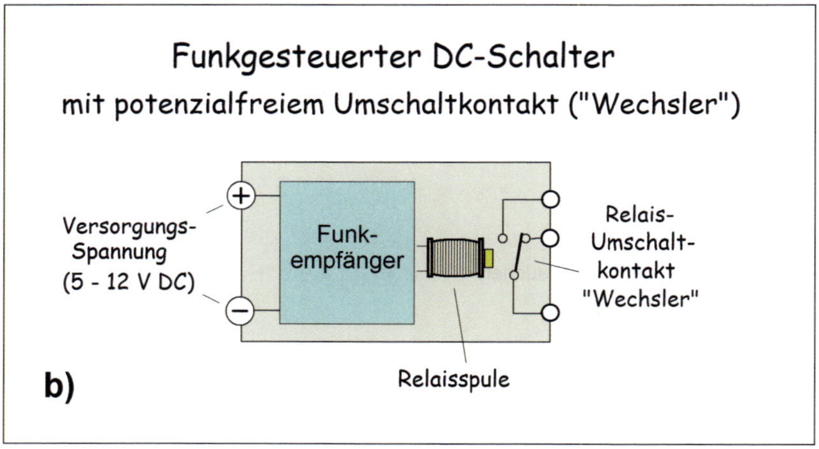

Abb. 7.26: Große Auswahl, große Unterschiede: Wichtig ist bei einem Funkschalter sowohl seine Versorgungsspannung (am Eingang) als auch sein Anschluss (Ausgang), denn da schaltet das interne Relais oft nur einen potenzialfreien Wechselschalter um

Zu der häufig genutzten Gruppe der elektronischen Schalter gehören auch *Dämmerungsschalter* und *Bewegungsschalter* (Bewegungssensoren). Diese Schalter sind zwar meist in diversen Leuchten herstellerseitig angebracht, sind aber auch als separate Kleingeräte erhältlich.

Dämmerungsschalter sind wahlweise für Zweidraht- oder Dreidraht-Anschlüsse wie in Abb. 7.27 ausgelegt. Bewegungsmelder (Abb. 7.28) sind so konzipiert, dass sie bei Wahrnehmung einer Bewegung einen Schaltvorgang auslösen. Meistens schalten sie dann eine Beleuchtung (bei Bedarf auch IR-Beleuchtung) für eine eingestellte Zeitspanne ein. Manchmal sind in Lampen Dämmerungsschalter und Bewegungsmelder bereits herstellerseitig integriert. Beliebt sind solche Lampen auch im Kleinformat als Nachtlichter (Abb. 7.29).

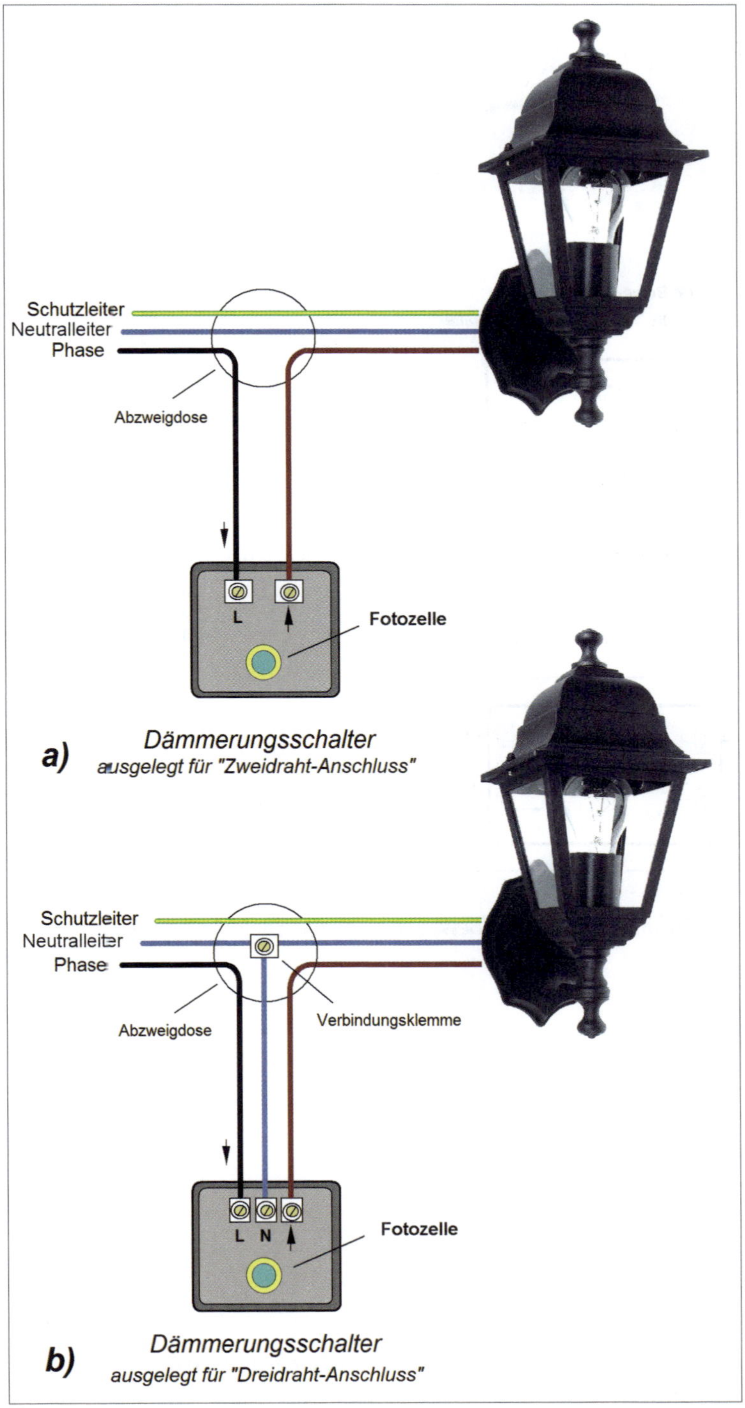

Abb. 7.27: Zwei alternative Stromanschlüsse der Dämmerungsschalter

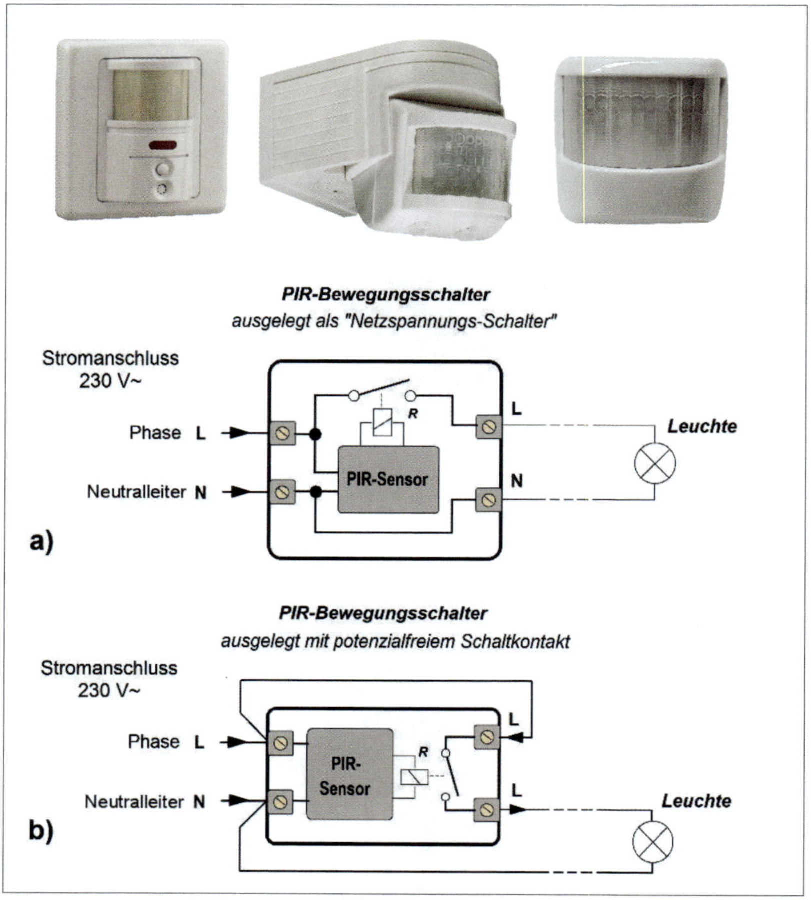

Abb. 7.28: Zwei Beispiele und Stromanschlüsse der Bewegungsschalter (Bewegungsmelder)

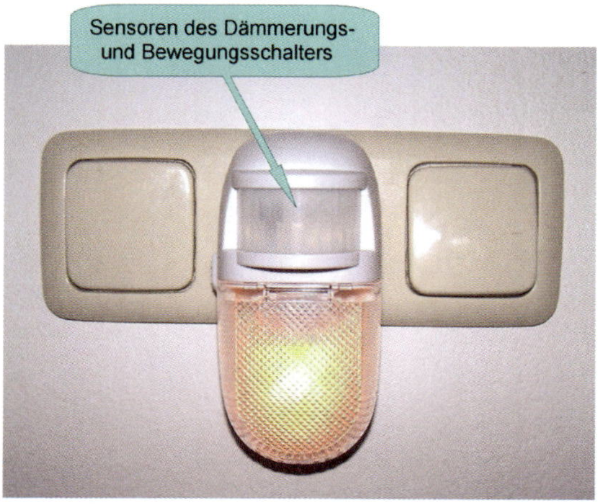

Abb. 7.29: Solche kleinen Nachtleuchten mit integriertem Dämmerungsschalter und Bewegungsmelder kennen wir ja

Neben den sogenannten *PIR-Bewegungsmeldern* gibt es auch *Radar-Bewegungsmelder*. Im Gegensatz zu den PIR-Bewegungsmeldern, die auf Körperwärme reagieren, nehmen Radar-Bewegungsmelder nur Bewegungen von Körpern (Hindernissen) wahr, allerdings auch durch eine Wand oder eine andere stärkere Abdeckung. Sie sind zwar ziemlich teuer, aber können für speziellere Einbruchschutz-Aufgaben vorteilhaft angewendet werden. Die Sensibilität (Hindernis, Größe, Entfernung usw.) lässt sich meist präzise einstellen. Zu achten ist hier auf die typbezogene Versorgungsspannung sowie auf die maximale Schaltspannung und Schaltleistung der internen Relais-Kontakte des Relais **R**.

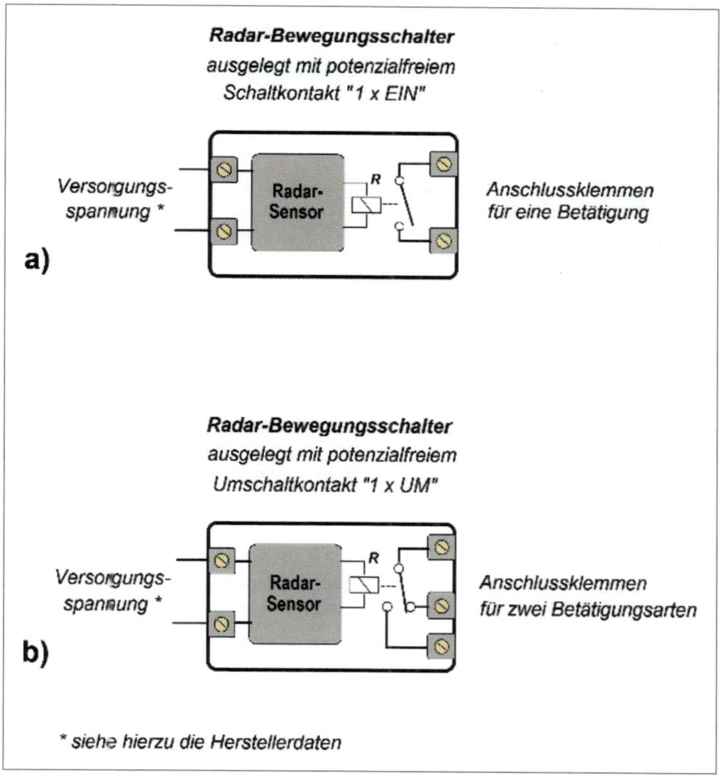

Abb. 7.30: Radar-Bewegungsmelder sind meist mit potenzialfreien Schalt- oder Umschaltkontakten ausgelegt

Für viele Vorhaben, bei denen auch noch andere speziellere elektronische Bausteine angewendet werden können, gibt es bereits viele passende handelsübliche Fertigprodukte und weitere werden laufend entwickelt. Es lohnt sich daher, wenn man bei Bedarf etwas Zeit ins Recherchieren investiert. Einige interessante Bauvorschläge und Lösungsbeispiele werden Sie außerdem noch bei den Elektronik-Themen in diesem Buch finden.

7.3 Steckdosen anschließen

Jetzt springen wir noch etwas zurück zu den Hausnetz-Steckdosen: Mit den Stromanschlüssen ist es da ähnlich wie bei den bereits beschriebenen Lampen. In diesem Fall gibt es bei allen normalen Wandsteckdosen immer nur einen *Dreileiter-Anschluss*. Die Anschlüsse sind immer seltener als Schraubklemmen und immer öfter als Steckklemmen ausgeführt (beide Alternativen zeigt Abb. 7.31).

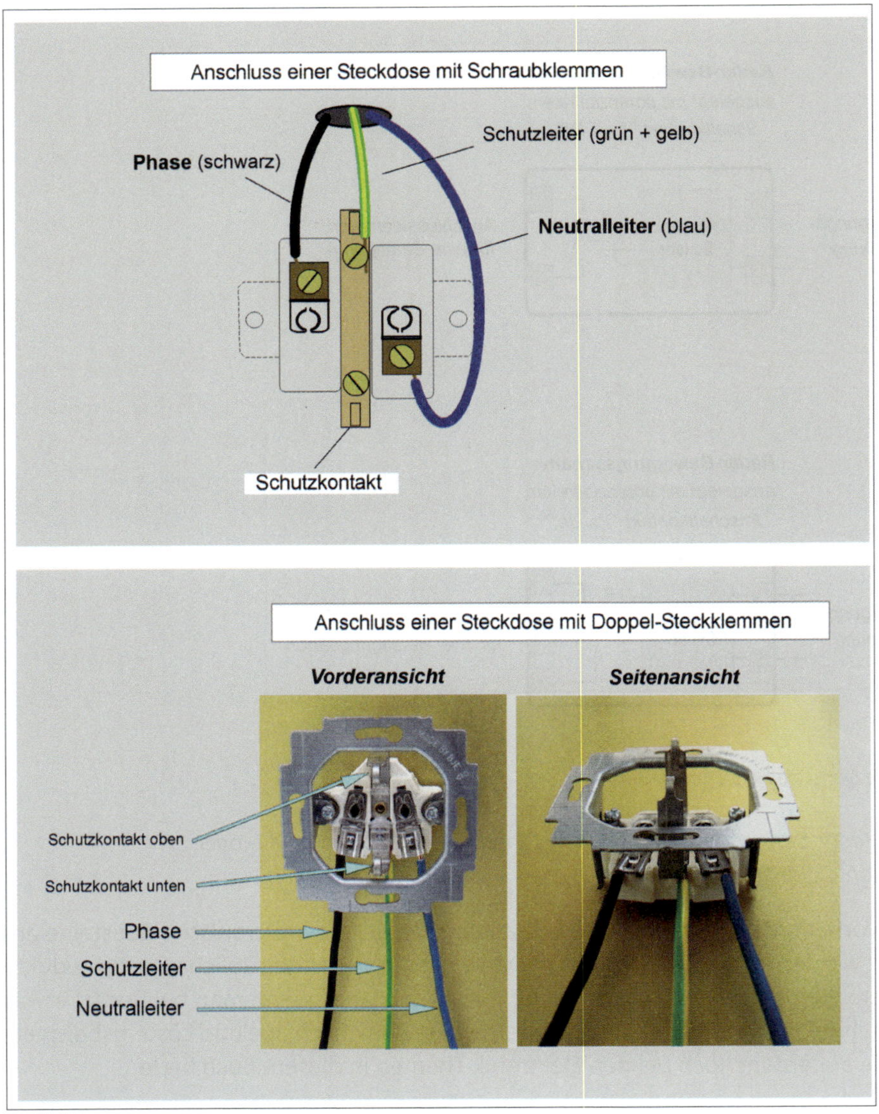

Abb. 7.31: Wandsteckdosen haben für die Leiteranschlüsse entweder Steckklemmen oder Schraubklemmen

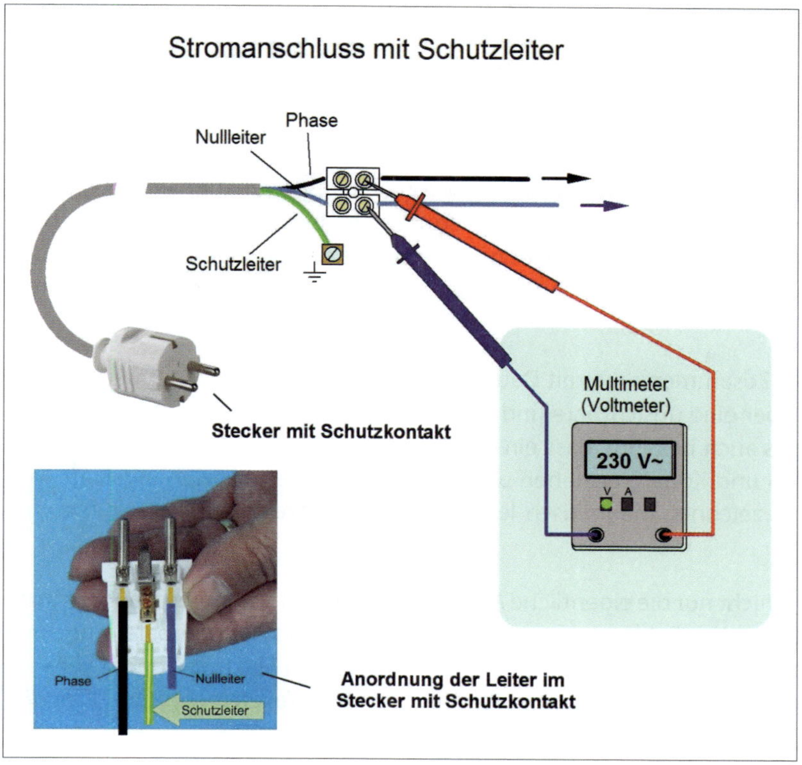

Abb. 7.32: Der leichteren Vorstellung wegen: Anschluss eines Netzsteckers mit Schutzkontakt

Die dazu passenden Stecker verfügen nur über Schraubklemmen. Einer schnelleren themenbezogenen Vorstellung kann Abb. 7.32 behilflich sein. Und was auch immer dann angeschlossen wird, bitte immer darauf achten, dass jeweils auch der Schutzleiter fest angeschlossen wird (der Schutzleiter entfällt bei Verbrauchern, die keine elektrisch leitenden Metallteile haben).

Zu den bekanntesten elektronischen Nachrüstungen gehören *Steckdosen-Funkschalter*. Sie eignen sich allerdings nur zum Schalten zusätzlicher Verbraucher, die im Hausnetz nicht fest installiert werden. Da so ein Funkschalter nur einen Verbraucher schalten darf, dessen jeweiliger Betriebszustand immer unter Kontrolle bleiben sollte, ist sein Anwendungsbereich etwas beschränkt. Dem heutigen Elektroinstallateur stehen jedoch sehr viele elektronische Schalter zur Verfügung, die in das Hausnetz fest eingebaut werden, um vor allem das Schalten von Licht zu übernehmen. Sie werden oft z. B. mit einem Zeitschalter (Timer), Dämmerungsschalter und Bewegungssensor kombiniert, einige sind als Treppenautomaten oder für andere spezielle Funktionen konzipiert. Die Anzahl verschiedenster Funkschalter wächst rasend schnell und die Auswahl an diversen Ausführungen ist groß.

8. Magnetismus – die wichtige elektrische Muskelkraft

In vielen der vorhergehenden Beispiele mit elektromechanisch funktionierenden Schaltern haben wir quasi nur so nebenbei elektromagnetische Relais angesprochen und eingezeichnet, ohne dass wir auf ihre Funktionsweise näher eingegangen sind. Wir haben es lieber für dieses Kapitel gelassen, damit wir es separat besser unter die Lupe nehmen können.

Wir fangen in dem Zusammenhang mit Dauermagneten an: Dass ein Dauermagnet (Permanentmagnet) über eine unsichtbare und geheimnisvolle Kraft verfügt, wissen wir aus der Praxis. Es ist uns auch bekannt, dass ein Magnet nur magnetisch leitende Materialien (Eisen, Stahl, Nickel und Kobalt) anziehen und halten kann. Diese Anziehungskraft wird als *Magnetismus* bezeichnet. Magnetisch leitende Metalle bezeichnet man als *ferromagnetische Stoffe*.

In der Technik wird nicht nur die eigentliche Anziehungskraft des Magneten, sondern auch die Kraft des magnetischen Feldes genutzt, denn damit lassen sich wunderbare Dinge machen. Anstelle von Dauermagneten werden zu vielen Zwecken Elektromagnete verwendet oder die Fähigkeiten der elektromagnetischen Felder und Wellen (darunter z. B. *Radiowellen*) genutzt.

Kleinere Dauermagnete (Permanentmagnete) sind in vielfältigen Formen erhältlich (Abb. 8.1). Eines haben alle Dauermagnete gemeinsam: Sie sind vom Hersteller *zweipolig magnetisch polarisiert*. Das kennen wir bereits aus der Schule und wir wissen auch, dass der eine Pol des Magneten als *Nordpol* (**N**), der andere als *Südpol* (**S**) bezeichnet wird.

Zwischen diesen zwei Polen herrscht eine kräftige Anziehungskraft: ein sogenanntes *magnetisches Kraftfeld* oder schlicht *Magnetfeld*, das bildlich als magnetische Kraftlinien wie im Beispiel aus Abb. 8.2 dargestellt wird. Diese Kraft wirkt sich als eine Anziehungskraft aus, die im Prinzip versucht, die zwei Pole des Magneten (den Nordpol und den Südpol) zueinander zu ziehen.

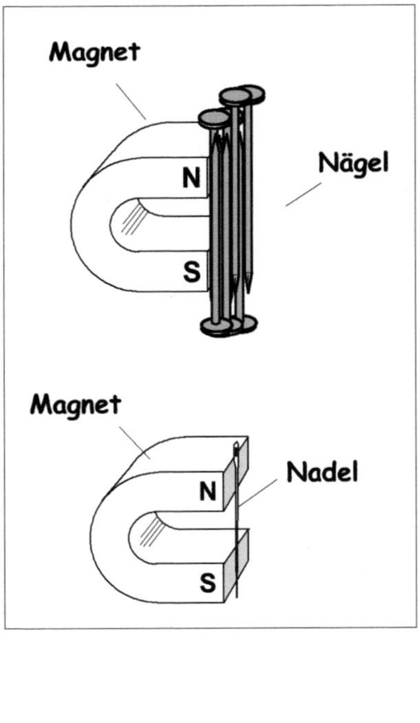

Abb. 8.1: Das kennen wir ja, oder?

Der Magnet nimmt dabei dankbar jede zusätzliche *magnetisch leitende Hilfsverbindung* an, die in seine Nähe kommt. Sogar eine Nadel im Heuhaufen kann man mithilfe eines Magneten bei etwas Glück finden. Er zieht sie an und sie springt bereitwillig an ihn so heran, dass sie als Brücke die möglichst kürzeste magnetisch leitende Verbindung zwischen seinen zwei Polen nimmt.

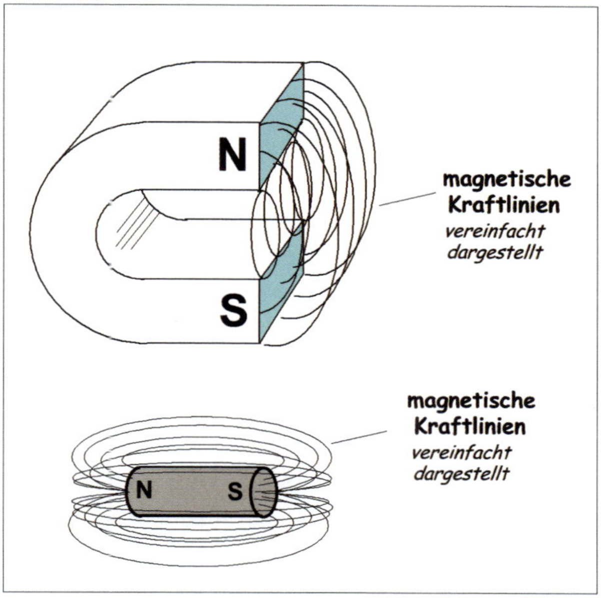

Abb. 8.2: Die magnetischen Kraftlinien finden immer den kürzesten Weg zwischen den zwei Polen eines Permanentmagneten

Ungleiche Pole zweier Magnete (Nord- und Südpol) ziehen sich an, gleiche Pole drücken sich mit aller Kraft voneinander weg (stoßen sich ab). Dies gilt sowohl für Magnete, bei denen jeweils beide Pole gegenüberstehen (wie bei U-förmigen Magneten), als auch z. B. für stabförmige Magnete, von denen sich jeweils nur ein Pol des einen Magneten dem Pol des anderen Magneten nähert. Die zwei Stabmagnete springen dann bei ungleichen Polen (**N** und **S**) blitzschnell aneinander oder stoßen sich bei gleichnamigen Polen ab.

Eine Kompassnadel ist vom Prinzip her ebenfalls ein kleiner Dauermagnet, dessen Nordpol zum geografischen Norden und dessen Südpol zum geografischen Süden unserer Erdkugel zeigt – vorausgesetzt, es gibt keinen störenden Magneten und keine zu massiv magnetisch leitenden Gegenstände in der Nähe.

Wird z. B. eine normale Stahlnadel (aus dem Nähkästchen) *vormagnetisiert* und in ihrer Mitte an einem dünnen Faden aufgehängt, verhält sie sich ähnlich wie eine echte Kompassnadel. Dass auch stählerne Werkzeuge – z. B. Schraubendreher oder Pinzetten – zu Dauermagneten werden, wenn sie mit einem Dauermagneten in Berührung kommen, ist bekannt. In der Praxis geschieht das oft auch nur zufällig: Der Schraubendreher oder die Pinzette kommen z. B. kurz mit dem Magneten eines Lautsprechers in Berührung und prompt werden sie magnetisch. Jeder Nagel, Stab oder andere Gegenstand aus hartem

Stahl kann zu einem Dauermagneten werden, wenn er z. B. für eine angemessen lange Zeit auf einen Dauermagneten (zwischen seine Pole) gelegt wird.

Geschieht so etwas versehentlich, wird es lästig, wenn danach an einem Schraubendreher oder an einer Feile ständig Eisenspäne haften. Ein *Entmagnetisieren* kann in solchen harmlosen Fällen z. B. wie in Abb. 8.3 im hohlen Kern einer Magnetspule stattfinden, die an eine Wechselspannung angeschlossen ist. Der magnetische Fluss im Eisenkern (und um den Eisenkern) ändert seine Richtung im Takt der 50-Hz-Netzfrequenz und entmagnetisiert dabei kleinere Gegenstände, die von dem elektromagnetischen Feld erfasst werden.

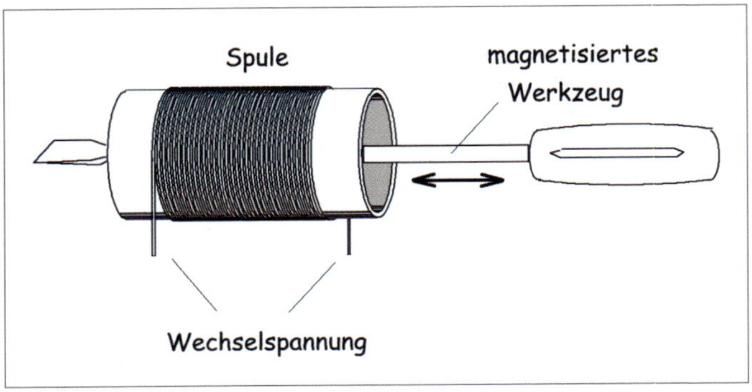

Abb. 8.3: Mit Wechselspannung können z. B. magnetisierte Schraubendreher entmagnetisiert werden

In der Elektrotechnik werden neben Dauermagneten sehr oft Elektromagnete eingesetzt. Einen einfachen Elektromagneten kann man z. B. aus jeder Schraube machen, indem man sie einfach mit einem isolierten Kupferdraht umwickelt und an eine Gleichspannung anschließt. Abb. 8.4 zeigt, was man sich darunter vorstellen kann. Auf die gleiche Art funktioniert etwa auch ein Elektroschloss (Abb. 8.5) oder ein Türglockenmagnet (Abb. 8.6).

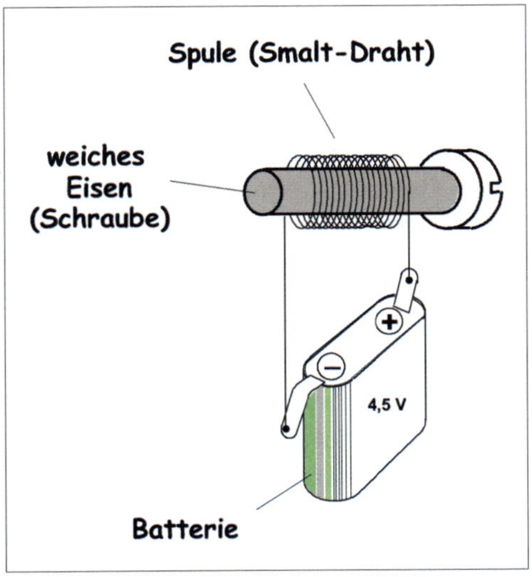

Abb. 8.4: Ein einfacher Selbstbau-Elektromagnet

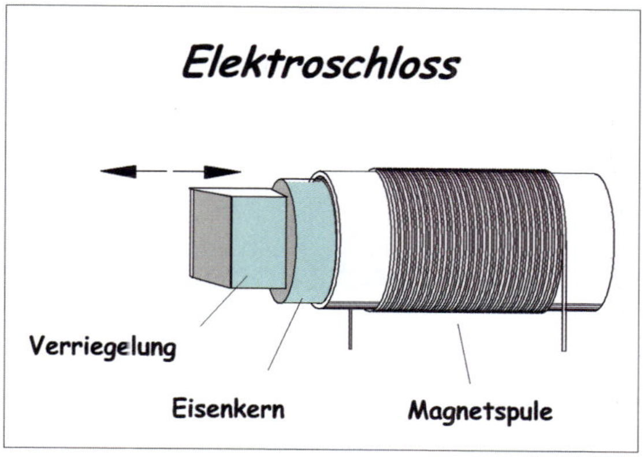

Abb. 8.5: Ein Elektroschloss ist im Prinzip auch nur ein einfacher Elektromagnet

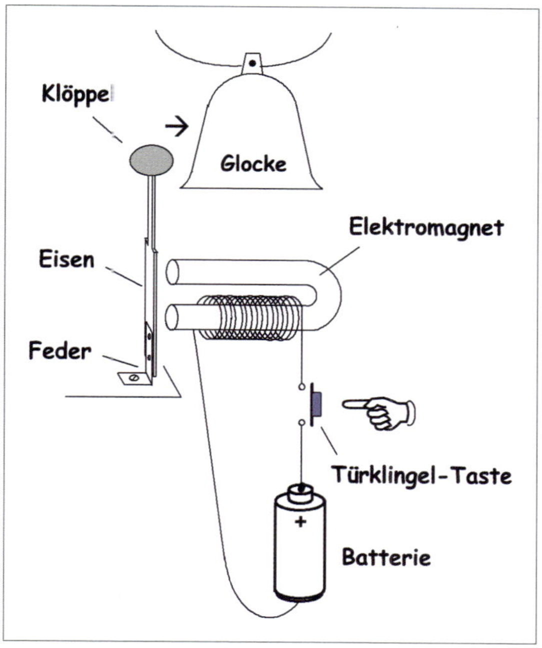

Abb. 8.6: Nur ein Beispiel, das zeigt, was man mit so einem kleinen Elektromagneten machen kann

Mit den Elektromagneten lassen sich die verrücktesten Dinge machen. Die Skizze in Abb. 8.6 zeigt ein Beispiel, bei dem die Funktion des Elektromagneten leicht nachvollziehbar – und nicht erklärungsbedürftig – ist. Die Türklingel in Abb. 8.7 funktioniert konstruktiv ähnlich wie die Türglocke aus Abb. 8.6.

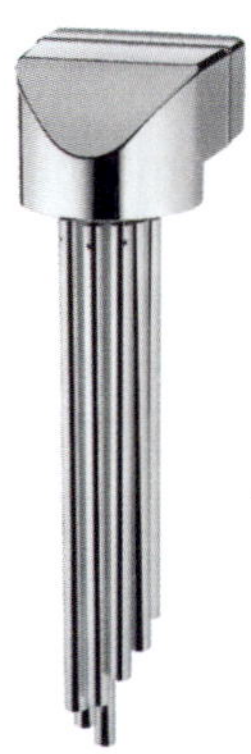

Abb. 8.7: Ein solcher Türgong funktioniert auf eine sehr ähnliche Art wie die vorher gezeigte Türglocken-Konstruktion in Abb. 8.6

In der Technik sind Elektromagneten unentbehrlich, und als aktive Konstruktionsteile bewältigen sie auch in der Automatisierung unglaubliche Aufgaben. Auf einer sehr breiten Ebene haben sich Elektromagnete bei elektronischen Relais aller Art durchgesetzt, die als elektromagnetisch schaltende Bausteine fungieren.

8.1 Zungenschalter (Reed-Schalter) und Zungenrelais (Reed-Relais)

Zu den einfachsten elektromagnetischen Relais gehören die sogenannten *Zungenschalter* (Reed-Schalter) und *Zungenrelais* (Reed-Relais).

Zungenschalter stellen eine ganz besondere Schaltergruppe dar. Sie bestehen aus zwei oder drei vormagnetisierten Metallzungen, die in einem kleinen Glasröhrchen »vakuumdicht« eingeschmolzen sind und von außen mittels Annäherung eines Dauermagneten betätigt werden. Zungenschalter mit zwei Metallzungen sind überwiegend als *Schließer*, Zungenschalter mit drei Metallzungen als *Umschalter* ausgeführt.

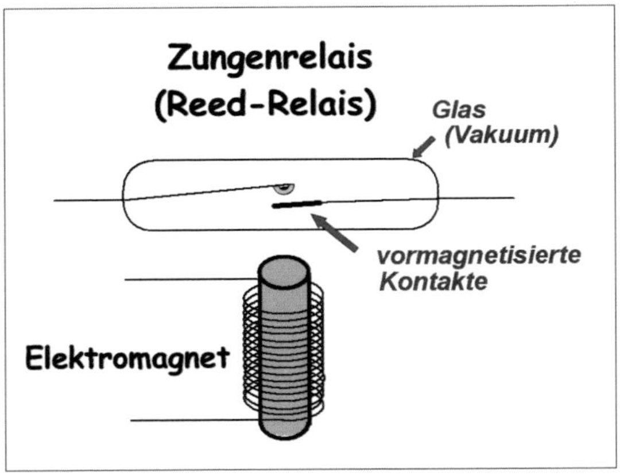

Abb. 8.8: Ein Zungenschalter besteht in der Grundausführung nur aus einem Glasröhrchen, in dem vormagnetisierte Schaltkontakte vakuumdicht untergebracht sind, die z. B. elektromagnetisch betätigt werden können

Ob man einen Zungenschalter mit einem Elektromagneten oder einem Permanentmagneten betätigt, ändert nichts an seiner Funktionsweise: Der Magnet schaltet einfach kontaktlos seine Kontakte ein, um oder aus. Bei den meisten Anwendungen wird ein Elektromagnet einem Permanentmagneten vorgezogen, wenn man den Zungenschalter fernschalten möchte. So wird dann der Zungenschalter zu einem *Zungenrelais*. Bei manchen Anwendungen – etwa bei Einbruchschutz-Fenster- oder Türkontakten – ist es bedingt praktischer, wenn so ein Zungenschalter mit einem kleinen Permanentmagneten nach Abb. 8.10 geschaltet wird. Er hat dann als Schalter keinen Stand-by-Verbrauch – was somit bei solchen Anwendungen z. B. auch für einen von ihm geschalteten Funksender gilt.

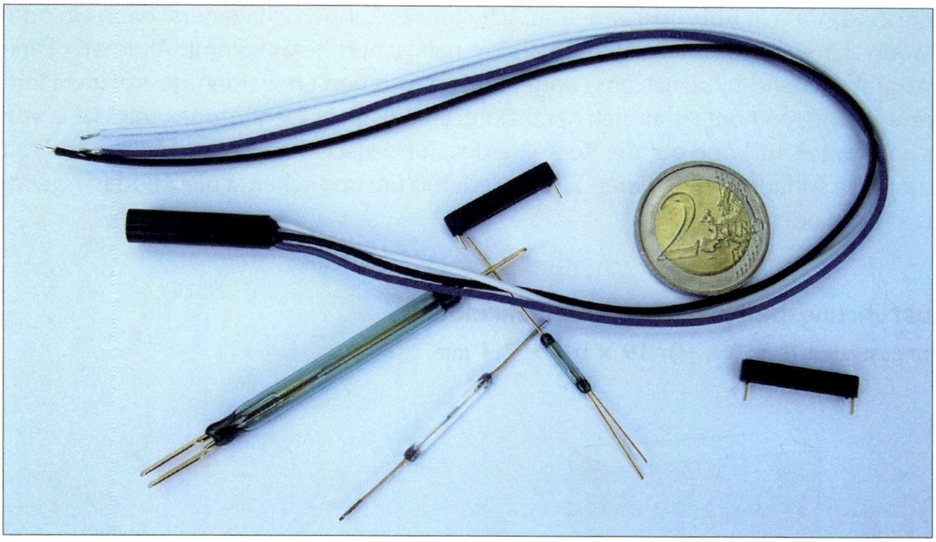

Abb. 8.9: Und so sehen Zungenschalter in natura aus: Sie sind teilweise als Glasröhrchen-Schalter, teilweise z. B. auch als Kunststoffröhrchen-Schalter erhältlich

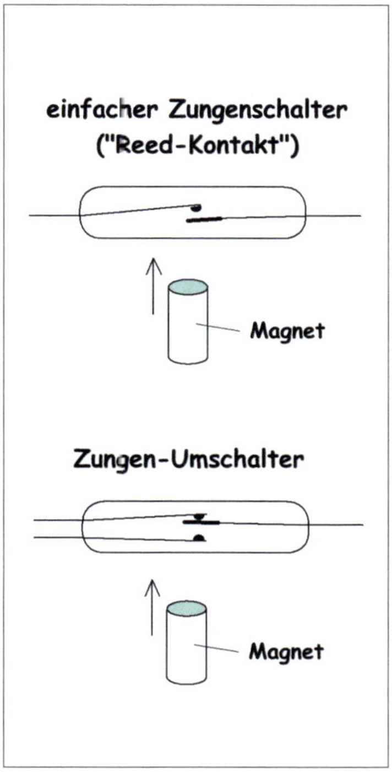

Abb. 8.10: Handelsübliche Zungenschalter sind wahlweise als Schalter oder als Umschalter ausgelegt

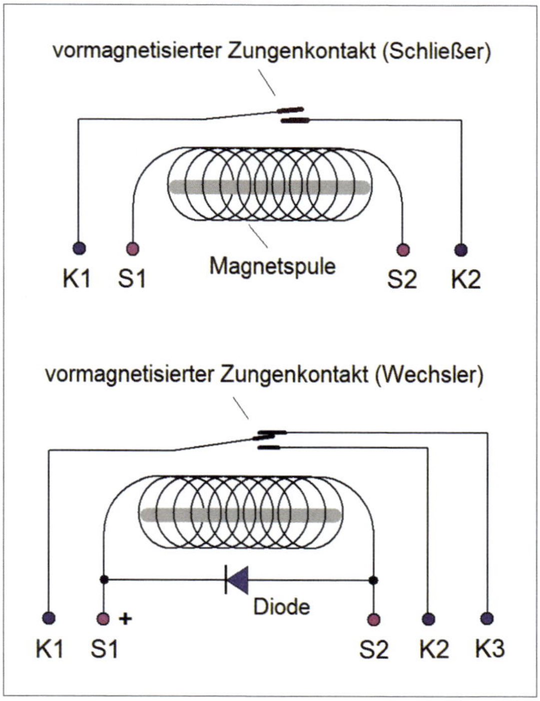

Abb. 8.11: Die eigentlichen Zungenschalter der elektromagnetischen Relais werden mit winzigen zusätzlichen Elektromagneten geschaltet, die in den Relais eingebaut sind

Wie die Zeichnung in Abb. 8.10 andeutet, schaltet der Zungenschalter erst dann ein oder um, wenn der eingezeichnete Magnet an ihn nah genug herankommt. Alternativ kann der Magnet im Stand-by so nah am Zungenschalter positioniert werden, dass er im Stand-by seinen mittleren Kontakt an sich heranzieht: Erst wenn er weggezogen wird (z. B. von einer geöffneten Tür) und auf die Kontakte des Zungenschalters keine Anziehungskraft mehr ausübt, springt sein mittlerer Kontakt federnd um und schaltet nach Bedarf irgendetwas ein, um oder aus.

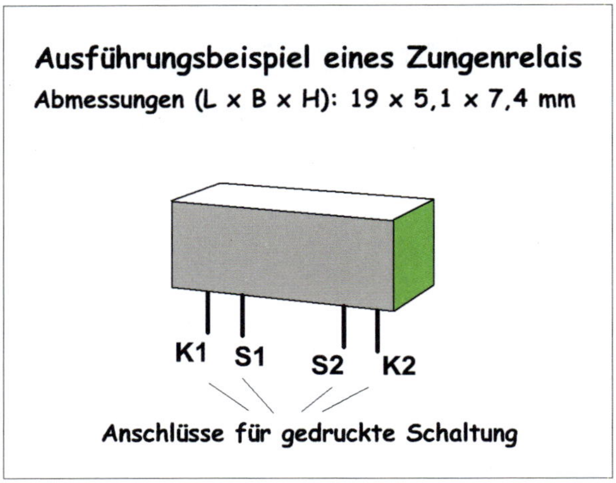

Abb. 8.12: Kleine elektromagnetische Zungenrelais (Reed-Relais) werden – ähnlich wie kleine integrierte Schaltungen – in kleine Kunststoffgehäuse eingegossen

Elektromagnetische Zungenrelais (Abb. 8.12) funktionieren ähnlich wie die vorher beschriebenen Zungenschalter, werden allerdings mit einem kleinen eingebauten Elektromagneten geschaltet. Der Magnet braucht also nicht bewegt zu werden, sondern wird durch Aktivierung (oder Deaktivierung) gesteuert.

Eine nähere Erklärung verdient die zusätzliche Diode an dem Magnetspulen-Anschluss des unteren Relais: Um Platz im Relais zu sparen, bedient man sich bei den kleinsten Relais des Tricks, dass der ferromagnetische Kern der Magnetspule leicht vormagnetisiert wird. So können die Spule (und auch der Magnetspulen-Schaltstrom) kleiner werden. In dem Fall muss jedoch die Spannungsversorgung der Magnetspule polaritätsgerecht erfolgen, damit die elektromagnetisch erzeugte Polarität des Magnetkerns nicht in der Gegenrichtung zu der vormagnetisierten Polarisierung wirkt. Die eingezeichnete Diode verhindert also, dass eine falsch polarisierte Steuerspannung die Vormagnetisierung des ferromagnetischen Spulenkerns entmagnetisieren kann.

Kleine elektromagnetische Zungenrelais sind oft nach dem Beispiel aus Abb. 8.12 in Kunststoff-Minigehäuse eingegossen. Größere »Brüderchen« haben keine festgelegten Formen oder Parameter. Generell können jedoch die Zungenschalter und Zungenrelais keine allzu hohen Spannungen oder Leistungen bewältigen.

Bei der Suche nach einem Zungenschalter oder Zungenrelais ist es daher sehr wichtig, auf die vom Hersteller angegebenen Grenzwerte zu achten. Dennoch: Unter den Zungenschaltern gibt es auch »kräftigere Burschen«, die auch fürs Schalten von Netzspannung ausgelegt sind.

Zungenschalter und Zungenrelais haben den Vorteil, dass sie ziemlich unempfindlich gegen Feuchtigkeit sind. Sie eignen sich daher sehr gut für das Schalten im Außenbereich – etwa als Einbruchschutz oder Lichtschalter an der Gartentür u. Ä.

8.2 Elektromagnetische Relais

Elektromagnetische Relais unterscheiden sich von Zungenrelais dadurch, dass ihre Kontakte nicht magnetisch, sondern elektromechanisch betätigt werden. Ein Elektromagnet zieht hier eine magnetisch leitende Wippe (Anker) an, deren anderes Ende einen federnden Metallkontakt (links) gegen einen zweiten Kontakt (rechts) drückt. Die Funktionsweise ist hier leicht nachvollziehbar. Die einfachsten Relais verfügen nur über einen einzigen Einschalt- oder Umschaltkontakt. Viele Relais sind jedoch mit zwei oder auch mehreren Kontakten ausgelegt.

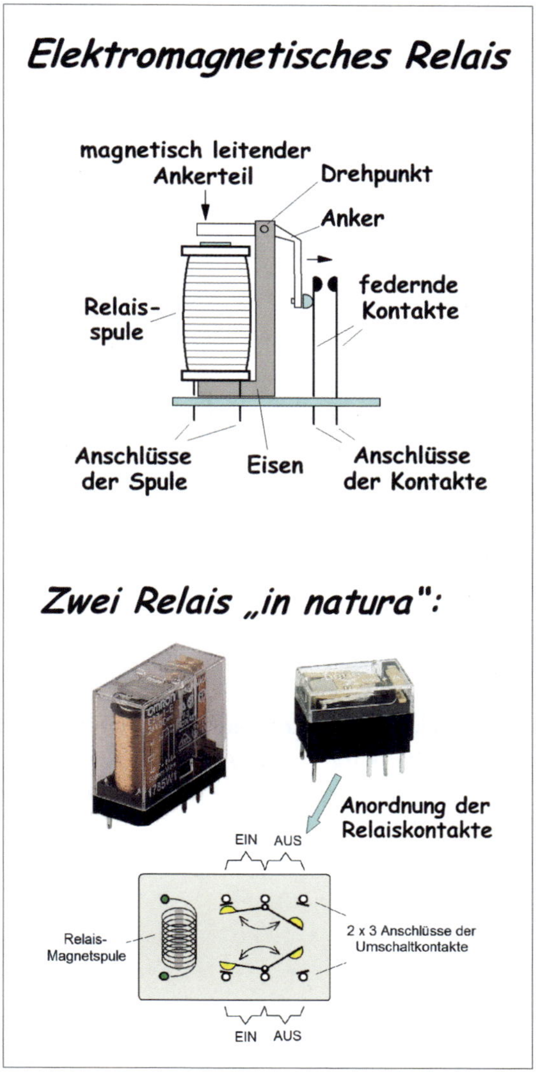

Abb. 8.13: Klein, aber oho! Solche kleinen elektromagnetischen Relais können z. B. mühelos Elektromotoren von Garagentor-Antrieben schalten

Die meisten Relais, die nach dem Prinzip aus Abb. 8.13 konstruiert sind, werden als *monostabile neutrale Relais* bezeichnet. Der Begriff »monostabil« bezieht sich darauf, dass so ein Relais nach dem Abschalten der Spulenspannung immer in die Ausgangsposition AUS zurückspringt. Die Bezeichnung »neutral« bedeutet, dass die Relaisspule polaritätsunabhängig geschaltet werden darf (dies trifft natürlich nicht auf Relais zu, deren Magnetspule für Wechselspannung ausgelegt ist).

Alternativ zu den *monostabilen Relais* gibt es auch *bistabile Relais*, die jeweils in der zuletzt aktivierten Schaltposition (AUS oder EIN) auch nach Abschalten der Spulenspannung bleiben (man könnte sagen »kleben bleiben«). Bistabile Relais sind teilweise mit zwei Magnetspulen (Abb. 8.14a) oder mit nur einer Magnetspule (Abb. 8.14b) erhältlich.

Die Lösung mit zwei separaten Magnetspulen hat den Vorteil, dass – im Gegensatz zu der Lösung mit nur einer Magnetspule – nicht mit einem Polaritätswechsel gearbeitet werden muss (was eine einfachere elektronische Schaltung oft verkompliziert). Diese Relais haben den Vorteil, dass sie nach einem abgeschlossenen Schaltvorgang (nach einem kurzen Schaltimpuls) keinen Haltestrom benötigen.

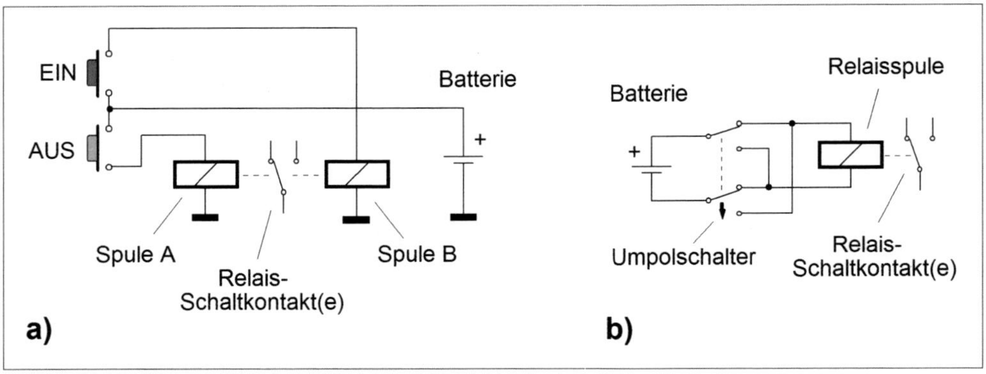

Abb. 8.14: Bistabile Relais sind wahlweise mit zwei Magnetspulen oder mit nur einer Magnetspule erhältlich

Die Kontakte der elektromagnetischen Relais sind als *Schließer* oder als *Wechsler* nach Abb. 8.15/8.16 konstruiert. Die Anzahl der Kontakte ist dabei weitgehend uneingeschränkt, und in einigen spezielleren Relais werden beide Kontaktarten (Schließer und Wechsler) kombiniert.

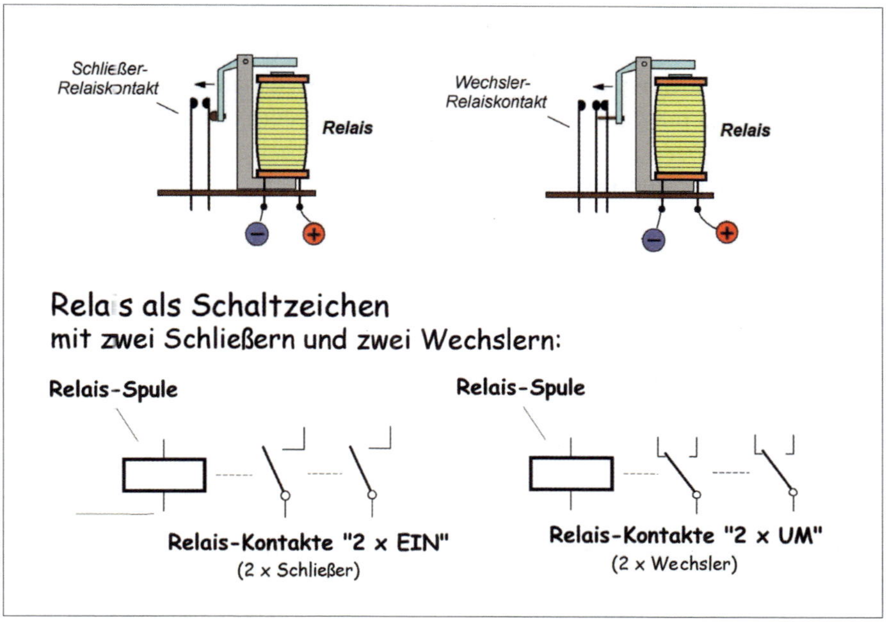

Abb. 8.15: Elektromagnetische Relais verfügen – je nach Typ – über zwei Grundarten von Schaltkontakten

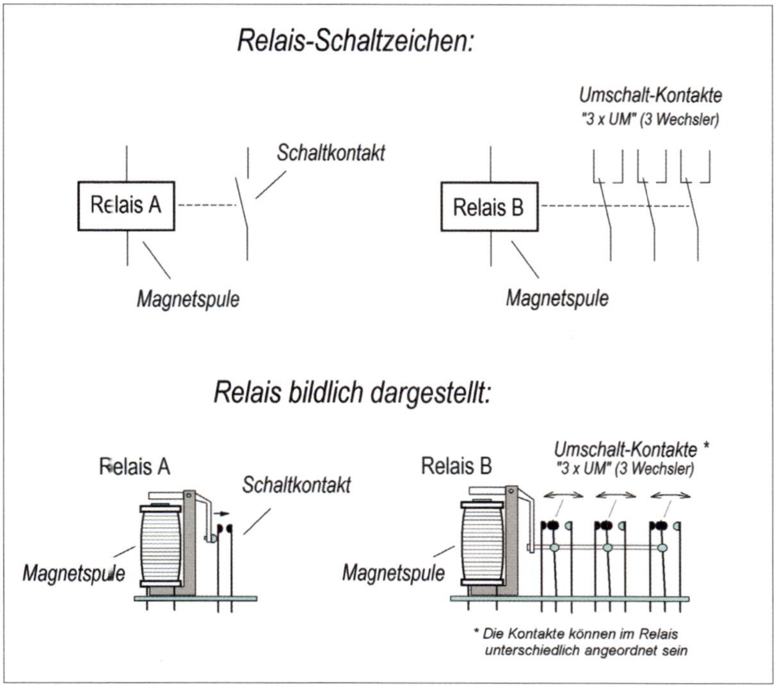

Abb. 8.16: In Schaltplänen werden Relais mit Schaltzeichen dargestellt

Ganz aus der Reihe tanzt das *Stromstoß-Relais* (Stromstoß-Schalter) aus Abb. 8.17, dessen Anwendungsbeispiel als 230-V-Lichtschalter (mit einem Schließer-Kontakt) wir bereits in Abb. 7.17 gezeigt haben. Stromstoß-Relais gibt es auch mit Gleichspannungs-Magnetspulen (12 oder 24 V DC) und mit 1-x-UM-Schaltkontakten (Wechslern). Diese Relais können allerdings nur dort angewendet werden, wo der jeweilige Schaltzustand kontrollierbar ist – was z. B. bei der Beleuchtung am einfachsten ist.

Abb. 8.17: Das Stromstoß-Relais gehört zu den beliebtesten Elektroinstallations-Relais: Bei jedem kurzen Impuls schaltet das Relais abwechselnd EIN oder AUS, was vor allem bei der Beleuchtung genutzt wird, da von beliebig vielen Stellen aus geschaltet werden kann

Die *monostabilen neutralen elektromagnetischen Relais* können dagegen einen Schaltvorgang nur durch Heranziehen oder Andrücken der Schaltkontakte auslösen. Solange ihre Magnetspule aktiviert (unter Strom) ist, halten sie den Einschalt- oder Umschaltzustand aufrecht, und in dem Moment, wenn der Strom zu der Magnetspule abgeschaltet wird, springen sie zurück in ihre Ruheposition – und schalten dabei AUS oder UM.

In der Praxis werden elektromagnetische Relais oft dazu verwendet, eine Lampe (Abb. 8.18), einen Elektromotor (Abb. 8.19) oder ein anderes Elektrogerät (z. B. Abb. 8.20) nur durch kurzes Antippen einer Taste (**rote Taste**) einzuschalten und danach durch Antippen einer anderen Taste (**grüne Taste**) wieder auszuschalten.

Das Relais muss in dem Fall als selbsthaltend geschaltet werden – wie abgebildet. Der ganze Trick bei einer solchen Lösung besteht darin, dass der »aktivierte« Relais-Kontakt nicht nur die eingezeichnete Lampe, sondern auch die Spannung zu der Relaisspule einschaltet, wozu ihm ein kurzer Spannungsimpuls von der EIN-Taste genügt. Da jedoch (in diesem Fall) die Minusspannung der Batterie über die AUS-Taste zu dem Relais und der Lampe führt, schaltet das Relais ab, sobald die AUS-Taste betätigt und dadurch die Stromzufuhr unterbrochen wird.

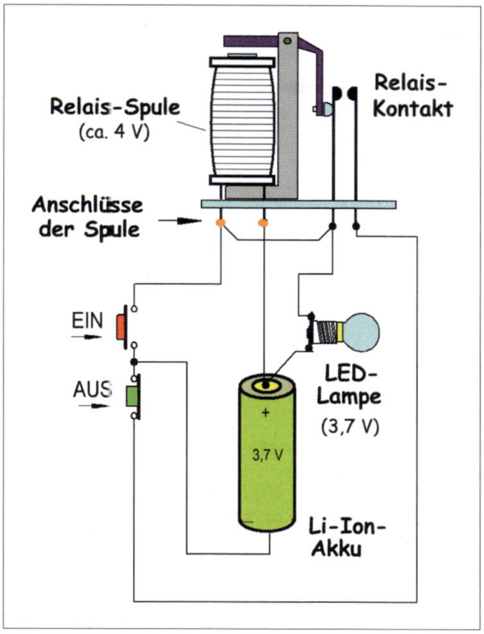

Abb. 8.18: Beispiel einer einfachen Schaltung, in der das Relais nur einen Schließer benötigt

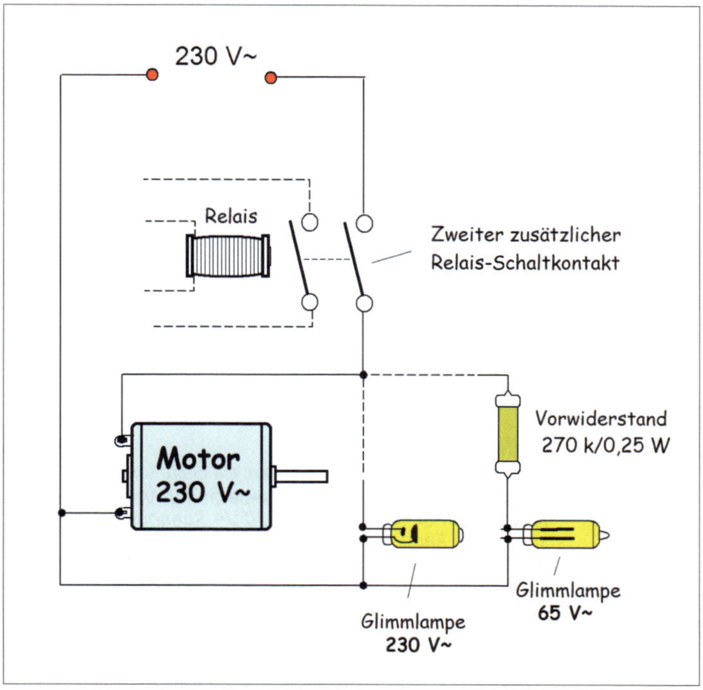

Abb. 8.19: Wenn die Relaisspule eine andere Versorgungsspannung benötigt als der geschaltete Verbraucher, werden dazu zwei voneinander gut isolierte Kontakte benötigt

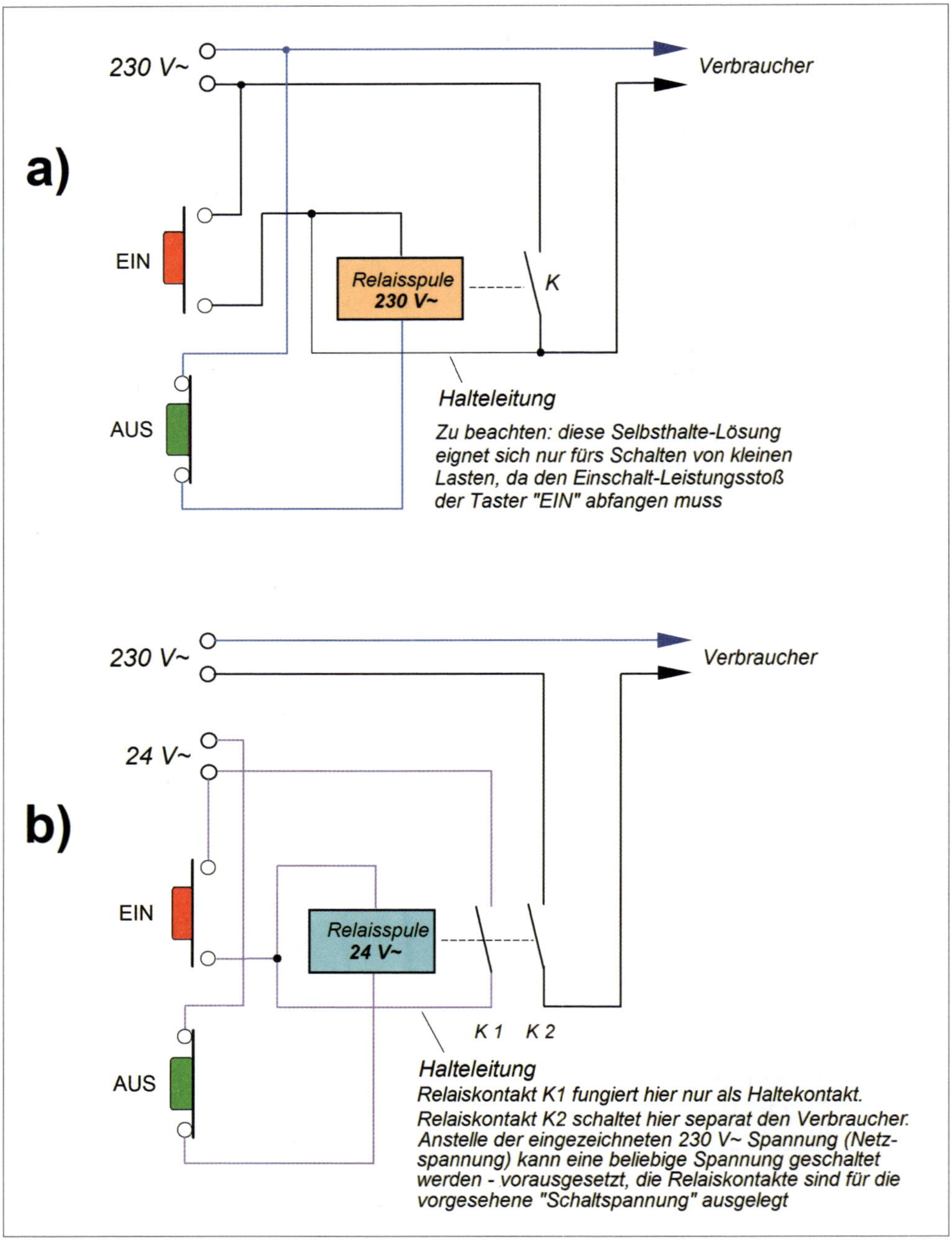

Abb. 8.20: Zwei Beispiele eines einfachen Schaltens von verschiedensten Verbrauchern

Ist es erforderlich, dass auf die vorhergehende Weise z. B. unabhängig von der Relaisspule eine andere Spannung oder ein Audiosignal geschaltet werden soll, ist zu diesem Zweck ein Relais mit zwei Kontakten (2 x EIN) erforderlich. An dem eigentlichen Prinzip der selbsthaltenden Funktion ändert sich dabei nichts. Alternativ kann so ein einfaches Schalten z. B. auch mithilfe eines bistabilen Relais mit zwei Magnetspulen nach Abb. 8.21 bewerkstelligt werden. Die Batteriespannung (oder an ihrer Stelle eine beliebige andere Spannung) muss einfach auf die Relaisspulen-Versorgungsspannung abgestimmt werden. Die Relais-Kontakte dürfen da nur Leistungen und Spannungen schalten, die das Relais laut seiner technischen Daten verkraftet.

Dadurch, dass hier das bistabile Relais einfach immer in der zuletzt gewählten Position eingeschaltet bleibt, braucht es keine zusätzliche selbsthaltende Maßnahme (die beim Beispiel in Abb. 8.22 näher erläutert wird). Das Schaltbeispiel in Abb. 8.21 eignet sich nur bedingt für das Schalten von Elektromotoren, bei denen nur eine Drehrichtung vorgesehen ist. Wenn dagegen ein Elektromotor in zwei Drehrichtungen mit Relais geschaltet werden soll, wird die Lösung etwas aufwendiger. Allerdings: Gerade dies beanspruchen die meisten Elektromotoren in Industrieanlagen und Maschinen. Daher lohnt es sich, dass wir diesem Thema etwas mehr Aufmerksamkeit widmen. Dies auch aus dem Grund, dass so mancher von uns irgendwo einen älteren Akku-Schrauber aufbewahrt, bei dem die alten NiMh-Akkus nicht mehr intakt sind, aber der Akku-Schrauber (als Getriebemotor) könnte noch irgendeine Selbstbau-Vorrichtung elektrisch herausfahren oder herausschwenken usw.

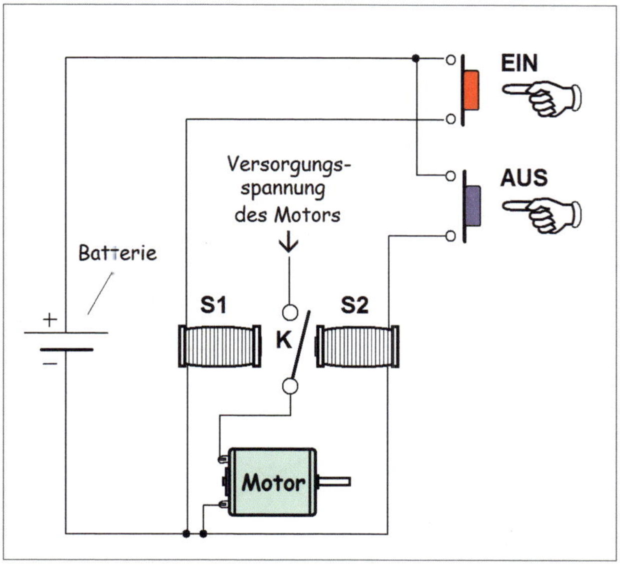

Abb. 8.21: Schaltbeispiel: Mit einem bistabilen Relais kann ein Elektromotor oder ein anderer elektrischer Verbraucher bequem geschaltet werden

Wir sehen uns in Abb. 8.22 das Schalten eines Elektromotors mit monostabilen elektromagnetischen Relais etwas näher an, denn dabei zeigt sich auch greifbarer, wie man so ein Relais einsetzt und was es braucht, wenn es genau das machen soll, was man von ihm verlangt. Und wir zeigen an diesem Beispiel schön Schritt für Schritt, wie sich so ein Relais unseren Ansprüchen brav fügt, wenn man es verschaltet, wie es sich gehört.

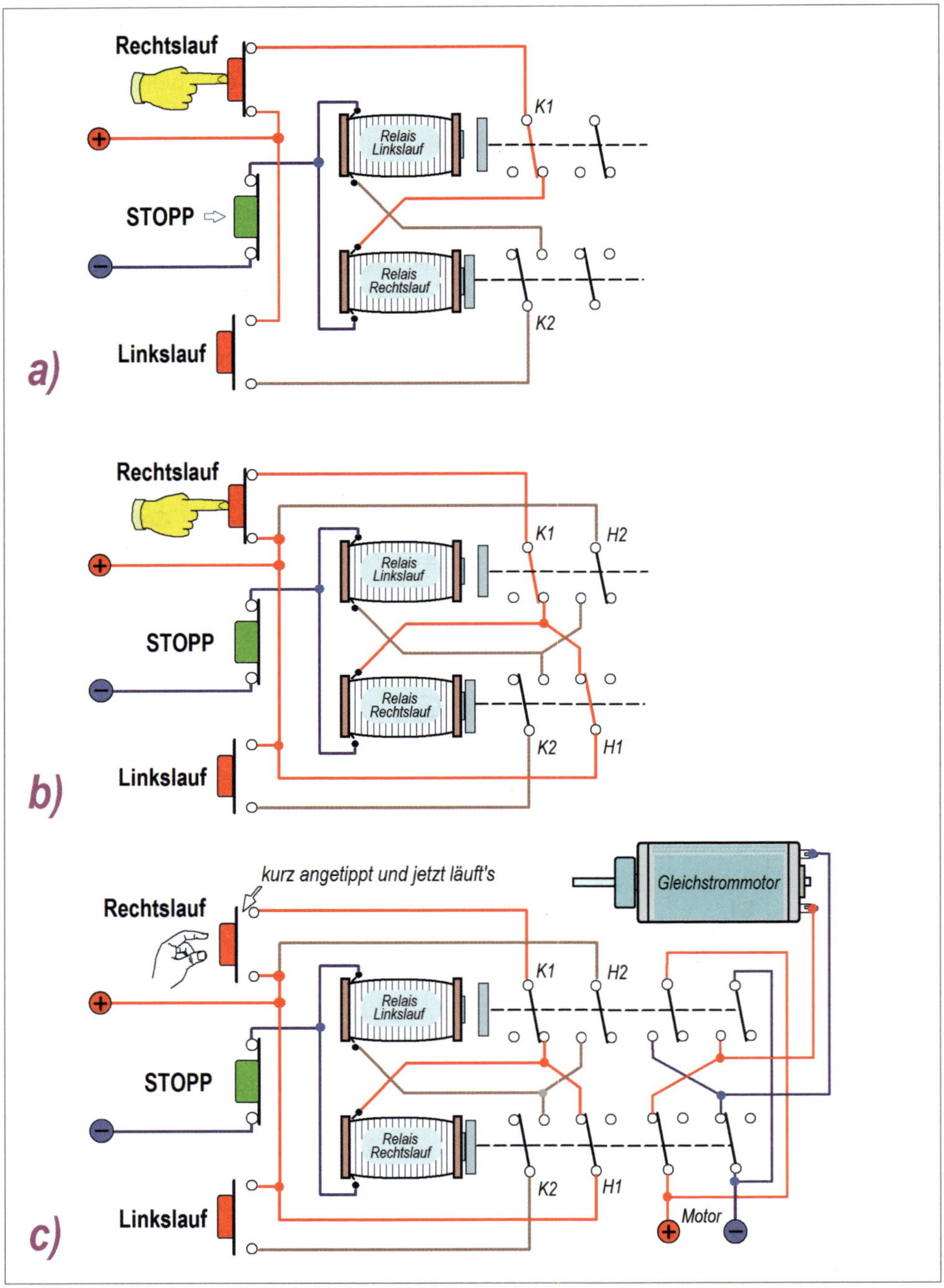

Abb. 8.22: Schalten eines Gleichstrommotors

Kurzbeschreibung der Schaltungen aus Abb. 8.22:

a) Um zu verhindern, dass gleichzeitig beide Relais anspringen könnten – was einen Kurzschluss zur Folge hätte – wird die Stromzuleitung zu jedem der Relais über einen Sicherheitskontakt **K1/K2** des Partner-Relais blockiert. Ist eines der Relais AN, öffnet es seinen Kontakt **K1** bzw. **K2** und sperrt somit den Weg der Stromzuleitung zu dem »nebenstehenden« Relais. Wie hier leicht nachvollziehbar ist, funktioniert das in beide Richtungen. In diesem Stadium würde jedoch das Relais, das hier als eingeschaltetes Relais eingezeichnet ist, immer nur so lange AN bleiben, wie seine Rechtslauf-Taste gedrückt wird – was ja nicht der Sinn der Sache ist. Daher ist nun der nächste Schritt b) erforderlich.

b) Damit das Relais auch nach kurzem Antippen seiner Rechtslauf- oder Linkslauf-Taste weiterhin eingeschaltet (AN) bleibt, benötigt es einen weiteren Haltekontakt **H1** oder **H2**. In diesem Fall erhält das *Rechtslauf-Relais* sofort, nachdem es anspringt, über den Kontakt **H1** die benötigte Plusspannung. Die rot eingezeichnete Plusverbindung zwischen der Starttaste *Rechtslauf* und dem Kontakt **K1** bleibt nach dem kurzen Startimpuls unterbrochen. Wenn die STOPP-Taste betätigt wird, unterbricht sie die Verbindung zwischen den Magnetspulen und der Minusspannung und alles ist AUS. Da wir über die Relais einen Motor schalten wollen, benötigen die Relais natürlich weitere Schaltkontakte. Wenn es sich dabei um das Schalten eines Gleichstrommotors handelt, werden jeweils zwei weitere Schaltkontakte pro Relais nach dem folgenden Beispiel c) benötigt:

c) Wenn ein Gleichstrommotor in beiden Drehrichtungen betrieben werden soll, benötigt er pro Relais zwei separate Schaltkontakte. Das bedeutet: Wir benötigen hier zwei Relais mit je vier Wechslern (Wechselkontakten). Die sind im Maschinenbau zwar üblich, aber viel zu teuer für einfache Selbstbau-Projekte. Dafür genügen kleine, preiswerte Print-Relais, die jedoch meistens nur mit je zwei Wechslern erhältlich sind. Macht nichts! Man nimmt da einfach zwei solche Relais, verbindet ihre Magnetspulen parallel miteinander und an der Schaltung ändert sich dabei nichts. Es können vier baugleiche Relais angewendet werden, die man einfach als nur zwei Relais betrachten darf, wenn die Magnetspulen von je zwei Relais parallel miteinander verbunden werden. Anders ist es mit den Relais-Kontakten für die Spannungsversorgung des Gleichstrommotors: Hier müssen die Relais-Kontakte angemessen kräftiger sein – also auf die Stromentnahme des Motors abgestimmt – und dieses zweite Relais müsste dann kräftiger sein. Meist wird hier aber dennoch auch ein kleines Print-Relais ausreichen.

Wichtig: Bei der Anwendung (bzw. beim Kauf) von elektromagnetischen Relais – zu denen auch die Zungenrelais gehören – ist auf folgende wichtige technische Eigenschaften zu achten:

- Die Spannung der Relaisspule sollte auf das Vorhaben abgestimmt sein.
- Von dem ohmschen Widerstand der Relaisspule hängt der Strom ab, den die Spule bezieht – und somit der Verbrauch des aktivierten Relais.
- Neben der erforderlichen Anzahl und Art der Relais-Kontakte ist sowohl der maximal zulässige Schaltstrom (als Dauerstrom) als auch die maximal zulässige Schaltspannung und Schaltleistung zu beachten.
- Bei elektromagnetischen Relais, die als *monostabil neutral* bezeichnet werden, braucht auf die Anschluss-Polarität nicht geachtet zu werden, wohl aber bei Relais, die als *monostabil gepolt* angeboten werden. Die Magnetspulen von *monostabil gepolten Relais* benötigen einen niedrigeren Betriebsstrom als die von *monostabil neutralen Relais*, ihre Magnetspulen stellen sich jedoch tot, wenn sie nicht polaritätsgerecht angeschlossen werden.
- Vom ohmschen Widerstand der Relais-Magnetspule hängt ihre Stromabnahme ab. Bei vielen der robusteren Relais ist der Spulenwiderstand ziemlich niedrig, wodurch das Relais zwar mehr Kraft hat, aber seine Magnetspule bezieht dann oft unnötig höheren Strom. Ein Relais ist jedoch kein Boxer und braucht daher nicht unbedingt mehr Kraft, als der Schaltvorgang ihm abverlangt. Es ist daher von Vorteil, wenn bei der Suche nach einem passenden Relais eines mit dem möglichst höchsten Spulenwiderstand bevorzugt wird – soweit es mit den restlichen technischen Parametern klappt.

8.3 Hubmagnete

Einige der Hubmagnete kennen wir wohl aus diversen Krimis, in denen auf einem Autofriedhof ein Kran mit seinem Hubmagneten ein Auto hochhebt und in eine große Presse hinabsenkt. Bevorzugt mit einem Menschen drin, wie es sich für einen Krimi gehört. Das passt natürlich nicht gerade zu den repräsentativen Anwendungen eines Hubmagneten, aber so ein Beispiel erleichtert eine schnelle Vorstellung von der Funktionsweise eines kräftigeren Hubmagneten mit einer festen Magnetspule.

Die meisten der kleineren Hubmagnete haben eine Magnetspule mit einem magnetisch leitenden und gleitenden Kern wie in Abb. 8.23, den die Spule in sich hineinzieht, wenn sie an eine Spannung angeschlossen wird. Sie strebt dabei an, einen Magnetkern in ihre Mitte hineinzuziehen, in der die Intensität der magnetischen Kraftlinien am höchsten ist. Bei einem Hubmagneten, der als *ziehend* ausgelegt ist (und somit als *Zugmagnet* funktioniert), drückt die eingezeichnete Druckfeder den Magnetkern aus der Spule wieder heraus, sobald die Spannungszufuhr zu der Magnetspule abgeschaltet wird.

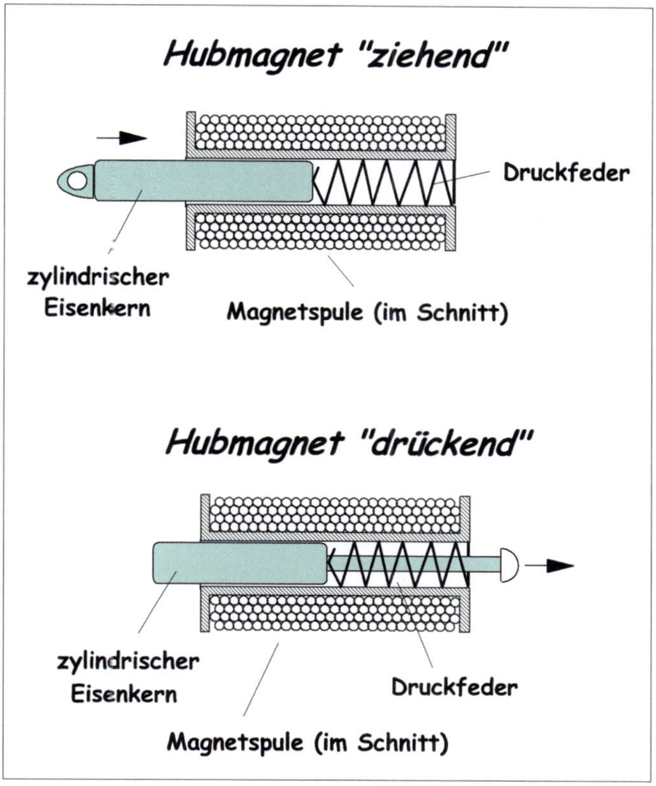

Abb. 8.23: Zwei Ausführungsarten von Hubmagneten

Ein *drückender* Hubmagnet funktioniert ähnlich wie der Zugmagnet. Sein Magnetkern ist z. B. nur mit einem längeren Stift versehen, der den Magneten zu einem Druckmagneten umfunktioniert.

Ein *Zugmagnet* kann z. B. zu einem elektromagnetischen Türschloss oder zu einer elektromagnetischen Türverriegelung gestaltet werden, findet sich aber in sehr unterschiedlichen Ausführungen in der Automation.

Etwas spezieller funktionieren die sogenannten *Drehmagnete* (Abb. 8.24): Sie drehen sich (je nach Ausführung) nur um z. B. 45° und ein Hebel oder eine andere Kraftübertragung an ihrer Welle bewegt dann den erforderlichen Teil eines Gerätes, einer Vorrichtung oder einer Maschine.

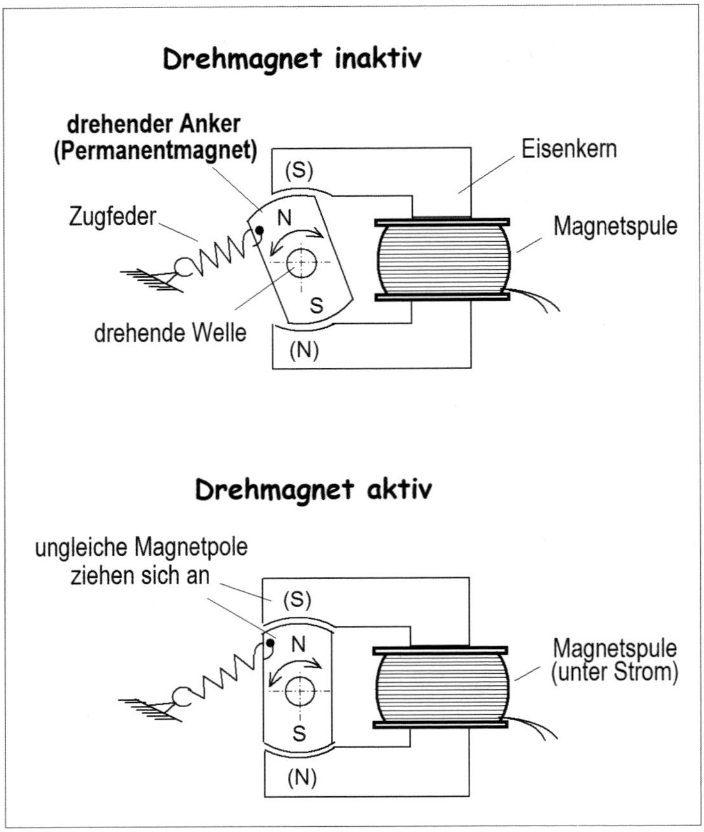

Abb. 8.24: Ein Drehmagnet dreht quasi wie ein Elektromotor seine Welle (Achse), aber nur gerade so viel, wie es die jeweiligen Ansprüche an seine Aufgabenbewältigung erfordern

8.4 Elektromagnetische Türklingel

Elektromagnetische Türklingeln sind immer noch deshalb beliebt, weil sie in der Ruhestellung keinen Stand-by-Strom beziehen. Die meisten dieser Klingeln sind mit *Zweispulen-Elektromagneten* ausgestattet. Es handelt sich dabei nur um eine Alternative zu einem U-förmigen Magneten. Zwei kleinere Spulen bieten gegenüber einer einzigen größeren Spule hauptsächlich den Vorteil einer technisch eleganteren platzsparenden Anordnung. Den Magnetkern bilden – je nach Ermessen des Herstellers – entweder massives weiches Eisen oder mehrere zusammengesetzte Eisenbleche.

Herkömmliche Türklingeln läuten bekanntlich nur so lange, wie die Klingel-Taste gedrückt wird. Erzielt wird diese Funktionsweise durch einen einfachen Trick: Die Spannungszuleitung zur Magnetspule (Abb. 8.25a) wird jeweils mithilfe eines federnden Kontaktes unterbrochen, sobald die Spule den Klöppel anzieht (Abb. 8.25b). Kaum schlägt der Klöppel gegen die Glocke, fällt er wieder in seine Ausgangsposition zurück. In dem Moment schaltet aber der federnde (einstellbare) Kontakt die Spannung zu der Magnetspule wieder durch und der ganze Vorgang wiederholt sich. Mit der Stellschraube des federnden Kontaktes kann die Frequenz des Vibrierens des Klöppels eingestellt werden.

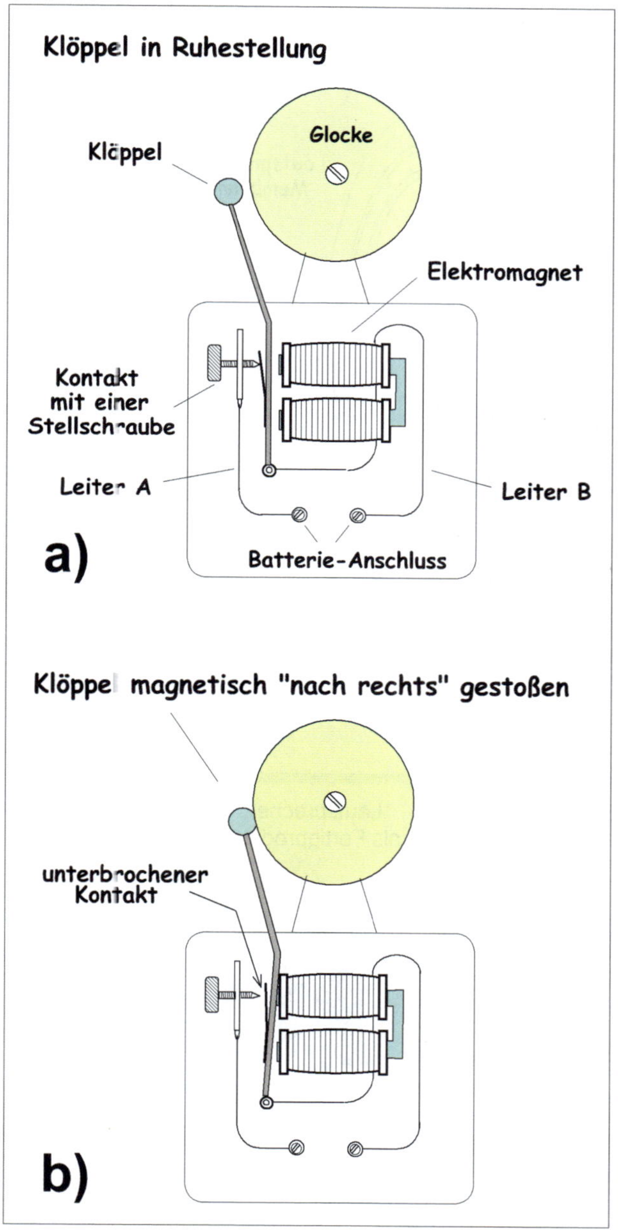

Abb. 8.25: Die gute alte Türklingel

8.5 Lautsprecher

Ein Lautsprecher funktioniert nach dem gleichen Prinzip wie ein Hubmagnet. Allerdings mit dem Unterschied, dass hier nicht die Magnetspule, sondern der Magnetkern fest ist und die Spule samt der Lautsprechermembran beweglich (vibrierend) montiert ist.

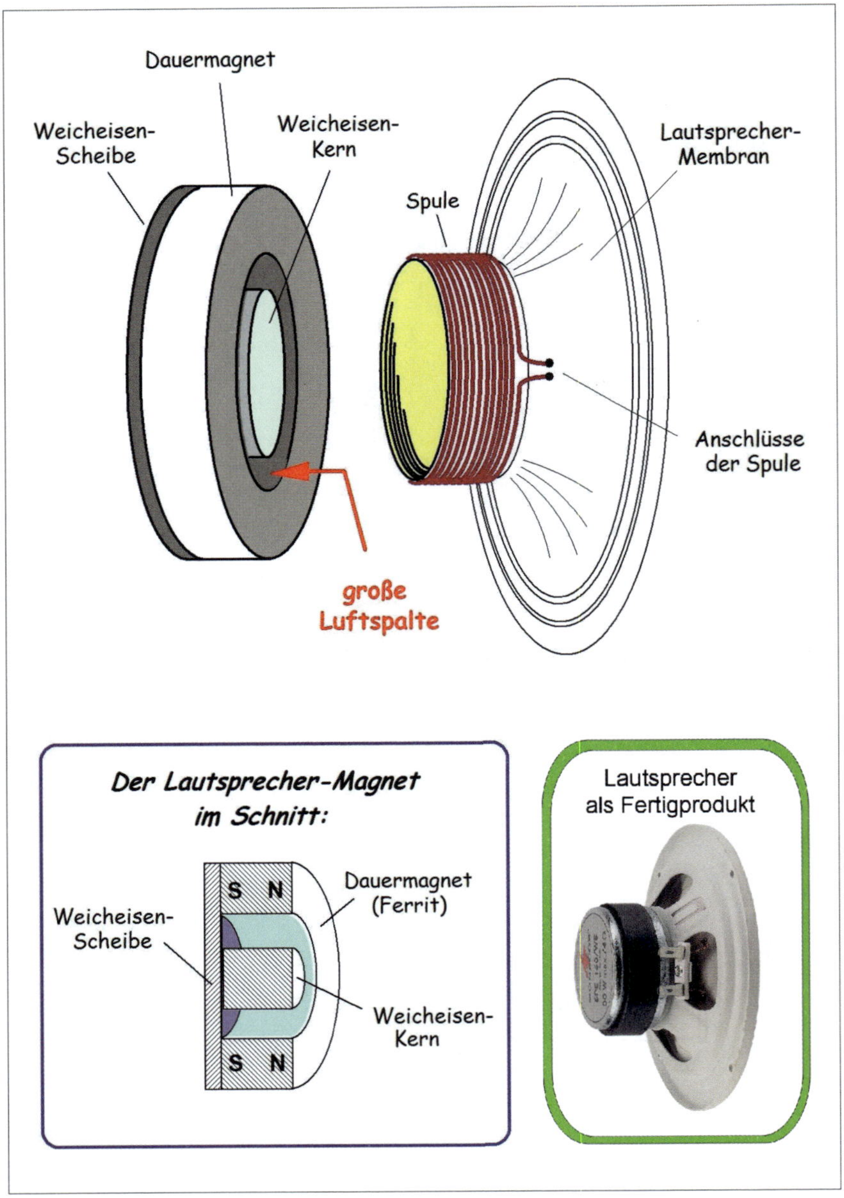

Abb. 8.26: Konstruktionsprinzip eines handelsüblichen Lautsprechers

Bei diesem Rollenwechsel vibriert die Spule in axialer Richtung hin und her, denn sie möchte eigentlich eine Position dort einnehmen, wo der magnetische Fluss jeweils am kräftigsten ist. Bei einem Lautsprecher ist die Magnetspule fest mit der Lautsprechermembran verbunden und schwingt in der Luftspalte eines runden Magneten, der axial (achsengerecht) polarisiert ist. Die Magnetspule erhält ihr Tonsignal über dünne, flexible Litzen, die so angeordnet sind, dass sie sich auf die schwenkende Lautsprechermembran nicht als eine mechanische »Bremse« auswirken.

Der ringförmige Dauermagnet des Lautsprechers ist – wie aus dem Schnitt in Abb. 8.26 unten hervorgeht – axial polarisiert, wodurch der mittlere runde Eisenkern zu einer Verlängerung des Magneten-Südpols wird, der die Magnetspule der Membran im Takt der Tonfrequenzen anzieht bzw. abstößt (je nachdem, in welcher Richtung in dem Moment die Magnetspule von den ihr zugeleiteten Tonfrequenzen polarisiert wird).

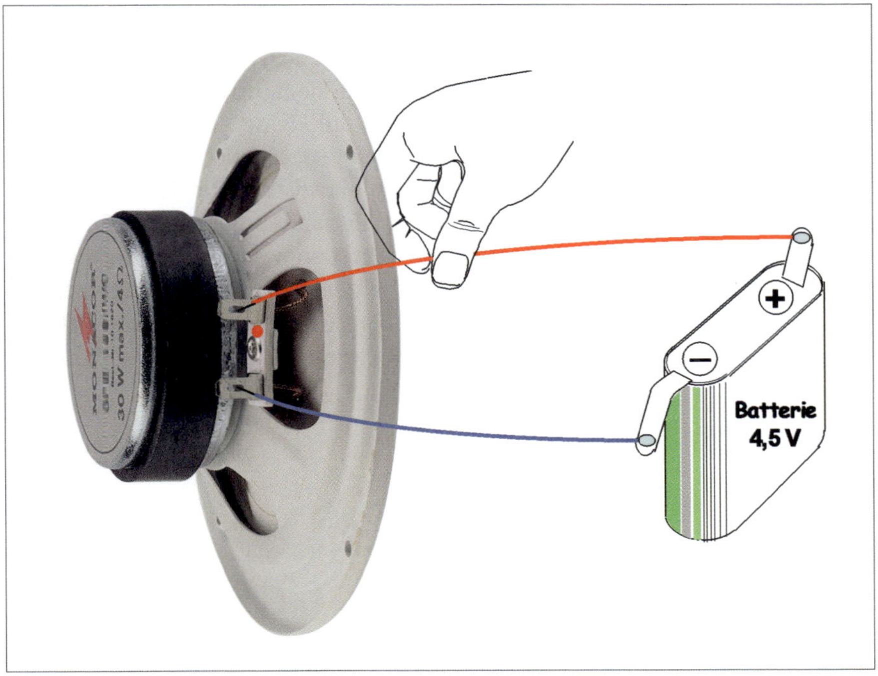

Abb. 8.27: Abhängig von der Polarität der Batteriespannung bewegt sich die Lautsprechermembran entweder nach innen oder nach außen

Die Bewegung der Lautsprechermembran kann nach dem Beispiel in Abb. 8.27 an einem beliebigen elektrodynamischen Lautsprecher leicht ausprobiert werden. Je nach der jeweiligen Polarität der Batterie-Stromzuleitung zieht sich die Membran entweder etwas nach innen oder nach außen.

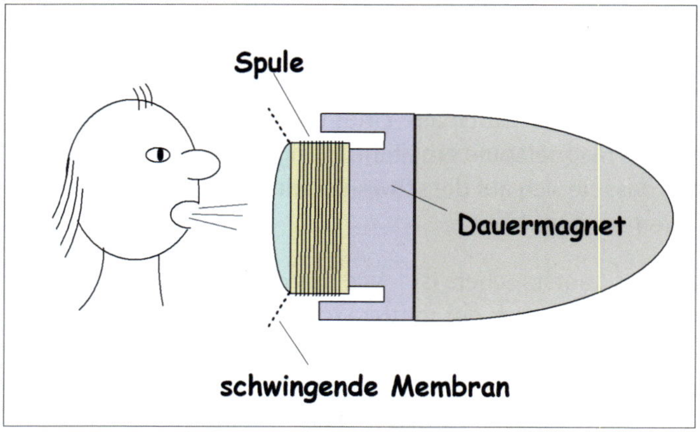

Abb. 8.28: Konstruktionsprinzip eines elektrodynamischen Mikrofons

Die gleiche Bauweise wie bei diesem Lautsprecher wird auch bei dynamischen Mikrofonen angewendet. Bei ihnen ist die Membran jedoch nur sehr klein, und auch das restliche elektromagnetische System ordnet sich dem Anspruch auf kleine Abmessungen unter (Abb. 8.28). Zudem fungiert bei den Mikrofonen die Magnetspule nicht als »Treiber« der Membran, sondern als »elektrischer Minigenerator«, der akustische Signale in elektrische Spannung umwandelt (ähnlich wie es z. B. der Gitarren-Tonabnehmer macht). Prinzipiell kann jeder Lautsprecher dieser Art auch als Mikrofon betrieben werden – was bei diversen einfachen Gegensprechanlagen so gehandhabt wird. In dem Fall funktioniert jedoch der Lautsprecher nicht als Umwandler von elektrischen Signalen (Tonfrequenzen) in akustische Schwingungen, sondern bei der Funktion als Mikrofon als ein kleiner elektrischer Generator.

9. Transformatoren

Transformatoren (Trafos) gehören zu den wichtigsten Grundbausteinen der Elektrotechnik. Sie nutzen die Kraft des magnetischen Feldes zur kontaktlosen Übertragung der elektrischen Energie von einer Kupferdrahtspule zu einer anderen Kupferdrahtspule – oder auch gleichzeitig zu mehreren Kupferdrahtspulen. Für diese Kupferdrahtspulen werden sogenannte Kupferlackdrähte (früher auch als Smalt-Kupferdrähte bezeichnet) verwendet. Das sind elektrisch isolierte Kupferdrähte, bei denen als Isolierung verschiedene Emaillen, modifizierte Polyester mit speziellen Überzügen u. Ä. angewendet werden. Solche Kupferdrähte können dann schön nebeneinander – oder auch in Schichten übereinander – gewickelt werden, ohne dass es zu Kurzschlüssen kommt.

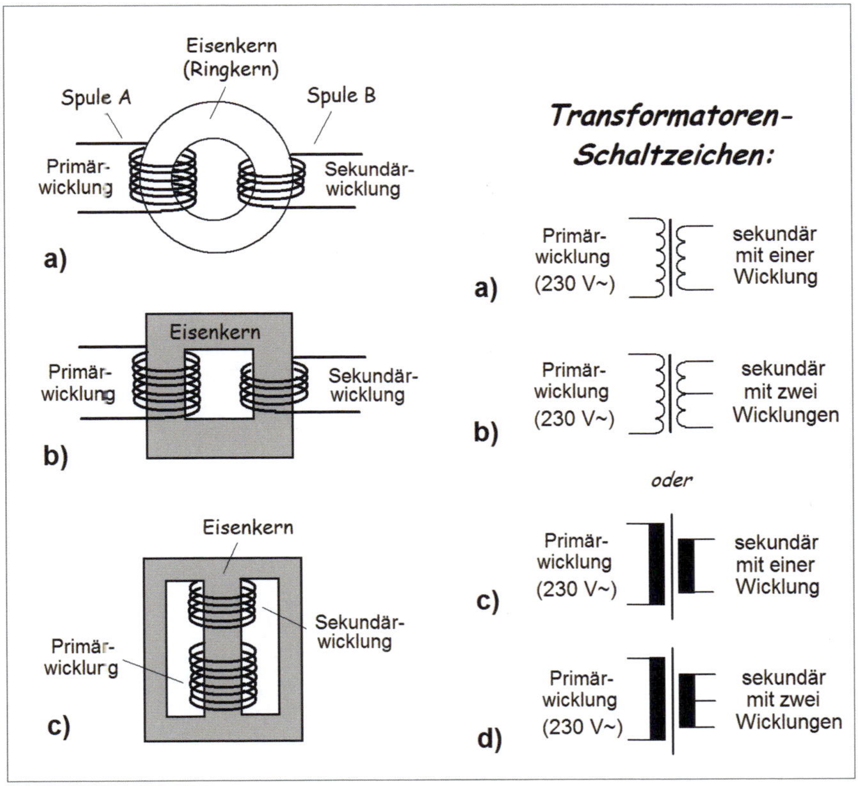

Abb. 9.1: Grundarten von Transformatoren und ihre Schaltzeichen

Transformatoren sind im Grunde genommen nichts anderes als zwei oder mehrere Spulen an einem gemeinsamen magnetisch leitenden Kern. Das kann ein Kern aus gebündelten (zusammengeschraubten) dünnen Trafoblechen (Dynamoblechen) oder aus Ferrit sein, der ringförmig oder viereckig ausgelegt ist und dem elektromagnetischen Fluss einen geschlossenen Kreislauf ohne jegliche Luftspalten ermöglicht.

Von den hier abgebildeten drei Formen werden für die professionell hergestellten Transformatoren überwiegend Ringkern-Transformatoren nach Abb. 9.1a und rechteckige Transformatoren nach Abb. 9.1b/c verwendet.

Ringkern-Transformatoren haben gegenüber Transformatoren mit rechteckigem Kern viele Vorteile, zu denen ein niedrigeres Gewicht, kleinerer Raumbedarf, ein etwas höherer Wirkungsgrad und ein geringeres magnetisches Streufeld gehören. Sie sind jedoch teurer als die rechteckigen Transformatoren und werden daher seltener angewendet als rechteckige Transformatoren.

Die rechts in Abb. 9.1 dargestellten Schaltzeichen sind für alle Transformatoren gleich – ohne Rücksicht auf die eigentliche Ausführung oder Anwendung. Die Anzahl und Anordnung der Wicklungen wird jedoch in den Schaltplänen immer anhand der Beispiele in Abb. 9.2 zeichnerisch dargestellt.

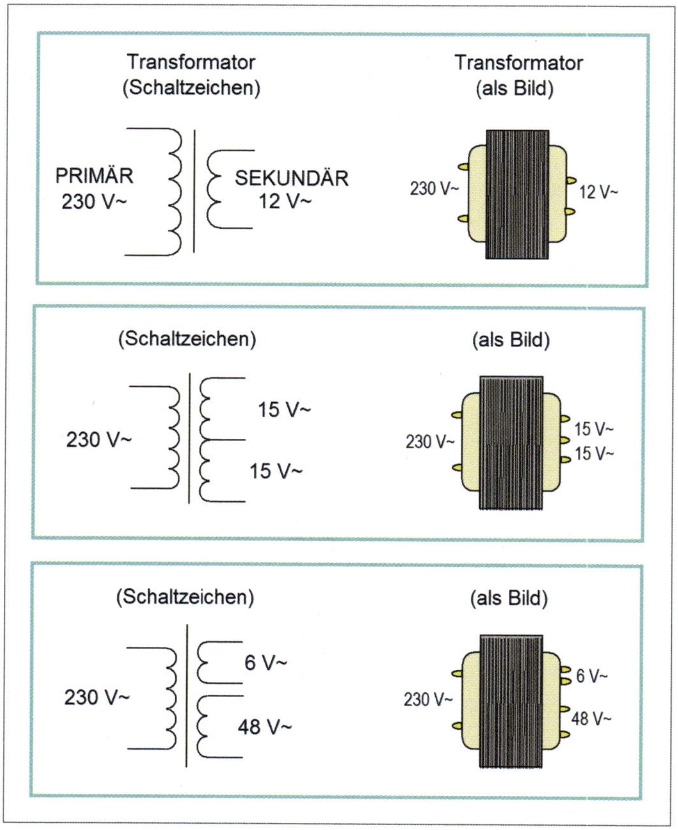

Abb. 9.2: In vollständigeren Schaltplänen werden bei Transformatoren jeweils alle einzelnen Wicklungen eingezeichnet (hier einige Beispiele), wir bevorzugen jedoch – der leichteren Übersicht wegen – manchmal stattdessen bildliche Darstellungen

Die meisten der kleineren Transformatoren werden als sogenannte *Netztransformatoren* konzipiert. Sie sind dazu bestimmt, die Netzspannung (von 230 V~) in eine niedrigere – gelegentlich auch in eine höhere – Wechselspannung zu transformieren. Eine ähnliche Funktion haben auch große Transformatoren, die für hohe Spannungen ausgelegt sind. Sie dienen dazu, dass sie die hohen Spannungen der Energieversorgungsunternehmen in die 400-V~-Netzspannung der Haushalte transformieren (diese Transformatoren stehen in Wohngebieten in den allgemein bekannten Trafo-Häuschen).

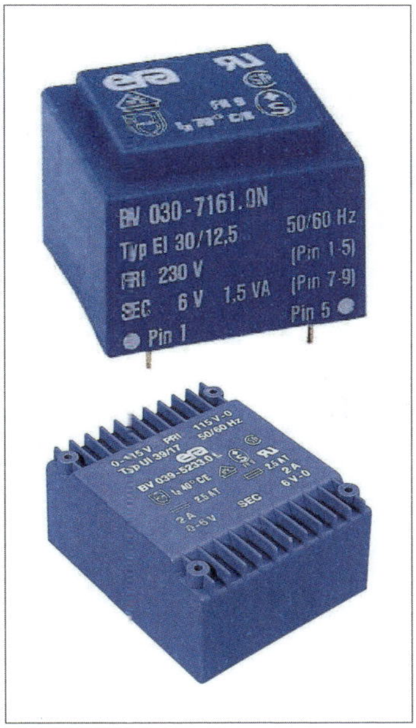

Abb. 9.3: Ausführungsbeispiele einiger kleinerer Transformatoren: An den meisten sind die wichtigsten technischen Daten wie in diesem Beispiel aufgedruckt

Neben Netztransformatoren gibt es auch noch andere Arten von *Kleintransformatoren*, von denen die *Trenntransformatoren* und *Übertrager* am bekanntesten sind. Trenntransformatoren dienen zum galvanischen Trennen der Wechselspannung vom Netz. Übertrager dienen zur Datenübertragung in der Mess- und Regeltechnik, zur Tonfrequenz-Übertragung u. Ä.

Ein Transformator funktioniert nur dann, wenn er an den Wechselstrom angeschlossen wird. In den meisten Fällen handelt es sich dabei um den Netzstrom, dessen Frequenz in Europa 50 Hz (Hertz) beträgt. Solche Transformatoren finden wir in den meisten netzbetriebenen elektronischen Apparaten, etwa in PCs, Radios, Fernsehern usw.

Der Transformator hat meistens nur eine einzige Eingangswicklung (Primärwicklung), die an die Netzspannung (230-V-Wechselspannung) angeschlossen wird, und beliebig viele Ausgangswicklungen (Sekundärwicklungen), an denen dann die gewünschten Ausgangs-Wechselspannungen zur Verfügung stehen.

Im einfachsten Fall hat ein solcher Transformator nur eine Primär- und eine Sekundärwicklung. Die Spannung am Sekundär des Trafos steht zu der Spannung am Primär im gleichen Verhältnis wie die Zahl der Windungen. Theoretisch. Bei einem preiswerten Eisenkern-Trafo bleiben jedoch etwa 10 % der Energie als innere Verluste auf der Strecke. Um diese Verluste zu decken, bekommt die Sekundärwicklung des Trafos 10 % Windungen mehr, als dem reinen Spannungsverhältnis gerecht wäre.

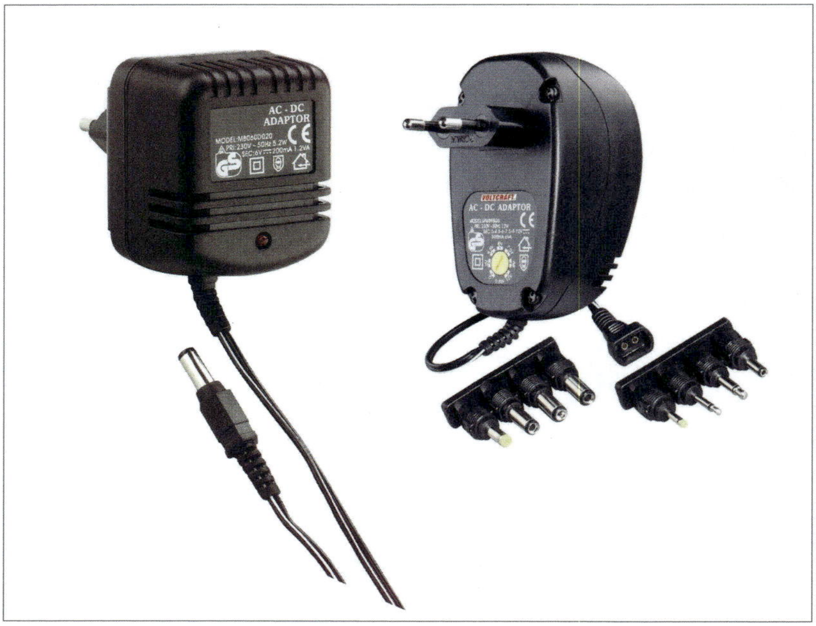

Abb. 9.4: Stecker-Netzgeräte sind meist als Mininetzgeräte ausgelegt, die teilweise als Ladegeräte oder Ladestromquellen als Zubehör von Akku-Werkzeugen erhältlich sind

Kleintransformatoren sind auch in der Form von Stecker-Transformatoren (Stecker-Netzgeräte nach Abb. 9.4) erhältlich, deren Ausgangsspannung manchmal sogar in mehreren Stufen (von z. B. 4 V, 6 V, 9 V und 12 V) umschaltbar ist. Allerdings: Die meisten solcher Steckergeräte beinhalten einen internen Gleichrichter mit Spannungsregler und liefern ausgangsseitig eine stabilisierte Gleichspannung. Es gibt aber auch Netzgeräte, die ausgangsseitig nur eine niedrigere Wechselspannung haben oder nur eine nicht stabilisierte Gleichspannung liefern – worauf zu achten ist (normalerweise steht es auf dem Netzgerät aufgedruckt).

Fach- und Versandhändler bieten aber auch eine große Auswahl an verschiedenen kleineren Transformatoren mit typbezogen abgestuften Sekundärspannungen und Sekundärleistungen bzw. Sekundärströmen an. Die kleinsten Minitransformatoren haben eingangsseitig eine 230-V~-Primärwicklung und eine oder zwei Sekundärwicklungen ab ca. 4,5 Volt und ca. 20 mA. Danach geht es aufwärts sowohl mit den Ausgangsspannungen als auch mit den Leistungen (also auch mit den Ausgangsströmen in mA oder A).

Bei der Anschaffung eines Transformators interessieren uns (neben seinen Abmessungen) hauptsächlich seine Sekundärspannung(en) und der Sekundärstrom bzw. die Sekundärströme (die bei mehreren Sekundärwicklungen unterschiedlich sein können). So kann z. B. aus den technischen Daten eines Trafos hervorgehen, dass er an seinem Sekundär zwei Spannungen hat: 12 V/3 A und 24 V/0,5 A.

So mancher preisgünstige Restpostentrafo kann auch eine Vielzahl von Spannungen haben, von denen wir vielleicht nur einige benötigen. Die restlichen Sekundärausgänge werden einfach nicht benutzt (sie bleiben offen, dem Trafo ist es egal).

Auf viele praktische Anwendungen eines Transformators kommen wir in diesem Buch an weiteren Stellen noch oft zurück.

9.1 Elektromagnetische Felder als Kraftüberträger in Transformatoren

Ein elektromagnetisches Feld entsteht bekanntlich nicht nur um einen Elektromagneten, sondern um jeden elektrischen Leiter (Draht), durch den (nach Abb. 9.5) elektrischer Strom fließt. Auch dieses elektromagnetische Feld nimmt mit wachsender Entfernung vom Leiter an Stärke ab.

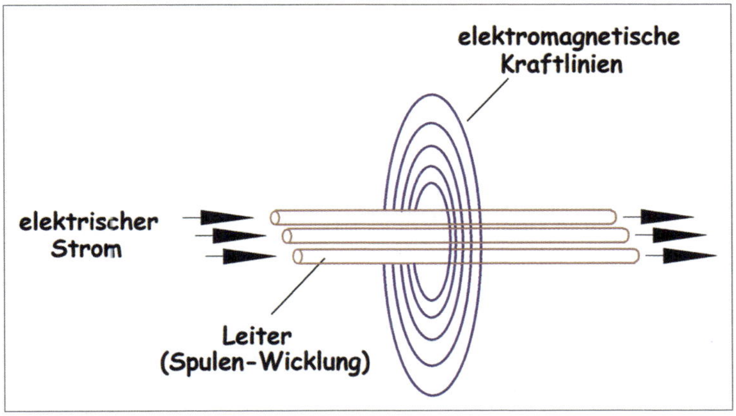

Abb. 9.5: Um jeden Leiter und um jede Leitung, durch die elektrischer Strom fließt, bilden sich elektromagnetische Felder

Ein elektromagnetisches Feld entsteht auch um alle elektrischen Hochspannungs-Stromleitungen und auch um elektrische Kabelleitungen, die unter der Erde verlegt werden bzw. überall unter der Erde liegen. Kräftige elektromagnetische Felder bilden sich auch um jeden Sender (Funksender), und – obwohl wir uns dessen gar nicht so recht bewusst sind – kräftige elektromagnetische Strahlen schießen alle Satelliten-Sender (auch TV-Sender) sogar gezielt in unsere Richtung. Ohne diesen »Beschuss« hätten wir keinen Radioempfang, keinen TV-Empfang, keine Handy- und Internetverbindungen usw. Und wenn wir z. B. unsere Autotür per Fernbedienung öffnen, schießen wir dabei ganz automatisch von unserem kleinen Handsender auch eine winzige Portion solcher Strahlen in die große weite Welt hinaus.

Die in Abb. 9.5 eingezeichneten Kreise um die elektrischen Leiter haben nur einen symbolischen Charakter, denn die Quellen der elektromagnetischen Felder fungieren ähnlich wie z. B. Wärmequellen, die wir als Heizkörper zu Hause haben: Sie strahlen die Wärme einfach ungezielt in ihre Umgebung und in ganzer Länge aus. Das Gleiche gilt z. B. auch für jeden Radiosender oder jedes Smartphone, mit dem man etwa ein Selfie macht. Wird gerade Musik von einem Sender aus Frankreich empfangen, spielt das Radio weiter, auch wenn sich sein Standort ändert. Die Radiowellen sind einfach da. Sie sind in unserem Keller, sie sind zwei Straßen weiter im Park, sie sind aber auch noch in Ungarn oder in Südafrika da. Nicht überall in derselben Stärke, aber sie sind da. Und nun kann man rein spaßeshalber versuchen, sich vorzustellen, wie riesig wohl die Menge der elektromagnetischen Felder ist, die unseren Lebensraum (und automatisch auch unsere Körper) ununterbrochen durchdringen. Die Dichte solcher elektromagnetischen Felder erhöht sich zudem in einer Großstadt auch noch durch die vielen Smartphones, die auf Sendung sind und leistungsstark genug sein müssen, um die erforderliche Reichweite der von ihnen erzeugten elektromagnetischen Felder zu haben.

Da klappt es eigentlich auch nicht mehr so richtig bei dem Vergleich mit der Auswirkung der Wärmeausstrahlung auf unseren Körper, denn die Wärme bohrt sich nicht ausgesprochen tief unter unsere Haut in den Körper hinein (infrarote Wärmequellen ausgenommen). Für die elektromagnetischen Strahlen stellt unser Körper kein Hindernis dar – sie laufen einfach fröhlich durch uns hindurch.

Unser ganzer Lebensraum ist also dicht gefüllt mit elektromagnetischen Feldern, in denen wir aber immerhin fröhlich schwimmen wie Fische im Wasser. Nach bisherigen Erkenntnissen hat es keinen nachvollziehbaren Einfluss auf unsere Gesundheit oder auf die Funktionsfähigkeit unserer Hirne.

Alle diese Tatsachen gehören als ein selbstverständliches Thema zur Elektrotechnik. Sie sind nun mal da, sind nachvollziehbar und ebenfalls nachvollziehbar ist, dass uns diese Strahlungsquellen eigentlich gefallen – und bei Bedarf auch erfreulich dienen. Man darf nämlich nicht außer Acht lassen, dass wir dank dieser Strahlen mit dem Smartphone den Notarzt anrufen können, beim Facharzt mit einem Computertomografen untersucht werden können usw.

Es gibt aber in der Bevölkerung auch Befürchtungen, die sich etwa auf die Risiken beziehen, die die elektromagnetische Strahlung von Hochspannungsleitungen auf die Gesundheit von Mensch und Tier in ihrer Nähe haben könnte.

Wir haben gründlich recherchiert, um darauf eine ehrliche Antwort zu finden. Aber fachlich solide untermauerte Daten gibt es bisher leider nicht. Einige der Wissenschaftler haben jedoch eine »Faustregel ohne Gewähr« empfohlen, laut der sich der Mensch von einer Hochspannungsleitung in einem **Abstand von mindestens 1 m pro Kilovolt (kV)** entfernt halten soll. Die Hochspannungsleitungen sind in Deutschland wahlweise für 100 kV, 220 kV und 380 kV ausgelegt. Daraus ergibt sich ein Sicherheitsabstand von minimal 100 m, 220 m bzw. 380 m.

Das »Umweltinstitut München« empfiehlt bei den Hochspannungsleitungen etwas geringere Abstände:

- bei 110 kV: 50–100 m
- bei 220 kV: 80–120 m
- bei 380 kV: 110–160 m
- und für Trafo-Häuschen mindestens 5 m

Die 50-Hz-Schwingungen der Corona-Ionen, die eine Hochspannungsleitung erzeugt, können sich – laut neueren Forschungsergebnissen – mit diversen verschmutzten Partikeln verbinden und den »Ladungszustand« erhöhen. Auf Körperhöhe unter Hochspannungsleitungen können dann Partikel – wie z. B. Zufallsprodukte des Elements Radon – eine Ausschwenkung von mehreren Zentimetern erreichen. Dies kann unter Umständen zu erhöhter Anlagerung dieser Partikel auf der Haut führen und könnte vermehrtes Auftreten von Hautkrebs bei Menschen zur Folge haben, die in der Nähe der Hochspannungsleitungen leben oder längere Zeit gelebt haben. Alle Informationen zu diesem Thema sollte man allerdings angemessen nüchtern betrachten, denn oft handelt es sich dabei um Einschätzungen oder um Angaben, die nur »situationsbezogen« gelten können.

Es gibt aber auch noch andere bedenkliche Aspekte hinsichtlich der Folgen, die mit diesem Elektrosmog zusammenhängen. So führte bereits Ende des 19. Jahrhunderts der Arzt und Physiker Jacques Arsène d'Arsonval (Collège de France in Paris) Experimente mit großen Spulen durch, die den Kopf der Probanden vollständig mit Magnetfeldern bombardierten. Die Probanden erlebten Kreislaufstörungen, Schwindelattacken bis hin zu Bewusstseinsverlusten.

Die moderne Medizin macht inzwischen zunehmend Gebrauch von der kontrollierten Beeinflussung von Hirnarealen – z. B. mithilfe der Transkraniellen Magnetstimulation (TMS) – wozu oft nur eine geringe Energie und eine kontaktlose Übertragung der Signale in beide Richtungen angewendet wird. So werden z. B. einfache Gedanken via EEG in binäre Signale umgewandelt, in das Gehirn der Probanden induktiv übertragen (funktionierte auch bei Übertragungen via Internet von Indien nach Frankreich). Die Probanden konnten bei diesen Experimenten die Signale am Rande ihrer Blickfelder als Lichtblitze wahrnehmen. Fazit: Unser Hirn ist also keinesfalls völlig unempfindlich auf elektromagnetische Impulse oder Frequenzen von außen.

Neuere Forschungen gehen davon aus, dass die mittels TMS erzielten Effekte nicht nachvollziehbar durch die Simulation des Gehirns, sondern durch direkte Simulation des Sehnervs und der Retina zustande kamen. Immerhin wird aber die TMS zunehmend in der neurowissenschaftlichen Forschung genutzt.

Wir dürften zu diesem Thema nur noch einen neuen sanften Hinweis ins Spiel bringen, dass nun in Deutschland von Norden nach Süden schwere und dicke Hochspannungserdkabel verlegt werden. Auf diese Kabel passt unsere Zeichnung in Abb. 9.5 wie maßgeschneidert: Diese Kabel liegen zwar unter der Erde, die die Strahlung etwas abschirmt. Nasse Erde schirmt dabei die Strahlung stärker, trockene Erde schwächer ab. Aber: Die Kabel können sowohl aus technologischen Gründen als auch aus Kostengründen nicht allzu tief und auch nicht überall gleich tief verlegt werden.

Wenn man sich nun spaßeshalber folgendes Szenario vorstellt: Ein Spaziergänger legt sich auf einer Wiese vorsichtshalber weit genug entfernt von einer Hochspannungsoberleitung hin, damit er ja nichts von dem befürchteten ausgestrahlten elektromagnetischen Feld abbekommt. Aber: Was, wenn er sich nichts ahnend auf so ein Hochspannungserdkabel legt, das zufällig direkt unter ihm liegt? Elektrisch isoliert ist so ein Kabel perfekt, da braucht man keine Bedenken zu haben, aber die Stärke der elektromagnetischen Ausstrahlung kann leider erst dann ermittelt werden, wenn durch das Kabel kräftiger Strom fließt – also nicht gleich nach dem Verlegen. Allerdings: Wohin auch immer dieser Spaziergänger sich hinlegt oder hinstellt: Hunderttausende elektromagnetische Felder von all den Sendern auf unserer Erdkugel und am Himmel werden sowieso weiterhin fröhlich durch ihn hindurchströmen.

Für die medizinische Forschung stellen die hier angesprochenen elektromagnetischen Felder eine ziemlich große Spielwiese dar. Den Technikern stehen zwar hervorragende Messgeräte zur Verfügung, mit denen sich die Strahlungsintensitäten super ermitteln lassen, aber das ist vorerst auch alles. Hier kann man sich nur mit dem Spruch »Gut Ding will Weile haben« zufriedengeben und vielleicht mit etwas mehr Überlegung der Frage widmen, was man unter dem Begriff »Gut Ding« einstufen dürfte und was nicht.

Und da wir vorher ganz kurz die technisch relevanten Eigenschaften von nasser und trockener Erde angesprochen haben: Der sogenannte ohmsche Widerstand der Erde verändert sich mit ihrem Feuchtigkeitsgrad. Und gerade der ohmsche Widerstand spielt als solcher in der Elektrotechnik eine sehr wichtige Rolle, die das nächste Kapitel beleuchtet.

10. Der Widerstand und das ohmsche Gesetz

Unter dem Begriff **ohmscher Widerstand** ist der Widerstand eines elektrischen Leiters oder anderen leitenden Materials zu verstehen, der/das für seine **Leitfähigkeit** bestimmend ist. Im Prinzip geht es also um die *Leitfähigkeit* der elektrischen Leiter bzw. jedes Materials oder Stoffes. In der Elektrotechnik wird für die Bewertung (oder Berechnung) der Leitfähigkeit eines Leiters sein *ohmscher Widerstand* als Maßstab angewendet. Dieser Widerstand wirkt sich auf den fließenden elektrischen Strom als eine »Bremse« der Leitfähigkeit aus.

Bei einem Leiter ist sein ohmscher Widerstand für Spannungs- und somit auch Leistungsverluste sehr mitbestimmend. Und zwar als einer von dem Trio *Widerstand*, *Spannung* und *Strom*.

In der Technik wird anstelle der Bezeichnung *ohmscher Widerstand* oft nur die Bezeichnung *Widerstand* verwendet. Das genügt, denn aus dem Sinn eines Fachthemas geht meist automatisch hervor, dass es sich bei diesem Wort um keinen Widerstand gegen die Regierung oder gegen die Ökosteuer, sondern um die Eigenschaft eines elektrischen Leiters handelt. Es gibt hier aber ein gewisses Dilemma: Als Widerstand wird in der Elektrotechnik sowohl der Widerstand eines Leiters als auch der Widerstand eines Widerstands bezeichnet, der als ein elektrotechnisches Bauteil für völlig andere Aufgaben genutzt wird (darauf kommen wir noch zurück).

Es klingt dann etwas verwirrend, wenn man z. B. schreibt, dass der Widerstand des Widerstands (als Bauteil) 5 Ohm beträgt. Da sieht es technisch wesentlich eleganter aus, wenn man schreibt, dass der ohmsche Widerstand des Widerstands 5 Ohm beträgt. Handelt es sich nicht um einen Widerstand als elektrotechnisches Bauteil, sondern um einen Leiter (oder eine Leitung), genügt dagegen die Bezeichnung *Widerstand* völlig.

Da Kupfer der beste (und früher der zumutbar »bezahlbare«) elektrische Leiter ist, werden praktisch alle elektrischen Leitungen (in der Form von Drähten und Kabeln) aus Kupfer hergestellt. Silber und Gold sind zwar bessere elektrische Leiter als Kupfer, aber die müssen vorerst noch in den Startlöchern warten, bis das Kupfer auf unserer Erdkugel eines Tages aufgebraucht ist. Gearbeitet wird daran ja ziemlich intensiv.

Jedenfalls: Je größer der Durchmesser – und somit auch der Querschnitt – eines Leiters, desto niedriger ist sein Widerstand. Für elektrotechnische Installationen sind die handelsüblichen Standard-Querschnitte der Leiter (und Kabel) in Stufen eingeteilt, die in der nachfolgenden Tabelle ersichtlich sind.

In der Elektrotechnik ist für die Berechnung des Widerstands eines Leiters nur sein Querschnitt (nicht sein Durchmesser) von Bedeutung. Wer nicht nur rein optisch auf den ersten

Blick einschätzen kann, welchen Querschnitt der eine oder andere Leiter hat, dem hilft in der Tabelle die Spalte mit Leiter-Durchmessern – und ein Messschieber (Abb. 10.2).

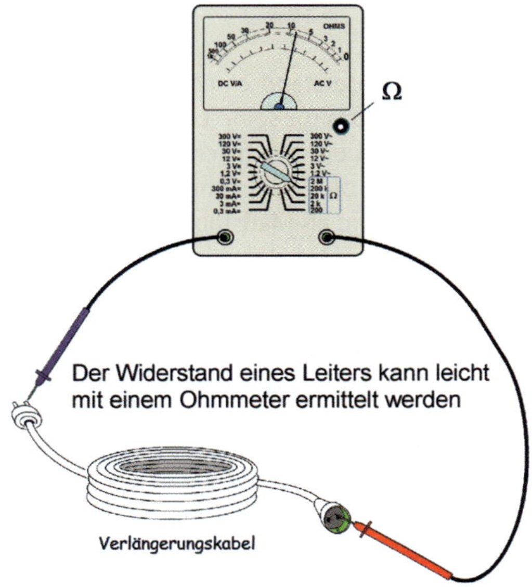

Leiter-Querschnitt	*Leiter-Durchmesser*	*Widerstand pro 10 m Länge*
0,75 mm²	0,98 mm	0,232 Ω
1 mm²	1,13 mm	0,178 Ω
1,5 mm²	1,38 mm	0,117 Ω
2,5 mm²	1,78 mm	0,070 Ω
4 mm²	2,25 mm	0,045 Ω
6 mm²	2,75 mm	0,030 Ω
10 mm²	3,60 mm	0,018 Ω
16 mm²	4,50 mm	0,012 Ω
25 mm²	6,45 mm	0,0071 Ω

Abb. 10.1: Standard-Querschnitte, Durchmesser und Widerstände handelsüblicher elektrischer Leiter

Die Maßeinheit des Widerstands ist das Ohm (Ω). Ähnlich wie bei Volt, Ampere oder Watt wird in der Elektrotechnik und Elektronik z. B. auch mit Kiloohm (kΩ) oder Megaohm (MΩ) gerechnet (1 kΩ = 1.000 Ohm, 1 MΩ = 1 Million Ohm).

Widerstände, bei denen es sich um Bauteile handelt, werden als Drahtwiderstände, Kohleschicht-Widerstände und Metallfilm-Widerstände ausgelegt. Das Schaltzeichen ist jedoch für alle Sorten dieser Widerstände einheitlich – wie Abb. 10.3 zeigt.

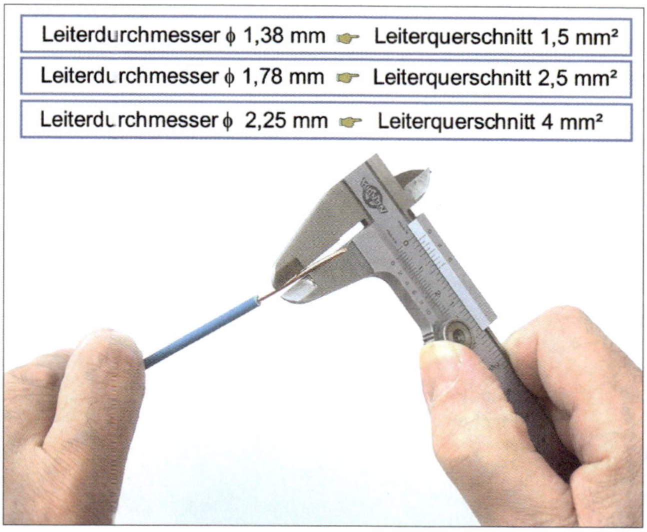

Abb. 10.2: Mit einem Messschieber, früher als Schieblehre bezeichnet, lässt sich der Leiterquerschnitt am einfachsten ermitteln

Abb. 10.3: Es gibt eine riesige Menge an verschiedensten Widerständen, die als wichtige Bausteine in der Elektrotechnik/Elektronik verwendet werden. Für alle diese Widerstände wird nur ein einziges einheitliches Schaltzeichen angewendet. Die technischen Parameter des jeweiligen Widerstands werden dann zusätzlich neben den Schaltzeichen aufgeführt

Bei einem *Drahtwiderstand* ist ein spezieller Draht mit hohem Widerstand (von z. B. 40 Ω/m) auf ein Porzellan-Röhrchen aufgewickelt (Abb. 10.4 oben). Bei *Kohleschicht-Widerständen* wird die eigentliche Widerstandsschicht als eine *kristalline Grauglanzkohle* auf einen runden Porzellan-Tragekörper pyrotechnisch aufgebracht (Abb. 10.4 Mitte). Danach wird (bei größeren Widerständen) der Widerstandskörper mit einer schützenden Lackschicht und mit bunten Codierungsringen versehen, die den ohmschen Wert und die Toleranz angeben.

Metallfilm-/Metallschicht-Widerstände sehen ähnlich aus wie Kohleschicht-Widerstände, aber ihre Widerstandsschicht bildet – wie der Name andeutet – ein Metallfilm, der ebenfalls auf einem Porzellan-Tragekörper (Röhrchen) aufgetragen ist.

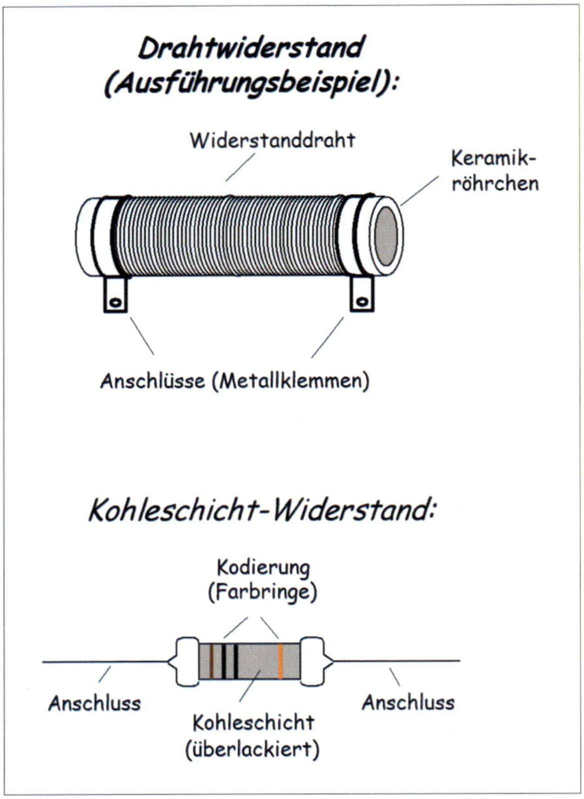

Abb. 10.4: Ausführungsbeispiel von zwei der gängigsten Widerstände

Vereinfacht formuliert, fungieren solche Widerstände in elektrischen Schaltkreisen sehr oft als Energiefresser und Spannungsschlucker bzw. als künstliche »Bremsen« des durch sie fließenden elektrischen Stroms. Ist es beispielsweise erforderlich, dass an eine 4,5-Volt-Spannung ein 3-Volt-Glühlämpchen angeschlossen wird, kann in Reihe mit dem Lämpchen ein Widerstand angeschlossen werden, dessen Aufgabe es ist, die »überflüssigen« 1,5 Volt abzufangen (= in Wärme umzuwandeln und diese in die Umgebung abzustrahlen).

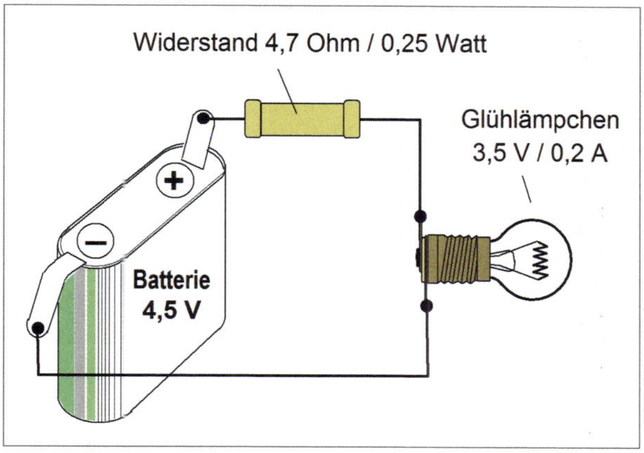

Abb. 10.5: Ein sogenannter Vorwiderstand wird so berechnet, dass er die ganze Portion der überflüssigen Spannung abfängt

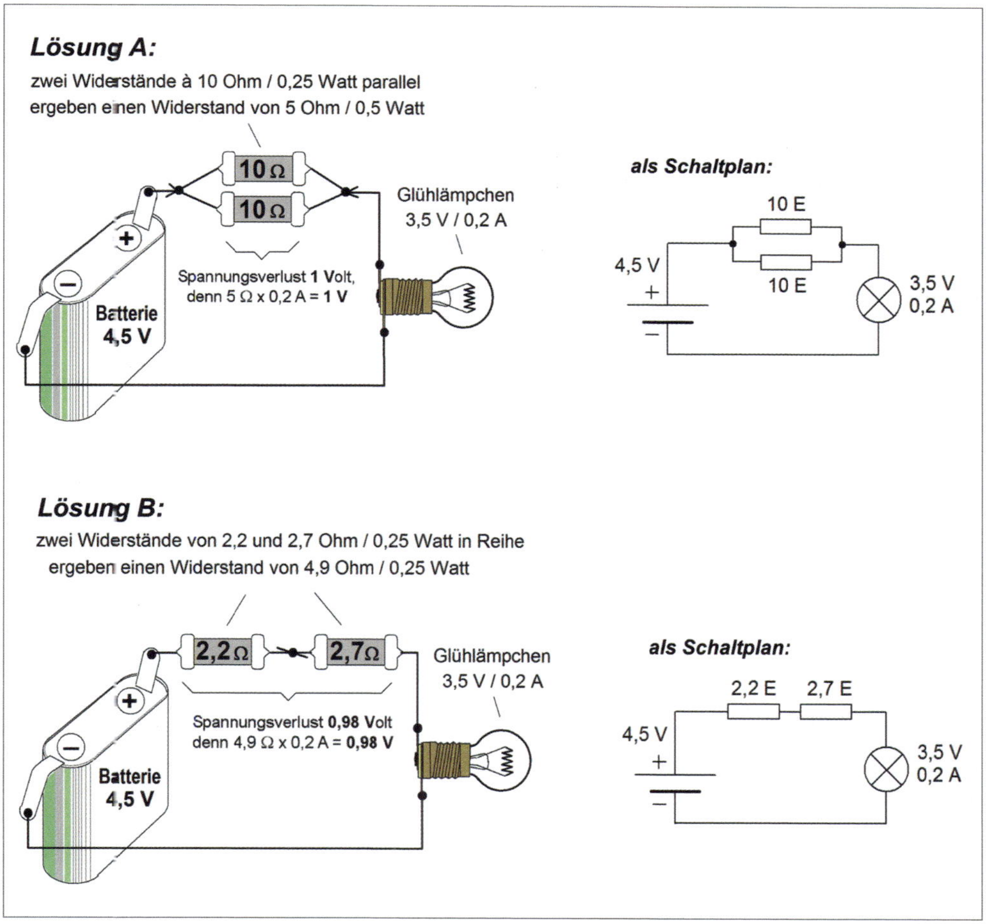

Abb. 10.6: Werden zwei gleiche Widerstände parallel geschaltet, halbiert sich der Widerstand, werden sie in Reihe geschaltet, addiert sich der Widerstand

Da in unserer Welt physikalisch bedingt keine Energie verloren gehen kann, geht auch der Teil der elektrischen Energie, die in einer Leitung oder in einem Widerstand verloren geht, nicht wirklich verloren, sondern wird in Wärme umgewandelt. Genau genommen wird ein winziger Teil davon auch als infrarotes Licht in die Umgebung abgestrahlt, aber das spielt für normale technische Überlegungen keine Rolle.

Eine zu schwach dimensionierte elektrische Leitung (z. B. ein zu dünnes Zuleitungskabel zum Rasenmäher) heizt sich zu sehr auf. Das hat nicht nur Spannungs- und Leistungsverluste zur Folge, sondern die Kunststoffisolation der Leiter und auch die Kupfersträhnen werden dadurch früher oder später brüchig. Auch ein »unterdimensionierter« Widerstand (als Bauteil) heizt sich zu sehr auf und verbrennt. Daher ist bei Anwendung dieses Bauteils jeweils auch seine – vom Hersteller angegebene – *Nennleistung* (in Watt) zu berücksichtigen.

Handelsübliche Widerstände (als Bauteile) werden nach Leistungen (Größen) in Gruppen von 0,1 W, 0,25 W, 0,5 W, 1 W usw. eingeteilt. Ihre ohmschen Werte sind in sogenannte E12- und E24-Reihen genormt abgestuft.

Kohleschicht-Widerstände sind in fest vorgegebenen Abstufungen erhältlich, die sich in der E12-Reihe folgendermaßen wiederholen:

1 – 1,2 – 1,5 – 1,8 – 2,2 – 2,7 – 3,3 – 3,9 – 4,7 – 5,6 – 6,8 – 8,2 – 10 – 12 – 15 – 18 – 22 usw.

Es bleibt immer bei dem Verhältnis, das zwischen 1 und 10 liegt. So gibt es z. B. unter anderem Werte von 1 Ω, 1,2 Ω, 1, 5 Ω, 1,8 Ω usw., aber auch Werte von 1 kΩ (1.000 Ohm) oder 470 kΩ (470.000 Ohm) usw.

Bei Metallschicht-Widerständen sind die Abstufungen feiner: 1 – 1,1 – 1,2 – 1,3 – 1,5 – 1,6 – 1,8 – 2 – 2,2 – 2,4 – 2,7 – 3 – 3,3 – 3,6 – 3,9 – 4,3 – 4,7 – 5,1 – 5,6 – 6,2 – 6,8 – 7,5 – 8,2 – 9,1 – 10 usw. Auch hier setzen sich diese Stufen bis zu etwa 10 Megaohm (10 MΩ) fort.

Bei der Beschriftung der Widerstände wird das Ω-Zeichen meist weggelassen. Ein Widerstand von z. B. 10 kΩ wird nur als **10 k**, ein Widerstand von 2,2 MΩ nur als **2,2 M** bezeichnet. Bei Widerständen unterhalb von 1 k wird das Ω-Zeichen manchmal verwendet, manchmal weggelassen. Ein Widerstand von z. B. 100 Ohm wird dann als **100 Ω** oder schlicht nur mit dem kahlen Wert **100**, manchmal auch als **100 E** bezeichnet. Von der Art eines Schaltplans hängt zusätzlich ab, ob neben dem Widerstand auch eine Angabe hinsichtlich seiner Belastung (Nennbelastung in Watt) aufgeführt wird.

Wird in einem Schaltplan die *Nennbelastung* der Widerstände nicht angegeben, handelt es sich um Widerstände, deren Belastung unterhalb von 0,25 Watt liegt.

Für die gängigen Anwendungen in der Elektrotechnik/Elektronik kommen – bis auf Ausnahmen – die preiswerten Kohleschicht-Widerstände zum Einsatz. Metallschicht-Widerstände sind etwas teurer als Kohleschicht-Widerstände, aber wesentlich rauschärmer und werden daher z. B. in empfindlicheren Audio-Schaltungen den Kohleschicht-Widerständen vorgezogen.

Abgesehen davon sind Metallschicht-Widerstände mit Toleranzen von ca. 1 % erhältlich, Kohleschicht-Widerstände dagegen nur mit Toleranzen von 5 %. In den meisten Schaltungen reichen Toleranzen von 5 % völlig aus. Soweit in einem Schaltplan nicht speziell darauf hingewiesen wird, dass eine Toleranz von 1 % bzw. ein Metallschicht-Widerstand erwünscht ist, können bedenkenlos Kohleschicht-Widerstände eingesetzt werden.

Zwei Parameter sind bei jedem Widerstand wichtig: der *ohmsche Wert* (in Ohm) und die *Belastbarkeit* (in Watt).

In Tabellen und Preislisten sind Widerstände nach ihrer Belastbarkeit eingeteilt. Es fängt z. B. mit der Rubrik 1/10 Watt an. Die ohmschen Werte dieser Widerstände beginnen meistens bei 1 Ohm und setzen sich bis zu 10 oder 22 MΩ fort (1 Megaohm = 1.000.000 Ohm).

Neben Festwiderständen gibt es auch noch regelbare bzw. einstellbare Widerstände, die vor allem als *Potentiometer* und *Einstellregler* in verschiedensten Ausführungen erhältlich sind. Sie sind wahlweise als *Drehpotentiometer* oder als *Schiebepotentiometer* ausgelegt.

10.1 Das ohmsche Gesetz

Es ist inzwischen schon an die 200 Jahre her, dass Georg Simon Ohm lebte. Er wurde 1789 im fränkischen Erlangen geboren und starb 1854 in München. Ihm verdankt die Welt das sogenannte ohmsche Gesetz, laut dem es zwischen der Spannung, dem Strom und dem Widerstand ein ähnliches Dreiecksverhältnis gibt wie bei Spannung, Strom und Leistung.

So kam eine der wichtigsten elektrotechnischen Formeln zustande. Sie lautet:

Widerstand (in Ohm) **x Strom** (in Ampere) **= Spannung** (in Volt)

In der Form von internationalen technischen Abkürzungen heißt es:

R x I = U (**R** = Widerstand, **I** = Strom, **U** = Spannung)

Nicht zu vergessen: Auch diese Formel ist ähnlich wie die Formel für das Berechnen einer Fläche:

Breite x Länge = Fläche

Und genau wie die Formel für die Berechnung einer Fläche hat auch die ohmsche Formel noch zwei alternative Konfigurationen:

R = U : I

I = U : R

Als »Kostproben« der Anwendung des ohmschen Gesetzes nehmen wir uns zwei einfache Beispiele vor:

Beispiel A

Ein Glühlämpchen, das für eine Betriebsspannung von 6 Volt und einen Strom von 0,2 Ampere ausgelegt ist, soll die Betriebsspannung von einer 9-Volt-Batterie beziehen (siehe Abb. 10.7). Die Batteriespannung ist in dem Fall also um 3 Volt zu hoch. Diesen Spannungsüberschuss von 3 Volt möchten wir mit einem Widerstand (Vorwiderstand) abfangen.

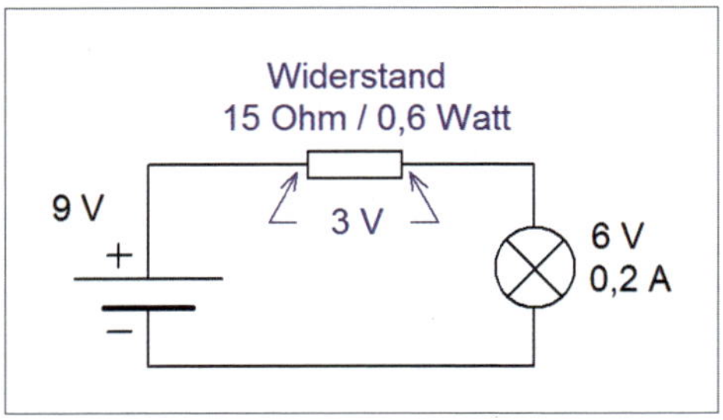

Abb. 10.7: Der 15-Ohm-Vorwiderstand verbraucht intern 3 Volt von der Batteriespannung, wodurch das Lämpchen die vorgesehene Spannung von 6 Volt erhält

Um den ohmschen Wert dieses Widerstands ausrechnen zu können, müssen wir wissen, welcher Strom durch ihn fließen wird. Wie bereits an anderer Stelle erklärt wurde, bleibt in einem geschlossenen Schaltkreis der Strom »auf der ganzen Strecke« konstant und wird von dem angeschlossenen Verbraucher (in diesem Fall von dem Lämpchen) bestimmt. Da ist nun alles klar: Das Lämpchen bezieht also einen Strom von 0,2 A, und damit haben wir zwei »Bekannte« für die ohmsche Formel: die Spannung **U** (3 V), die der Widerstand sozusagen in sich hineinfressen muss, und den Strom **I** (0,2 A), der durch den Widerstand fließen wird.

Den gesuchten ohmschen Wert des Widerstands rechnen wir nach der Formel **R = U : I** aus:

3 V : 0,2 A = 15 Ω (15 Ohm)

Jetzt geht es noch um die Frage, ob hier als »Vorwiderstand« ein kleiner 0,25-Watt-Widerstand verwendet werden kann?

Das können wir leicht nachrechnen: Es fängt mit der Frage an, wie hoch hier der Leistungsteil ist, den dieser 15-Ohm-Widerstand abfangen soll?

Das errechnen wir nach der Formel **I x U = Leistung in Watt**.

Wir wissen bereits, dass unser Lämpchen einen Strom von 0,2 A bezieht. Der wird also auch durch den Widerstand fließen und gehört daher als das **I** in die oben genannte Formel. Das **U** bezieht sich hier auf die Spannung, die der Widerstand schlucken muss: 3 Volt, also:

0,2 A x 3 V = 0,6 Watt

So einfach ist es! Theoretisch müsste der 15-Ohm-Widerstand für mindestens 0,6 Watt ausgelegt sein. Da würde also ein 1-Watt-Widerstand passen!

Nebenbei: Was im Sprachgebrauch als *Vorwiderstand* bezeichnet wird, verdient in Wirklichkeit diesen Namen quasi nur pro forma. In Wirklichkeit kann so ein *Vorwiderstand* sowohl vor als auch nach dem Verbraucher (Lämpchen) eingelötet werden, wie Abb. 10. 8 zeigt. Spielt keine Rolle! In dem Fall dürfte man den Widerstand nicht mehr als Vorwiderstand bezeichnen, denn es wäre ja optisch ein *Nachwiderstand*. So weit geht man aber in der Technik nicht, man gibt sich dann einfach mit der Bezeichnung *Widerstand* zufrieden.

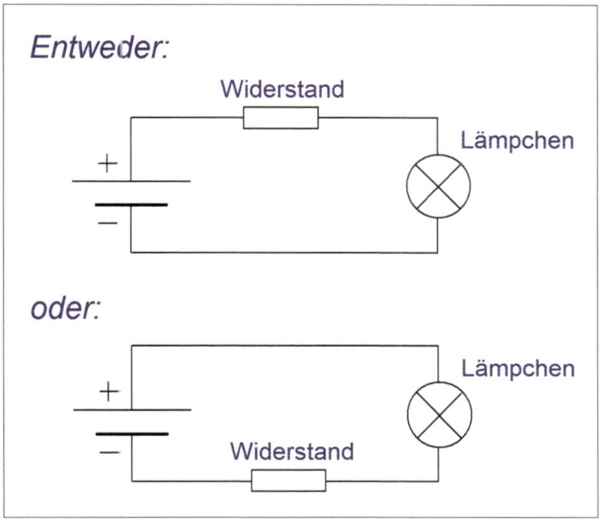

Abb. 10.8: Was wir – nur zur besseren Vorstellung – als Vorwiderstand bezeichnen, kann in Wirklichkeit genauso gut an beliebiger Stelle der Stromstrecke angebracht (eingelötet) werden

Die Formulierung, dass der Widerstand den überflüssigen Teil der Spannung (bei diesem Beispiel genau 3 Volt) in sich »hineinfrisst«, wird in der Fachterminologie nicht gern verwendet. Man bevorzugt die Formulierungen, dass »am Widerstand eine Verlustspannung von 3 V entsteht« oder dass »der Widerstand eine Spannung von 3 V abfängt«. Das ist auch korrekter, denn in Wirklichkeit frisst ein solcher Widerstand die Spannung nicht wie ein Hund sein Hundefutter in sich hinein, sondern wandelt die an ihm entstandene *Verlustleistung* (als Spannung x Strom) in Wärme um, die er einfach in seine Umgebung ausstrahlt.

Somit funktioniert eigentlich ein solcher Widerstand wie ein kleiner elektrischer Heizkörper. Er muss dabei so dimensioniert werden, dass er die Leistung, die er in Wärme umwandelt, auch verkraften kann, ohne zu verbrennen. Auch das lässt sich leicht ausrechnen, wie unser Beispiel zeigte. Diese Art der Berechnung lässt sich bei jeder vergleichbaren Schaltung anwenden.

Beispiel B

Wir möchten ausrechnen, wie groß der Spannungsverlust in einem 50 m langen Elektrokabel ist, dessen Querschnitt 1,5 mm^2 beträgt und an den wir einen 230-V~-Rasenmäher mit Radantrieb anschließen wollen, der einen Strom von 8 Ampere bezieht.

Die tatsächliche Strecke, die in diesem Fall der fließende Strom absolviert, beträgt 100 m (50 m weit fließt er zum Rasenmäher – über die eine Ader – und weitere 50 m braucht er für den Rückweg über die zweite Ader). Aus der Tabelle (am Anfang dieses Kapitels) geht hervor, dass der Widerstand eines Kupferleiters mit einem Querschnitt von 1,5 mm^2 nur 0,117 Ω pro 10 m (= 1,17 Ω pro 100 m) beträgt.

Die Spannung, die hier unterwegs verloren geht, errechnen wir wieder nach der Formel R x I = U, also:

1,17 Ω x 8 A = 9,36 Volt

Möchten wir noch kurz sehen, wie viel Leistung in dem Kabel verloren geht, lässt sich das auch schnell ausrechnen:

Strom (8 A) x Spannung (9,36 V) = 74,88 Watt

Beträgt die »Quellenspannung« (Netzspannung in der Wandsteckdose) 230 V~, erhält der Rasenmäher theoretisch nur 220,6 Volt als *Versorgungsspannung*. Würde man da nur ein 25 m langes Zuleitungskabel (an einer Kabeltrommel) anwenden, würde sich der Leistungs- und Spannungsverlust halbieren.

Im Hausnetz werden die Stromleiter meist nur relativ dünn (zwischen 1,5 und 2,5 mm^2 gehalten). Dadurch entstehen in längeren Leitungen zwischen dem Zählerschrank und den Steckdosen zusätzliche Spannungsverluste, wenn die angeschlossenen Verbraucher zu kräftigeren Energiefressern gehören – was auch in dem Beispiel mit unserem Rasenmäher zutrifft. Zum Glück beziehen inzwischen die meisten neuen Lampen als LED-Lampen nur maximal 1/5 des früheren Glühbirnenverbrauchs, wodurch die meisten Lichtleitungen im Haus oft reichlich überdimensioniert sind.

Auf eines wäre hier der Vollständigkeit halber noch hinzuweisen: Der Rasenmäher-Elektromotor, der als *Einphasen-Kondensatormotor* ausgelegt ist – bezieht beim Einschalten vorübergehend einen bis zu 7-mal höheren Strom, als auf seinem Typenschild angegeben ist. Dieser Stromstoß kann in dem kurzen Moment einen ebenfalls bis zu 7-mal höheren Spannungsverlust im Kabel verursachen, als wir für den eigentlichen Dauerbetrieb ausgerechnet haben. Dieser Spannungsverlust kann theoretisch bis zu ca. 65 Volt betragen. Der Rasenmäher erhält somit gerade beim Start eine kurze *Unterspannung* (von bis zu 165 V), die ihm das Anlaufen erschwert.

Wir haben allerdings für dieses Beispiel einen größeren Rasenmäher gewählt, der einen relativ hohen Stromverbrauch hat. Wenn jedoch z. B. im Waschraum eines Wohnhauses gleichzeitig die Waschmaschine, der Wäschetrockner und eventuell auch noch eine Mangel laufen, kann der Stromverbrauch bis zu 30 A betragen und die Zuleitung vom Zählerschrank bis zu den Geräten entsprechend kräftig belasten.

Die hausinternen Leitungen sind üblicherweise zwar wesentlich kürzer als das vorher unter die Lupe genommene Rasenmäherkabel, aber die Spannungs- und Leistungsverluste können unter Umständen (durch den wesentlich höheren Strombedarf) dennoch respektable Werte erreichen. Bei gewissenhaft dimensionierten Hausnetzen werden daher für Steckdosenanschlüsse Leiter mit einem Querschnitt von 2,5 mm^2 und für Elektroherde sogar welche mit einem Querschnitt von 4 mm^2 verwendet. Damit werden Spannungs- und Leistungsverluste präventiv verringert. Das Lichtnetz wird inzwischen – dank der energiesparenden LED-Leuchten – nur relativ gering belastet, wodurch die bisher dafür verwendeten 1,5-mm^2-Leiter inzwischen eigentlich überdimensioniert sind.

10.2 Potentiometer

Potentiometer sind regelbare Widerstände, die wir aus der Praxis vor allem als Dreh- oder Schiebepotentiometer kennen, denn wir bedienen sie immer noch zumindest ab und zu an einigen unserer Audiogeräte. Neben den großen Potentiometern gibt es auch kleine bis winzige Potentiometer, die als *Einstellpotentiometer* oder *Einstellregler* meist unzugänglich in Geräten eingebaut sind und nur für ein einmaliges Einstellen irgendeiner Funktion dienen.

Abb. 10.9: Potentiometer ermöglichen z. B. eine bequeme gleitende Regelung der Lautstärke sowie der Höhen und Tiefen bei spezielleren Audiogeräten

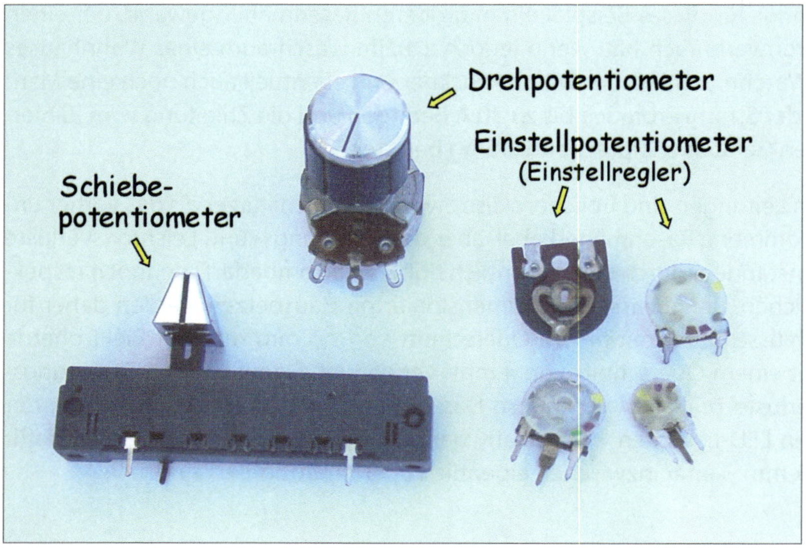

Abb. 10.10: Ausführungsbeispiele der gängigsten Potentiometer

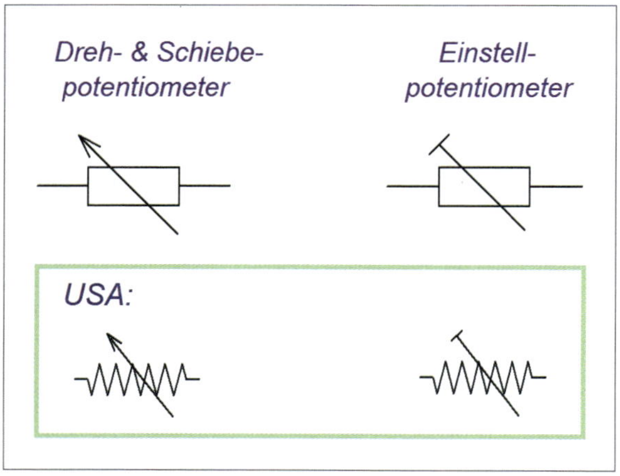

Abb. 10.11: Für alle Potentiometer und Einstellpotentiometer wird ein einheitliches Schaltzeichen angewendet

Die gängigsten Potentiometer verfügen über drei Anschlüsse, wovon bei Dreh- und Einstellpotentiometern der sogenannte *Schleifer* meist als der mittlere Anschluss angeordnet ist. Es gibt aber auch Stereopotentiometer, die aus zwei nebeneinander angeordneten Potentiometern bestehen.

Auf einige praxisbezogene Anwendungen von Potentiometern kommen wir in diesem Buch noch zurück. Vorerst zeigt Abb. 10.12 nur rein informativ, was man sich unter der Bezeichnung Einstellpotentiometer vorstellen kann.

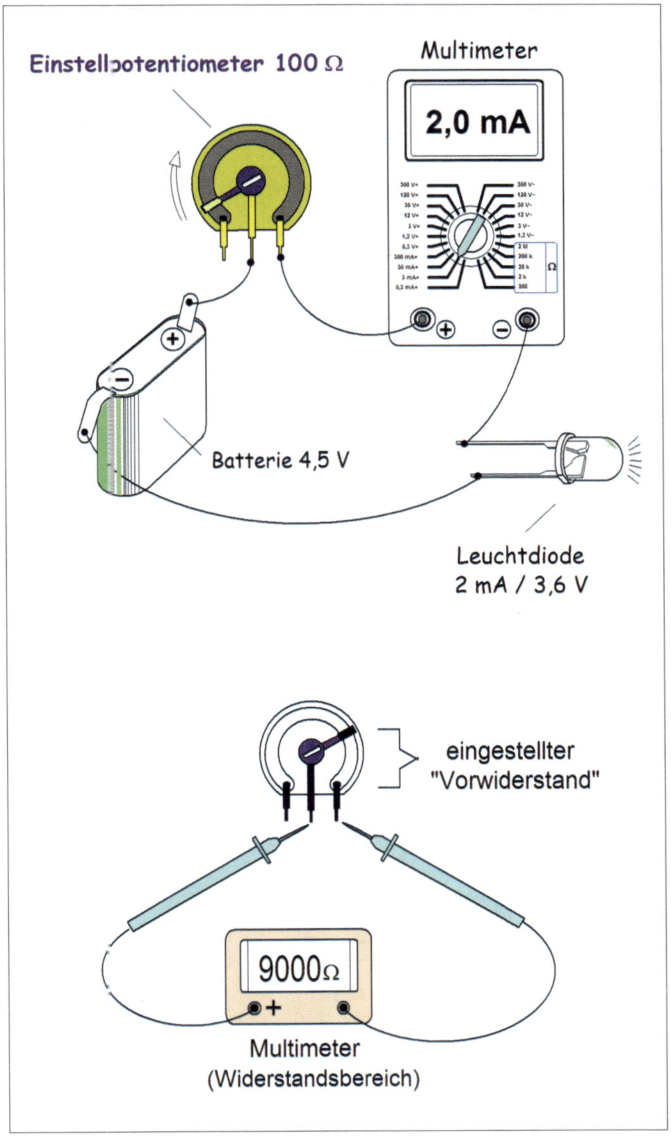

Abb. 10.12: Einstellpotentiometer werden vor allem in der Elektronik häufig angewendet (zwei Anwendungsbeispiele)

10.3 Fotowiderstände

Fotowiderstände gehören zu den ältesten optoelektronischen Komponenten. Es handelt sich um spezielle polaritätsunabhängige Bauelemente, deren ohmscher Widerstand von der Beleuchtungsintensität ihrer belichteten Widerstandsschicht abhängt. Bei Lichteinfall nimmt der Widerstand ab und sinkt bis auf einige hundert Ohm herab, bei Verdunklung steigt der Widerstand bis in den Megaohm-Bereich auf.

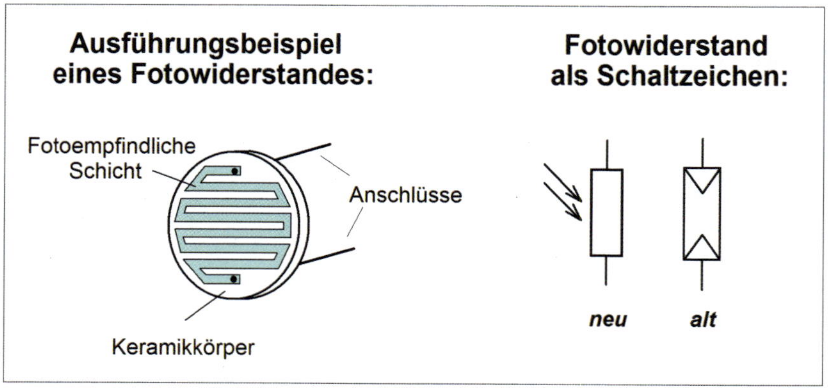

Abb. 10.13: Ausführungsbeispiel und Schaltzeichen eines Fotowiderstands

In Schaltplänen wird oft neben dem Schaltzeichen eines Fotowiderstands (Abb. 10.13) auch die internationale Abkürzung LDR (**L**ight **D**ependent **R**esistor) angegeben – um hervorzuheben, dass es sich hier um einen Fotowiderstand handelt.

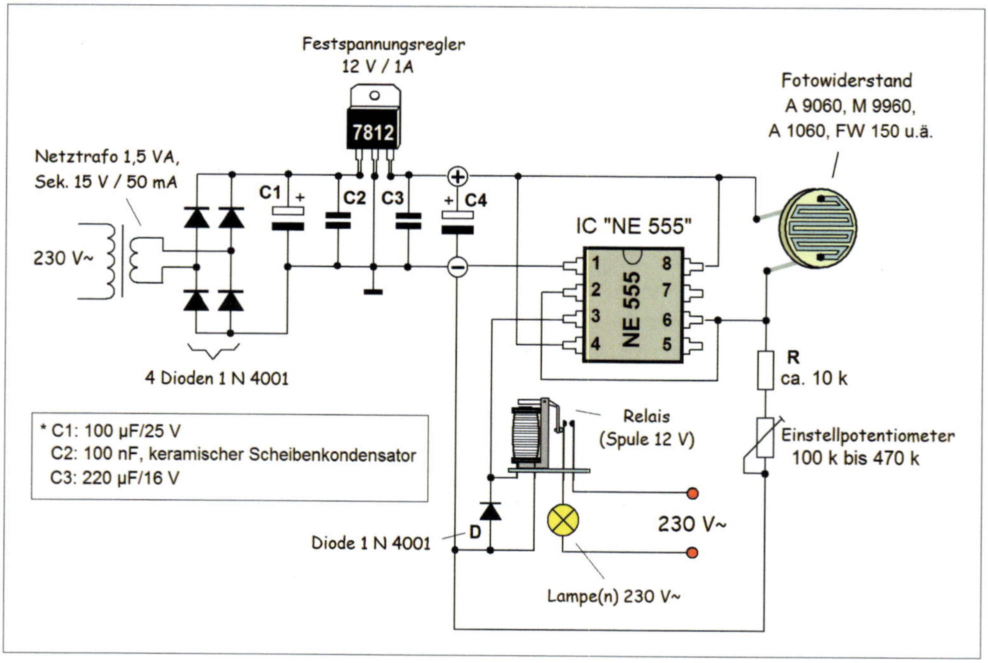

Abb. 10.14: Nachbau einer leichten Experimentier-Schaltung eines Dämmerungsschalters mit Fotowiderstand als Belichtungssensor

Gegenüber den moderneren Fotohalbleitern (Fotodioden und Fototransistoren) reagieren Fotowiderstände auf Lichtveränderungen zwar zu träge, um z. B. ausreichend schnell Daten übertragen zu können. Sie werden in der Elektrotechnik dennoch immer noch mit Vorliebe dort angewendet, wo z. B. keine blitzschnelle Wahrnehmung der Veränderung der Lichtintensität beansprucht wird. So finden sie ihren Einsatz in Dämmerungsschaltern (Abb. 10.14), bei der Überwachung der Flamme in Heizkesseln usw.

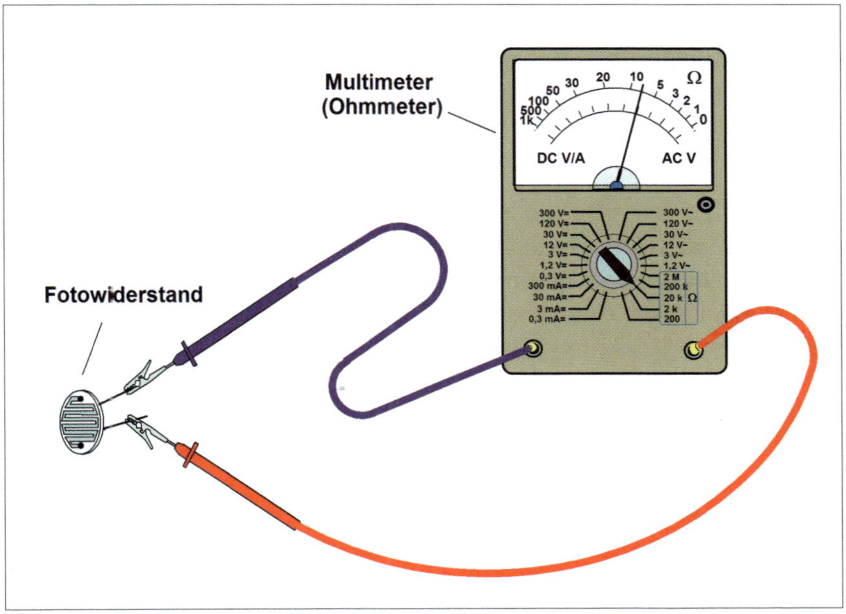

Abb. 10.15: Bei zunehmender Beleuchtung sinkt der ohmsche Widerstand des Fotowiderstands schön gleitend, was man am besten mit einem Zeiger-Multimeter (Analog-Multimeter) beobachten kann

Wie ein Fotowiderstand auf die Veränderung der Belichtung reagiert, kann leicht mithilfe eines Ohmmeters (Multimeters) wie in Abb. 10.15 getestet werden. Die Belichtung kann dabei einfach durch Abdecken des Fotowiderstands verändert werden.

11. Messgeräte

In den vorhergehenden Kapiteln haben wir bereits ab und zu einige Messgeräte im Zusammenhang mit den beschriebenen Beispielen kurz erwähnt. Nun sehen wir uns dieses Thema genauer an.

Früher waren alle elektrischen Messgeräte nur als Analog-Messgeräte (Zeiger-Messgeräte) ausgelegt, gegenwärtig überwiegen Messgeräte mit digitaler Anzeige. Mit dem Ablesen der Messwerte bei elektrischen Messgeräten liegt es auch im persönlichen Ermessen, welcher Art der Anzeige man den Vorzug gibt. Bei den Messgeräten kommt es jedoch auch oft darauf an, was – oder wie – gemessen wird oder welches der Messgeräte man einfach bevorzugt.

Generell stellt bei allen normalen Messgeräten die Messgenauigkeit den wichtigsten Parameter dar. Sie bewegt sich bei den meisten Messgeräten zwischen ca. 0,05 % und 5 %. Für einfachere Messungen reicht eine Messgenauigkeit von 5 % nur ausnahmsweise aus, denn das ist etwas zu kritisch. Schon bei der Spannungskontrolle einer neuen 1,5-V-Batterie zeigt so ein Voltmeter womöglich nur eine Spannung von 1,42 Volt an – was zu irreführend ist. Abgesehen davon stellt sich nach dem Kauf so eines »Billiggerätes« oft heraus, dass der Hersteller es mit den 5 % nicht gerade »zu eng« gesehen hat und dass so ein Messgerät noch mehr »schwindelt«, als die 5 % es erlauben würden. Das trifft übrigens auch auf die etwas »hypothetisch genaueren« Messgeräte zu – und nicht immer hat der Kunde die Möglichkeit zu testen, wie genau so ein Messgerät konkret ist. Rein theoretisch dürfte eine Messgenauigkeit unterhalb von ca. 1 % bevorzugt werden, wenn man nicht nur Netzspannungen grob messen will.

Einige Voltmeter und Amperemeter sind für Spannungsmessungen in einem einzigen Bereich vorgesehen, andere verfügen über mehrere umschaltbare Spannungsbereiche.

In Schaltplänen werden Voltmeter, Amperemeter usw. mit den Schaltzeichen (Schaltsymbolen) wie in Abb. 11.1 dargestellt.

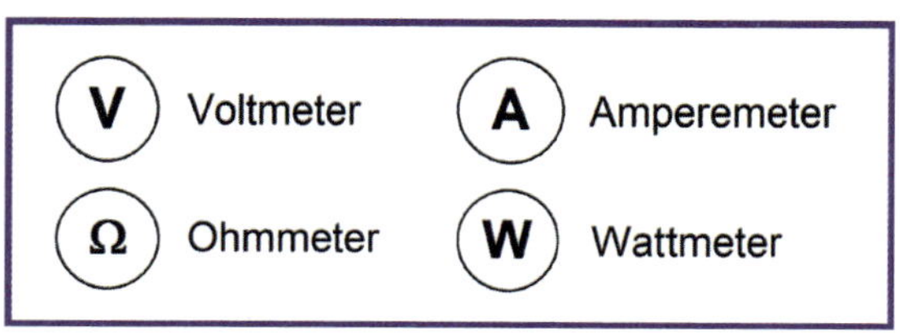

Abb. 11.1: Messgeräte-Schaltzeichen sind sehr einfach und einheitlich. Sie gelten für alle Messgeräte und berücksichtigen nicht die Art der Anzeige des Messwertes

Die meisten der Analog-Einbaumessinstrumente sind als Paneelgeräte für Schalttafeleinbau oder Frontplatteneinbau ausgelegt. Der Zeiger dieser Messgeräte ist an einer Drehspule befestigt, die präzise in einem Magnetfeld gelagert ist und auf Spannung durch Ausschwenken reagiert.

Für einfachere Kontrollmessungen, bei denen es sich oft hauptsächlich um die Spannungskontrolle an batteriebetriebenen Vorrichtungen handelt, gibt es auch sehr kleine Digital-Voltmeter, wie es in Abb. 11.2 gezeigt wird.

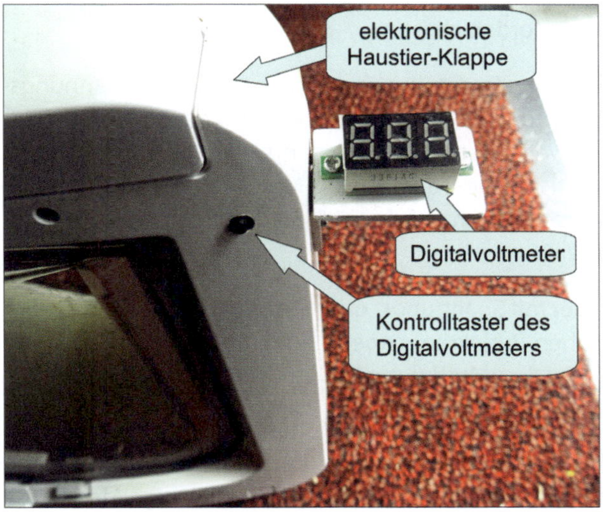

Abb. 11.2: Ein kleines Digital-Voltmeter ermöglichte eine bequeme Kontrolle der Batteriespannung an einer elektronischen Haustier-Klappe

Kleine Einbau-Digital-Voltmeter können bei Bedarf als zusätzliche Spannungskontrolle angewendet werden. Das Digital-Voltmeter wurde in Abb. 11.2 zusätzlich an einer elektronischen Pet-Klappe angebracht und über einen ebenfalls zusätzlich eingebauten Taster mit der internen Spannungsversorgung verbunden (ohne den Taster würde die Elektronik des Digital-Voltmeters die Batterien der Klappe unnötig belasten). Eine solche Spannungsüberwachung verhindert, dass z. B. das Haustier bei seiner Rückkehr nach Hause plötzlich vor einer Klappe steht, die sich nicht mehr öffnen will, weil ihre Batterien nicht rechtzeitig erneuert wurden.

> **Hinweis**
>
> Derartige Mini-Voltmeter haben eine interne Elektronik, die meist eine minimale Messspannung von ca. 2,4 V benötigt. Sie fangen daher erst ab einer Spannung von ca. 2,4 V an zu messen. Vorher stellen sie sich tot. Da in unserem Beispiel die Haustier-Klappe für eine Versorgungsspannung von 6 V ausgelegt ist, funktioniert so ein Voltmeter problemlos.

11.1 Multimeter

Multimeter sind Messgeräte, mit denen wahlweise Strom, Spannung, der ohmsche Widerstand und – bei teureren Geräten – auch noch die Frequenz, Kapazität usw. gemessen werden kann. Früher gab es nur Analog-Multimeter (Zeiger-Multimeter), die oft über sehr viele abgestufte Messbereiche verfügten und immer noch verfügen. Ihre neuen Nachfolger bzw. Partner sind als digitale Messgeräte konzipiert und benötigen keine aufwendigen oder zahlreichen Umschalter. Bei einigen der »intelligenteren« Digital-Multimeter erübrigt es sich zudem, dass man an ihnen erst den vorgesehenen Messbereich einstellen muss, wie es bei Analog-Multimetern erforderlich ist.

Viele der Digital-Multimeter geben sich z. B. damit zufrieden, dass vor der Spannungs- oder Strommessung nur vorgewählt wird, ob sie Gleichspannung (=) oder Wechselspannung (~) bzw. Gleichstrom (=) oder Wechselstrom (~) messen sollen. Den eigentlichen Messbereich wählen sie dann automatisch selbst aus. Analog-Multimeter gehen dagegen kaputt, wenn sie vor der Messung versehentlich auf einen zu niedrigen Spannungs- oder Strom-Messbereich eingestellt wurden.

Wer nicht unbedingt etwas gründlicher mit Spannungs- oder Stromquellen (etwa bei Photovoltaikmodulen oder fotoelektrischen Projekten) experimentieren möchte, der dürfte einem Digital-Multimeter vor einem Analog-Multimeter bedenkenlos Vorrang geben.

Für einen Einsteiger, der noch keine Erfahrung mit einem Multimeter hat, eignet sich am besten ein Gerät, an dem er möglichst wenig herumzuschalten und zu suchen braucht. Das kann z. B. ein Digital-Multimeter wie in Abb. 11.3 sein. Es hat nur wenige Messbereiche (wenige Schaltpositionen), und der Spannungsbereich muss hier nicht separat eingestellt werden. Nur für die Strommessung steht zudem eine zusätzliche Schaltposition für den Milliampere-Bereich zur Verfügung. Hier dachte der Hersteller an die Elektroniker, denn in der Elektronik wird viel mit Strömen im mA-Bereich gearbeitet.

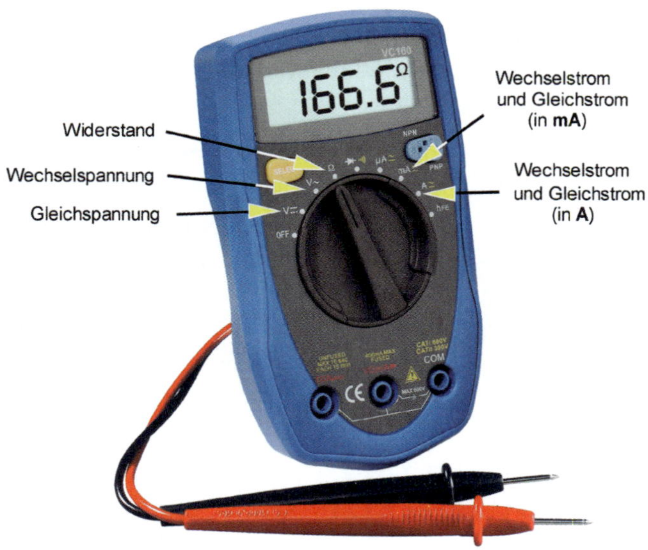

Abb. 11.3: Ein einfaches, praktisches Multimeter mit allen wichtigen Messbereichen

Einige Multimeter gehobener Preisklasse verfügen auch über einen Frequenz-Messbereich (Abb. 11.4).

Das ist vorteilhaft für diverse Audio-Messungen – auch in der Musikelektronik. Ein Klavier kann man mithilfe eines solchen (präziseren) Multimeters stimmen, aber wenn es z. B. um Frequenzen in MHz-Bereichen geht – wie bei diversen Funkfernbedienungen – schafft so ein Multimeter das nicht. Genau genommen schafft es momentan noch nicht einmal ein teures Oszilloskop, wenn es nur für Frequenzen bis zu etwa 200 MHz ausgelegt ist.

Abb. 11.4: Ein Multimeter mit einem zusätzlichen Frequenz-Messbereich kann etwas teuer werden, ist aber praktisch für das Messen von akustischen Frequenzen

Und dann haben wir noch die guten alten Analog-Multimeter. Für einen Einsteiger sind diese Multimeter höchstens in einer sehr kleinen Ausführung auf Anhieb brauchbar, weil sie etwas Übung benötigen.

Die größeren Geräte haben ziemlich viele Skalen, und man braucht schon etwas Geduld, bevor man damit ordentlich arbeiten kann. Sie bieten allerdings einen großen Vorteil bei Messungen an Vorgängen, die sich gleitend ändern und die der Zeiger des Multimeters ebenfalls gleitend anzeigt.

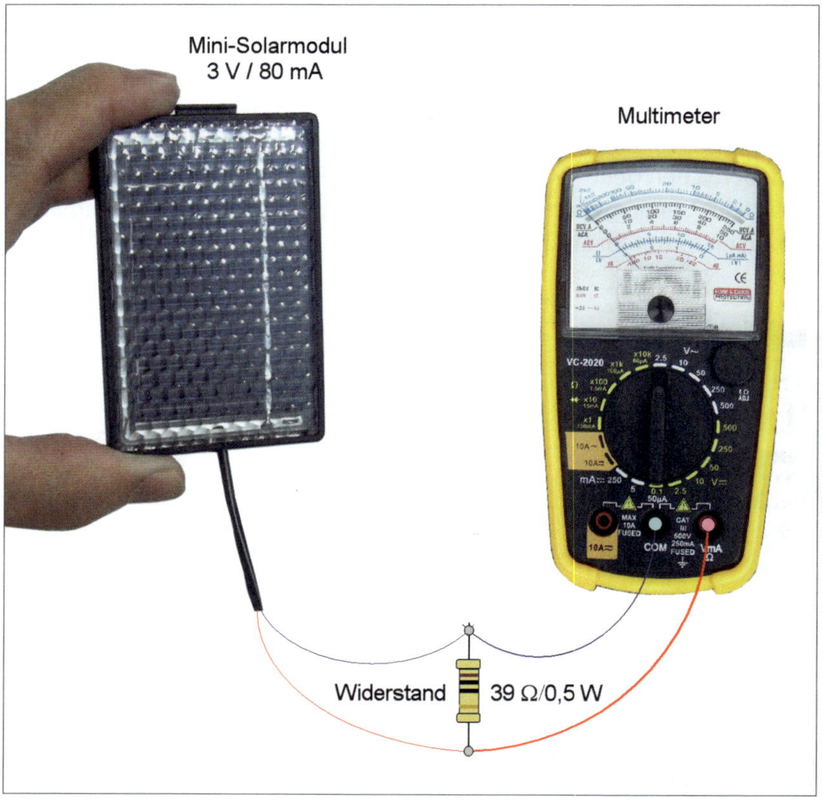

Abb. 11.5: Der Zeiger eines Analog-Multimeters zeigt schön gleitend an, wie sich hier z. B. die Ausgangsspannung des Mini-Solarmoduls mit dem Bestrahlungswinkel ändert

Dieser Vorteil lässt sich mithilfe des Beispiels in Abb. 11.5 gut nachvollziehen: Möchte man beobachten, wie sich die Spannung eines Mini-Solarmoduls abhängig von der Richtung des Lichteinfalls ändert, zeigt auch das billigste Analog-Multimeter das besser an als ein Digital-Multimeter gehobener Preisklasse.

Bei einem Digital-Multimeter gibt es nämlich immer das Problem, dass es erst etwas herumrechnen muss, bevor es den Messwert anzeigen kann. Bei kostengünstigeren Digital-Multimetern springen dabei die Zahlen sogar oft holprig hin und her, bevor sie bei einem endgültigen Messwert landen. Auch eine Messung an einem Fotowiderstand (siehe Abb. 10.15) lässt sich viel besser mit einem Analog-Multimeter als mit einem Digital-Multimeter durchführen. Allerdings um den Preis, dass man bei der Bedienung etwas mehr Übung benötigt.

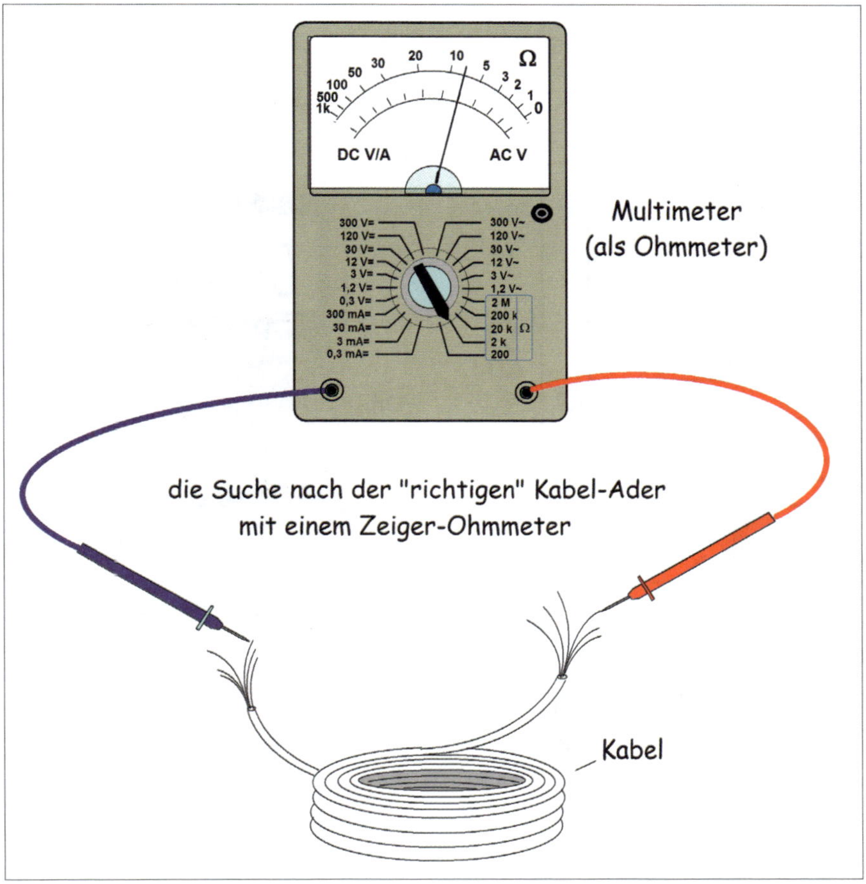

Abb. 11.6: Auch z. B. für die Suche nach der richtigen Kabel-Ader eignet sich ein Analog-Multimeter optimal

Mit der Angewöhnung ist es aber halb so schlimm, wenn man sich alles nach und nach anschaut und die Zusammenhänge zwischen dem »großen Schalter«, seinen vielen Positionen und den vielen Skalen mit all den Daten in den Griff bekommt.

Die oberste Skala auf jedem Analog-Multimeter ist die Ohm-Skala. Sie verläuft zwar praktisch bei allen solchen Multimetern von rechts nach links – was etwas irritiert – aber dafür ist sie übersichtlich. Das eigentliche Messen ist unproblematisch und es kann dabei nichts passieren, denn der Widerstand darf niemals an etwas gemessen werden, das unter Strom steht.

Wichtig ist jedoch, dass vor jedem Messen der Multimeter-Zeiger nach Abb. 11.7 exakt auf null eingestellt werden muss, damit die abgelesenen Messwerte auch stimmen.

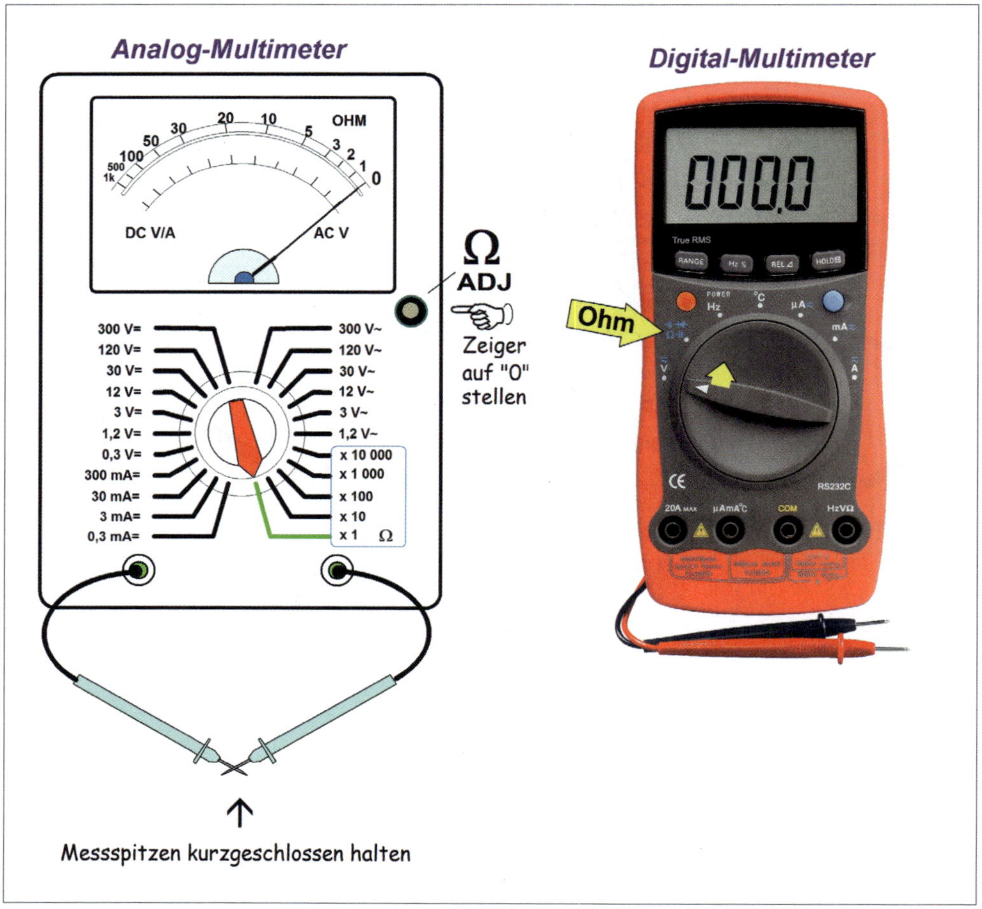

Abb. 11.7: Links: Vor einer jeden Widerstandsmessung muss der Zeiger eines Analog-Multimeters immer erst exakt auf null eingestellt werden, während die Spitzen der Messstifte kurzgeschlossen sind. Rechts: Bei einem Digital-Multimeter braucht man in diesem Fall nur auf den Messbereich Ω umzuschalten

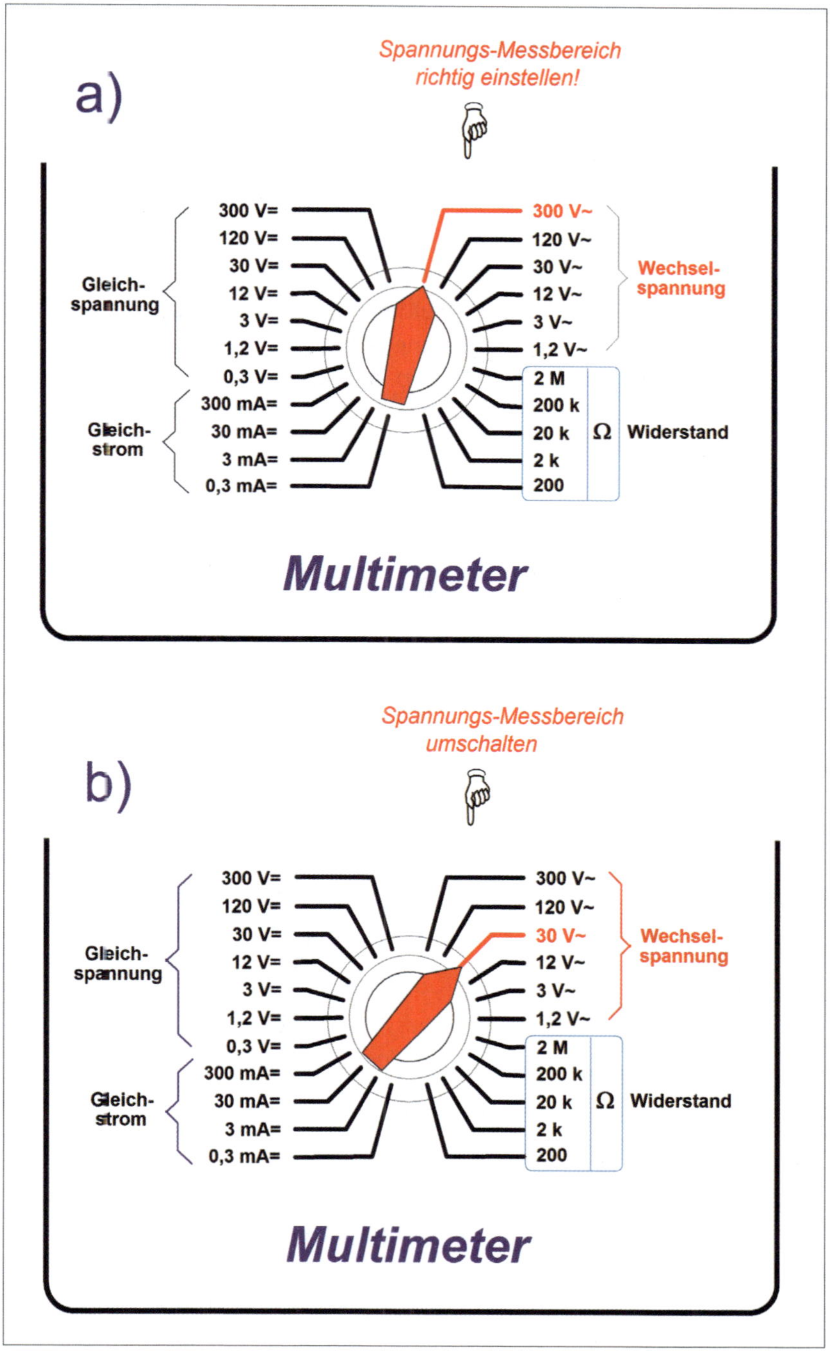

Abb. 11.8: Vor einer jeden Spannungs- oder Strommessung gilt: immer erst vorher einen Messwert einstellen, der sicherheitshalber höher ist als der eingeschätzte Wert!

Der maximale Spannungsbereich eines Analog-Multimeters sollte den tatsächlich erforderlichen Messbereich nicht allzu sehr überschreiten, denn das erschwert das Ablesen. Andererseits darf jedoch bei einem Analog-Messgerät (Zeigerinstrument) der jeweils eingestellte maximale Messbereich nicht überschritten werden, das hätte eine Beschädigung bzw. Zerstörung des Messinstruments zur Folge (teurere Messinstrumente sind manchmal gegen derartige Fehlanwendungen geschützt).

Bei einem Multimeter, das z. B. für Spannungen und Ströme mehrere Messbereiche hat, ist immer darauf zu achten, dass vor jedem Messen ein ausreichend hoher Messbereich eingestellt wird. Dies ist vor allem bei Analog-Multimetern sehr wichtig. Falls vor dem Messen nicht absehbar ist, wie hoch die gemessene Spannung sein könnte, stellt man einfach wie in Abb. 11.8a vorerst den Schalter der Spannungswahl auf die höchste Stufe ein. Das Messgerät zeigt dann an, wie hoch die ermittelte Spannung tatsächlich (oder ungefähr) ist, und erst dann kann der erforderliche niedrigere Spannungs-Messbereich nach Abb. 11.8b eingestellt werden.

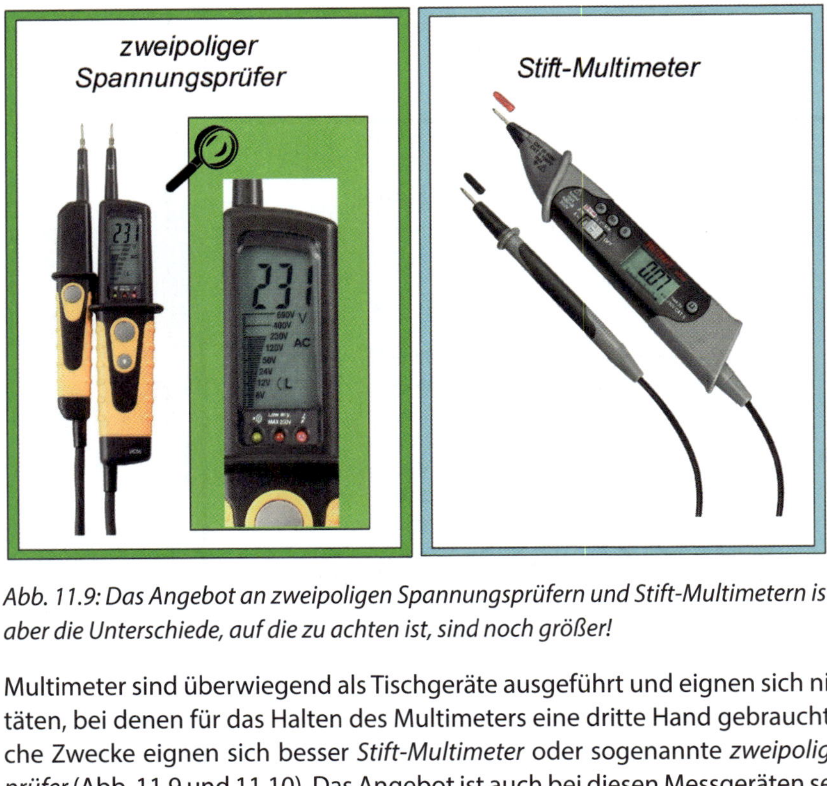

Abb. 11.9: Das Angebot an zweipoligen Spannungsprüfern und Stift-Multimetern ist groß, aber die Unterschiede, auf die zu achten ist, sind noch größer!

Multimeter sind überwiegend als Tischgeräte ausgeführt und eignen sich nicht für Aktivitäten, bei denen für das Halten des Multimeters eine dritte Hand gebraucht wird. Für solche Zwecke eignen sich besser *Stift-Multimeter* oder sogenannte *zweipolige Spannungsprüfer* (Abb. 11.9 und 11.10). Das Angebot ist auch bei diesen Messgeräten sehr groß – was auch auf die Unterschiede beim Anzeigen der Messwerte zutrifft.

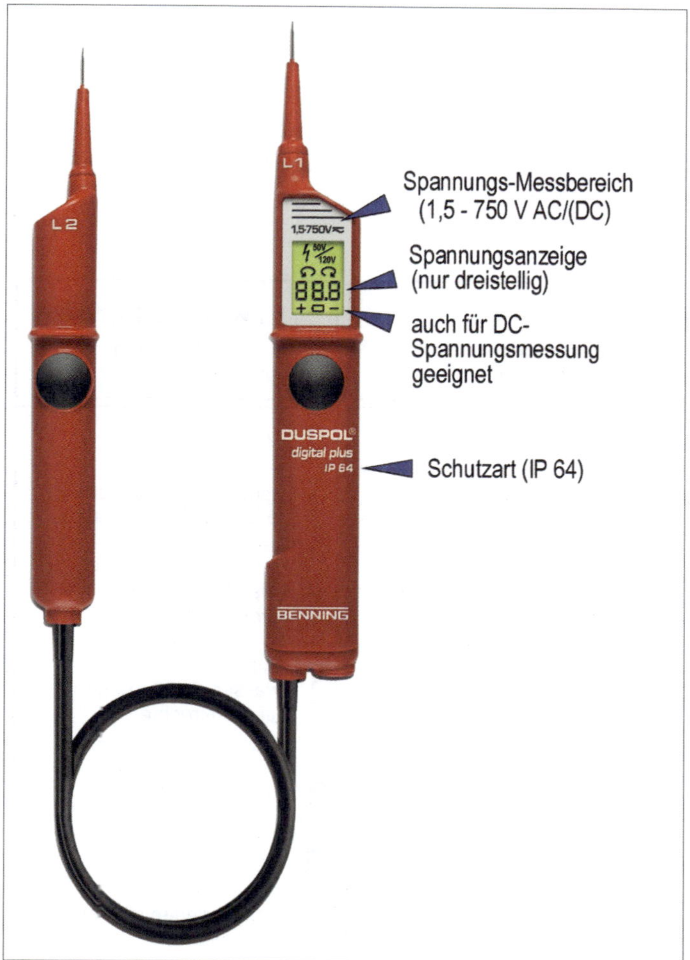

Abb. 11.10: Worauf kommt es bei einem zweipoligen Spannungsprüfer an?

Hier sollten Sie vor dem Kauf des passenden Messgerätes gut auf alle Details achten. Abb. 11.10 zeigt an einem Beispiel, worauf geachtet werden sollte:

- Bei den Spannungsbereichen fangen oft die unteren Spannungsgrenzen zu hoch an und/oder ist das Messgerät nur für Wechselspannungs-Messungen vorgesehen (Autobatterie-Spannung kann also nicht nachgemessen werden).
- Die Anzeigen der Messwerte sind sehr unterschiedlich oder zeigen die Spannung nur als Striche oder Punkte grob an. Beim Spannungsprüfer in Abb. 11.10 ist die Spannungsanzeige zwar nur dreistellig, aber gut lesbar.

- Das gezeigte Messgerät ist zwar für die Gleichspannungs-Messung ausgelegt, aber dies ist nicht bei allen Spannungsprüfern üblich.
- Wenn wie hier der Hersteller die Schutzart (IP 64) angibt, sehen wir uns in der folgenden Tabelle an, was das eigentlich zu bedeuten hat: Die erste Ziffer **6** besagt: vollständiger Berührungsschutz und Schutz gegen Staubeintritt. Die zweite Schutzart-Ziffer **4** bedeutet: Schutz gegen allseitiges Spritzwasser. Gut so! Regen verträgt das Gerät, aber Baden mag es wohl nicht.

erste Ziffer:	**Schutz gegen Berührung**	**Schutz gegen Fremdkörper**
0	Kein Schutz	Kein Schutz
1	Großflächige Körperteile (z. B. Handrücken)	Große Fremdkörper (ϕ größer als 50 mm)
2	Finger	Mittelgroße Fremdkörper (ϕ größer als 12 mm)
3	Werkzeug und Drähte (ϕ größer als 2,5 mm)	Kleine Fremdkörper (ϕ größer als 2,5 mm)
4	Werkzeuge und Drähte (ϕ größer als 1 mm)	Kornförmige Fremdkörper (ϕ größer als 1 mm)
5	Vollständiger Berührungsschutz	Staubablagerung
6	Vollständiger Berührungsschutz	Staubeintritt

zweite Ziffer:	**Schutz gegen Wasser**
0	Kein Schutz
1	Schutz gegen senkrecht fallendes Tropf-Wasser
2	Schutz gegen schräg (bis 15 °) fallendes Tropf-Wasser
3	Schutz gegen Sprühwasser bis 60 ° gegen die Senkrechte
4	Schutz gegen allseitiges Spritzwasser
5	Schutz gegen Strahlwasser
6	Schutz gegen starkes Strahlwasser
7	Schutz gegen zeitweiliges Untertauchen
8	Schutz gegen dauerndes Untertauchen

Abb. 11.11: Nur der Vollständigkeit halber, aber immerhin: eine interessante Tabelle mit den Standard-Schutzarten, die gerade in der Elektrotechnik (Außenbeleuchtung u. Ä.) einen wichtigen Stellenwert haben

Zweipolige Spannungsprüfer oder Stift-Multimeter haben den Vorteil, dass man zum Messen keine dritte Hand braucht, wenn am Standort kein Abstellplatz für ein Tisch-Multimeter ist.

11.2 Oszilloskope

Möchte man die elektrischen Signale nicht nur messen, sondern auch sehen, kein Problem! Es gibt dafür sehr viele Messgeräte mit Monitor. Im Taschenformat gibt es kleinere »Miniskope« wie in Abb. 11.12. Als Tischgeräte gibt es dann eine große Auswahl an Oszilloskopen (siehe Abb. 11.13), die inzwischen sehr preiswert geworden sind.

Ein Oszilloskop zeigt an seinem Bildschirm optisch einen Spannungsverlauf, Spannungsschwankungen sowie auch normale Spannungswerte usw. an. Man kann sich beispielsweise näher ansehen, wie gut eine gleichgerichtete Spannung tatsächlich ist (ob sie keine Reste von Wechselspannung in der Form von kleinen Rillen hat, ob der Gleichrichter intakt ist und alle Spannungshalbwellen liefert u. Ä.). Wertvolle Dienste leistet ein Oszilloskop vor allem bei der Arbeit mit Frequenzen, die u. a. als Frequenzen diverser Taktgeber oder als Audio-Frequenzen nur mithilfe eines Oszilloskops sichtbar gemacht werden können. Abgesehen davon bieten Oszilloskope – je nach Ausführung und Preisklasse – sehr viele zusätzliche Anzeigemöglichkeiten und Features wie Datenspeicherung oder spezielle grafisch bearbeitete Messergebnisse an, die vor dem Kauf intensiver durchgecheckt werden sollten. Dazu gehört z. B. auch der MHz-Bereich, der momentan zwischen ca. 10 MHz (bei älteren Oszilloskopen) bis 500 MHz (bei den neuesten Geräten) liegt.

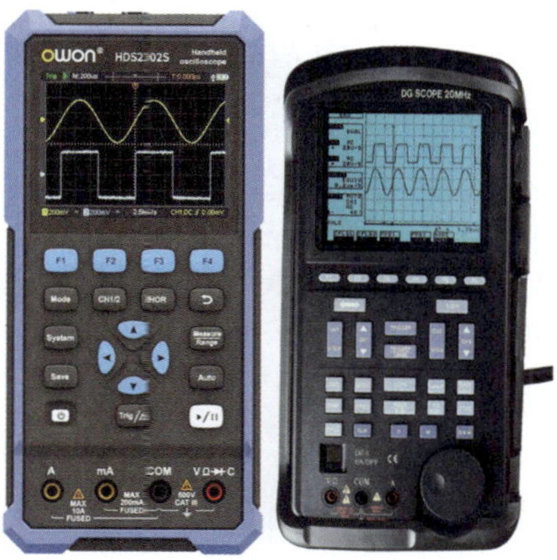

Abb. 11.12: Klein, aber oho! Mini-Oszilloskope für die Tasche – falls man so etwas haben möchte

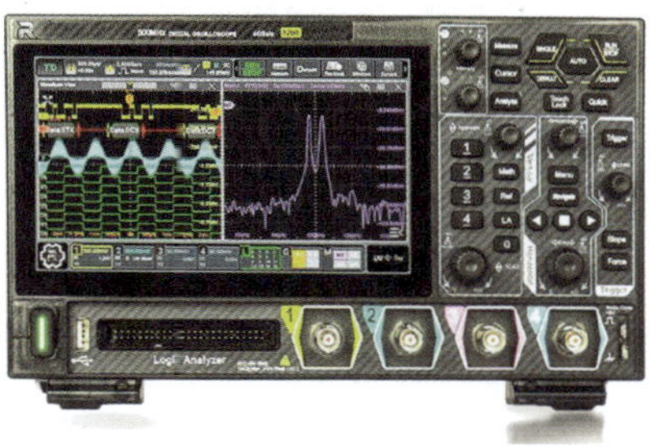

Abb. 11.13: Große Oszilloskope sind in letzter Zeit sehr preiswert geworden und die Auswahl ist riesig!

11.3 Richtig messen ist einfach

Da jedem neu gekauften Multimeter eine leicht verständliche Bedienungsanleitung beiliegt, ist es nicht schwer, Spannungen, Ströme oder Widerstände zu messen. Geduld, Ruhe und Sorgfalt sind dabei vor allem beim Messen mit einem Multimeter angesagt, denn eine falsche Einstellung des Messbereichs kann zu einer prompten Zerstörung des Multimeters führen.

Bei Analog-Multimetern (Zeiger-Multimetern) ist bei Gleichspannungs- und Gleichstrom-Messungen jeweils auch auf die richtige Polarität der Anschlüsse zu achten. Bei einer verkehrten Polarität schlägt der Zeiger – samt seiner Drehspule – in die falsche Richtung (nach links) aus, was zur Folge haben kann, dass er sich dabei etwas verbiegt. Das Multimeter verfügt zwar über einen kleinen Einstellknopf, mit dem sich (mithilfe eines kleinen Schraubendrehers) der Zeiger genau auf die Null-Ausgangsposition einstellen lässt, aber ein verbogener Zeiger wird danach nicht mehr optimal messen.

Digital-Multimeter sind in jeder Hinsicht strapazierfähiger als Analog-Multimeter, und das Ablesen fester Messwerte ist vor allem für Anfänger genauso unproblematisch wie das Ablesen der Tageszeit auf einer Digitaluhr. Etwas irritierend kann dabei sein, dass die meisten Digitalmessgeräte länger hin und her rechnen, bevor sie sich auf einen Messwert festlegen – falls es überhaupt gelingt. Hier muss man sich bei preiswerten Messgeräten damit zufriedengeben, dass auf dem Display der Messwert nicht so blitzschnell erscheint, wie wir es beispielsweise von einem Taschenrechner gewohnt sind.

Bei einem Analog-Multimeter zeigt der Zeiger gleitende Veränderungen oder Bewegungen von Spannung, Strom oder Widerstand eindeutiger an als bei einem Digital-Multimeter. Sein Zeiger schwenkt einfach zu der jeweiligen Position ähnlich gleitend aus wie der Tacho eines Kraftfahrzeugs bzw. bewegt sich z. B. mit der ansteigenden oder sinkenden Spannung optisch nachvollziehbar gleitend mit.

Elektrische Spannung wird mithilfe eines Voltmeters parallel zu der Spannungsquelle gemessen, wie bereits anhand mehrerer Beispiele gezeigt wurde. Die Formulierung »parallel zu der Spannungsquelle« müsste noch durch den Hinweis ergänzt werden, dass die Messung nicht immer an einer Spannungsquelle als solcher vorgenommen werden muss.

Es können beliebige Spannungsdifferenzen oder Verlustspannungen **zwischen** oder **an** beliebigen Bauteilen oder Sektionen nach Abb. 11.14 gemessen werden. An dem Messverfahren ändert sich dabei nichts.

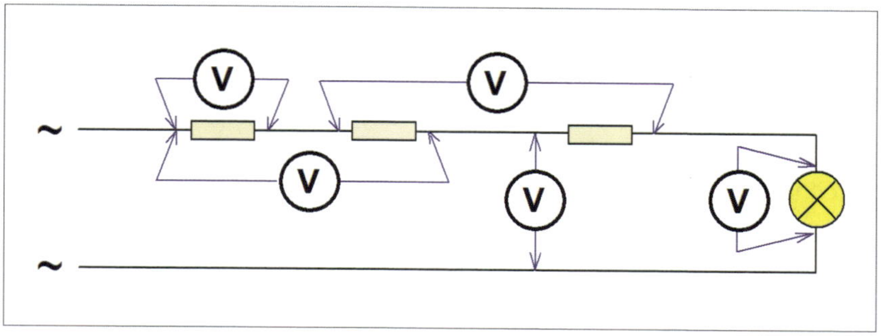

Abb. 11.14: Elektrische Spannung kann in einer elektronischen Schaltung an beliebigen Stellen gemessen werden

> **Hinweis**
>
> Vor jeder Spannungsmessung muss der richtige Messbereich am Multimeter vorgewählt werden. Und an einfacheren Multimetern muss vor der Spannungsmessung die richtige Spannungsart (*Wechselspannung* oder *Gleichspannung*) bestimmt werden. Dieser Hinweis bezieht sich jedoch nicht auf intelligente Multimeter, die sich den optimalen Messbereich jeweils selbst aussuchen und die auch selbst erkennen, ob sie eine Wechselspannung oder ein Gleichspannung messen sollen.

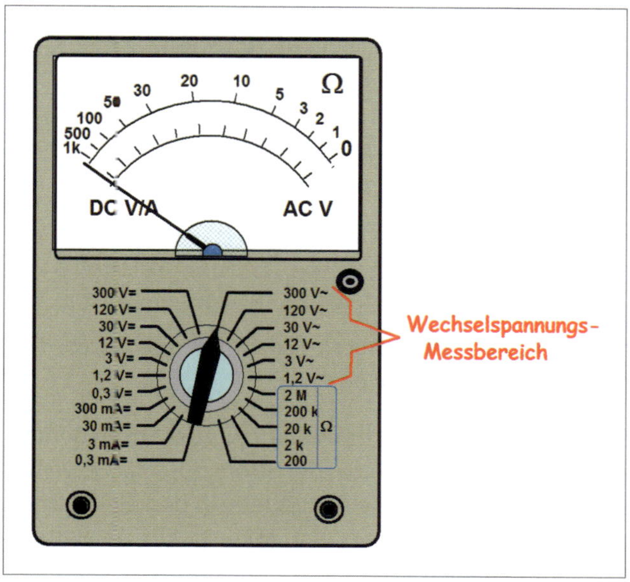

Abb. 11.15: Bei der Spannungs- oder Strommessung muss an den meisten der einfacheren Multimeter richtig vorgewählt werden, ob Wechselspannung oder Gleichspannung (bzw. Wechselstrom oder Gleichstrom) gemessen werden soll

Der elektrische Strom wird immer in Reihe zu der Belastung bzw. zu dem Stromfluss mit einem Amperemeter (siehe Abb. 11.16) gemessen. Hier bietet sich ein Vergleich mit der Messung eines Wasserstroms an: Der Wasserstrom muss das Messgerät (den Wasserzähler) durchfließen.

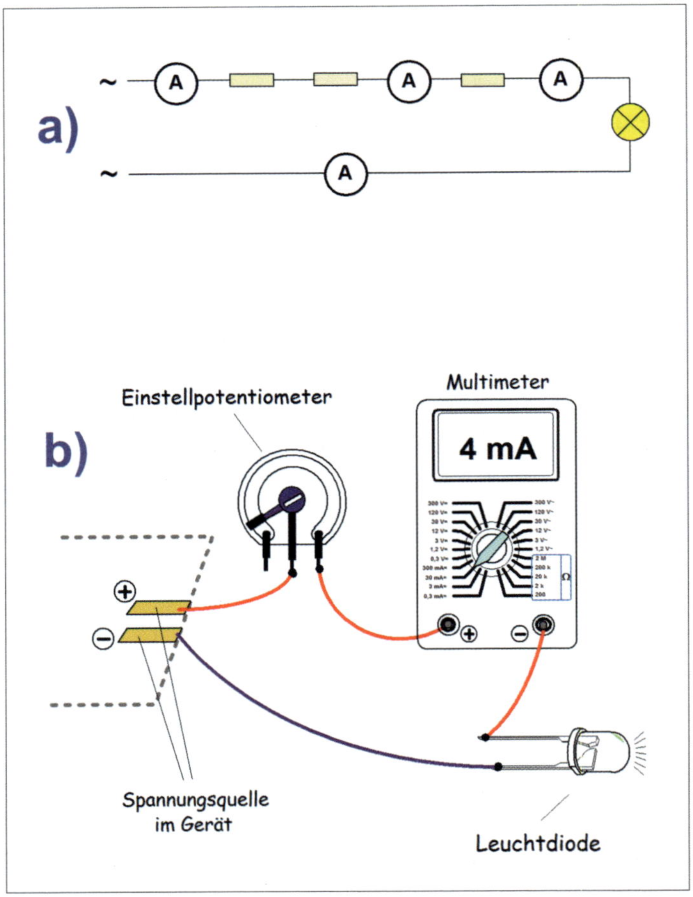

Abb. 11.16: Für die Strommessung muss das Amperemeter immer in Reihe mit den gemessenen Komponenten (mit dem fließenden Strom) angeschlossen werden

Es spielt keine Rolle, an welcher Stelle des eigentlichen Stromkreislaufs der Strom gemessen wird, denn die angeschlossenen Verbraucher, durch die der Strom durchfließt, verändern seine Stärke nicht. Der Strom, der z. B. am Pluspol einer Batterie in den elektrischen Schaltkreis hineinfließt, kehrt in der gleichen Stärke über den Minuspol in die Batterie zurück. Das gilt auch für alle anderen Stromquellen.

Ähnlich wie bei der vorher angesprochenen Spannungsmessung muss auch vor einer Strommessung das Multimeter vorsorglich auf einen Strombereich geschaltet werden, der ohne Zweifel höher ist, als der gemessene Strom sein könnte.

Der *ohmsche Widerstand* wird immer an Anschlüssen des gemessenen Bauteils bzw. zwischen beiden Enden einer Leitung gemessen. Die gemessenen Gegenstände dürfen bei dieser Messung *nicht unter Spannung* sein – das würde das Ohmmeter bzw. das Multimeter zerstören.

Einige praktische Beispiele zu diesem Thema haben wir bereits auf den vorhergehenden Seiten erläutert. Es wurde dort auch gezeigt, dass bei Multimetern, die mit einem großen Drehknopf ausgestattet sind, aus der Beschriftung der Felder hervorgeht, welche Schalterpositionen sich für die vorgesehene Messung am besten eignen. Wird für die Messung eines Widerstands z. B. ein zu niedriger Widerstandsbereich eingestellt, hat dies – im Vergleich zu einer Spannungs- oder Strommessung – *keine Beschädigung* des Multimeters zur Folge.

Eine solche Einstellung ist nicht erforderlich – bzw. braucht nicht allzu genau vorgenommen zu werden – wenn mit dem Ohmmeter nur kontrolliert wird, ob eine leitende Verbindung vorhanden ist. Hier genügt es, wenn der Zeiger des Ohmmeters einfach nur wahrnehmbar ausschlägt und damit anzeigt, dass die Verbindung besteht bzw. dass man bei einem mehradrigen Kabel den richtigen Leiter gefunden hat. Für derartige Kontrollzwecke reicht allerdings auch ein einfacher Piepser aus. Der ist ohnehin angesagt, wenn nur ein Digital-Multimeter zur Verfügung steht, denn bei dem ist der Widerstandsmessbereich meist viel zu träge, um solche Kontrollmessungen schnell vornehmen zu können.

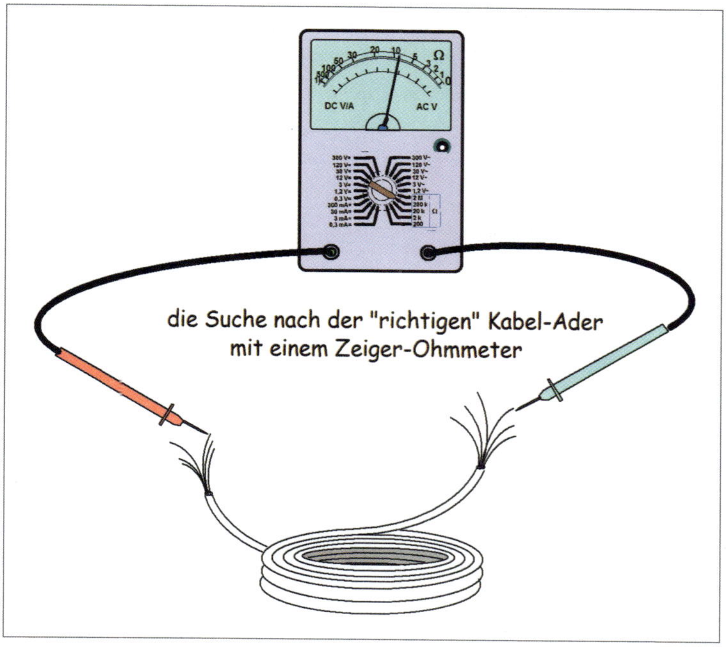

Abb. 11.17: Wird mit einem Zeiger-Ohmmeter nur nach der richtigen Kabel-Ader gesucht, spielt es keine Rolle, auf welchen Widerstandsbereich er eingestellt wurde – es genügt, wenn sein Zeiger beim Treffer einfach nur ausschlägt

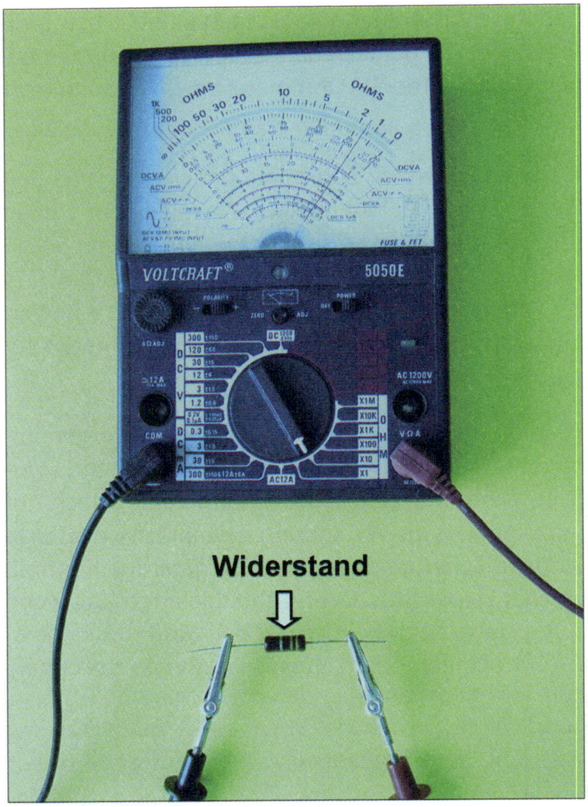

Abb. 11.18: Bei der Widerstandsmessung wird der optimale Messbereich jeweils so ausgewählt, dass der Messwert gut lesbar ist

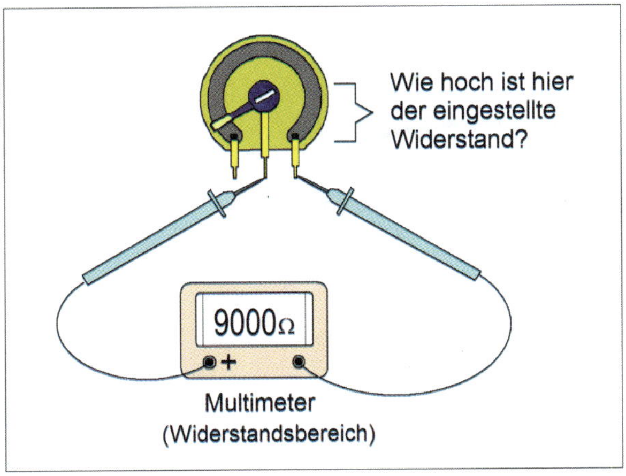

Abb. 11.19: Bei Digital-Multimetern braucht man für die Messung des Widerstands einfach nur die Messposition Ω zu wählen

12. Kondensatoren und Kapazität

Widerstände, Kondensatoren und Induktivitäten stellen unter den elektrischen *passiven Bausteinen* ein Trio dar, das in der Elektronik schon immer zusammengehört hat. Dem ist auch jetzt noch so, wenn man es nur aus der Sicht der Bestückung von elektronischen Platinen betrachtet. In unserem Buch durften diese Bausteine etwas warten, bis sie in der »Warteschlange« der interessanteren Themen an der Reihe sind, denn vorher wurden sie bei den behandelten Themen noch nicht gebraucht.

Wie wichtig diese Bausteine auch sein mögen, in der Praxis kommt der Elektrotechniker oder Elektroniker mit ihnen bei der Ausübung seines Berufs nicht mehr direkt in Kontakt. Sie sitzen zwar auf den Platinen oder in den Geräten, die er einbaut oder auswechselt, aber wenn er mit ihnen nicht z. B. als Entwicklungstechniker arbeitet, kann er sich mit einer Handvoll kurzer Informationen über sie zufriedengeben.

Reparaturen, bei denen z. B. ein defekter elektrolytischer Kondensator in einem elektronischen Gerät ausgewechselt wird, sind aus Kostengründen nicht mehr beliebt. Anders ist es in einer Entwicklungsabteilung oder beim Selbstbau: Da werden Kondensatoren immer noch häufig gebraucht.

Sie werden in diesem Buch noch weitere leicht nachzubauende, praktische, elektronische Schaltungen finden, die Ihnen zeigen, wie einfach (und wie schön) es ist, wenn man sich die Elektronik zu einem Handlanger erzieht, der etwas wirklich Tolles zustande bringt. Etwas, das man gern hätte, aber das es nirgendwo als Fertigprodukt gibt – und wofür wir oft auch Kondensatoren brauchen werden.

Kondensatoren (Formelzeichen **C**) weisen mehrere spezielle Eigenschaften auf, von denen man sich oft nur eine – oder einige wenige – für ein bestimmtes Vorhaben zunutze macht. Eine der wichtigsten Eigenschaften eines Kondensators ist, dass er sich – im Gegensatz zu einem Widerstand – für den Gleichstrom als undurchlässig und für den Wechselstrom als leitend verhält. Je größer die Kapazität des Kondensators und je höher die Frequenz des ihm zugeführten Wechselstroms ist, desto besser lässt er den ihm zugeführten Strom sowie die ihm zugeführte Spannung durch.

Größere Elektrolyt-Kondensatoren können zudem eine gewisse Menge elektrischer Energie speichern. Man kann sie – ähnlich wie kleine Akkus – mit einem Gleichstrom (auch mit pulsierendem Gleichstrom) aufladen. Sie werden u. a. als Glättungs-Kondensatoren in Netzgeräten, als Energiequellen für die Absicherung von Daten bei einer Netzspannungs-Unterbrechung oder anstelle von Batterien als Energiespeicher (Speicherkondensatoren) in kleinen elektronischen Geräten verwendet.

Wozu ein Kondensator in der Praxis gut sein kann, lässt sich am einfachsten mit Beispielen konkreter Anwendungen erläutern – worauf wir noch zurückkommen werden. Erst sehen wir uns aber kurz an, was man sich unter einem Kondensator vorstellen kann.

Ein Kondensator besteht prinzipiell aus zwei elektrisch leitenden Flächen (Abb. 12.1a), zwischen denen sich ein sogenanntes *Dielektrikum* befindet (das sie voneinander isoliert). Im einfachsten Fall kann hier als Dielektrikum die Luft dienen.

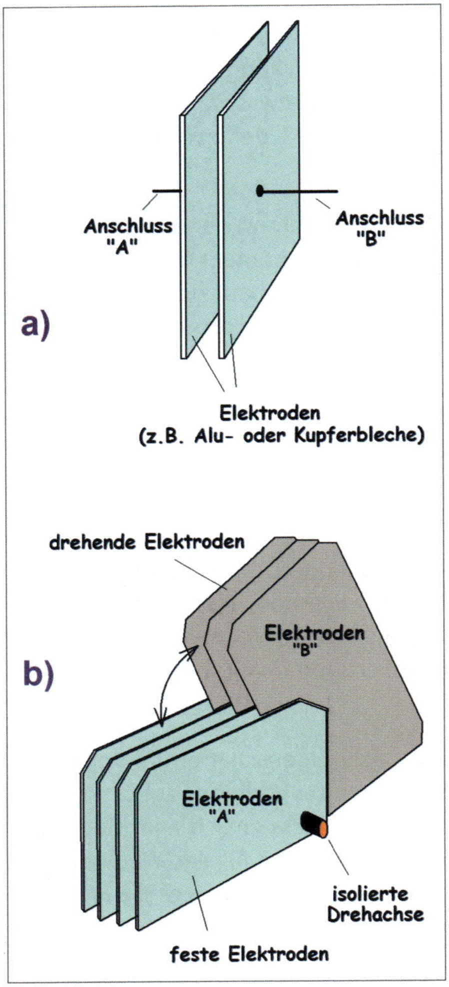

Abb. 12.1: a) Prinzip eines einfachen Kondensators; b) Beispiel eines Drehkondensators

Ein ähnliches Prinzip wird noch bei Kondensatoren (Drehkondensatoren) angewendet, die in der Elektronik als Abstimmkondensatoren ausgeführt sind. Hier handelt es sich jedoch nicht um zwei Platten, sondern um mehrere dünne Platten (siehe Abb. 12.1.b), die beliebig tief ineinander hineingedreht werden können. Dadurch verändert sich die sogenannte *Kapazität* des Kondensators, und man kann mit ihm z. B. eine Frequenz abstimmen. Die Fläche, die Anzahl und das Dielektrikum bestimmen die Kapazität eines jeden Kondensators.

Die zwei wichtigsten technischen Parameter eines Kondensators sind seine Kapazität und seine maximal zulässige Betriebsspannung. Die Kapazität eines Kondensators wird in Farad (**F**), Mikrofarad (**µF**), Nanofarad (**nF**) und Pikofarad (**pF**) angegeben.

1.000 pF = **1 nF**, 1.000 nF = **1 µF** und 1 µF = 0,000 001 **F** (Farad)

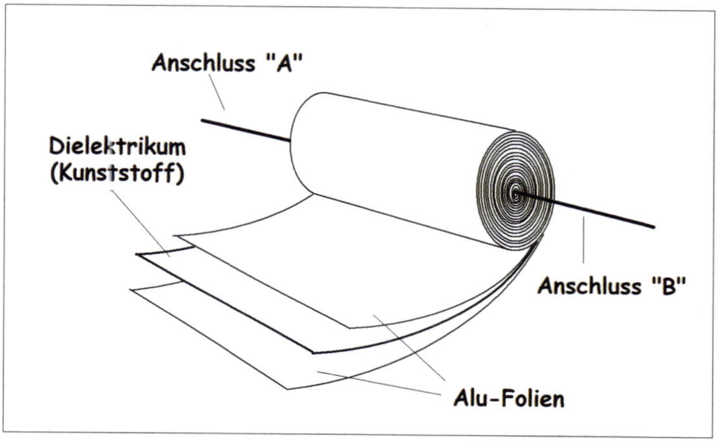

Abb. 12.2: Bei den meisten Kondensatoren werden die zwei Elektroden zusammengerollt und in einen speziellen Kunststoff eingegossen

Die meisten handelsüblichen *nicht polaritätsabhängigen* Kondensatoren werden nach einem Prinzip hergestellt, das an die Herstellung von Zigarren erinnert: Zwischen zwei Alufolien wird als Dielektrikum z. B. eine Kunststofffolie eingelegt, der ganze Streifen wird dann einfach wie eine Zigarre zusammengerollt und danach in beliebigen Kunststoff eingegossen. Anders als bei Zigarren muss der Hersteller hier allerdings an jeder der zwei Folien ein Drähtchen anbringen, denn ein Kondensator benötigt – ähnlich wie jeder intakte Widerstand – auch zwei Anschlüsse.

Die Formen der Kondensatoren sind sehr unterschiedlich. Zudem teilen sich Kondensatoren auch noch in solche, die *polaritätsunabhängig* angeschlossen werden dürfen, und in solche, bei denen unbedingt auf die richtige Polarität geachtet werden muss (andernfalls geht der Kondensator kaputt).

Die zulässige Betriebsspannung wurde früher – solange die Kondensatoren dafür groß genug waren – meist direkt auf sie aufgedruckt. Das gelingt nur noch bei den größeren nicht elektrolytischen Kondensatoren, wird aber weiterhin noch bei Elektrolyt-Kondensatoren (Elkos) gehandhabt – ähnlich wie z. B. auf Batterien. Auf den Elkos wird zudem immer auch die Anschluss-Polarität (siehe Abb. 12.3/12.4) aufgedruckt. Oft wird da mit einem Pluszeichen angezeigt, welches Drähtchen oder Füßchen an die Plusspannung angeschlossen werden muss, teilweise wird nur mit einem schwarzen Umrandungsstrich angezeigt, welche Seite des Elkos an die Masse gehört.

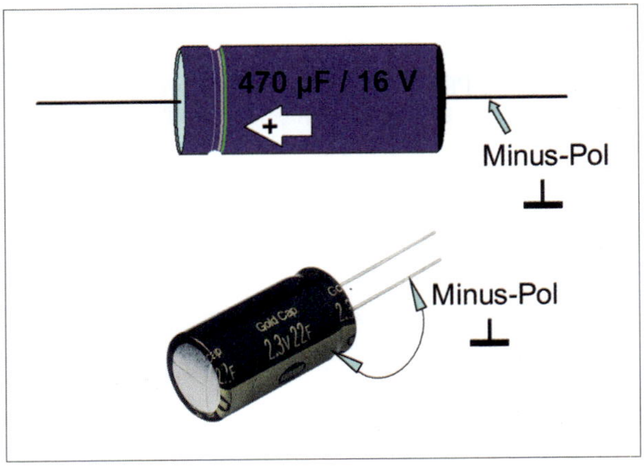

Abb. 12.3: Beispiel eines Elektrolyt-Kondensators, auf dem die wichtigsten technischen Daten aufgedruckt sind

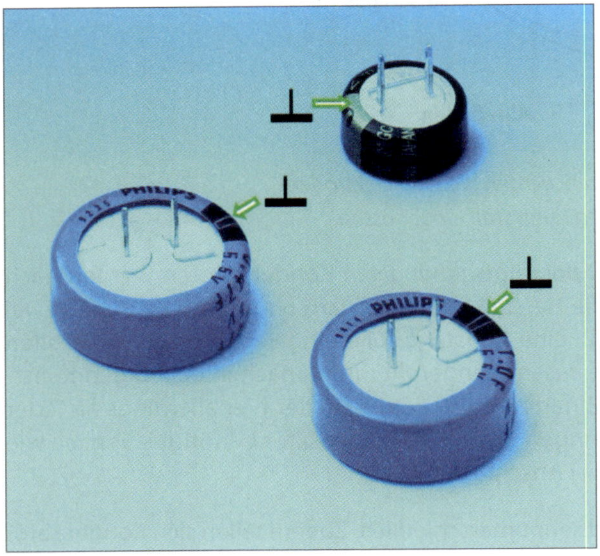

Abb. 12.4: An flachen Speicherkondensatoren zeigt ein zusätzlicher kleiner, schwarzer oder goldener Streifen nahe des Lötfüßchens an, dass es sich hier um den Anschluss an die Masse (Minusspannung) handelt

Sowohl in elektronischen Schaltplänen als auch auf den meisten gängigen elektrolytischen Kondensatoren wird jedenfalls die Polarität immer angegeben oder verdeutlicht. Auch aus den Schaltzeichen der Kondensatoren geht hervor, ob sie polaritäts*unabhängig* oder polaritäts*abhängig* angeschlossen werden müssen. Zu den Letzteren gehören vor allem *Elektrolyt-* und *Tantal-Kondensatoren.* Sie sind mit der Plusseite immer in Richtung der Plusspannung und mit der Minusseite in Richtung der Minusspannung (oder Masse) anzuschließen. Ansonsten platzen bzw. explodieren sie.

Früher hatten fast alle Kondensatoren die Form einer Zigarre oder ähnelten einem Widerstand »mit Übergewicht«. Moderne Kondensatoren haben meist einen flachen Körper, aber werden – soweit es sich um Folienkondensatoren handelt – auf eine ähnliche Weise wie die runden Kondensatoren »zusammengerollt« oder wie die Blätter eines Buches zusammengesetzt.

Rund sind immer noch die meisten *elektrolytischen Kondensatoren*. Sie werden ähnlich hergestellt wie die »gerollten« Folienkondensatoren, haben als Dielektrikum aber kein festes Material, sondern nur einen Elektrolyt. Er muss die zwei Alufolien (die zwei Pole des Kondensators) isoliert voneinander halten. Das gelingt ihm nur dann, wenn er auch polaritätsgerecht angeschlossen wird.

Ein solcher elektrolytischer Kondensator darf auf keinen Fall an eine Wechselspannung angeschlossen werden. Dann brennt sein Dielektrikum sofort durch und er ist nicht mehr brauchbar.

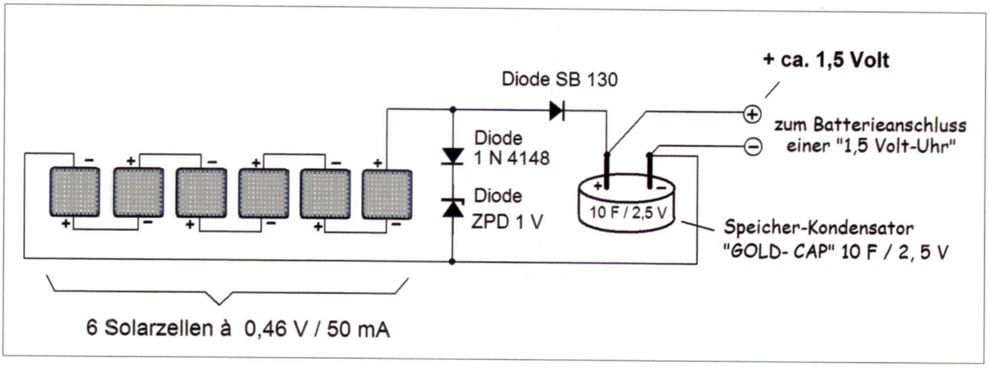

Abb. 12.5: So sehen die größeren elektrolytischen Kondensatoren aus

Der Vollständigkeit halber ist an dieser Stelle darauf hinzuweisen, dass es auch spezielle *bipolare elektrolytische Kondensatoren* gibt, die polaritätsunabhängig sind und auch an Wechselspannung angeschlossen werden dürfen. Genau genommen sind sie für Wechselspannung bestimmt. Sie werden in der Elektrotechnik als Motoren-Kondensatoren und in der Audiotechnik vor allem als Tonfrequenz-Kondensatoren für Frequenzweichen eingesetzt.

Als »kleine Brüderchen« der Folienkondensatoren gibt es auch noch diverse *keramische Kondensatoren*. Sie werden mit Vorliebe dort eingesetzt, wo platzsparend gearbeitet werden soll, bzw. wenn sie wegen ihrer anderen speziellen technischen Parameter erforderlich sind.

Als »kleine Brüderchen« der Elektrolyt-Kondensatoren verdienen noch die *Tantal-Kondensatoren* Aufmerksamkeit. Sie haben kleine Abmessungen, sind *polaritätsabhängig*, eignen sich jedoch nur für relativ niedrige Spannungen (aus den Herstellerangaben gehen die jeweiligen maximalen Arbeitsspannungen hervor).

Bei den meisten Kondensatoren wird als maximale Spannung nur die Gleichspannung angegeben. Ausnahmsweise – u. a. bei einigen speziellen *Styroflex-Kondensatoren* – gibt der Hersteller beide Spannungsarten an, etwa: Nenngleichspannung 63 V, Wechselspannung 25 V.

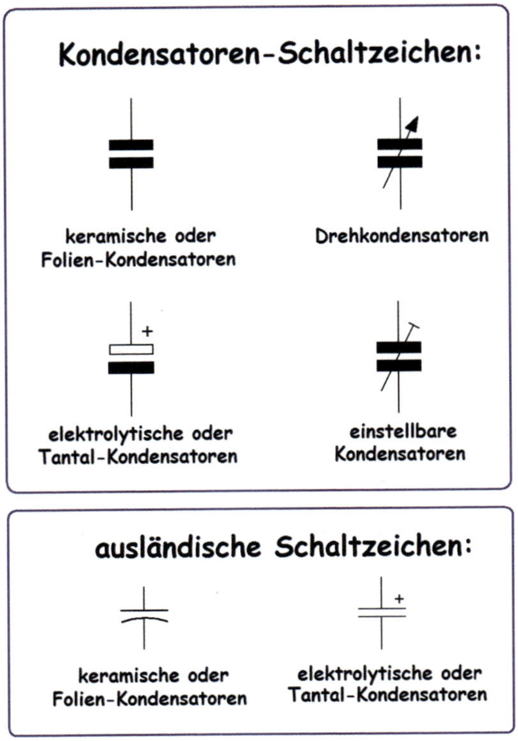

Abb. 12.6: Kondensatoren-Schaltzeichen

Die Toleranz der meisten Kondensatoren liegt bei 10 % bis 20 %, kann aber u. a. auch – besonders bei keramischen Scheibenkondensatoren – kapazitätsabhängig z. B. zwischen 5 % (bei kleinen Kapazitäten) und ca. 50 % (bei großen Kapazitäten) liegen. Elektrolyt-Kondensatoren werden oft mit Toleranzen von etwa -20 % bis +50 % gefertigt (soweit nicht andere Toleranzen angegeben werden).

In der Praxis wird meistens jeweils nur eine der Fähigkeiten eines Kondensators genutzt. Die Elektrolyt-Kondensatoren (Elkos) werden als Speicher oder Glätter verwendet, bei den nicht elektrolytischen Kondensatoren wird wiederum auf verschiedenste Arten Gebrauch von ihrer Frequenzabhängigkeit gemacht.

Da beides erklärungsbedürftig ist, müssen wir auf konkrete Beispiele zugreifen. Wir fangen mit der »Glättungsfähigkeit« eines elektrolytischen Kondensators an, die in der Elektrotechnik auf breiter Ebene genutzt wird: Abb. 12.7 zeigt, wie ein Elko eine pulsierende Spannung glättet und wie die Qualität der so erzielten Glättung von seiner Kapazität abhängt.

Die Glättung einer pulsierenden Wechselspannung kann anhand des Beispiels aus Abb. 12.8 verdeutlicht werden: Die vier Gleichrichterdioden bilden hier einen sogenannten *Brückengleichrichter*, der ausgangsseitig eine pulsierende Gleichspannung an den Elko liefert, und dieser glättet dann relativ brauchbar die ihm zugeführte Spannung.

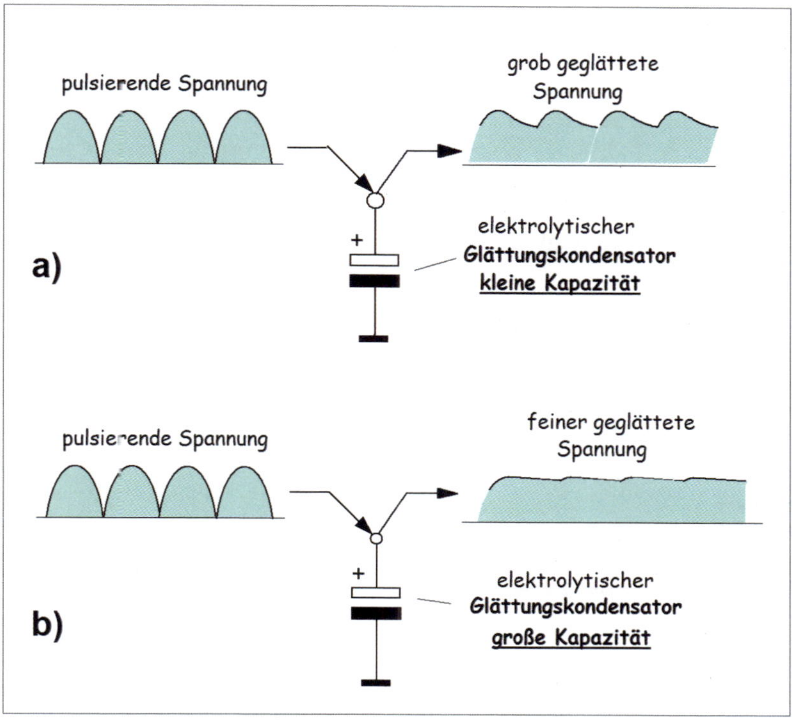

Abb. 12.7: Die Glättungswirksamkeit eines Elkos steigt mit seiner Kapazität

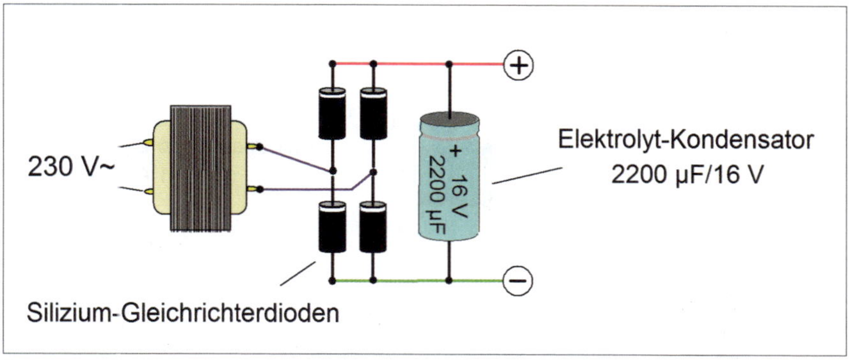

Abb. 12.8: Beispiel einer einfachen Schaltung, die mithilfe eines Brückengleichrichters und eines kleinen Elektrolyt-Kondensators eine relativ brauchbar geglättete Gleichspannung für bescheidenere Anwendungen liefern kann

Kleinere Gleichstrommotoren geben sich notfalls mit einem einfacheren Netzteil zufrieden, von dem sie nur eine bescheiden geglättete Quasi-Gleichspannung nach Abb. 12.9 beziehen.

Anspruchsvollere elektronische Schaltungen, vor allem Audio- oder Videoschaltungen, benötigen jedoch eine wesentlich besser geglättete Gleichspannung, die nach dem Beispiel aus Abb. 12.10 mit einem *Spannungsregler* perfekt geglättet werden kann.

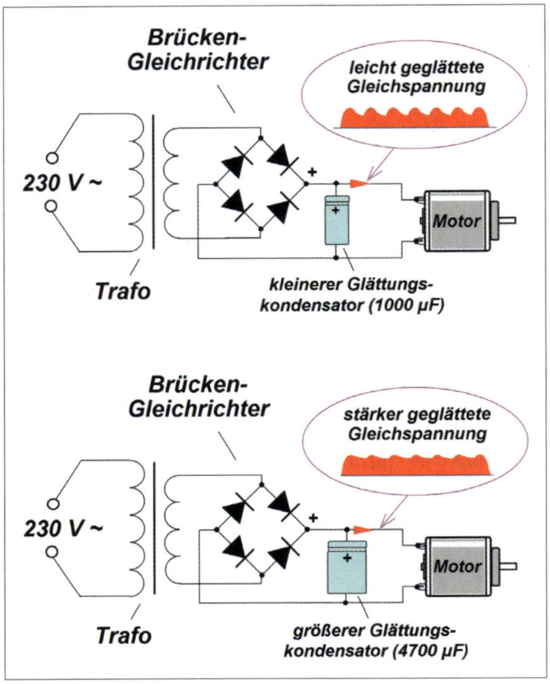

Abb. 12.9: Je besser die pulsierende Spannung geglättet wird, umso ruhiger läuft der eingezeichnete kleine Gleichstrommotor

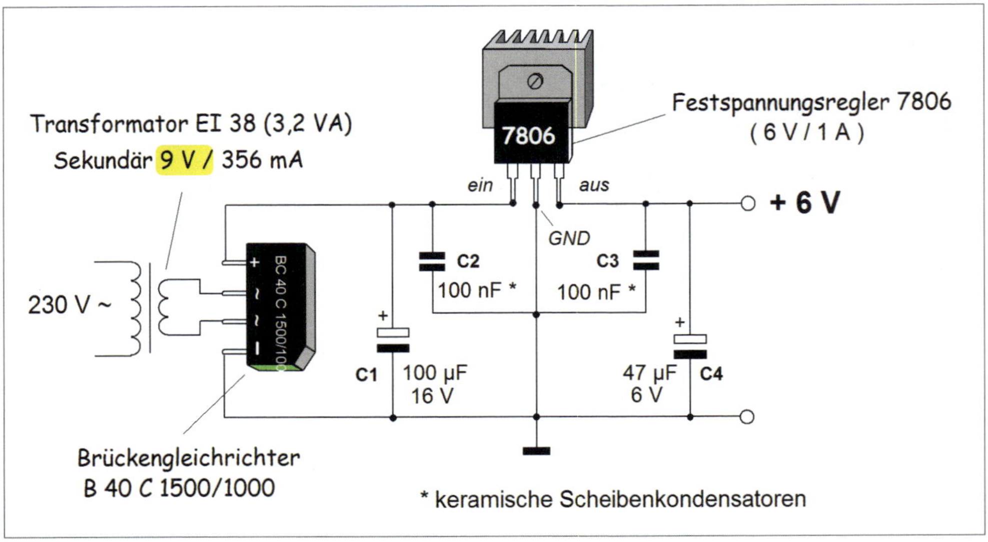

Abb. 12.10: Beispiel eines stabilisierten Netzteils, in dem Elkos und Scheibenkondensatoren eine wichtige Rolle spielen

Die Anwendungsmöglichkeiten eines Kondensators – und somit auch eines Elkos sind riesig. Eine interessante Anwendung zeigt die einfache Alarmschaltung in Abb. 12.11: Diese Schaltung löst den Alarm – oder auch einen anderen Schaltvorgang – leicht zeitlich verschoben aus. Der tiefere Sinn liegt bei so einer Schaltung darin, dass z. B. ein Einbrecher nach dem Betreten einer Trittmatte oder nach einem Durchgang durch eine Infrarot-Lichtschranke nicht gleich erkennt, dass, womit und wo er den Alarm ausgelöst hat.

Sobald der Alarmschalter (Mikroschalter), eine Trittmatte oder ein beliebiger anderer Schalter die Versorgungsspannung an die *leise Warnsirene* und über den Widerstand **R** an die Relaisspule durchschaltet, erklingt vorerst nur die leise Warnsirene. Sie verhindert, dass durch ein Versehen gleich ein starker Alarm ausgelöst wird (man hat Zeit, um ein versehentliches Einschalten des Alarms zu stoppen). Die Länge der Zeitspanne zwischen der Vorwarnung und dem »Aufheulen« der großen Sirene hängt von der Kapazität des Kondensators und vom ohmschen Wert des Widerstands **R** ab. Über diesen Widerstand wird nach der Aktivierung des Alarmschalters an das »linke Füßchen« der Relais-Magnetspule und gleichzeitig an das Plus des 220-µF-Elkos positive Spannung zugeführt.

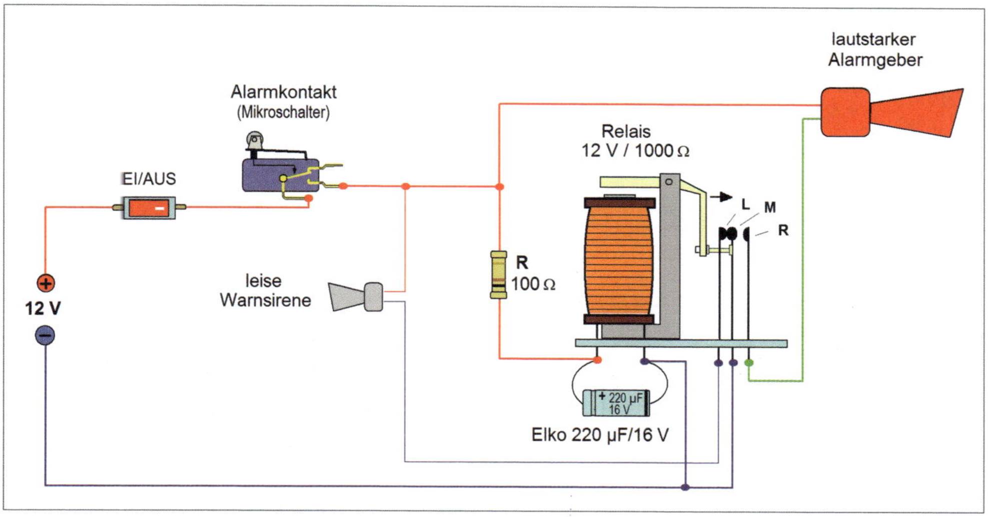

Abb. 12.11: Beispiel einer einfachen Einbruchschutz-Schaltung, bei der ein elektrolytischer Kondensator ein zeitlich verschobenes zweistufiges Schalten ermöglicht

Im Stand-by ist dieser Elektrolyt-Kondensator spannungsfrei, weil ihn die Magnetspule des Relais gleich nach dem Abschalten der Versorgungsspannung ziemlich schnell entlädt. Nachdem ihm über den Widerstand **R** Spannung zugeführt wird, muss er sich erst langsam aufladen. Dabei steigt automatisch auch die Versorgungsspannung der Relais-Magnetspule. Das angewendete 12-Volt-Relais springt erst dann an, wenn seine Versorgungsspannung eine brauchbare Höhe erreicht hat. Diese dürfte hier in etwa (je nach Relais-Typ) bei ca. 9 V bis 9,5 V liegen (es müssen jedenfalls nicht die vollen 12 Volt sein). Dieses Relais hat einen Umschaltkontakt (Wechsler), dessen mittlerer Kontakt **M** bei Aktivierung des Relais auf seinen rechten Kontakt **R** elektromagnetisch umgeschaltet wird. Dabei wird erst der Kontakt zwischen den Kontaktpunkten **L** und **M** und somit auch die Verbindung der leisen Sirene mit der Minusspannung unterbrochen. Kontakt **M** wird dabei gegen Kontakt **R** gedrückt, wodurch der laute Alarmgeber eingeschaltet wird. Klar ist, dass so ein Mini-Einbruchschutz in der Praxis über einen Timer betrieben werden sollte – vor allem bei der Abreise in den Urlaub.

Mit etwas Geduld kann man den ganzen beschriebenen Vorgang leicht nachvollziehen – und bei etwas Fantasie kann man diese Schaltung auch anderweitig nutzen: Der Widerstand der Magnetspule des elektromagnetischen Relais sollte ca. 1.000 Ohm nicht (oder nicht zu sehr) unterschreiten. Die Kapazität des Elkos kann beliebig variieren, denn sie ist nur für die Länge der Pause zwischen dem Einschalten des Alarmschalters und dem Anspringen des Relais zuständig. Je größer die Kapazität, desto länger die Pause.

Nach dem Beispiel in Abb. 12.12 kann die Schaltung aus Abb. 12.11 kaskadiert werden. Es können beliebig viele solcher Einzel-Relaisstufen nacheinander wie Eisenbahnwaggons angeschlossen werden, wenn mehrere zeitlich verschobene Schaltvorgänge erwünscht sind. Zu beachten ist dabei, dass der von den angeschlossenen Verbrauchern (Alarmgebern) bezogene Strom die zur Verfügung stehende Stromquelle und die Kontakte der angewendeten Relais nicht überstrapaziert.

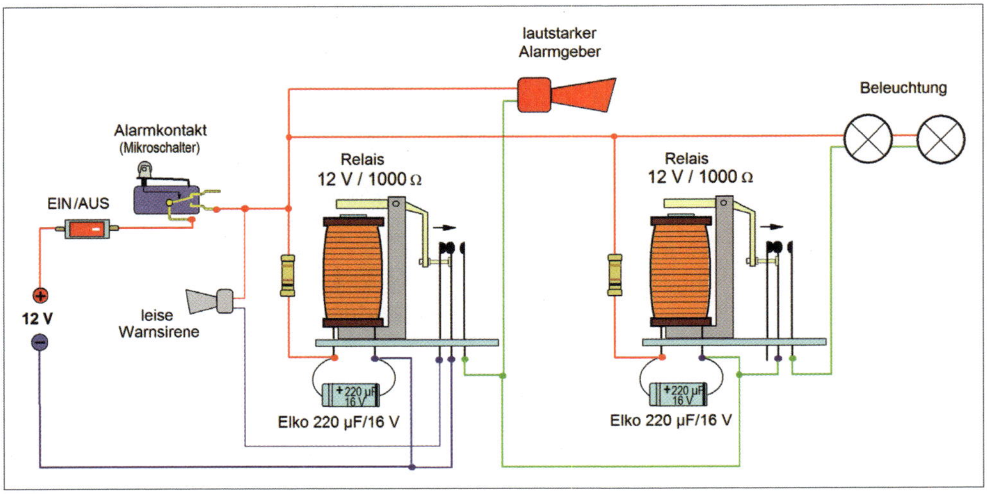

Abb. 12.12: Die Relais-Sektion aus Abb. 12.11 kann nach diesem Beispiel mit beliebig vielen Kaskaden erweitert werden

Die Anwendungsmöglichkeiten der nicht elektrolytischen Kondensatoren liegen allerdings auf etwas anderen Spielwiesen: Ihre Fähigkeit, höhere Frequenzen umso besser durchzulassen, je höher sie sind, wird in allen nur denkbaren Varianten genutzt, von denen sich viele in sehr speziellen Schaltungen nützlich machen. Auf weitere interessante und brauchbare Beispiele kommen wir in diesem Buch noch zurück. Jetzt sehen wir uns eine der einfachsten Anwendungen eines kleinen Kondensators an, der z. B. nach Abb. 12.13 am Netzschalter eines Netzgerätes für die Entstörung von Oberwellen zuständig ist, die bei elektrischen Schaltvorgängen eigentlich immer vorkommen.

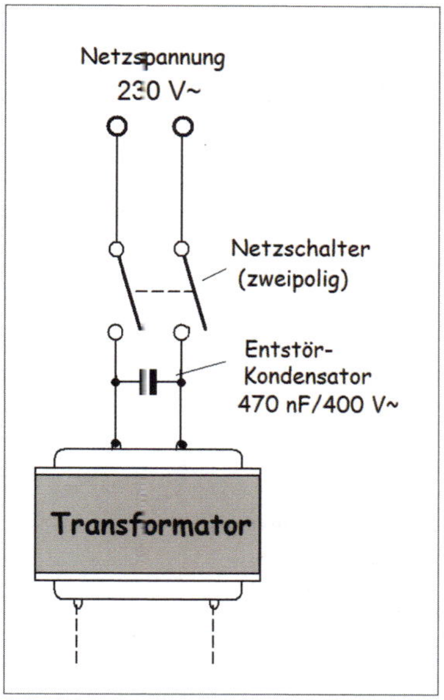

Abb. 12.13: Ein Kondensator am Netzschalter eines Gerätes wird für eine einfachere Entstörung von Oberwellen angewendet, die bei den Schaltvorgängen andere elektronische Geräte – vor allem Audiogeräte – stören würden

Diese einfache Lösung repräsentiert zwar nicht die perfekteste Form einer Entstörung, wird aber in der Praxis oft angewendet, denn sie ist kostengünstig und sie reicht aus (zumindest »unter Umständen«). Etwas eleganter lässt sich die Funktion eines Kondensators an dem Beispiel aus Abb. 12.14 zeigen. Im Beispiel links können – je nach der Einstellung des 100-k-Potentiometers – die hohen Frequenzen der vom Gitarren-Tonabnehmer zugeleiteten Töne gegen die Masse abgeleitet werden. Somit können die zum Verstärker weitergeführten Töne wahlweise wärmer oder schärfer klingen.

Ähnlich wie beim vorhergehenden Beispiel kann nach Abb. 12.15 ein zusätzlicher Kondensator als eine *Frequenzweiche* für einen *Hochtöner* (Hochton-Lautsprecher) dienen. So eine Lösung eignet sich z. B. auch sehr gut für Eigenbau-Lautsprecherboxen für Musikinstrumente (wie Gitarre oder Bassgitarre). Bei einem Fernseher neuester Bauart ist es mit der praktischen Durchführung eines ähnlichen Vorhabens nicht so einfach, denn die meisten Fernseher verfügen nur über sehr leistungsschwache (bis ausgesprochen lausige) 10-Watt-Verstärker, die ab einem Leistungsbezug von mehr als ca. 3 bis 4 Watt Klangverzerrungen aufweisen. Dabei ist gegenwärtig die Qualität der Verstärker generell sehr gut, aber nur in dem Bereich, der meistens unterhalb der Hälfte der theoretischen Nennleistung liegt, die man nur als die höchste »Brüll-Leistung« betrachten darf, die der Verstärker gerade noch ächzend verkraftet, bevor er zu einer Kochplatte wird und sein Dasein aufgibt.

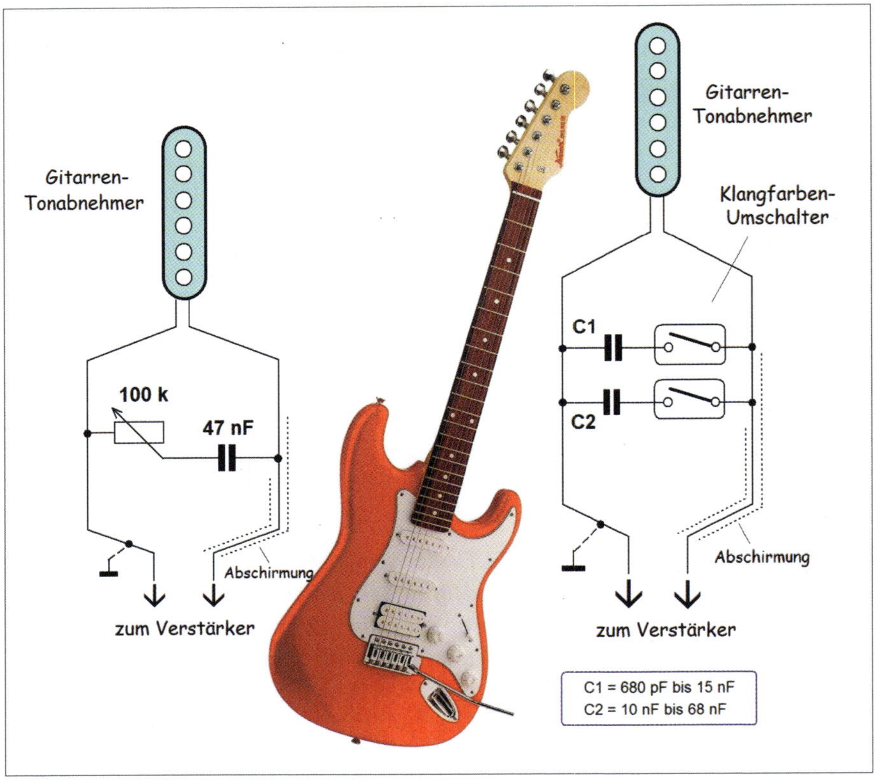

Abb. 12.14: Links: Der 47-nF-Kondensator leitet die höheren Frequenzen der Gitarrentöne gegen die Masse ab. Rechts: Die zwei Kondensatoren C1 und C2 können bei Bedarf zugeschaltet werden, um ebenfalls die höheren Frequenzen gegen die Masse abzuleiten, damit der Ton wärmer klingt

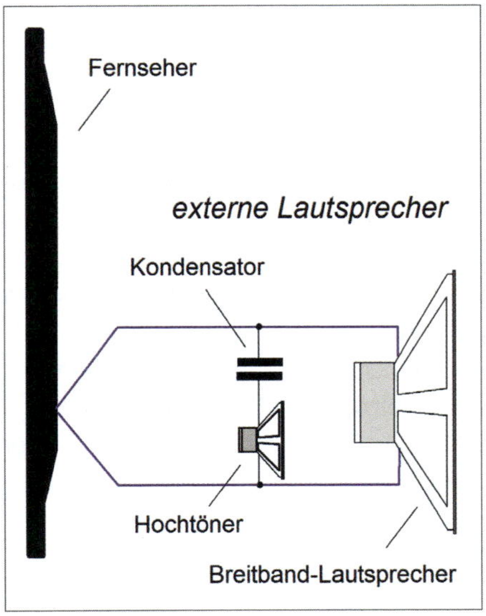

Abb. 12.15: Ein Kondensator als eine einfache Frequenzweiche für einen Hochton-Lautsprecher: Er lässt an den Hochtöner nur höhere Frequenzen durch

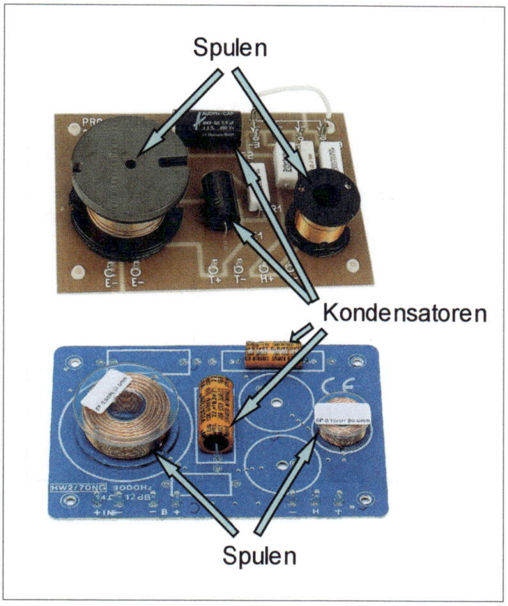

Abb. 12.16: Zwei Ausführungsbeispiele einfacher professioneller passiver Frequenzweichen

Die meisten der professionellen Frequenzweichen geben sich mit nur einem einzigen Kondensator wie in Abb. 12.15 nicht zufrieden und bevorzugen eine Kombination von mehreren Kondensatoren und Spulen. Die zwei Ausführungsbeispiele professioneller Frequenzweichen in Abb. 12.16 werden als **passive Frequenzweichen** bezeichnet. Da solche Bilder den meisten Menschen gar nichts sagen, wollen wir uns die Mysterien einer guten elektroakustischen Klangwiedergabe etwas näher ansehen:

Es heißt, dass wir Menschen theoretisch fähig sein sollten, akustische Frequenzen zwischen ca. 16 Hertz (Hz) und ca. 20.000 Hertz zu hören. 16 Hz haben die tiefsten Töne und 20.000 Hz (oder sogar 22.000 Hz) die höchsten Töne, die wir brauchbar hören sollten. Mit dem oberen Hörbereich stimmt es »relativ garantiert« nur bei Kleinkindern, die oft auch sehr hohe Töne im Bereich zwischen 20.000–22.000 Hz hören. Bergab geht es dann gleitend – oder auch sprunghaft – mit zunehmendem Alter und mit zunehmenden Discobesuchen. Wer Glück hat, hört oft bis ins Rentenalter Frequenzen bis zu etwa 18.000 Hz – oder auch bis zu 20.000 Hz.

In der Elektroakustik darf jedenfalls der obere Frequenzbereich von 20.000 Hz als Richtwert betrachtet werden. Die elektroakustische Tonübertragung und Tonwiedergabe strebt daher an, dass alle Töne zwischen 16 Hz und 20.000 Hz möglichst dynamisch ausgewogen und unverzerrt so wiedergegeben werden, wie sie von den Tonquellen geliefert werden.

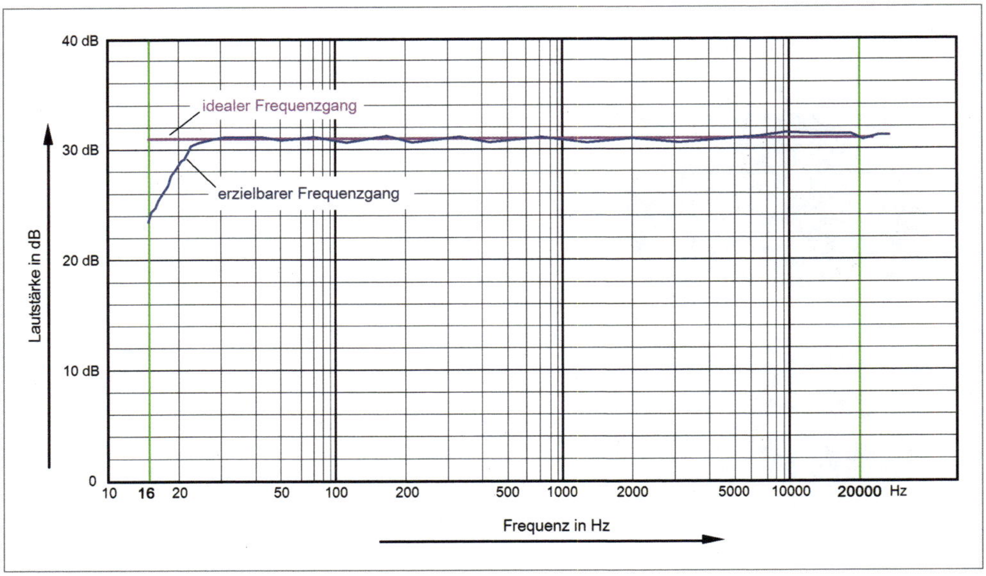

Abb. 12.17: Nur zur besseren Vorstellung: unser Hörbereich und eine erstrebenswerte elektroakustische Klangwiedergabe grafisch dargestellt

Die schlimmsten Spielverderber sind bei der ganzen Aufgabenbewältigung die Lautsprecher(boxen). Wenn man sich dazu eine schöne Grafik der optimal ausgewogenen Lautstärke wie in Abb. 12.17 zeichnet, müsste sie in einer perfekt geraden Linie verlaufen. Bei sehr guten Lautsprecherboxen gelingt es annähernd gut, aber mit der Wiedergabe der tiefsten Frequenzen haben auch die besten Lautsprecherboxen noch Probleme – wie es auch der Verlauf des erzielbaren Frequenzgangs in Abb. 12.17 zeigt: Dass die tiefsten Töne im Bereich zwischen 16 Hz und ca. 30 Hz zu leise wiedergegeben werden, manifestiert sich zum Glück wahrnehmbar hauptsächlich nur bei Orgelmusik mit einer großen Orgel, die auch über die sehr großen 32-Fuß-Orgelpfeifen verfügt. Da hat der tiefste Ton, das Subkontra-C bzw. C2, eine Frequenz von 16,35 Hz. Bei allen anderen Musikinstrumenten fangen die tiefsten Töne nur oberhalb von C1 an, dessen Frequenz 32,7 Hz hat und somit bei einer extrem guten Klangwiedergabe keine Einbußen verzeichnen müsste.

Das ist allerdings nur eine vereinfachte Grenzsetzung, denn unter allen Klängen und Tönen, die wir aus unserer Umgebung wahrnehmen, tragen auch die tiefsten Frequenzen dazu bei, dass das Klangbild seine natürliche Fülle behält. Wir hören es, aber wir wissen eigentlich nicht, dass wir es hören, aber wenn diese tiefsten Töne bei einer elektronischen Klangwiedergabe nicht da sind, erhält die Klangwiedergabe den elektronischen Beigeschmack. Mit der Wiedergabe von beliebig hohen Frequenzen gibt es dagegen in der Elektroakustik theoretisch keine Probleme. Praktisch bilden hier die Plastik-Hochtöner eine gewisse Schwachstelle. Bei den meisten hört man nämlich das Mitschwingen des Kunststoffs, der der Klangwiedergabe einen gewissen Kanalrohr-Sound verleiht.

Wozu können diese Erklärungen überhaupt gut sein? Vor allem dazu, dass wir z. B. beim Kauf eines neuen Fernsehers etwas mehr darauf achten sollten, dass die Hersteller eigentlich von Jahr zu Jahr immer miserablere Verstärker und Lautsprecher einbauen. Mit der Wiedergabe tieferer Frequenzen läuft da eigentlich gar nichts mehr.

Der Platz im Fernseher reicht nur für kleine Lautsprecher aus, die zwar problemlos Frequenzen von 22.000 Hz – oder auch mehr – wiedergeben können, aber für Tiefton-Schwingungen sind ihre Membranen einfach zu klein. Dabei gehören unsere Ohren genetisch verankert zu den wichtigsten Sensoren, die wir von unseren Vorfahren geerbt haben. Eine möglichst perfekte elektroakustische Klangwiedergabe sollte daher nicht als ein Luxus, sondern als etwas Selbstverständliches betrachtet werden (wir kommen darauf im nächsten Kapitel noch kurz zurück).

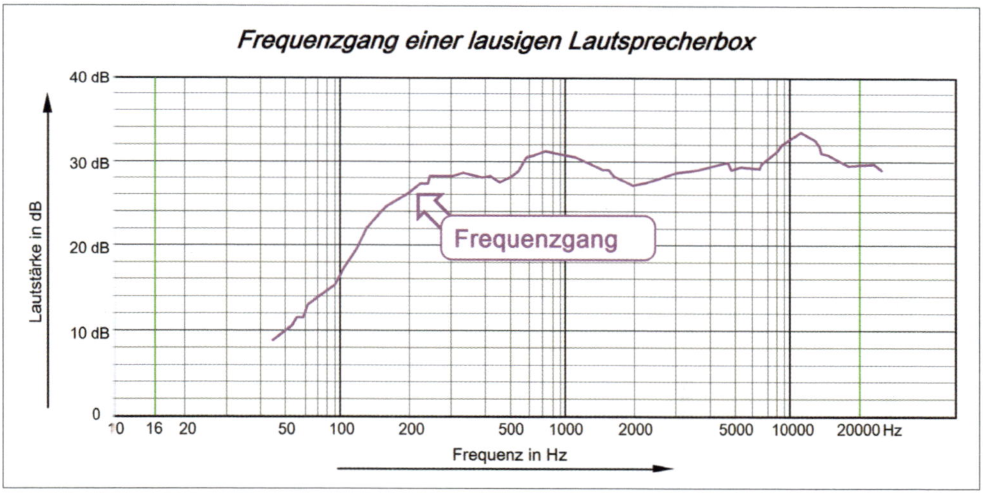

Abb. 12.18: Viele der kleineren Lautsprecherboxen sind nicht in der Lage, tiefere Töne in einer zumutbaren Lautstärke wiederzugeben (bei Fernsehern ist es mit der Wiedergabe tieferer Töne meist noch schlimmer)

13. Spulen und Drosseln

In den vorherigen Kapiteln haben wir bereits viele Spulen kennengelernt: als Relais-Magnetspulen, Magnetspulen von Hubmagneten und als Spulen in Frequenzweichen.

Spulen und Drosseln bilden sozusagen den »Dritten im Bunde« bei den Grundbausteinen der Elektrotechnik, zu denen die bereits behandelten Widerstände und Kondensatoren gehören. Einige der Spulenanwendungen, die wir bereits dargestellt haben, zeigen uns, wozu diese Bauteile gut sein können. Nun sehen wir uns das Ganze etwas genauer an, die gängigsten Spulenschaltsymbole zeigt Abb. 13.1.

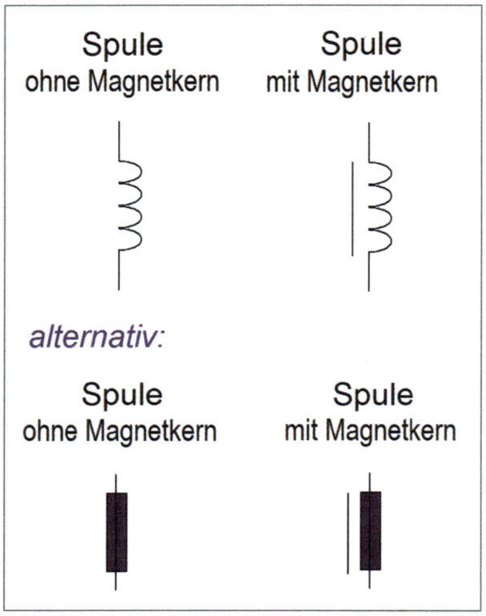

Abb. 13.1: Spulenschaltsymbole

Als internationales Formelzeichen für eine Spule (Induktivität) wird der Buchstabe **L** verwendet (zu Ehren des Physikers Emil Lenz). Bei Widerständen ist es der Buchstabe **R**, bei Kondensatoren der Buchstabe **C**. Die Induktivität einer Spule wird in **H** (**H**enry, nach dem Physiker Joseph Henry) oder in **mH** (Millihenry) und bei sehr winzigen Spulen in **µH** (Mikrohenry) angegeben. Es handelt sich auch hier um ähnliche Abstufungen wie bei Metern, Millimetern und Mikrometern.

Interessant an einer Spule ist, dass sie sich in einer elektrischen Schaltung genau umgekehrt verhält wie der Kondensator: Für den Gleichstrom verhält sie sich als normaler Leiter, für den Wechselstrom bildet sie dagegen einen Widerstand, der mit der ihr zugeführten *Frequenz* und mit der *Spulen-Induktivität* wächst.

Man spricht von einer *Drossel- und Sperrwirkung* einer Spule für Wechselströme. Als *Drossel* werden Spulen bezeichnet, die speziell für das Drosseln (Herausfiltrieren) etwa von Störimpulsen im Netz bestimmt sind.

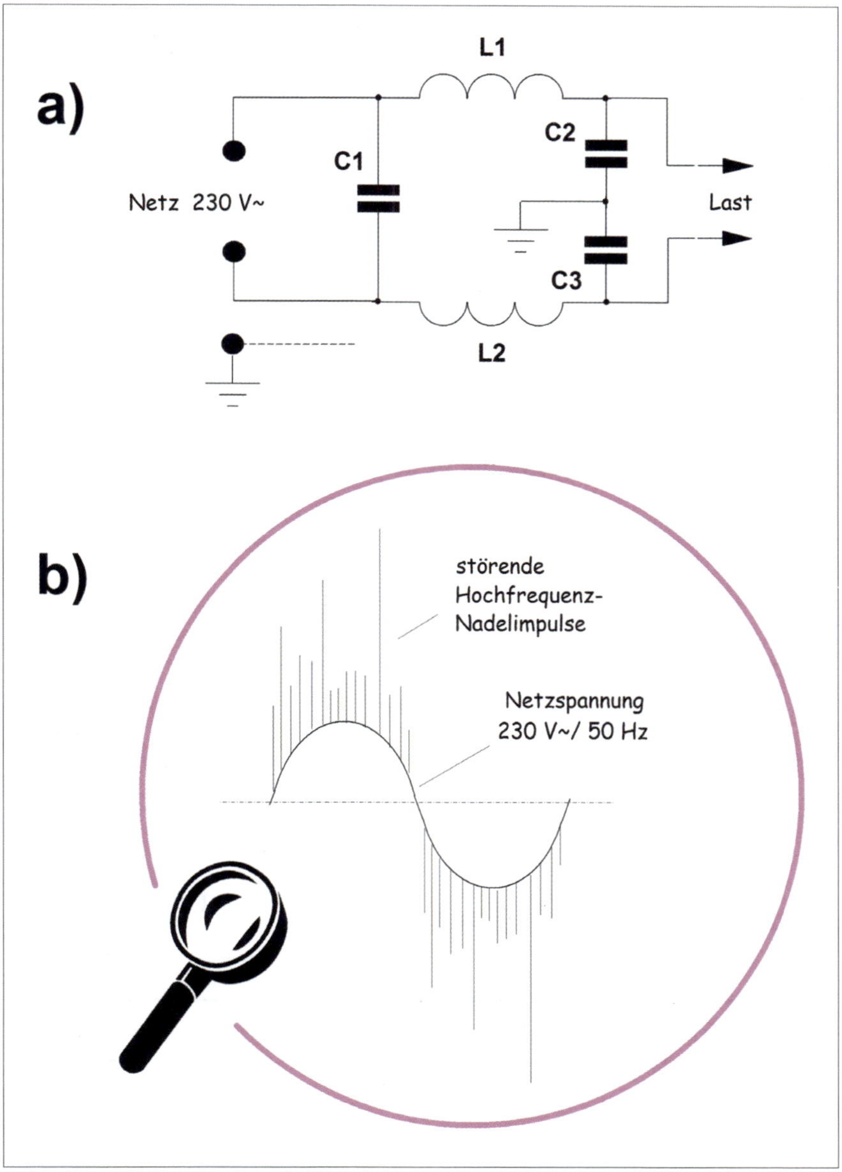

Abb. 13.2: a) Schaltung eines einfacheren handelsüblichen Netzfilters; b) Hochfrequenz-Nadelimpulse (Oberwellen) verschmutzen unerwünscht bis gefährlich die sinusförmige Netzspannung

Die spezielle Eigenschaft der Spule, höheren Frequenzen einen Durchlass zu verweigern, wird in handelsüblichen Netzfiltern mit der Eigenschaft der Kondensatoren, hohe Frequenzen kurzzuschließen, kombiniert (siehe Abb. 13.2a). Die Spulen (Drosseln) **L1** und **L2** lassen die hohen störenden Frequenzen nicht durch (bzw. fast nicht durch), und die Kondensatoren **C1**, **C2** und **C3** »filtrieren« sie gleichzeitig noch heraus. Eine solche »doppelt gemoppelte« Lösung ist deshalb erforderlich, weil weder die Wirkung der Drosseln noch die der Kondensatoren hundertprozentig ist. Durch die Kombination beider Prinzipien wird hier ein zufriedenstellendes Ergebnis erzielt.

Solche Störimpulse zeigen sich nach dem Beispiel aus Abb. 13.2b auf dem Bildschirm eines Oszilloskops als haardünne Nadeln, die an der sinusförmigen Netzfrequenz wie die Zecken an einer Katze sitzen und Funktionen der angeschlossenen Geräte (PC, Fernseher, Radio, medizinische Geräte u. Ä.) stören.

Ähnlich wie bei dem vorhergehenden Netzfilter wirken sich Spulen und Kondensatoren auch in konventionellen Audio-Frequenzweichen aus. Auch hier spielen sich die Eigenschaften der Kondensatoren und der Spulen in die Hand und stellen die Weichen für ausgewählte Frequenzbereiche. Sie drosseln bei einer einfachen *Dreiwege-Frequenzweiche*, die für drei Lautsprecher ausgelegt ist (siehe Abb. 13.3), die hohen Tonfrequenzen so ab, dass jeder der drei Lautsprecher möglichst gut dosiert nur die Frequenzen erhält, die er wiedergeben soll.

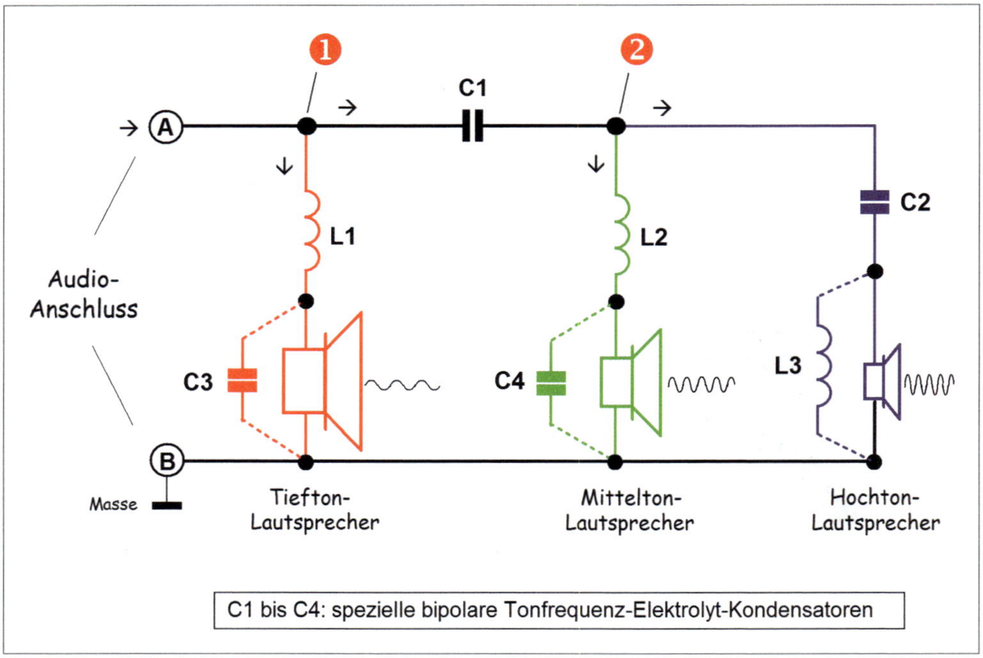

Abb. 13.3: Schaltung einer einfachen passiven Dreiwege-Frequenzweiche

Auf den ersten Blick sieht die Frequenzweiche in Abb. 13.3 zwar etwas komplex aus, ist aber genauso leicht durchschaubar wie eine Straßenkreuzung mit gut ausgeschilderten Fahrtrichtungen. Wir haben hier – der leichteren Übersicht wegen – einige der Kreuzungen mit Punkten versehen, auf die wir uns bei der Erklärung der Funktionsweise beziehen können: An der ersten Kreuzung 1 sollte sich das Audiosignal in zwei Bahnen teilen: Die obere Bahn ist für höhere Frequenzen, die untere für tiefe Frequenzen vorgesehen. Wir wissen, dass eine Spule hohe Frequenzen nicht gut durchlässt. Daher bildet die Spule **L1** eine Sperre für höhere Frequenzen und lässt zu dem Tiefton-Lautsprecher (Basslautsprecher) nur die tieferen Frequenzen durch. Kondensator **C1** schließt die restlichen hohen Frequenzen, die durch **L1** durchgedrungen sind, gegen die Masse kurz. Somit erhält der Tiefton-Lautsprecher nur (oder »so gut wie nur«) die für ihn vorgesehenen tiefen Töne. Kondensator **C1** bildet eine »Straßensperre« für die tiefsten Frequenzen, die nur für den Basslautsprecher vorgesehen sind. Die dennoch durch **C1** durchgedrungenen tiefen Frequenzen drosselt Spule **L2** (2) angemessen ab und lässt an den Mittelton-Lautsprecher nur die mittleren Frequenzen durch. Da er jedoch nicht für die Wiedergabe höherer Frequenzen zuständig ist, die für den Hochton-Lautsprecher vorgesehen sind, leitet der Kondensator **C4** die zu hohen Frequenzen gegen die Masse, damit der Hochton-Lautsprecher auch die für ihn vorgesehene Portion der Töne erhält. Und damit es ihm dabei so richtig gut geht, lässt der Kondensator **C2** zu ihm nur noch ziemlich hohe Frequenzen durch. Damit es möglichst perfekt klappt, bildet die Spule **L3** noch eine zusätzliche Umleitung für die Reste der durchgedrungenen tiefen Töne um den Hochton-Lautsprecher und schließt sie gegen die Masse kurz.

Die Funktion dieser Frequenzweiche lässt sich leicht nachvollziehen, aber der Vergleich mit einer Kreuzung und den vorgesehenen Fahrtrichtungen passt nicht perfekt. Diese einfachen L-C-Weichen können die »Fahrtrichtungen« der Frequenzen zwar größtenteils steuern, aber nicht ausreichend selektiv herausfiltern – was jedoch in der Praxis meistens genügt. Und wenn nicht, werden anstelle solcher *passiven Frequenzweichen* die sogenannten *aktiven Frequenzweichen* (*elektronische Frequenzweichen*) angewendet, die wesentlich selektiver arbeiten können als die *passiven Frequenzweichen*.

Anhand der vorhergehenden Beispiele konnte die Funktionsweise der Spulen leicht verständlich erklärt werden. Es dürfte noch angesprochen werden, dass in der Elektrotechnik sowohl Spulen ohne einen magnetisch leitenden Kern (Luftspulen) als auch Spulen mit einem magnetisch leitenden Kern verwendet werden. Die Induktivität einer Spule steigt mit der Anzahl ihrer Windungen, aber sie steigt zudem enorm, wenn die Wicklung einen magnetisch leitenden Kern (z. B. einen Ferritkern) erhält.

In der Elektronik werden oft kleine Spulen mit Ferritkernen verwendet, die mit einem Schraubendreher verstellbar sind – wodurch die Induktivität der Spule genauestens eingestellt werden kann. Wenn zwei oder mehrere Spulen auf einen gemeinsamen magnetisch leitenden Kern aufgewickelt werden, können sie auf verschiedene Weise aufeinander Einfluss nehmen. Von dieser Eigenschaft profitieren auch Transformatoren. Das sind eigentlich **die Spulen**, mit denen ein Elektriker oder Elektroniker in der Praxis am meisten zu tun hat (siehe Kapitel 9).

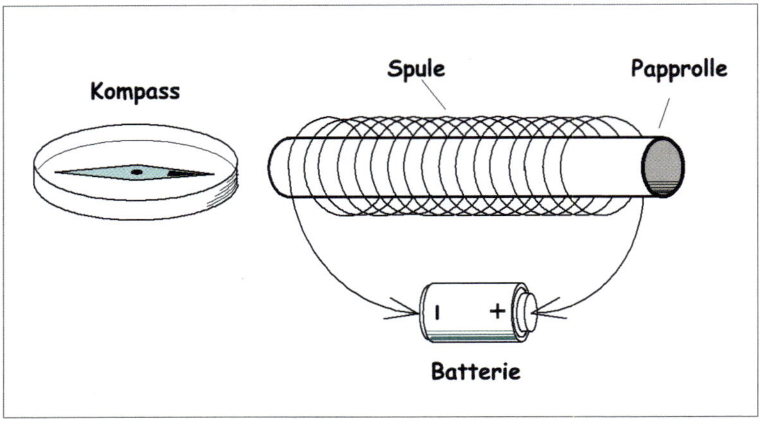

Abb. 13.4: Auch eine sehr einfache Spule wird nach diesem Beispiel zu einem Elektromagneten

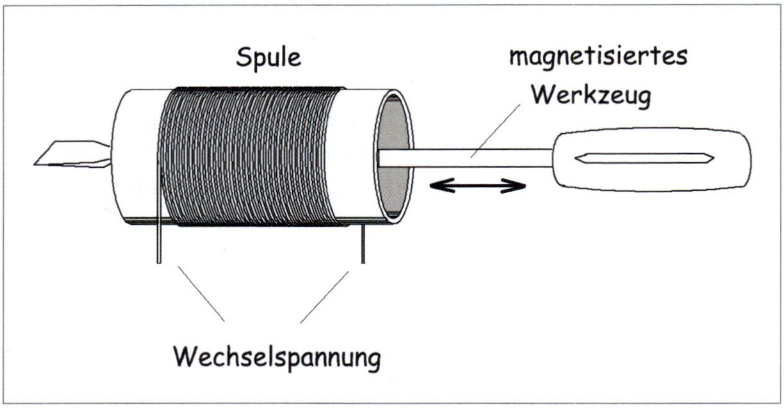

Abb. 13.5: Wird eine solche Spule an Wechselspannung angeschlossen, kann sie zwar als Elektromagnet nicht funktionieren, aber sie kann z. B. einen magnetisierten Schraubendreher entmagnetisieren

14. Halbleiterdioden

Halbleiterdioden gehören zu den elementaren Bausteinen der Elektrotechnik. Ihre wichtigste Eigenschaft besteht darin, dass sie Gleichstrom nur in einer Richtung durchlassen und in der Gegenrichtung sperren (was bei Zenerdioden jedoch etwas »eigenartiger« verläuft, was im Abschnitt 14.4 noch näher erläutert wird). Es gibt vier Grundarten, die in der Praxis am meisten angewendet werden: *Siliziumdioden*, *Germaniumdioden*, *Schottky-Dioden* und *Zenerdioden*.

14.1 Siliziumdioden (Si-Dioden)

Einige der gängigsten Dioden-Ausführungen zeigt Abb. 14.1.

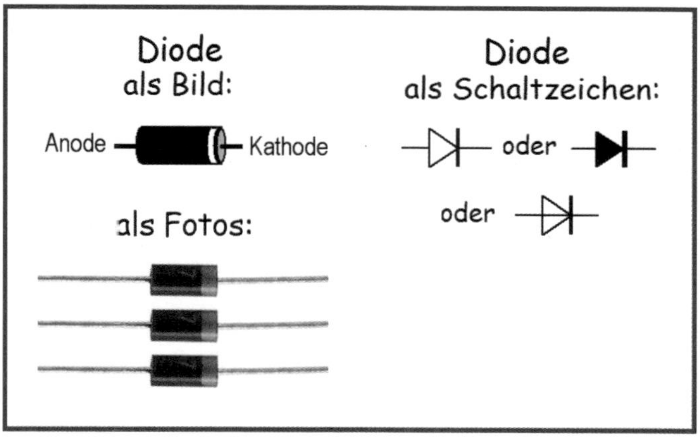

Abb. 14.1: Halbleiterdioden und ihre Schaltzeichen

Bei vielen Anwendungen werden Dioden als *Spannungssperren* verwendet, die die Gleichspannung nur in einer Richtung (von Plus zu Minus) nach Abb. 14.2 durchlassen. Bei solchen Anwendungen spielt es keine Rolle, an welcher Stelle im Gleichstrom-Kreislauf die Diode eingelötet ist.

Jede derartige Diode ist ein fresssüchtiges Biest, das von der Spannung, die durch sie fließt, immer ein bisschen in sich hineinfrisst. Technisch elegant bezeichnet man diese Fresssucht als *Dioden-Durchlassspannung*, obwohl es sich eigentlich um eine *Verlustspannung* handelt, die in der Diode einfach verloren geht. Diese liegt bei kleineren Siliziumdioden (100 mA) bei etwa 0,65 V bis 0,7 V, bei größeren Siliziumdioden ab 1 A bei ca. 0,9 V bis 1 V. Der exakte Wert ist etwas typen- und belastungsabhängig, aber nur geringfügig, sodass es nicht bei allen Anwendungen eine bedeutende Rolle spielt.

Diese *Verlustspannung* muss jedoch immer in Betracht gezogen werden. Sie kann sich manchmal als nützlich erweisen, wenn man sie z. B. wie in Abb. 14.3 als einfache Spannungsreduktion benötigt, aber sie kann manchmal auch störend sein, wenn man auf die in ihr verloren gegangene Spannung und elektrische Leistung eigentlich nicht verzichten möchte.

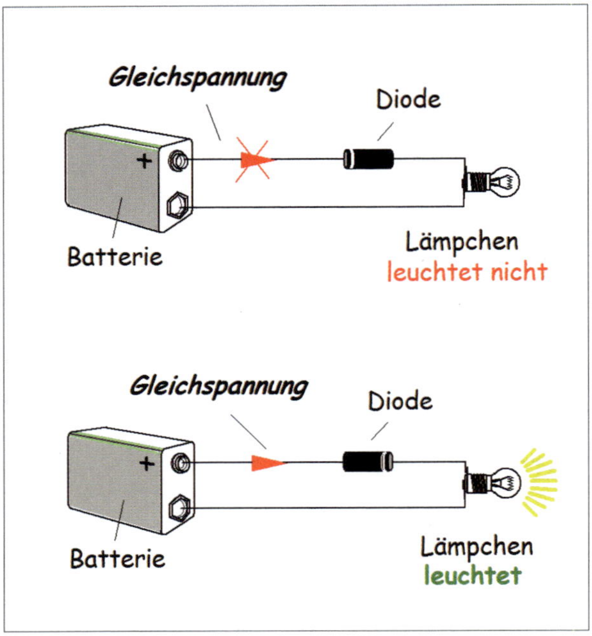

Abb. 14.2: Halbleiterdiode als Spannungssperre

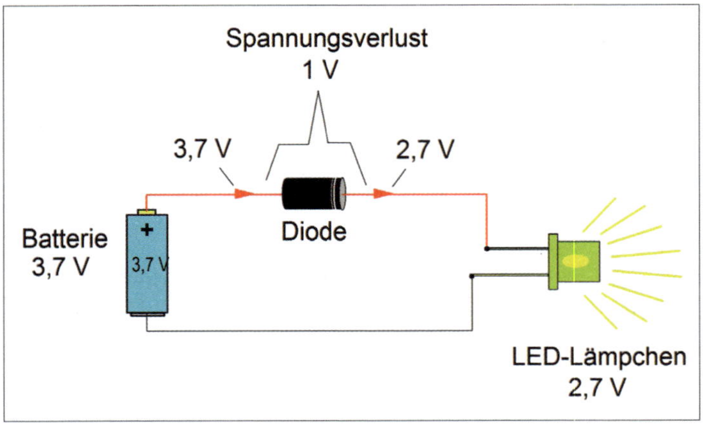

Abb. 14.3: In einer Halbleiterdiode entsteht immer ein Spannungsverlust, von dem in diesem Beispiel Gebrauch gemacht wird

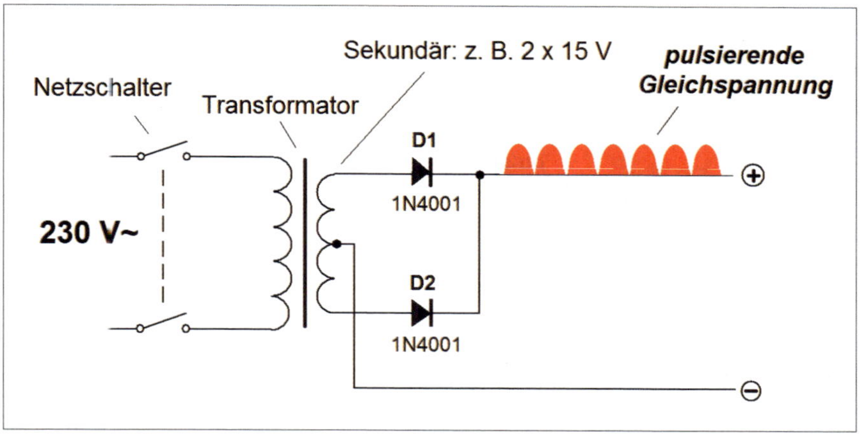

Abb. 14.4: Auch bei dieser Gleichrichterschaltung geht in den zwei Gleichrichterdioden (D1, D2) ca. 1 V Spannung und die entsprechende Portion an Energie verloren, worauf man hier jedoch gern verzichten würde

Letzteres trifft beispielsweise bei Gleichrichterdioden zu, in denen nach Abb. 14.4 jeweils 1 Volt der sekundären Trafospannung auf der Strecke bleibt, obwohl sie dabei (zumindest rein optisch) nichts anderes tun, als einfach in der Gegend zu hängen. Als etwas beruhigend darf hier hervorgehoben werden, dass die zwei Gleichrichterdioden D1 und D2 jeweils nur abwechselnd arbeiten, denn der Strom fließt jeweils entweder durch die eine oder durch die andere Diode. Somit hat man hier einen Spannungsverlust von nur 1 V (und nicht von 2 V).

Dieser Zwei-Dioden-Gleichrichter benötigt jedoch – wie Abb. 14.4 zeigt – zwei Sekundärwicklungen (eine sogenannte *Mittelpunktschaltung*) am Transformator, in diesem Beispiel mit zwei Sekundärwicklungen von je 15 Volt, die beide auf die volle Stromabnahme dimensioniert sein müssen. Da jede von ihnen jeweils nur jede zweite Spannungshalbwelle verkraften muss, darf sie zwar etwas sparsamer dimensioniert werden, aber eine Alternativlösung mit einem *Brückengleichrichter* nach Abb. 14.5 ist dennoch kostengünstiger.

Die Lösung mit der Mittelpunktschaltung nach Abb. 14.4 stammt eigentlich aus der Vergangenheit, als die damals angewendeten Selen- oder Röhrengleichrichter noch sehr teuer waren. Später hat sich jedoch die vorteilhaftere Lösung mit einem Brückengleichrichter (siehe Abb. 14.5) durchgesetzt. Sie hat allerdings den Nachteil, dass dabei der Strom vom Trafo zum Gleichrichterausgang immer gleichzeitig durch zwei Dioden fließt. Dadurch gehen also bis zu 2 Volt von der sekundären Trafospannung und auch der Anteil der elektrischen Leistung in den Dioden verloren. Daher muss hier die sekundäre Trafospannung auf diesen Verlust dimensioniert werden.

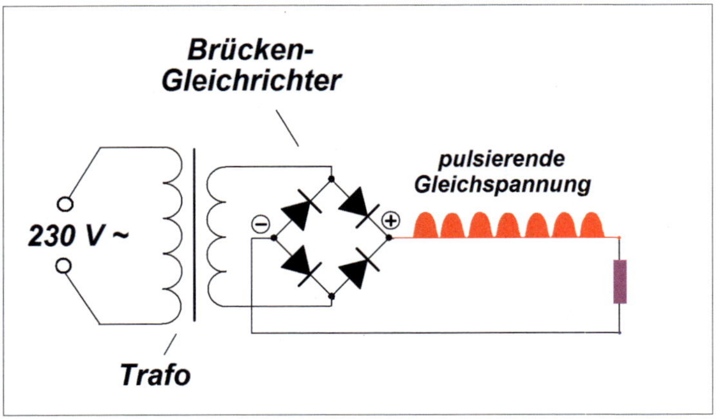

Abb. 14.5: Ein Brückengleichrichter benötigt zwar vier Gleichrichterdioden, aber nur eine einzige Trafo-Sekundärwicklung

Wie bereits erläutert und in den Abbildungen 12.7 bis 12.10 gezeigt wurde, liefern die Gleichrichter aus den Abbildungen 14.4 und 14.5 nur eine pulsierende Gleichspannung – wie eingezeichnet.

Auf Näheres über die Glättung dieser pulsierenden Spannung kommen wir in Kapitel 16 zurück.

14.2 Germaniumdioden

Vor den Siliziumdioden gab es nur Germaniumdioden. Sie werden wegen einiger ihrer speziellen Eigenschaften auch heute noch gelegentlich verwendet – z. B. als Kleinsignaldioden zur Gleichrichtung von kleinen Wechselspannungen oder für diverse Spezialaufgaben in der HF-Technik (Hochfrequenztechnik). Neben dem Vorteil einer niedrigeren Kapazität, die besonders in der HF-Technik von großer Bedeutung ist, hat eine Germaniumdiode den weiteren Vorteil einer niedrigeren Durchlassspannung (Verlustspannung) von etwa 0,25 V gegenüber der Durchlassspannung einer normalen Siliziumdiode, die meistens zwischen ca. 0,65 V und 1 V liegt.

Germaniumdioden werden inzwischen in der Elektronik nur noch selten eingesetzt, da sie nicht so strapazierfähig (und nicht so kostengünstig) wie Siliziumdioden sind. Ansonsten können sie genauso angewendet werden wie normale Siliziumdioden bzw. werden bevorzugt dort eingesetzt, wo auf einen niedrigeren Spannungs- und Leistungsverlust Wert gelegt wird.

14.3 Schottky-Dioden

Wir haben vorhin die Bezeichnung normale Siliziumdiode gewählt, weil die Schottky-Dioden zwar auch zur Gattung der Siliziumdioden gehören, aber technologisch aufwendiger konzipiert sind – und somit keinesfalls als »normal« bezeichnet werden können.

Schottky-Dioden sind Spezialdioden, die anstelle des üblichen (kostengünstigen) PN-Übergangs einen Metall-Halbleiterübergang mit einer Schottky-Sperrschicht dazwischen haben. Abgesehen davon, dass sie dadurch in HF-Schaltungen schneller reagieren, beträgt bei den meisten Typen die Durchlassspannung nur 0,3 V und ist somit annähernd so niedrig wie bei einer Germaniumdiode. Diesen Vorteil macht man sich z. B. in der Photovoltaik zunutze, um den unvermeidlichen Spannungsverlust in der Diode (siehe Abb. 14.6) auf ein Minimum zu beschränken. Die an Solarmodul-Ausgängen eingezeichneten Schottky-Dioden haben mit der eigentlichen Laderegelung nichts zu tun. Sie sind jedoch erforderlich, denn ohne sie würde sich der Akku über die Solarzellen entladen, sobald die Ausgangsspannung des Solarmoduls unter das Spannungsniveau des Akkus sinkt (was nach der Dämmerung oder bei bewölktem Himmel vorprogrammiert ist).

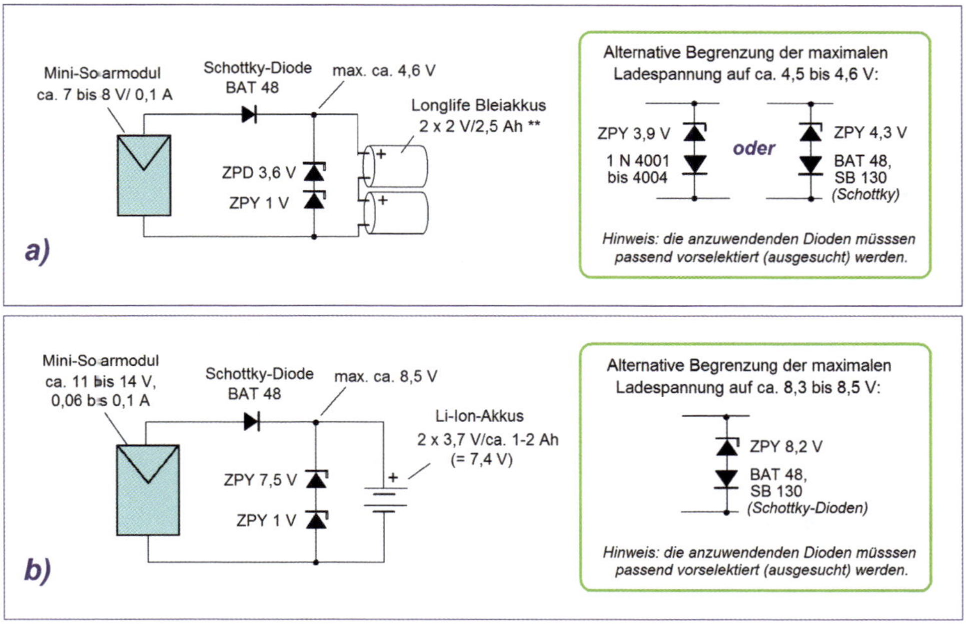

Abb. 14.6: Bei Photovoltaikanlagen werden Schottky-Dioden überall dort angewendet, wo normale Standarddioden die Spannungs- und Energieverluste unerwünscht erhöhen würden

Bitte beachten

Einige der Schottky-Dioden weisen typbezogen eine Durchlassspannung bis zu etwa 0,8 V auf und sind daher nicht für Vorhaben geeignet, bei denen Wert auf einen möglichst geringen Spannungs- und Leistungsverlust in der Diode gelegt wird!

Sowohl die Germaniumdioden als auch die Schottky-Dioden funktionieren ansonsten ähnlich wie die Siliziumdioden, wobei die Germaniumdioden jedoch etwas weniger strapazierfähig sind. In einigen der folgenden Kapitel werden Sie noch mehrere interessante Schaltungen finden, in denen Dioden sehr oft – und teilweise auch in größerer Anzahl – angewendet werden.

14.4 Zenerdioden

Zenerdioden (kurz *Z-Dioden*) sind spezielle Siliziumdioden, die zur Stabilisierung einer Gleichspannung, zur Glättung (bzw. Nachglättung) einer pulsierenden Gleichspannung sowie zur Reduktion einer Gleichspannung konzipiert sind. Wir haben Zenerdioden bereits in der Abb. 14.6a/b eingezeichnet, sodass quasi im Vorsprung ihre Anwendung zumindest angedeutet wurde.

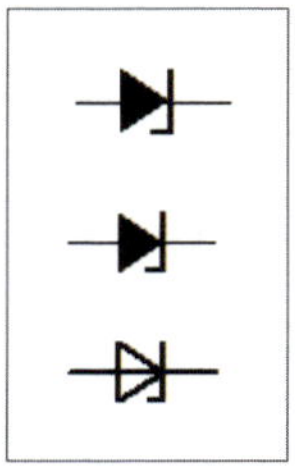

Abb. 14.7: Zenerdioden-Schaltzeichen

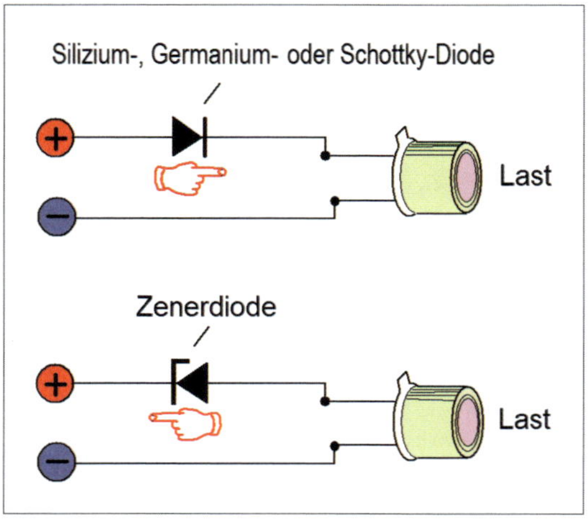

Abb. 14.8: Im Gegensatz zu allen anderen Dioden werden Zenerdioden immer in ihrer Sperrrichtung betrieben

Wichtig: Z-Dioden werden grundsätzlich in *Sperrrichtung* (also in Gegenrichtung) betrieben (siehe Abb. 14.8). Die typbezogene *Zenerspannung* gibt die Höhe der Spannung an, die die Z-Diode (nach Abb. 14.9) abfängt (quasi in sich hineinfrisst).

Die Zenerspannung geht bei den meisten Zenerdioden bereits aus der Typenbezeichnung hervor: Eine Zenerdiode des Typs *ZPD 6,2 V* hat eine *Durchbruchsspannung* (Zenerspannung) von ca. 6,2 V. Die äquivalente Bezeichnung kann bei einer kompatiblen Zenerdiode z. B. mit *Z 6,2* oder *6V2* angegeben werden (das V ersetzt hier manchmal nur ein Komma).

Zenerdioden sind handelsüblich in folgenden abgestuften Zenerspannungs-Festwerten (in Volt) erhältlich:

1 – 2,4 – 2,7 – 3 – 3,3 – 3,6 – 3,9 – 4,3 – 4,7 – 5,1 – 5,6 – 6,2 – 6,8 – 7,5 – 8,2 – 9,1 – 10 – 11 – 12 – 13 – 15 – 16 – 18 – 20 – 22 – 24 – 27 – 30 – 33 – 36 – 39 – 43 – 47 – 51 – 56 – 62 – 68 – 75 – 82 – 91 – 100 – 110 – 120 – 130 – 150 – 160 – 180 und 200 Volt.

Bei den normalen (und preiswerten) Zenerdioden stimmt üblicherweise die tatsächliche Zenerspannung nicht allzu genau mit dem überein, was die Typenbezeichnung verspricht. Bei nicht vorselektierten Zenerdioden ist mit Abweichungen von etwa ±6–7 % zu rechnen. So kann z. B. die sogenannte *Durchbruchsspannung* (eine Spannung, die die Z-Diode abfängt) einer 3,0-V-Zenerdiode zwischen 2,8 V und 3,2 V liegen usw.

Als Spannungsregler (bzw. Spannungsschlucker) können Zenerdioden z. B. überall dort verwendet werden, wo für irgendeinen kleineren Verbraucher oder einen Schaltungsteil eine niedrigere Spannung erwünscht ist als die zur Verfügung stehende Versorgungsspannung. So kann z. B. ein 2,8-Volt-LED-Lämpchen über eine 6,2-Volt-Z-Diode an eine 9-Volt-Batterie angeschlossen werden (siehe Abb. 14.9): Die Z-Diode schluckt brav ihre 6,2 Volt und lässt an das Lämpchen nur noch den Rest der ursprünglichen Spannung – also die eingezeichneten 2,8 Volt – durch (dies zwar nicht exakt, aber dennoch ausreichend genau).

Aber bitte beachten: Jede Zenerdiode muss jeweils auch die abgefangene elektrische Leistung in Wärme umwandeln können, ohne dass sie dabei verbrennt. Diese Leistung kann sehr leicht berechnet werden: als die abgefangene Spannung multipliziert mit dem durch sie fließenden Strom. Das wären in unserem Beispiel:

6,2 V x 0,03 A = 0,186 W (eine ¼-Watt-Zenerdiode würde hier also genügen)

Mithilfe von Z-Dioden kann auch eine einfache solarelektrische Laderegelung erstellt werden, die wir bereits in Abb. 14.6 (im Zusammenhang mit einer Schottky-Diode) kennenlernten. Da begrenzen in Abb. 14.6a die zwei Zenerdioden *ZPY 3,6 V* und *ZPY 1 V* die dem 4-Volt-Akku zugeführte Ladespannung auf maximal 4,6 V (mehr würde er nicht verkraften). Da 4,6-V-Zenerdioden nicht handelsüblich sind, haben wir stattdessen die 3,6-V- und die 1-V-Zenerdiode in Reihe gesetzt, denn die Zenerspannungen addieren sich in einer Reihenschaltung. Im Gegensatz zum Beispiel in Abb. 14.9 sind hier die Zenerdioden als eine Sperre parallel zu dem geladenen Akku angeschlossen. Da hier die Solar-Ladespannung stark variiert, ist diese Lösung erforderlich, denn hier geht es nicht darum, dass ein vorgegebener fester Teil der Ladespannung sozusagen »auf der Strecke« abgefangen wird, sondern es geht um die Spannungsbegrenzung direkt an dem Akku.

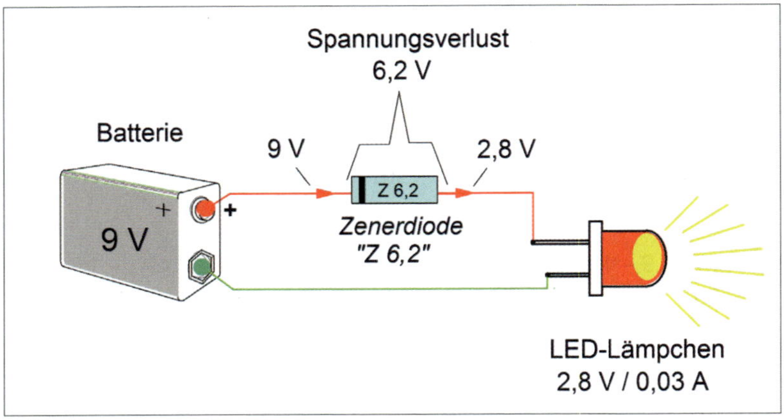

Abb. 14.9: Eine Zenerdiode schluckt bei Bedarf einfach den überflüssigen Teil der Spannung

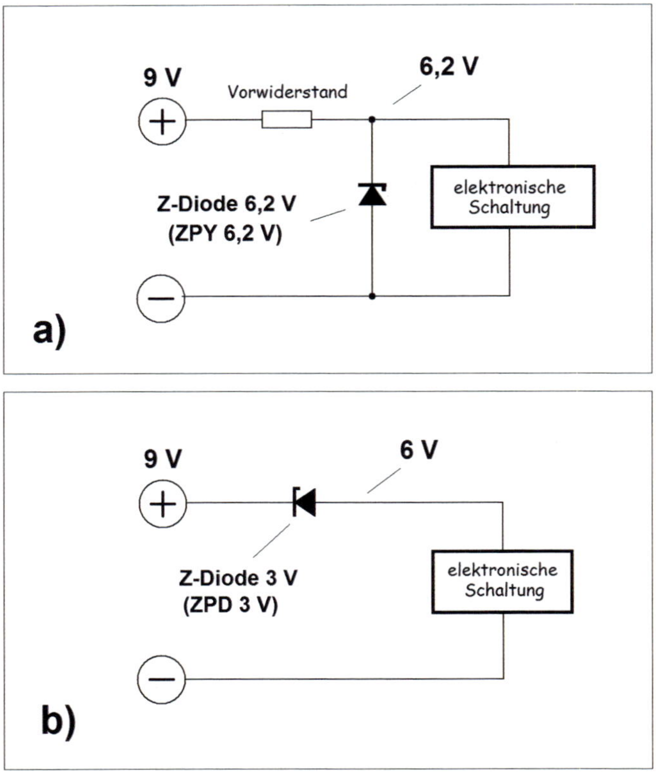

Abb. 14.10: Zwei Grundarten einer Spannungsbegrenzung mit einer Zenerdiode

Ein kurzer Blick in die Schaltungen aus den Abbildungen 14.10 und 14.6 zeigt, dass auch hier viele Alternativen offenstehen. Man kann bei Bedarf die Zenerdioden auch mit normalen Siliziumdioden oder mit Schottky-Dioden kombinieren, um die erforderliche Spannung auf den gewünschten Wert aufzurunden. Die an Solarmodul-Ausgängen eingezeichneten Schottky-Dioden haben mit der eigentlichen Laderegelung an den Akkus nichts zu tun. Wie bereits zuvor erklärt wurde, verhindern sie nur, dass sich die Akkus über die Solarzellen entladen, wenn die Ausgangsspannung des Solarmoduls bei fehlendem Licht unter das Spannungsniveau des Akkus sinkt.

14.5 Fotodioden

Fotodioden sind lichtempfindliche Bausteine, die – ähnlich wie Fotowiderstände – auf Lichteinfall wahrnehmbar reagieren. Was man sich darunter konkret vorstellen kann, zeigt Abb. 14.11:

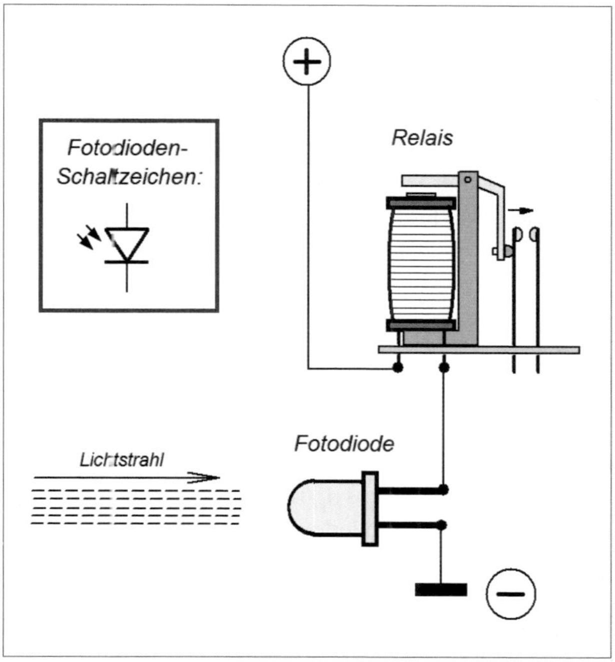

Abb. 14.11: Funktionsweise einer Fotodiode, die ein elektromagnetisches Relais schaltet

Wenn die Fotodiode ausreichend beleuchtet wird, erhöht sich der durch sie fließende Strom und das Relais springt an. Dieses Beispiel dient jedoch nur einer einfacheren Verdeutlichung der Funktionsweise, denn in der Praxis würde eine solche Schaltung nur dann funktionieren, wenn das eingezeichnete elektromagnetische Relais einen sehr hohen Spulenwiderstand hat und polarisiert ist. Abgesehen davon werden Fotodioden bevorzugt für wesentlich elegantere Aufgaben angewendet und mit technisch fundierteren Schaltungen betrieben.

Die Funktion der Fotodioden beruht darauf, dass sich der Diodensperrstrom bei Wahrnehmung von empfangenen Photonen sprunghaft erhöht. Im Endergebnis kommt es zum gleichen Vorgang, als wenn der ohmsche Wert des bereits beschriebenen Fotowiderstands durch Lichteinfall sinkt, was ebenfalls eine Erhöhung des durch ihn fließenden Stroms zur Folge hat.

Fotodioden haben den großen Vorteil, dass sie auf Lichtveränderungen nicht nur viel schneller reagieren als Fotowiderstände, sondern auch viel schneller als Fototransistoren. Zudem weisen sie eine bessere Linearität der Lichtübertragung auf als Fototransistoren. Daher werden sie bevorzugt bei Signalübertragungen angewendet. Für extrem kurze Schaltvorgänge – bzw. für Übertragungen höherer Frequenzen – eignen sich bevorzugt die speziellen PIN-Fotodioden. Sie erreichen Ansprech-/Schaltzeiten von 1,5–5 ns (Nanosekunden) und sind zudem sehr rauscharm.

Einige Fotodioden haben an ihrer Lichteintrittsöffnung eine optische Linse, manche IR-Fotodioden sind noch mit einem ins Gehäuse eingebauten Tageslichtfilter versehen, damit sie (z. B. bei Einbruchschutz-Lichtschranken) nur auf IR-Licht reagieren.

Hinweis

Sowohl IR-Fotodioden als auch IR-Empfängermodule sind für unterschiedliche Wellenlängen (oft z. B. 875 nm, 880 nm oder 950 nm) konzipiert. Es ist daher bei der Auswahl darauf zu achten, dass die Wellenlänge der Sendediode mit der Wellenlänge der Empfängerdiode, des Empfängermoduls oder des Fototransistors übereinstimmt.

14.6 Infrarotdioden (IR-Dioden)

Infrarotdioden (abgekürzt IR-Dioden) finden ihre Anwendung vor allem als *Sendedioden* für Lichtschranken und als Lichtquellen für IR-Scheinwerfer. Hinsichtlich der Spannungsversorgung und Einstellung des optimalen Betriebsstroms (I_F) unterscheiden sie sich nicht von den bereits beschriebenen anderen Dioden. Sie sind jedoch oft für einen etwas höheren Betriebsstrom ausgelegt, der meist mindestens 50–100 mA beträgt.

Da IR-Licht für das menschliche Auge nicht wahrnehmbar ist, eignen sich diese Dioden für IR-Lichtschranken (Abb. 14.12) sowie IR-Scheinwerfer als Einbruchschutz und als IR-Minischeinwerfer für Überwachungsvideokameras und Wildkameras zur Beobachtung der Wildtiere.

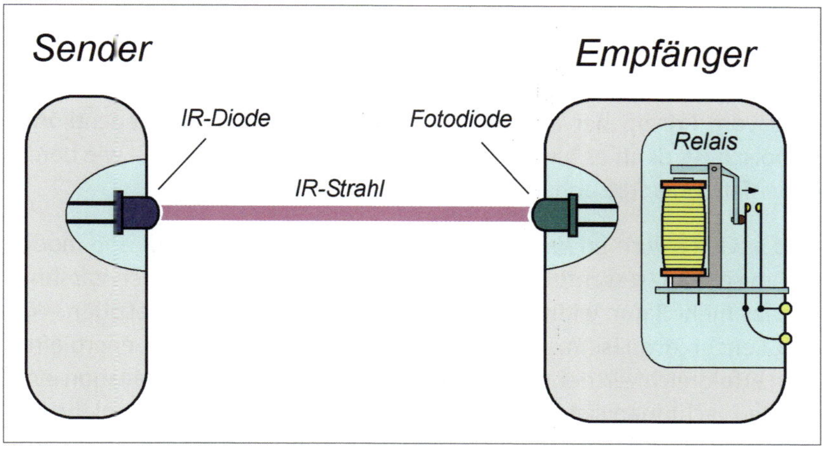

Abb. 14.12: Funktionsprinzip einer Einbruchschutz-IR-Lichtschranke

Kleinere handelsübliche IR-Scheinwerfer sind meist mit mehreren IR-LEDs (siehe Abb. 14.13) bestückt und benötigen bevorzugt eine stabilisierte Versorgungsspannung.

Infrarotdioden, die für Lichtschranken als *Sendedioden* angewendet werden, können physikalisch bedingt keinen echten dünnen Lichtstrahl als solchen ausstrahlen, denn der Strahl breitet sich auch bei einem engen Abstrahlwinkel mit dem Abstand zunehmend aus. Wird ein dünner Lichtstrahl benötigt (was bei einer einfacheren Lichtschranke nicht unbedingt erforderlich ist), muss eine zusätzliche Optik in den Sender eingebaut werden. Da unsere Augen (sowie die Augen der Diebe und Einbrecher) infrarotes Licht nicht sehen, wird es bevorzugt für Einbruch- und Diebstahlschutz-Lichtschranken verwendet. Als Empfänger werden dann – neben Fototransistoren – IR-Empfängerdioden eingesetzt.

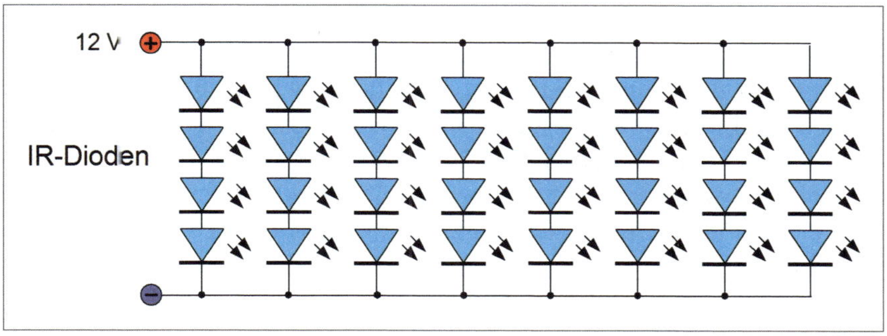

Abb. 14.13: IR-Dioden können für die Nachtbeleuchtung zu beliebig großen IR-Scheinwerfern seriell/parallel verschaltet werden

Abb. 14.12 zeigt, wie eine IR-Lichtschranke ungefähr funktioniert. Zu beachten ist, dass es sich bei diesen zwei IR-Dioden um zwei unterschiedlich konzipierte Typen handelt: Die Sendediode muss das IR-Licht ausstrahlen, die Empfängerdiode dagegen nur empfangen.

15. Leuchtdioden (LEDs)

Leuchtdioden sind vom Prinzip her als *polaritätsabhängige* Gleichstrom-Leuchtkörper ausgelegt – was logisch ist, denn es handelt sich immerhin um Dioden, die – wie bereits erklärt wurde – ebenfalls polaritätsabhängig sind.

Leuchtdioden sind in vielen Formen und Farben erhältlich. Da es sich bei diesen modernen Lichtquellen um sehr interessante elektronische Bauteile handelt, werden wir ihnen in diesem Buch etwas mehr Raum widmen. Auch aus dem Grund, dass die jetzigen energiesparenden LED-Leuchten quasi im Handumdrehen die herkömmlichen energiefressenden Glühbirnen erfolgreich vertrieben haben. Beim Kauf oder bei der Installation einer solchen LED-Leuchte macht man sich meistens keine Gedanken über ihr Innenleben. Es stecken innen immer irgendwelche LEDs in beliebiger Anordnung drin – und es sind oft sehr viele LEDs, denn die Leistung einzelner LEDs lässt sich nicht ähnlich steigern, wie es bei Glühbirnen möglich war. Hier muss man sich daher vorerst mit dem Slogan »Kleinvieh macht auch Mist« zufriedengeben, wenn man als Hersteller eine LED-Leuchte baut. Die Menge der LEDs, mit der eine solche Leuchte bestückt wird, muss dann einfach an die erwünschte Leuchtstärke angepasst werden.

Nicht alle LEDs werden als Lichtquellen gebraucht. Viele werden nur als Signal- oder Kontroll-LEDs in den verschiedensten Varianten und verschiedensten Lichtstärken benötigt, einige der spezielleren LEDs verfügen zudem über spezifische Eigenschaften. Es gibt z. B. Blink-LEDs, Spannungsüberwachungs-LEDs, bunte LEDs, die ihre Farbe automatisch wechseln, usw.

LEDs als Bausteine gibt es jedenfalls in sehr vielen Ausführungen, und dementsprechend weisen auch ihre technischen Parameter ziemlich große Unterschiede auf.

In Schaltplänen werden Leuchtdioden meist mit einem der in Abb. 15.1 aufgeführten Schaltzeichen dargestellt, die einheitlich sowohl für alle Standard- als auch für alle superhellen oder ultrahellen Leuchtdioden – ohne Rücksicht auf ihre tatsächliche Form und Größe – verwendet werden. Die in Abb. 15.1 gezeigten LEDs beziehen sich zwar auf die gängigste Form, aber es gibt noch weitere unzählige Formen, Größen und Ausführungen unter den handelsüblichen LEDs. Unter anderem auch winzige SMD-LEDs, die sich jedoch nicht so leicht löten lassen wie die meisten der hier abgebildeten LEDs mit ihren langen Lötfüßen.

Ein tieferes Interesse an LEDs in der Form von kahlen Bausteinen dürfte eigentlich nur derjenige haben, der mit solchen LEDs auch etwas Spezielleres anfangen möchte. Wer dagegen nur an LED-Fertigleuchten interessiert ist, die z. B. für die Netzspannung oder für eine 12-V- bzw. 24-V-Standard-Gleichspannung ausgelegt sind, der braucht sich nicht unbedingt um die Eigenschaften der LEDs zu kümmern, die in solchen Fertigleuchten eingebaut sind. Es sollte jedoch auf die *Farbtemperatur des Lichtspektrums in Kelvin (K)* geachtet werden, damit das Licht nicht zu unangenehm kalt oder zu bläulich wirkt (siehe hierzu auch die Tabellen 3.3 und 3.4 in Kapitel 3).

Wer dagegen gern diverse elektronische Kleinschaltungen baut oder einfach mit Leuchtdioden etwas experimentieren möchte, der dürfte sich nun etwas Zeit nehmen, um sich mit diesen sehr interessanten Bausteinen näher anzufreunden.

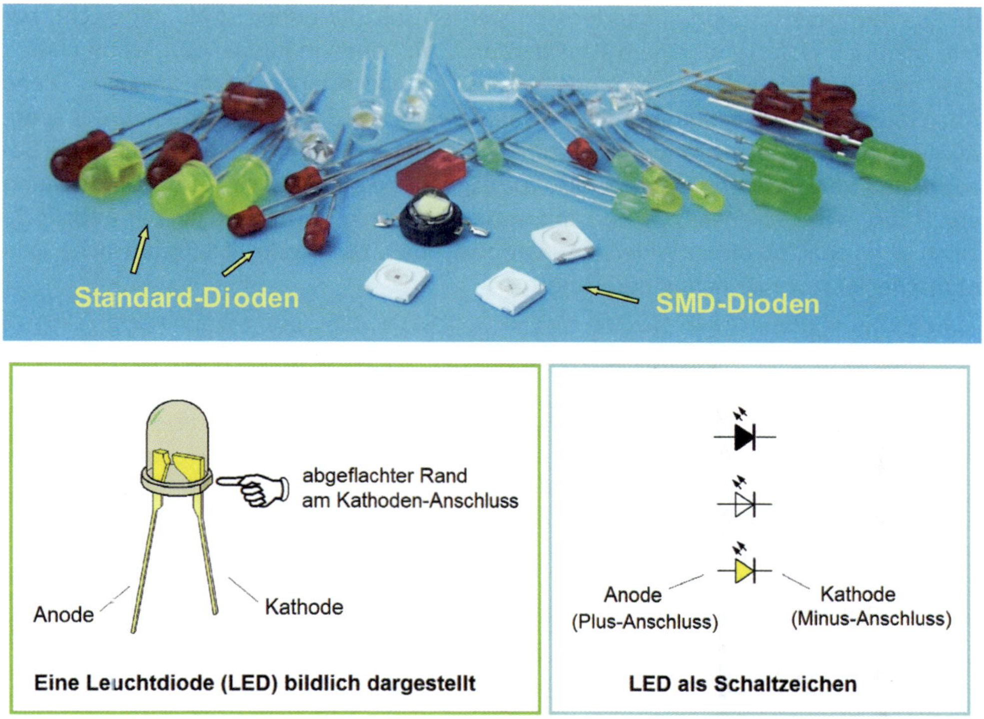

Abb. 15.1: Leuchtdioden gibt es in sehr großer Auswahl

15.1 Standard-LEDs

Unter der Bezeichnung *Standard-LEDs* kann man alle die LEDs einstufen, bei denen man keinen gehobenen Wert auf ihre speziellen Eigenschaften oder technischen Parameter legt. Vereinfacht formuliert: bei denen es hauptsächlich nur darauf ankommt, dass sie durch Aufleuchten eine beliebige Veränderung eines elektrischen Vorgangs oder Zustands signalisieren.

Wird nach einer passenden LED für ein konkretes Vorhaben gesucht, kommt es an erster Stelle darauf an, ob sie als effiziente Lichtquelle oder nur als ein Signalgeber dienen soll. Es gibt sowohl superhelle und ultrahelle LEDs, die kräftig leuchten, als auch Signal-LEDs, bei denen eine bescheidene Leuchtstärke erwünscht ist bzw. ausreicht.

Im Gegensatz zu vielen der herkömmlichen Lampen sind die meisten Leuchtdioden als »kahle Bausteine« für Spannungen (von z. B. 1,6–4 V) ausgelegt, die nicht mit den Nennspannungen gängiger Batterien oder der Standardspannung handelsüblicher Netzgeräte übereinstimmen.

Wenn eine Leuchtdiode nur als Kontrolllämpchen vorgesehen ist, das an eine bestehende Spannungsversorgung angeschlossen werden soll, die höher ist als gebraucht, behilft man sich einfach mit einem *Vorwiderstand*. Wir haben in Kapitel 10.1 schon erklärt, dass man statt eines Vorwiderstands genauso gut auch einen *Nachwiderstand* (siehe Abb. 15.2a) in den Schaltkreis einlöten kann, denn der Diode ist es egal, ob der spannungs- und leistungsfressende Widerstand vor ihr oder hinter ihr sitzt. Die etablierte Bezeichnung *Vorwiderstand* hat zwar den Vorteil, dass sie quasi auf Anhieb die Vorstellung erleichtert, wozu so etwas dienen kann und wo es sitzen dürfte. Wie jedoch Abb. 15.2a zeigt, ist es egal, ob dieser Widerstand vor oder hinter der Diode sitzt. Hauptsache, sein ohmscher Wert wurde richtig berechnet.

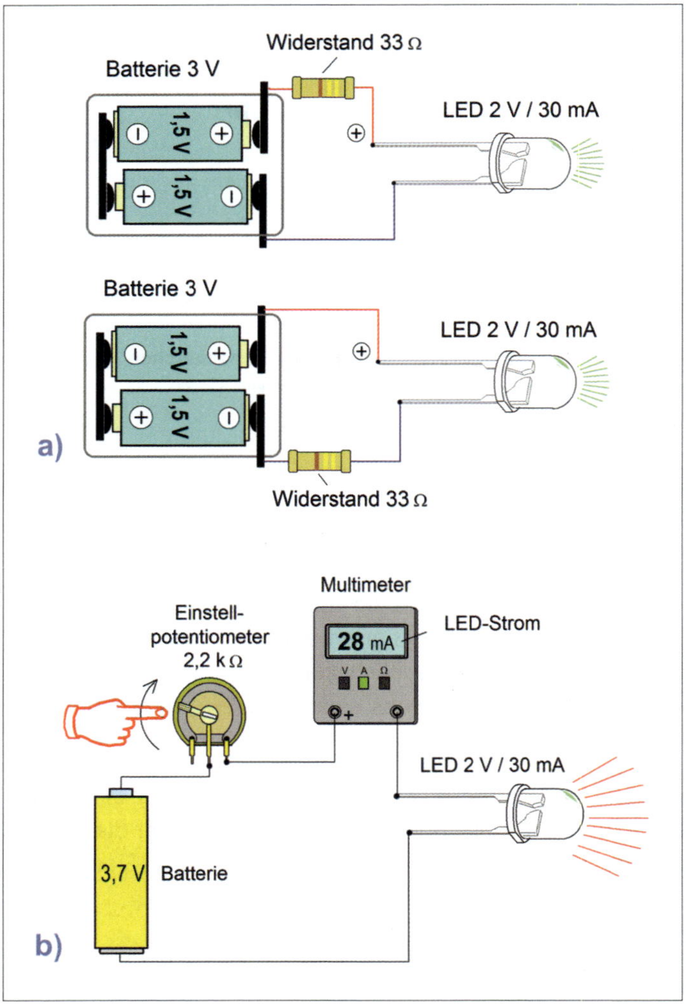

Abb. 15.2: a) Es spielt keine Rolle, ob der sogenannte Vorwiderstand vor der LED oder erst nach ihr eingelötet wird. b) Bei Bedarf kann nach diesem Beispiel der LED-Strom ganz genau eingestellt werden

Wie wird das noch mal gemacht? Das ist ganz einfach: Auf diesen Widerstand sollte bei einer 2-Volt-Diode 1 Volt abgefangen werden. Schlicht formuliert: Der Widerstand sollte in sich einfach 1 Volt von der Batteriespannung hineinfressen und diese als Wärmeleistung an seine Umgebung abgeben.

Wir bedienen uns dieser Formel:

U : I = R – (**Spannung** [V] **: Strom** [A] = **Widerstand** [Ohm])

Das ergibt: 1 V : 0,03 A = **33,3 Ohm**

Wir haben uns hier mit einem 33-Ohm-Widerstand zufriedengegeben. Das genügt. Die Diode wird auch dann noch brauchbar leuchten, wenn wir den Widerstand z. B. auf bis zu etwa 47 Ohm erhöhen, nur etwas schwächer – was in der Praxis ausreichen kann, wenn es sich z. B. nur um eine informative Anzeige wie EIN oder AUS handelt.

Möchte man für eine LED unbedingt den vom Hersteller vorgegebenen Strom ganz exakt dosieren, kann das am einfachsten nach Abb. 15.2b vorgenommen werden. Bei Bedarf kann im Nachhinein mit einem Ohmmeter nachgemessen werden, wie hoch der am Einstellpotentiometer eingestellte Widerstand tatsächlich ist. Theoretisch sollte bei der Suche nach der richtigen Energieversorgung der LED darauf geachtet werden, dass sowohl die vom Hersteller vorgegebene Spannungsobergrenze als auch die Stromobergrenze nicht überschritten werden. In der Praxis genügt es jedoch, wenn nach dem Beispiel in Abb. 15.2b nur der Strom gemessen bzw. eingestellt wird. Bei manchen Anwendungen reicht es, wenn dabei der Strom weit unterhalb des erlaubten Maximums liegt und die LED gerade noch ausreichend sichtbar leuchtet, wenn sie nur als Kontrollanzeige dient.

Ist es erwünscht, dass eine LED (beliebiger Art) wirklich ihr Bestes an Lichtstärke aufbringt, muss natürlich auch der LED-Strom genauer auf das erlaubte Maximum eingestellt werden. Eine Überschreitung heizt ansonsten die LED sehr auf, und sie verabschiedet sich dann entweder gleich oder bald von ihrer Aufgabe.

Die meisten der Standard-LEDs werden mit rundem Gehäuse in Durchmessern von 3 mm oder 5 mm gefertigt. Tabelle 15.3 zeigt einige dieser LEDs mit ihren technischen Parametern. Gleich oben in der Tabelle steht, dass die LEDs einen Abstrahlwinkel von 30° haben (Abb. 15.5 zeigt, worum es dabei geht). Das gilt nicht automatisch für alle LEDs; viele haben wesentlich breitere Abstrahlwinkel – was vor allem für die LEDs von Bedeutung ist, deren Licht man auch von der Seite besser sehen soll. Mit zunehmendem Abstrahlwinkel sinkt allerdings die Intensität der Flächenbeleuchtung pro cm^2.

Nun zu den technischen Daten in Tabelle 15.3: Die Farbe und der Gehäusedurchmesser bedürfen keiner Erläuterung. Der Diodenstrom **I** ist dagegen wichtig – sowohl für die Berechnung des Vorwiderstands als auch im Hinblick darauf, dass der Strom auch von einer Quelle geliefert werden muss, die dafür geeignet ist.

Technische Daten:
Abstrahlwinkel: 30 °
Ausführung: Diffus

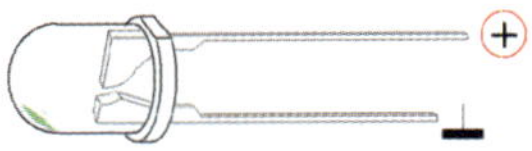

Farbe	Gehäuse	I	Lichtstärke	Wellenlänge	U_V
Rot	3 mm	50 mA	5 mcd	660 nm	1,6 V
Super-Rot	3 mm	30 mA	3 mcd	635 nm	2,0 V
Super-Rot	3 mm	30 mA	10 mcd	635 nm	2,0 V
Gelb	3 mm	30 mA	3 mcd	585 nm	2,4 V
Gelb	3 mm	30 mA	10 mcd	585 nm	2,4 V
Gelb	3 mm	30 mA	10 mcd	585 nm	2,4 V
Grün	3 mm	30 mA	4 mcd	565 nm	2,4 V
Grün	3 mm	30 mA	12 mcd	565 nm	2,4 V
Rot	5 mm	50 mA	2,5 mcd	660 nm	1,6 V
Super-Rot	5 mm	30 mA	3,5 mcd	635 nm	2,0 V
Super-Rot	5 mm	30 mA	10 mcd	635 nm	2,0 V
Gelb	5 mm	30 mA	3,5 mcd	585 nm	2,4 V
Gelb	5 mm	30 mA	10 mcd	585 nm	2,4 V
Grün	5 mm	30 mA	4 mcd	565 nm	2,4 V
Grün	5 mm	30 mA	15 mcd	565 nm	2,4 V

Abb. 15.3: Als Beispiel eine Tabelle mit technischen Parametern einiger Standard-LEDs

LED Low-Current
Technische Daten:
Abstrahlwinkel: 30 °
Ausführung: Diffus

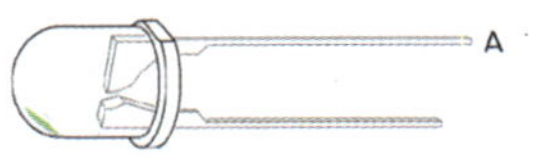

Farbe	Gehäuse	I_F	Lichtstärke	Wellenlänge	U
Rot	3 mm	2 mA	1,2 mcd	625 nm	1,7 V
Rot	3 mm	2 mA	12,5 mcd	650 nm	1,9 V
Gelb	3 mm	2 mA	1,2 mcd	590 nm	2,4 V
Gelb	3 mm	2 mA	8 mcd	590 nm	1,7 V
Grün	3 mm	2 mA	2 mcd	565 nm	2,2 V
Grün	3 mm	2 mA	2 mcd	565 nm	2,2 V

Abb. 15.4: Als Beispiel eine Tabelle mit technischen Parametern einiger Low-Current-LEDs

Interessant sind bei den LEDs die ziemlich großen Unterschiede bei den Verhältnissen zwischen dem Strombedarf und der Lichtstärke, die typbezogen ziemlich stark variieren. Manche Dioden verhalten sich hier nach der Devise: fressen viel, aber leisten nur wenig. Allerdings: Es gibt auch die sogenannten *Low-Current-LEDs* (Tabelle 15.4), deren Strombedarf bei nur 2 mA oder auch weniger liegt und die dennoch ziemlich kräftig leuchten.

Die in den Tabellen aufgeführten Wellenlängen haben die Hersteller zwar angegeben, aber für gängige Anwendungen sind sie eigentlich ohne Bedeutung. Sie sind zwar bestimmend für die exakte Lichtfarbe, aber das ist bei den meisten Anwendungen nicht relevant. Wirklich wichtig ist die Wellenlänge hingegen bei IR-Lichtschranken, denn da muss die Wellenlänge der Sendediode mit der Wellenlänge der Empfängerdiode übereinstimmen. Die *Versorgungsspannung* der Dioden ist dagegen immer sehr wichtig, denn sie wird ja für die Planung gebraucht.

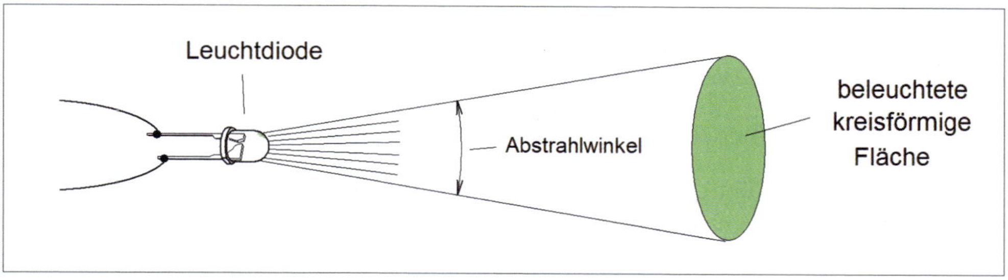

Abb. 15.5: Der Abstrahlwinkel einer LED ist für die Größe der beleuchteten Fläche bestimmend

Wie bereits erwähnt wurde, ist es oft nicht erforderlich, dass eine Kontroll-LED mit voller Intensität leuchtet. Manchmal ist es sogar ausgesprochen unerwünscht, weil ein zu helles Licht stören könnte. Zudem sinkt der Stromverbrauch einer LED kräftig, wenn sie nur schwächer leuchtet, und sie belastet nicht unnötig stark die Stromquelle. In solchen Fällen kann der ohmsche Wert des LED-Vorwiderstands rein experimentell ermittelt werden.

Falls es sich um eine unbekannte LED handelt, die z. B. an eine 12-Volt-Spannung angeschlossen werden soll, dürfte bei der experimentellen Suche der Einstellpotentiometer aus Abb. 15.4 einen Wert von 10 k haben, denn eine Low-Current-LED würde einen Vorwiderstand von ca. 5,6 kΩ oder 6,8 kΩ (5k6 oder 6k8) benötigen.

Eine Methode, die sich nach dem Motto »suchet, so werdet ihr finden« richtet, genügt oft auch, ist allerdings für die Wahl eines LED-Vorwiderstands nur unter Umständen zu empfehlen (wenn es genügt, dass die LED zumindest sichtbar aufleuchtet). Viel einfacher ist es, wenn man in einem Taschenrechner den vorgegebenen LED-Strom und den »überflüssigen Teil« der Versorgungsspannung eintippt, um den Wert des Vorwiderstands zu ermitteln.

Ein einfaches Beispiel

Eine Leuchtdiode, die laut ihrer technischen Daten für eine Durchlassspannung (Betriebsspannung) von 2,2 V und einen Betriebsstrom (I_F) von 15 mA (= 0,015 A) ausgelegt ist, soll an eine 9-Volt-Batterie angeschlossen werden.

Bei einer Batteriespannung von 9 Volt muss der Vorwiderstand eine Spannung von 6,8 Volt abfangen (und als Wärme abgeben). Wie bereits anhand ähnlicher Beispiele in Kapitel 10 erklärt wurde, rechnen wir den Widerstand nach dem ohmschen Gesetz wie folgt aus:

6,8 V : 0,015 A = 453,33 Ω

So einfach ist es. Wir dürfen uns hier mit einem Standardwiderstand von 470 Ω zufriedengeben, denn die etwas geringere Versorgungsspannung wird die LED praktisch nicht spüren. Aber wie ist es hier mit der Leistung (in Watt), die der Vorwiderstand als Wärme »verheizen« muss? Das haben wir gleich:

6,8 V x 0,015 A = 0,102 W

Wir dürfen hier also einen der kleinsten 0,25-Watt-Kohlewiderstände anwenden!

Auf eine ähnliche Art können Vorwiderstände sowohl für Einzeldioden als auch für Diodenreihen und beliebige Kombinationen von Dioden nach den Beispielen aus Abb. 15.6 ausgerechnet werden. Bei aufwendigeren Kombinationen mehrerer LEDs kann (nach dem Beispiel in Abb. 15.7a) – auf Vorwiderstände ganz verzichtet werden, wenn es gelingt, die LEDs in den Reihen so auszuwählen, dass die Summe der einzelnen LED-Versorgungsspannungen mit der Anschlussspannung voll übereinstimmt. Wie das Beispiel zeigt, können die Versorgungsspannungen der einzelnen LEDs zwar unterschiedlich sein, aber der Nennstrom muss bei allen LEDs in der Reihe identisch sein. Ansonsten würden einige der LEDs entweder zu schwach leuchten oder verbrennen.

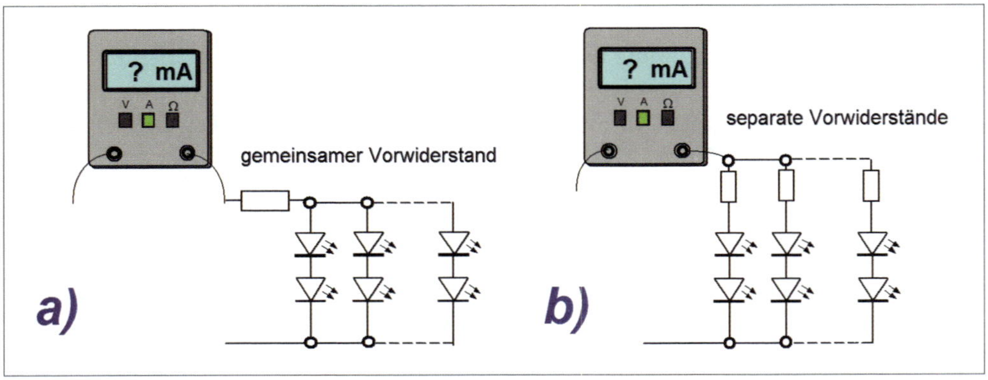

Abb. 15.6: a) Für mehrere LEDs gleicher Parameter und Anordnung genügt ein gemeinsamer Vorwiderstand. b) Separate Vorwiderstände sind erforderlich, wenn jede der LED-Reihen eine andere Versorgungsspannung braucht

Macht man sich die Mühe mit dem geduldigen Vorselektieren aller einzelnen LEDs, kann eine LED-Kette auch nach dem Beispiel aus Abb. 15.7b zusammengestellt werden. Hier müssen aber unbedingt die Summen der Ströme gut aufeinander abgestimmt sein. Zudem darf auch damit gerechnet werden, dass bei einigen der günstigeren Standard-LEDs die technischen Eigenschaften etwas aus der Reihe tanzen, sodass bei einer längeren LED-Kette die Lichtintensitäten unterschiedlich sein können. Hier hilft nur das perfekte Vorselektieren der LEDs vor dem Verlöten.

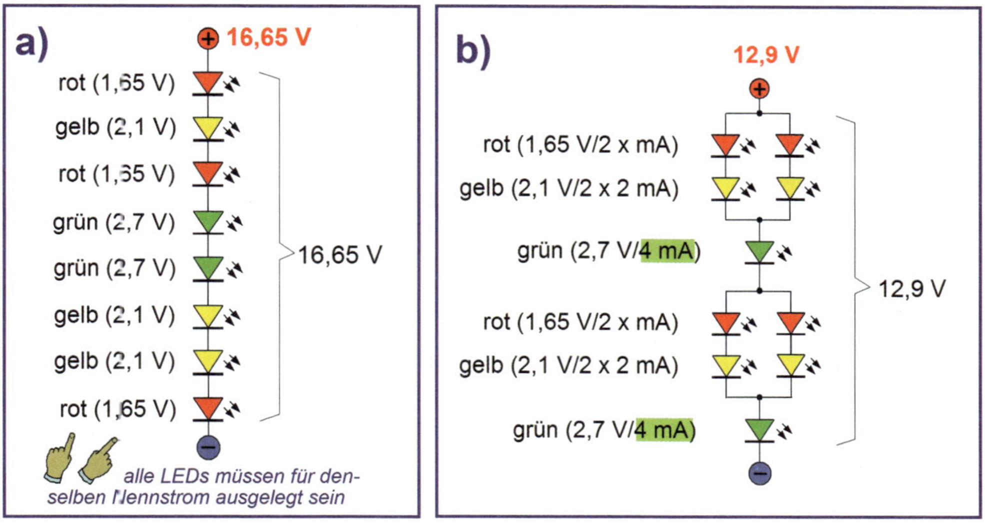

Abb. 15.7: Gut berechnen, gut vorselektieren, dann klappt es!

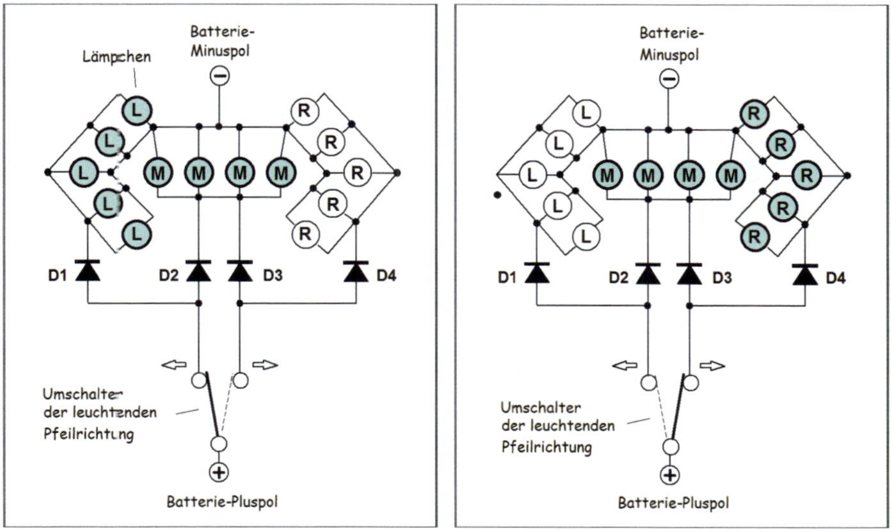

Abb. 15.8: Für speziellere Anzeigen oder Warnungen können LEDs zu beliebigen Symbolen oder Buchstaben gestaltet werden

Solche längeren oder kombinierten LED-Ketten oder LED-Partygags können nach Belieben auch z. B. als verschiedene Pfeilanzeigen (nach Abb. 15.8) angefertigt werden. Vorher muss natürlich alles durchdacht und gut berechnet werden. Bei unbekannten LEDs sind Kontrollmessungen (LED-Spannung und Strom) nach Abb. 15.9 angesagt.

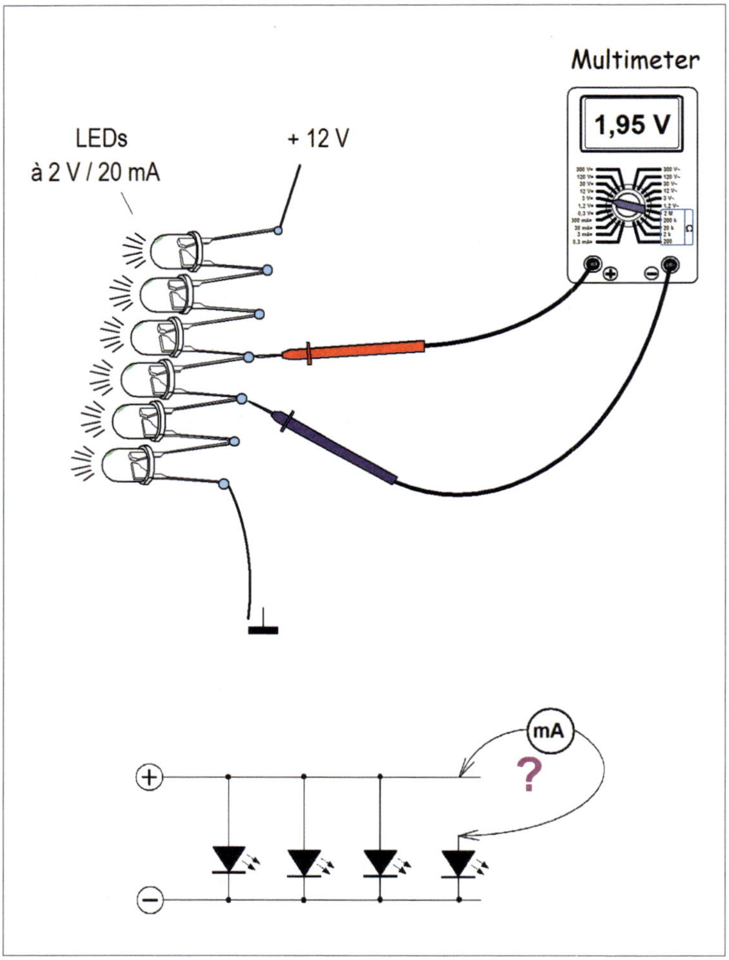

Abb. 15.9: Unbekannte LEDs, die z. B. als Sortiment gekauft wurden, sollten für speziellere Anwendungen vorselektiert werden: erst die Spannungen, danach den Strom an einzelnen LEDs kontrollieren

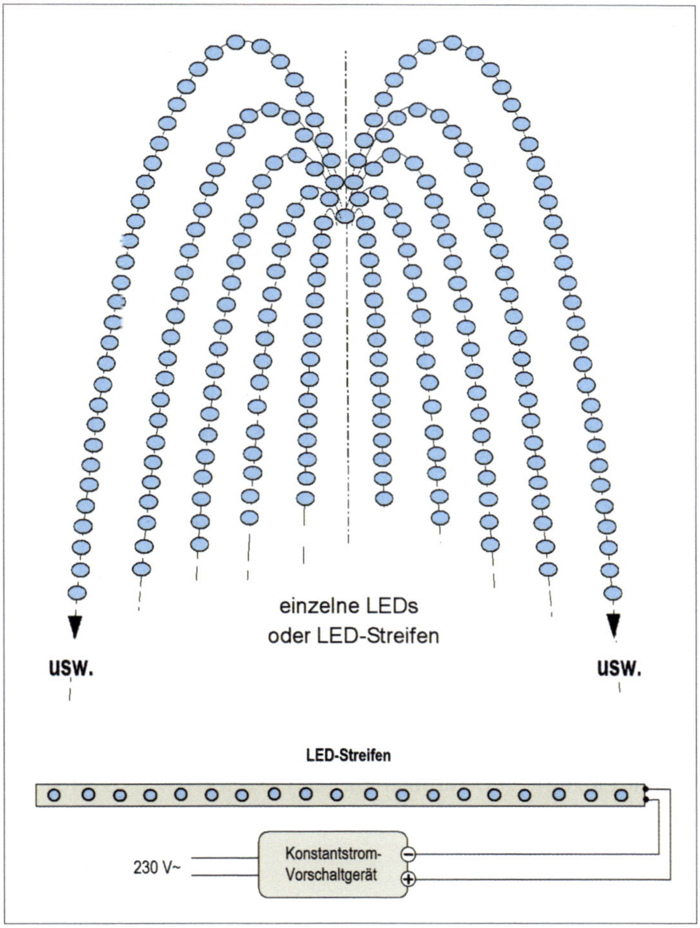

Abb. 15.10: Für Kinderfeste oder Partys können mit einzelnen LEDs die verrücktesten Ornamente oder Fantasiebilder gebastelt werden

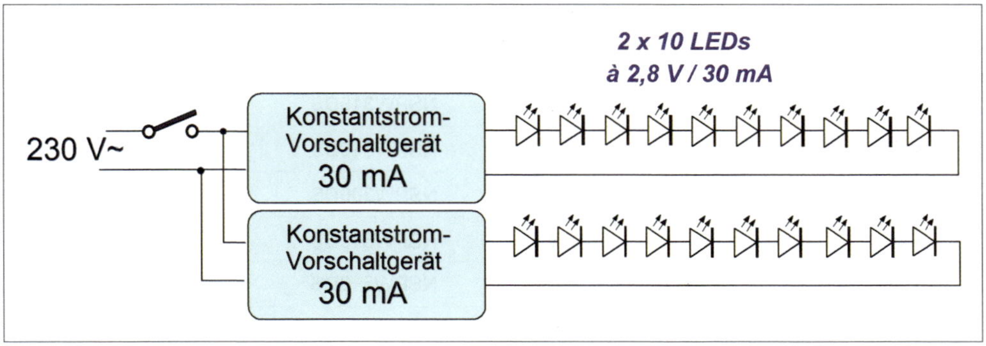

Abb. 15.11: Konstantstrom-Vorschaltgeräte versorgen LED-Ketten automatisch mit dem erforderlichen Konstantstrom

Eine bequeme LED-Stromversorgung nach Maß ermöglichen *Konstantstrom-Vorschaltgeräte* (siehe Abb. 15.11). Sie sind in verschiedenen Ausführungen und mit verschiedenen Konstantströmen (20 mA, 25 mA, 30 mA, 50 mA usw.) erhältlich. Die angeschlossenen LEDs müssen allerdings alle für einen Arbeitsstrom ausgelegt sein, der identisch ist mit dem Konstantstrom des Vorschaltgerätes. Neben einzelnen LEDs sind auch diverse LED-Streifen erhältlich, die anstelle von Selbstbau-LED-Ketten verwendet werden können.

Das Angebot an *superhellen* und *ultrahellen* LEDs nimmt ständig zu. Obwohl es vermutlich nur wenige gibt, die sich unter einer Lichtstärkendefinition von z. B. 30.000 mcd etwas Brauchbares vorstellen können, weist ein Vergleich der unterschiedlichen LED-Lichtstärken in den beiden Tabellen 15.3 und 15.12 dennoch darauf hin, dass die Unterschiede der Lichtstärken wirklich erstaunlich groß sind.

Es kommt noch darauf an, für welche Aufgabe die eine oder andere LED vorgesehen ist, denn nicht immer wird eine hohe Lichtstärke gebraucht. Falls ja, kann man bei der Suche auch in die Richtung von leistungsstärkeren LEDs (*High-Power-LEDs*) gehen. Da geht es allerdings oft um LEDs, die hauptsächlich für Hersteller von LED-Leuchten und -Taschenlampen interessant sind.

Ein Elektriker oder Elektroniker wird in seiner täglichen Praxis mit solchen High-Power-LEDs in der Form von »kahlen Bausteinen« kaum konfrontiert, denn sie sind immer in der Lampe eingebaut und man lässt sie da besser einfach in Ruhe. Die Zeiten, als man eine defekte Lampe noch demontierte und reparierte, sind leider vorbei. Wer will, der könnte zwar – aber bei den meisten LED-Leuchten, in denen die LEDs als LED-Einheiten eingebaut sind, kann man nicht mehr einzelne LEDs ähnlich einfach ersetzen, wie es einst bei den Glühlampen in einer Leuchte oder in einem großen Leuchter möglich war.

weiße, superhelle LED

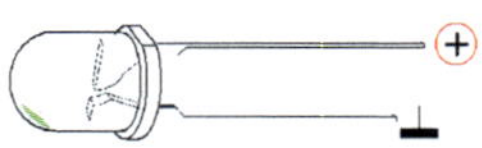

Technische Daten: U : 3,6 V , maximal 4,0 V; I_F *: 20 mA*

Farbe	Gehäuse ϕ	Lichtstärke	Abstrahl-winkel	Typ
weiß	3 mm	3400 mcd	60 °	NSPW315DS
weiß	3 mm	6800 mcd	50 °	NSPW310DS
weiß	3 mm	15000 mcd	20 °	NSPW300DS
weiß	5 mm	2300 mcd	65 °	NSPW515DS
weiß	5 mm	7100 mcd	45 °	NSPW510DS
weiß	5 mm	30000 mcd	15 °	NSPW500GS-K1

Abb. 15.12: Die Lichtstärke vieler der superhellen LEDs ist verblüffend kräftig

Manchmal braucht man anstelle von kräftigen LEDs im Gegenteil möglichst kleine LEDs, die einen niedrigen Stromverbrauch haben und gerade nur so leuchten müssen, dass man es halt sieht. Kein Problem – die gibt es auch!

15.2 Low-Current-LEDs

Low-Current-LEDs unterscheiden sich optisch oft gar nicht von den vorhin beschriebenen Standard-LEDs, sie sind meist auch für ähnliche Versorgungsspannungen ausgelegt, beziehen aber einen wesentlich niedrigeren Strom (und eine niedrigere elektrische Leistung) und weisen dabei eine fast vergleichbare Lichtstärke auf.

Neben den Low-Current-LEDs, die nach Tabelle 15.4 eine ähnliche Größe und Bauart wie die Standard-LEDs haben, gibt es auch noch sehr viele kleine LEDs, die nicht viel größer als ein Mohnkörnchen sind und einen sehr niedrigen Strom beziehen. Solche LEDs werden häufig als »Info-Signalgeber« in Elektronik-Platinen eingebaut und zeigen somit z. B., was wie und wo läuft, nicht läuft oder für die Programmierung bei einer Inbetriebnahme vorgesehen ist.

Solche Mini-LEDs sind auch praktisch für Selbstbau-Schaltungen, denn sie verbrauchen fast keinen Strom und erleichtern die Kontrolle diverser Funktionen auf einen Blick. Für solche LEDs muss der Vorwiderstand natürlich viel höher sein als bei den Standard-LEDs – was wir direkt an einem einfachen Beispiel zeigen:

Eine Low-Current-LED, die laut ihrer technischen Daten für eine Durchlassspannung (Betriebsspannung) von 1,8 V und einen Betriebsstrom (**I_F**) von 2 mA (= 0,002 A) ausgelegt ist, soll an eine 6-Volt-Batteriespannung angeschlossen werden. Stellt sich nun die Frage, welchen ohmschen Wert der Vorwiderstand **R** haben muss?

Der Vorwiderstand **R** sollte eine Spannung von 4,2 Volt abfangen (6 Volt Batteriespannung – 1,8 Volt LED-Betriebsspannung = 4,2 Volt überschüssige Spannung).

Nach dem ohmschen Gesetz ergibt sich daraus folgende Rechenaufgabe:

4,2 V : 0,002 A = 2.100 Ω

Wie gut, dass es Taschenrechner gibt! Da geht alles blitzschnell und reibungslos. Aber: Unter den Standardwiderständen gibt es keinen 2.100-Ohm-Widerstand. Wir können aber zwei Widerstände in Reihe einlöten, um den Widerstand von den erforderlichen 2.100 Ω zu ersetzen. Auf den ersten Blick fallen uns da Widerstände von 1.800 Ω und 330 Ω ein: Wir bekommen da zwar einen minimal höheren Wert von 2.130 Ω, aber das wird die LED gar nicht spüren (sie erhält dadurch nur eine kaum spürbar niedrigere Versorgungsspannung). Noch einfacher: Wir wenden einfach einen 2.200-Ohm-Standardwiderstand an, damit wird sich die LED auch zufriedengeben und immerhin noch als Kontroll-LED ausreichend leuchten.

15.3 Bi-Color-LEDs

Bi-Color-LEDs sind zweifarbige LEDs, die in zwei Grundausführungen erhältlich sind: mit zwei oder mit drei Pins (Anschlussdrähten) nach Abb. 15.13.

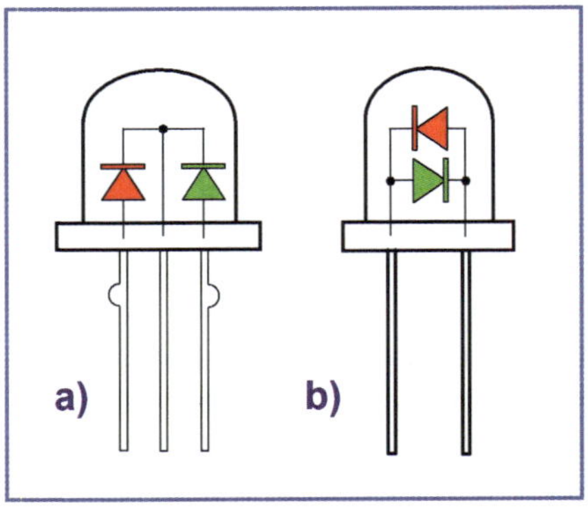

Abb. 15.13: Zwei Grundausführungen der Bi-Color-LEDs

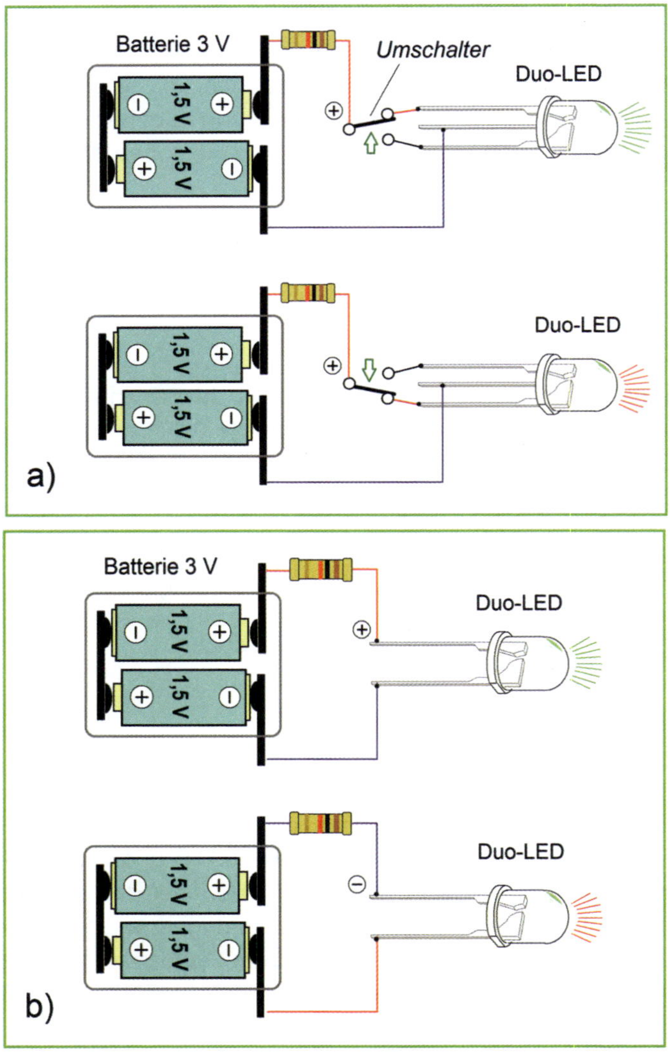

Abb. 15.14: Lichtfarbenwechsel bei Bi-Color-LEDs mit drei und zwei Pins

Wie Abb. 15.13a der Bi-Color-LEDs mit drei Pins vermuten lässt, handelt es sich hier einfach um zwei LEDs in einem gemeinsamen Gehäuse, deren Anwendungsmöglichkeiten eigentlich keine zusätzlichen Hinweise benötigen. Man kann da einfach (siehe Abb. 15.14a) entweder die eine oder die andere LED einschalten oder auch beide gleichzeitig – was eine gelb-bräunliche Lichtfarbe ergibt. Bei einer Bi-Color-LED mit nur zwei Pins erzielt man einen Farbwechsel nur durch Umschalten der Anschluss-Polarität nach Abb. 15.14b.

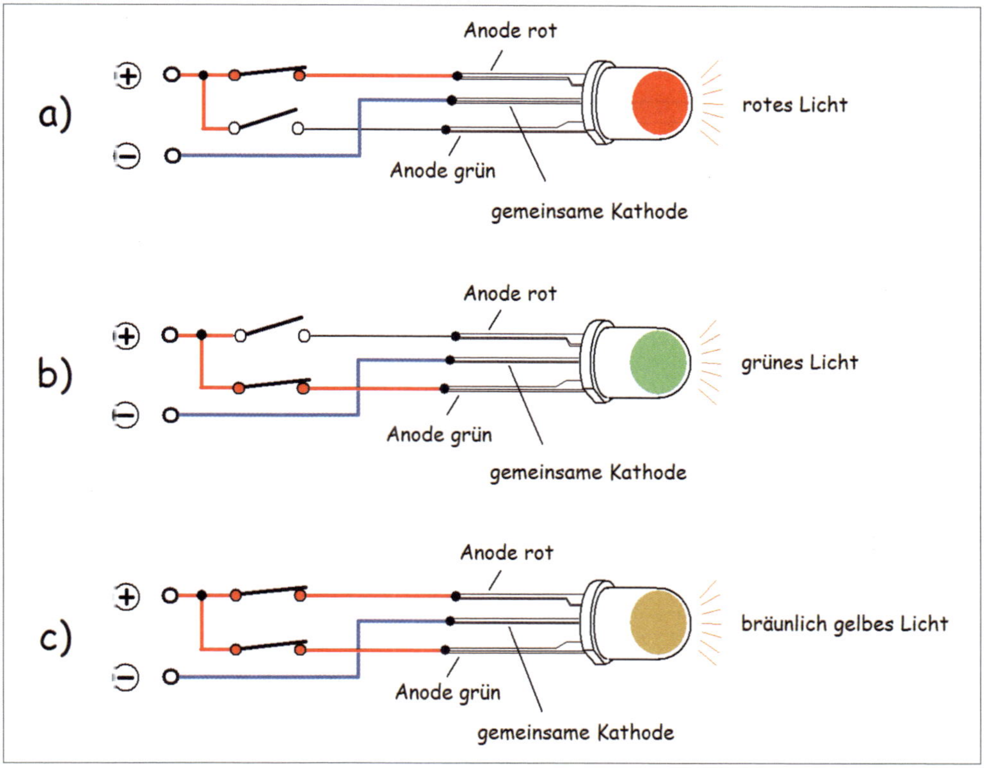

Abb. 15.15: Eine Bi-Color-LED mit drei Pins kann bei Bedarf auch noch gelb-braun leuchten

Möchte man die Lichtfarbe bei einer solchen Drei-Pin-LED durch eine mechanische Bewegung (Tür auf/Tür zu) schalten, kann es z. B. auch magnetisch mithilfe eines Zungenschalters (siehe Abb. 15.16) bewerkstelligt werden. An den beweglichen Teil (Gartentürflügel) wird dann der Permanentmagnet montiert, der durch Annäherung an den Zungenschalter (der z. B. am Türpfosten montiert ist) die Farbe einer – oder auch mehrerer LEDs – wechselt. Alternativ kann das Umschalten der Lichtfarbe auch elektronisch gelöst werden.

Bei Bi-Color-LEDs mit nur zwei Pins ist es mit dem Umschalten der Lichtfarbe etwas aufwendiger, denn dies muss durch Umwechseln der Anschluss-Polarität geschehen. Möchte man aus solchen LEDs (siehe Abb. 15.17) Ketten bilden, kann es noch dadurch komplizierter werden, dass bei vielen dieser Bi-Color-LEDs der Strombedarf der zwei internen LEDs unterschiedlich ist. Da genügt es nicht, wenn nur die Polarität der Anschlussspannung gewechselt wird: Es muss jeweils auch die Höhe der Anschlussspannung an die jeweilige Farbe der LED(s) angepasst werden.

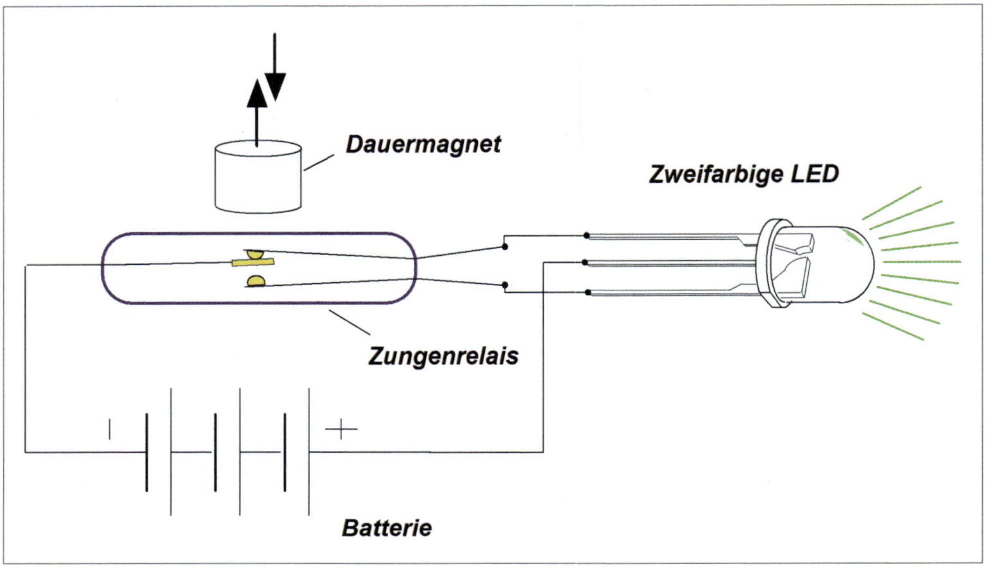

Abb. 15.16: Lichtfarbenwechsel mit einem Zungenschalter, der als Wechselschalter ausgeführt ist

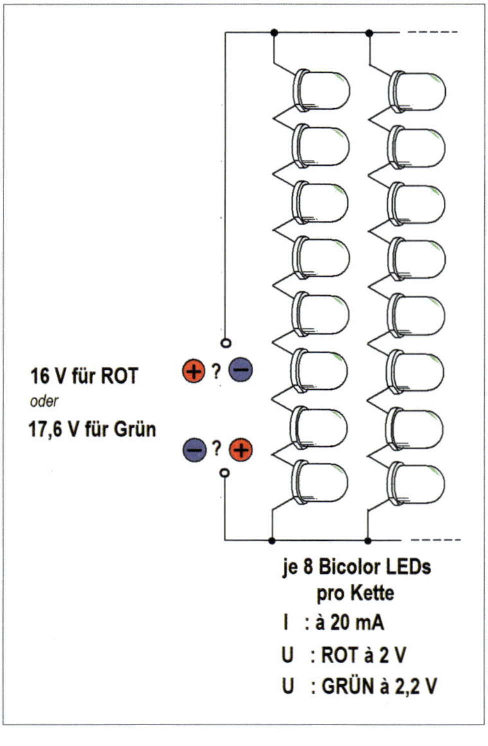

Abb. 15.17: Bi-Color-LEDs können zwar auch in Reihenschaltungen betrieben werden, benötigen jedoch oft unterschiedliche Versorgungsspannungen pro Farbe

15.4 Blink-LEDs

Blink-LEDs gibt es in unterschiedlichen Ausführungen, von denen sich viele durch eine höhere Versorgungsspannung von den bereits beschriebenen LEDs unterscheiden. Dass sie blinken, ist zu erwarten, wie schnell sie blinken, wird bei manchen oft nur ungefähr mit einer Frequenz von 1–2,5 Hz angegeben. Sie sind oft für einen Betriebsstrom von 30 mA ausgelegt und können somit nach dem Beispiel aus Abb. 15.18 mit nicht blinkenden LEDs in Reihe geschaltet werden. Dann blinkt im Takt der Blink-LED die ganze LED-Kette. Eine 30-mA-Blink-LED steuert meist auch problemlos LEDs, die für einen etwas geringeren Betriebsstrom (von ca. 20 mA) ausgelegt sind. In dem Fall muss jedoch die Versorgungsspannung so eingestellt werden, dass durch die LED-Kette maximal nur ein 20-mA-Strom fließt, den die schwächsten LEDs der Kette verkraften.

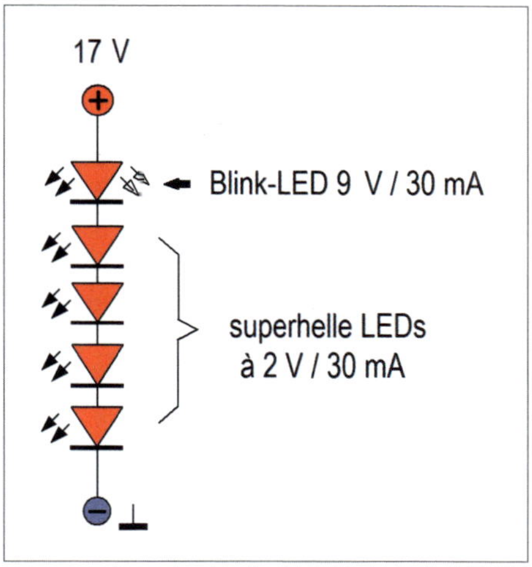

Abb. 15.18: Eine Blink-LED kann auch mehrere in Reihe angeschlossene LEDs steuern

Da blinkendes Licht wesentlich mehr auffällt als ein ruhiges Licht, eignen sich Blink-LEDs oder auch blinkende LED-Ketten bzw. anders konfigurierte LED-Warnblinker bevorzugt für warnende Signale verschiedenster Art. Zu diesem Zweck können auch mehrere parallel angeordnete LED-Ketten von einer einzigen Blink-LED (siehe Abb. 15.19) gesteuert werden, solange alles richtig dimensioniert wird.

Auf weitere interessante Anwendungen der LEDs werden wir in diesem Buch noch zurückkommen. Wer in diese Materie tiefer eintaucht und sich in der Richtung etwas mehr umschaut, wird entdecken, dass es sehr viele LEDs auf dem Markt gibt, die auch für speziellere Vorhaben wie z. B. für die Spannungsüberwachung geeignet sind. Zu den modernsten LEDs gehören auch die winzigen SMD-LEDs, die sich leider in Handarbeit nicht ausgesprochen einfach löten lassen. Aber hier gilt auch: Wer will, der kann.

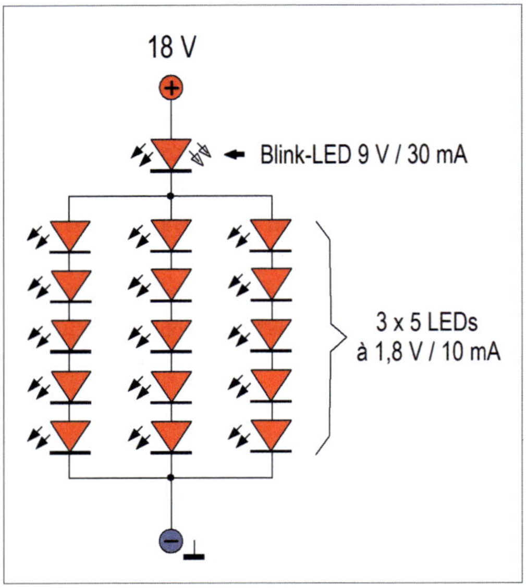

Abb. 15.19: Es kommt bei einer solchen Konfiguration der an die Blink-LED angeschlossenen LED-Ketten nur darauf an, dass die Summe der Spannungen und Ströme insgesamt gut berechnet wird

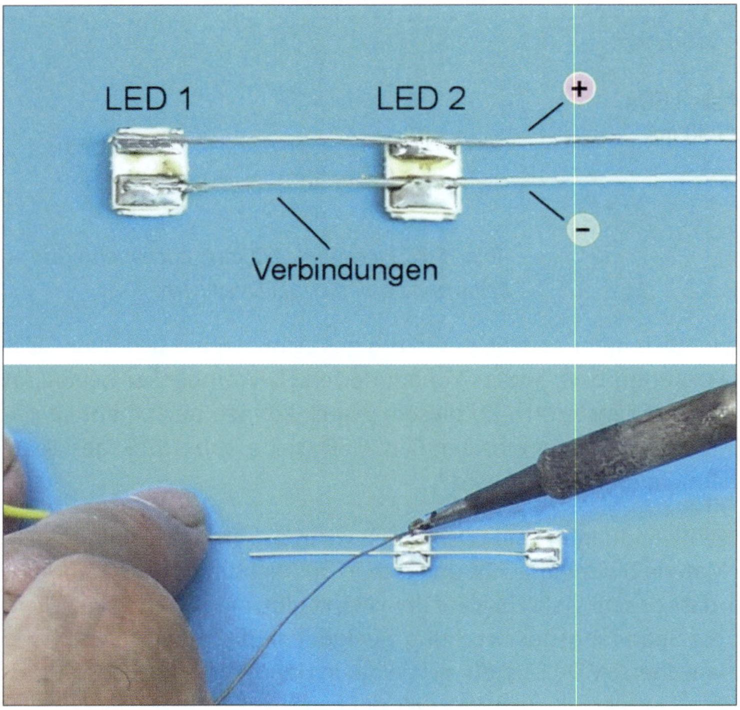

Abb. 15.20: Neben den vielen Standard-LEDs gibt es zunehmend die kleinen, flachen SMD-LEDs, von denen sich die größeren Repräsentanten mit etwas Geduld auch noch in Handarbeit löten lassen

Gut zu wissen: Wenn Leuchtdioden falsch polarisiert an eine Spannung angeschlossen werden, leuchten sie zwar nicht, aber sie tragen keinen Schaden davon, solange die Spannung nicht eine Grenze erreicht, der die Diode nicht mehr gewachsen ist. Mithilfe von Abb. 15.22 kann man sich Folgendes leichter vorstellen: Solange die LED sich durch die falsche Polarität der an sie angeschlossenen Spannung in Sperrrichtung befindet, fließt durch den Vorwiderstand so gut wie kein Strom, wodurch am Vorwiderstand praktisch kein Spannungsverlust entsteht. Die Kathode der falsch angeschlossenen LED verkraftet jedoch technologisch bedingt keine zu überhöhte Spannung und brennt in dem Fall durch. Die zumutbare Obergrenze einer solchen falsch polarisierten Anschlussspannung kann typbezogen variieren, aber die gängigen Standard-LEDs vertragen eine *Überspannung* bis etwa zum Zehnfachen ihrer Betriebsspannung ganz gut.

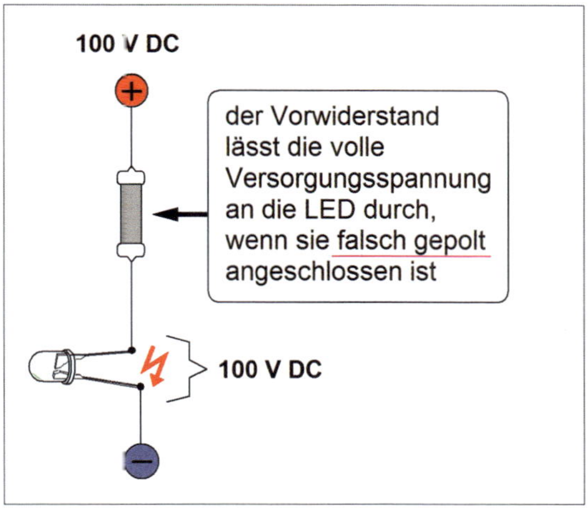

Abb. 15.21: An eine verkehrt gepolt angeschlossene LED lässt der Vorwiderstand die volle Anschlussspannung durch, und wenn diese zu hoch ist, geht die LED kaputt

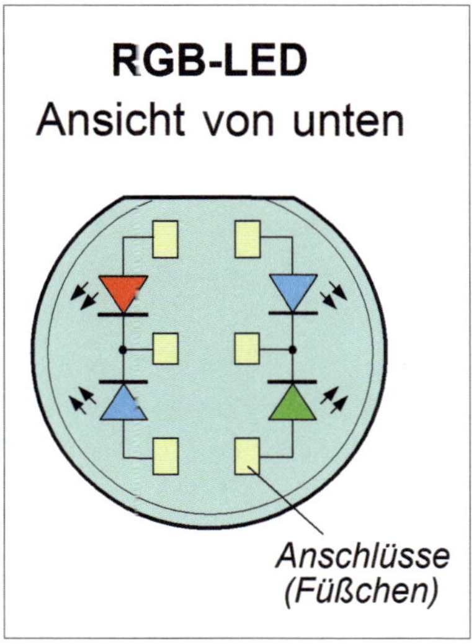

Abb. 15.22: Anschlüsse einer RGB-LED (ROT/GRÜN/BLAU), in der die vier Einzel-LEDs unabhängig voneinander geschaltet werden können

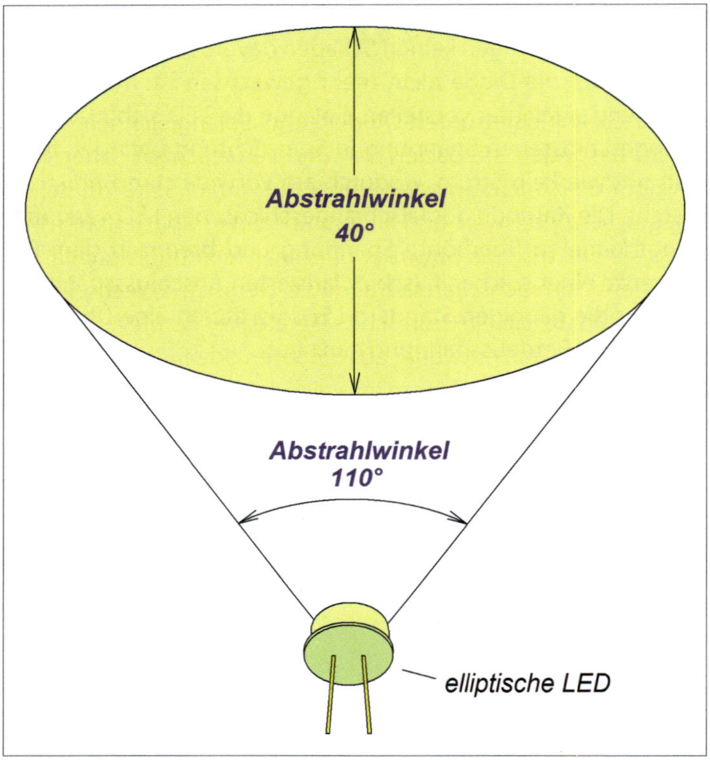

Abb. 15.23: Elliptische LEDs gehören zu den spezielleren LEDs, die eine Fläche elliptisch in einer LED-Form ausleuchten, die von ihren zwei Abstrahlwinkeln bestimmt wird

16. Gleichrichter und Netzgeräte

Es war einmal ... da machten Gleichrichterröhren-Dioden und Selengleichrichter das Rennen. Sie waren teuer, nicht besonders strapazierfähig und verursachten daher viele Störungen. Die heutigen Silizium-Gleichrichterdioden – über die wir auf Seite 209 schon berichtet haben – sind dagegen sehr preiswert und zudem absolut strapazierfähig. Ihre wichtige Eigenschaft ist, dass sie elektrischen Strom in nur einer Richtung durchlassen und in der Gegenrichtung sperren. Das macht man sich zunutze, wenn man Wechselstrom in Gleichstrom umwandeln will. Und da alle elektronischen Geräte als Energieversorgung den Gleichstrom benötigen, müssen sie ihn entweder aus Batterien oder aus Netzgeräten bzw. Netzteilen beziehen, die den Netz-Wechselstrom in Gleichstrom umwandeln.

Die meisten der elektronischen Geräte benötigen eine niedrigere Gleichspannung, als man nur durch Gleichrichtung der Netzspannung erhält. Da muss also die zu hohe Wechselspannung zunächst mit einem Transformator in eine niedrigere Wechselspannung transformiert werden, und diese wird erst anschließend mit einem Gleichrichter gleichgerichtet.

16.1 Gleichrichter

Die Funktionsweise eines *Brückengleichrichters* haben wir bereits mit mehreren Beispielen in den Kapiteln 12 und 14 erläutert. Die vier Gleichrichterdioden werden in der Praxis teils als einzelne Dioden in einer Schaltung nach Abb. 16.1a zusammengelötet, oder sie werden nach dem Beispiel in Abb. 16.1b als ein kompakter Baustein angeboten.

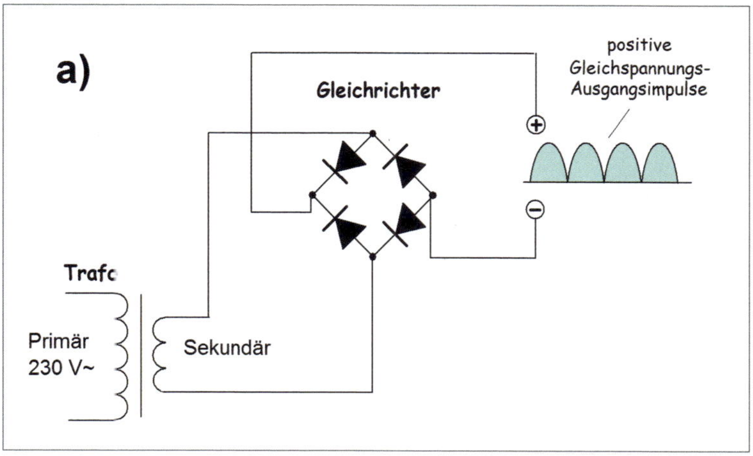

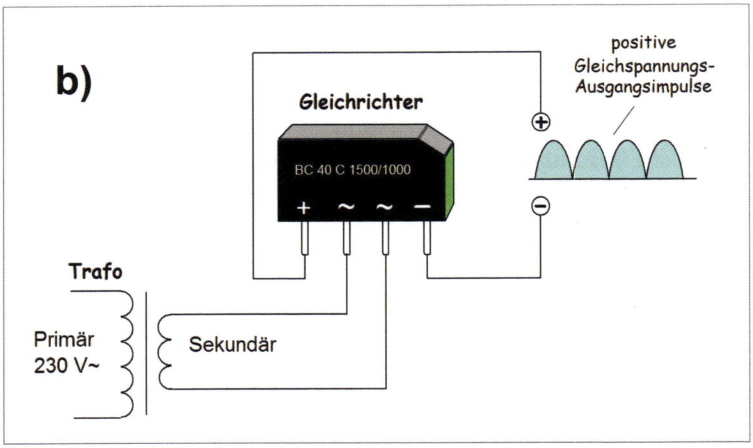

Abb. 16.1: Ein Brückengleichrichter: a) mit einzelnen Gleichrichterdioden, b) als Fertigprodukt, in dem die Gleichrichterdioden eingegossen sind

Derartige Fertiggleichrichter gibt es in sehr vielen Ausführungen, aber die Funktion bleibt die gleiche – allerdings mit unterschiedlichen Leistungsstufen wie *maximale Anschlussspannung* und *maximale Strombelastung*.

Die Grundarten der Gleichrichtung haben wir auch schon teilweise erläutert, aber um das bereits erworbene Wissen aufzufrischen, sehen wir uns in Abb. 16.2b/c noch kurz die zwei Arten der einfacheren Gleichrichtung an: Interessant ist hier hauptsächlich die Spannungsglättung mit einem Spannungsregler (siehe Abb. 16.2c). Der Spannungsregler ist hier als *Festspannungsregler »positiv«* bezeichnet. Solche Spannungsregler gibt es wahlweise als *Festspannungsregler* oder als *regelbare Spannungsregler*. Diese teilen sich zudem in *positive Spannungsregler* und *negative Spannungsregler* auf.

Für die perfekte Glättung einer pulsierenden Gleichspannung benötigt zwar auch der integrierte Spannungsregler zwei bis vier zusätzliche Kondensatoren, aber er gibt sich bei den Elkos mit relativ niedrigen Kapazitäten zufrieden. Für eine einigermaßen brauchbare Glättung nach Abb. 16.2b wird dagegen ein Elko mit höherer Kapazität benötigt, wobei die Glättung ziemlich grob bleibt.

Seitdem es die integrierten Spannungsregler gibt, hat sich das Problem mit der Glättung der pulsierenden Gleichspannung jedenfalls perfekt gelöst. Unsere Schaltung eines stabilisierten Netzteils aus Abb. 16.2c eignet sich als eine Universallösung für alle Selbstbaunetzteile, die eine positive Gleichspannungsversorgung liefern sollen. Die einzelnen Bausteine – darunter vor allem die Spannungsregler – müssen dabei jeweils auf die benötigte Ausgangsspannung und den vorgesehenen Ausgangsstrom richtig dimensioniert werden.

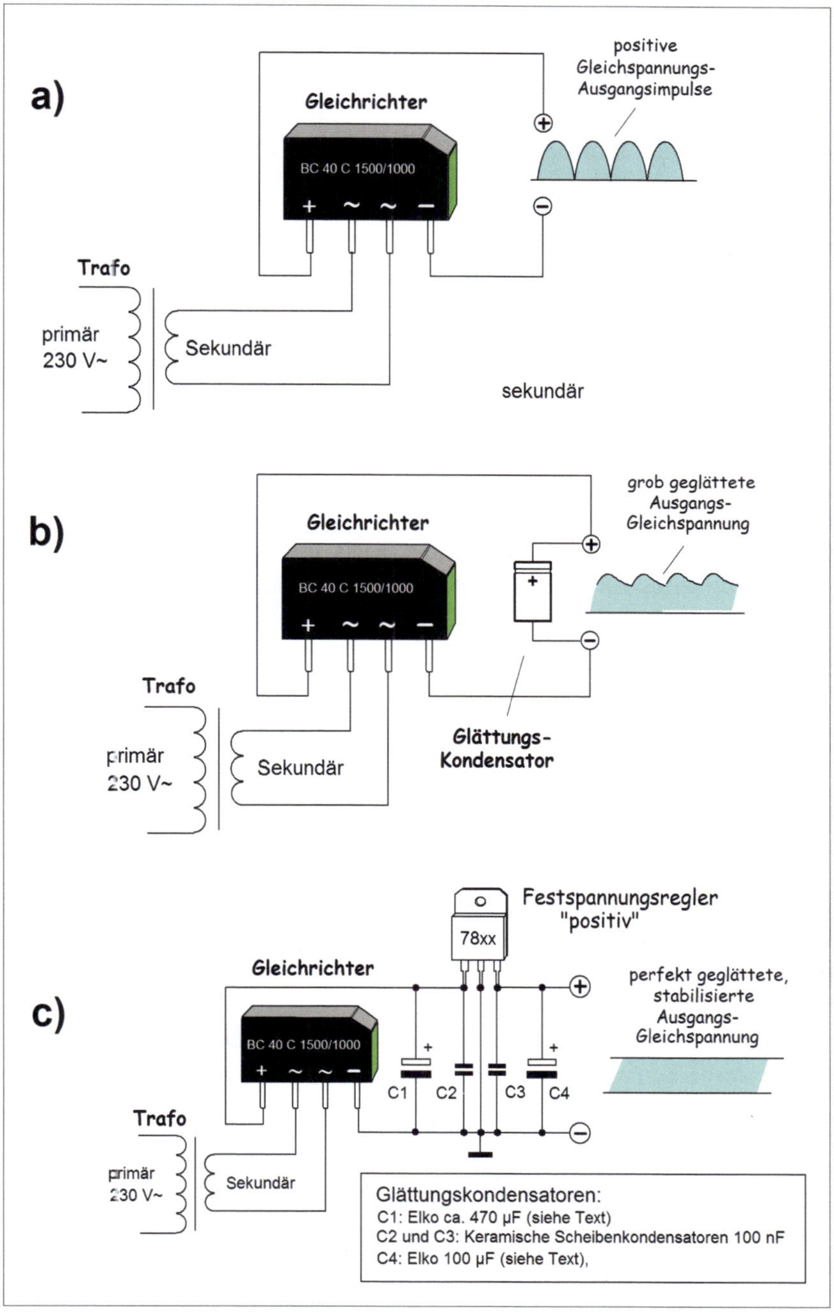

Abb. 16.2: Glättung einer pulsierenden Gleichspannung: a) Von einem Brückengleichrichter erhalten wir nur eine pulsierende Gleichspannung. b) Mit einem Elektrolyt-Kondensator kann die pulsierende Gleichspannung nur dürftig geglättet werden. c) Integrierte Spannungsregler glätten die pulsierende Gleichspannung perfekt

Die linke Hälfte der Schaltung aus Abb. 16.2c (bis zum C1) ist uns bereits bekannt. Neu ist hier der bildlich eingezeichnete Festspannungsregler, den man als »echten Segen für den Selbstbau« bezeichnen kann. Er liefert an seinem Ausgang nicht nur irgendeine Festspannung, sondern eine stabile und fein geglättete Festspannung. Ein solches Netzteil ist sehr bescheiden, was seine Bauteile anbelangt.

Die Sekundär-Wechselspannung des verwendeten Transformators sollte mindestens ca. 2,5–3 Volt höher sein als die Nennspannung, für die der Spannungsregler ausgelegt ist (ein 12-Volt-Spannungsregler benötigt z. B. eine Trafo-Sekundärspannung von 15 V~).

Der Sekundärstrom des Trafos sollte bei einer Brückengleichrichtung um ca. 10 % bis 20 % höher als der maximal bezogene stabilisierte Gleichstrom sein. Diese Empfehlung, eine etwas großzügigere Leistungsreserve einzuplanen, ist nur bei solchen Transformatoren sinnvoll, die herstellerseitig knapp dimensioniert wurden. Sie würden sich ohne einen solchen zusätzlichen Leistungsspielraum beim Dauerbetrieb zu sehr aufheizen.

Der Spannungsregler benötigt einen größeren Kühlkörper (siehe Abb. 16.3), und man sollte ihm nicht mehr Strom abverlangen als ca. 70 % bis 75 % seiner typbezogenen Strombelastung. Bei Anwendung eines 1-Ampere-Spannungsreglers sollte somit ein Dauerstrom von maximal 0,75 A bezogen werden. Ist eine höhere Stromabnahme vorgesehen, ist ein Festspannungsregler anzuwenden, der für eine angemessen höhere Strombelastung ausgelegt ist.

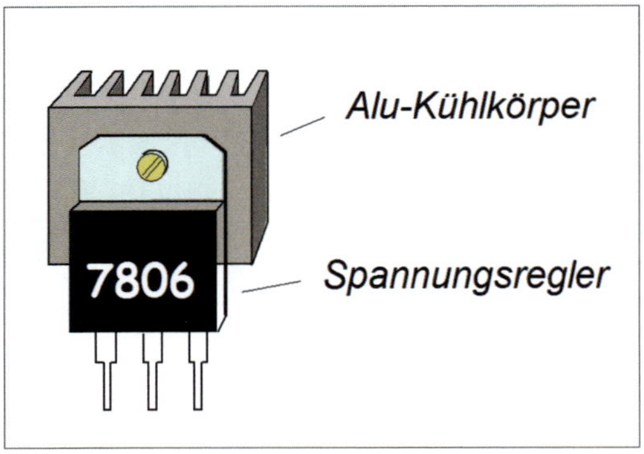

Abb. 16.3: Stärker belastete Spannungsregler benötigen solide Kühlkörper!

Die Kondensatoren **C2** und **C3** (als Entstörungskondensatoren) passen im Prinzip zu allen Spannungsreglern. Sofern der Spannungsregler-Hersteller nicht ausdrücklich eine andere Kapazität empfiehlt, kann die hier angegebene Kapazität von 100 nF als universaler Standardwert betrachtet werden. Diese zwei Kondensatoren erfüllen ihre Aufgabe optimal, wenn sie als *keramische Scheibenkondensatoren* ausgeführt sind.

Der Kondensator **C4** fungiert als ein zweiter Glättungs-Kondensator, und seine Kapazität kann universell 100 µF betragen, wenn es sich um die Spannungsversorgung elektronischer Schaltungen handelt. Ist die Spannungsversorgung z. B. nur für Leuchtdioden, Kleinmotoren, Relais oder vergleichbare strapazierfähige Verbraucher vorgesehen, dürfte der **C3** entfallen und der **C4** z. B. auf ca. 47 µF verringert werden – sofern in einem Schaltbeispiel nicht andere Werte vorgegeben sind.

Besondere Aufmerksamkeit verdient der **C1**. Er muss unter allen Umständen fähig sein, die pulsierenden Gleichspannungs-Halbwellen so zu glätten, dass die übrig gebliebenen Spannungsdellen (Rillen) oberhalb der Regler-Eingangsspannung bleiben und somit vom Regler »abgehobelt« werden können. Wir verwenden die Bezeichnung »abgehobelt« deshalb, weil der Regler die ihm zugeführte vorgeglättete Spannung auf eine ähnliche Art glättet, wie eine Hobelbank ein Brett glättet, das voller Rillen und Dellen ist.

Bei einem Brett ist eines klar: Wenn es z. B. auf eine Dicke von 2,5 cm abgehobelt werden soll, dürfen die ursprünglichen Rillen und Dellen nicht tiefer liegen. Ansonsten bleiben sie im abgehobelten Brett sichtbar. Einen Spannungsregler darf man sich wie eine Hobelbank vorstellen, denn er kann die ihm zugeführte pulsierende Gleichspannung nur auf den eingestellten Wert »abhobeln«. Verlangt man von ihm, dass er ausgangsseitig eine perfekt geglättete Gleichspannung liefert, muss ihm eine Spannung zugeführt werden, deren tiefste Rillen oberhalb der benötigten Ausgangsspannung liegen.

Je höher die Sekundärspannung des Trafos ist und je niedriger die Stromabnahme, umso kleiner darf die Kapazität des **C1** sein. Das klingt zwar etwas schleierhaft, aber es gibt Faustregeln:

- Die Sekundär-Wechselspannung des Trafos sollte mindestens um ca. 3–4 Volt höher sein als die typbezogene Spannung eines Standard-Festspannungsreglers. Wird ein *Low-drop-Spannungsregler* verwendet (der einen niedrigeren internen Spannungsverlust aufweist), genügt es, wenn die Trafo-Sekundärspannung nur um ca. 2–2,5 Volt höher liegt als die benötigte stabilisierte Gleichspannung. Eine unnötig hohe Sekundärspannung sollte nach Möglichkeit vermieden werden, da sie den Spannungsregler unnötig belastet und erhitzt.
- Die Kapazität des **C1** ist so zu wählen, dass pro 0,1-A-Stromabnahme mit etwa 200–400 µF bei empfindlichen elektronischen Schaltungen gerechnet wird. Das ergibt z. B. eine Kapazität von 2.200 µF bei einer Stromabnahme von ca. 1 A. Bei einer Spannungsregelung für einfachere Anwendungen genügen ca. 100 µF pro 0,1-A-Stromabnahme.

Bleibt nur noch darauf hinzuweisen, dass es eine große Auswahl an Spannungsreglern für Arbeitsströme von 100 mA, 1 A, 1,5 A, 2 A usw. gibt und dass sie – bis auf den »100-mA-Winzling« – alle einen zusätzlichen Metall-Kühlkörper benötigen. Für schwächer belastete Spannungsregler kann ein solcher Kühlkörper auch nur aus einem ca. 1,2–1,5 mm dicken Alublech oder aus beliebigen ausreichend massiven, Wärme leitenden Metallen (z. B. Kupfer oder Messing) selbst hergestellt werden. Stärker belastete Spannungsregler beanspruchen ziemlich große Kühlkörper, die in einer großen Auswahl als Fertigprodukte erhältlich sind. Zwischen dem Spannungsregler und einem Kühlkörper sollte eine *Wärmeleitpaste* aufgetragen werden.

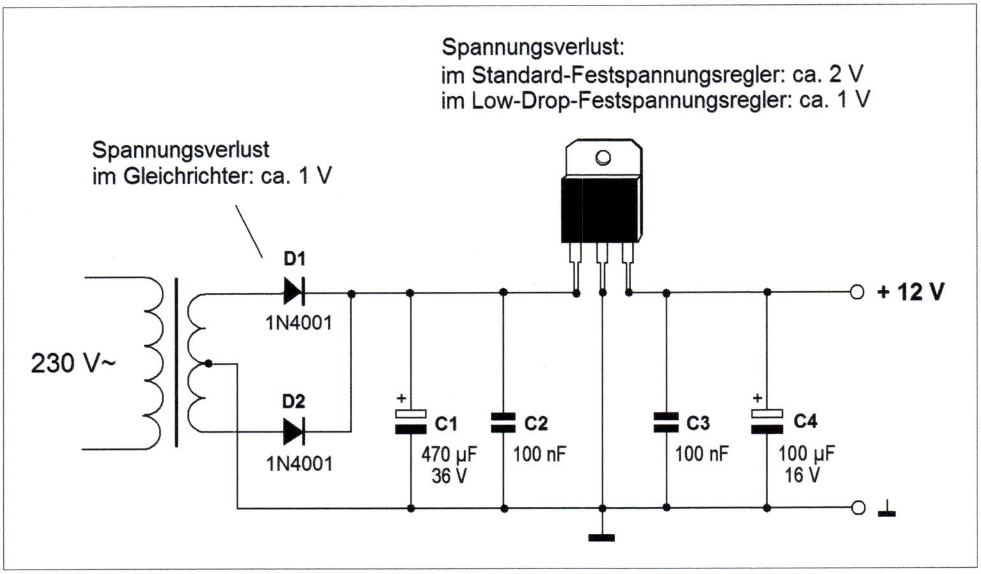

Abb. 16.4: Eine Mittelpunktschaltung mit einem Festspannungsregler

Steht für ein solches Selbstbauprojekt ein Netztransformator zur Verfügung, der über zwei symmetrische Sekundärwicklungen (mit zwei gleichen Wechselspannungen) verfügt, kann der Gleichrichter das Prinzip der *Mittelpunktschaltung* nach Abb. 16.4 nutzen. Die Glättung der Gleichspannungsimpulse wird bei der Mittelpunktschaltung auf die gleiche Weise vorgenommen wie bei der Brückenschaltung in Abb. 16.2c.

Die Mittelpunktschaltung hat den bereits angesprochenen Vorteil, dass sie für die Gleichrichtung nur zwei (anstelle von vier) Gleichrichterdioden benötigt. Dieser Vorteil hatte allerdings nur Bedeutung, als es die heute preiswert erhältlichen Silizium-Gleichrichterdioden noch nicht gab. Da waren die Gleichrichterröhren-Dioden und Selengleichrichter noch viel teurer als der Preisaufwand durch den aufwendigeren Transformator.

Gegenwärtig hat eine Mittelpunktschaltung eigentlich nur noch dann einen Sinn, wenn man z. B. einen dafür geeigneten Transformator besitzt und ihn noch experimentell verwerten kann. Ansonsten bietet diese Lösung keinen Vorteil, denn die Sekundärwicklung des Transformators muss hier kräftiger dimensioniert werden, da jede der Hälften jeweils den vollen Strom verkraften muss, während die andere Hälfte der Wicklung in den 50-Hz-Lücken quasi ruht.

16.2 Netzgeräte und Netzteile

Unter dem Begriff *Netzgerät* versteht man ein kompaktes Fertiggerät im Gehäuse. Es kann sich dabei auch nur um ein kleines Steckergehäuse handeln, das wir von verschiedenen Miniladegeräten kennen, die als Zubehör diverser Akku-Werkzeuge erhältlich sind. Die Bezeichnung *Netzteil* bezieht sich dagegen nur auf die Funktion und wird meist dann angewendet, wenn eine solche Spannungsquelle nur als ein interner Bestandteil einer Schaltung beschrieben wird. Ein *Netzteil* wird also zu einem *Netzgerät* befördert, indem es ein selbstständiges Gehäuse erhält. Ansonsten gibt es zwischen Netzgeräten und Netzteilen keinen Unterschied.

Netzgeräte verschiedenster Art kennen wir seit unserer Kindheit. Die meisten sind uns als Stecker-Netzgeräte bekannt. Sie sind überwiegend als Gleichspannungs-Netzgeräte konzipiert und verfügen teilweise über einen Umschalter, mit dem die gewünschte Ausgangsspannung eingestellt werden kann.

Unter den handelsüblichen stabilisierten Gleichspannungs-Netzgeräten befinden sich als eine moderne Version der konventionellen Netzgeräte die sogenannten getakteten Netzgeräte. Bei diesen Netzgeräten wird die Wechselspannung »hochgetaktet« (z. B. zu einer Spannungsfrequenz von 100 kHz), die sich (im Gerät) mit einem höheren Wirkungsgrad transformieren lässt.

Dieser Trick setzt allerdings ein etwas aufwendigeres und somit kostspieligeres Geräte-Innenleben voraus. Der damit verbundene höhere Preis kompensiert die tatsächliche Energieeinsparung bei kleineren oder sporadisch betriebenen Geräten nur dürftig und ist daher im Prinzip höchstens bei größeren Geräten vorteilhaft, die im Dauerbetrieb eingesetzt werden.

In der Praxis wird man oft damit konfrontiert, dass es sehr schwierig ist, ein passendes handelsübliches Netzgerät zu finden, das die gewünschte Spannung und den benötigten Strom maßgerecht liefern kann. Für experimentelle Zwecke ist das Problem meist nicht allzu groß, denn hier darf auch in Kauf genommen werden, wenn ein solches Netzgerät kräftig überdimensioniert ist.

Bei der Stromversorgung von spezielleren Verbrauchern ist es erforderlich, dass das Netzgerät (bzw. Netzteil) möglichst energiesparend arbeitet. Es soll weder für eine unnötig hohe Leistung noch für eine unnötig hohe Spannung ausgelegt sein. Hier bietet sich ein Selbstbaunetzteil oder ein Selbstbaunetzgerät an, das etwa nach einem der Beispiele aus den Abbildungen 16.2c oder 16.4 leicht im Selbstbau erstellt werden kann.

Neben den bereits beschriebenen *Festspannungsreglern* gibt es auch *einstellbare Spannungsregler*, deren Ausgangsspannung einstellbar (und verstellbar) in einem Bereich zwischen ca. 1,2 V und 30 V bzw. 37 V liegt (typabhängig variieren vor allem die einstellbaren Obergrenzen).

Eine leicht nachzubauende Grundschaltung eines einstellbaren Spannungsreglers zeigt Abb. 16.5. Da diese Schaltung ein paar Bauteile mehr hat, haben wir hier – zur besseren Übersicht – die Bauteile bildlich dargestellt. Diese Schaltung eignet sich auch für die kleineren 100-mA-Spannungsregler, die sich zwar in der Praxis oft als echte Schwächlinge zeigen, aber Stromabnahmen unterhalb von ca. 50 mA kann man ihnen gerade noch zumuten.

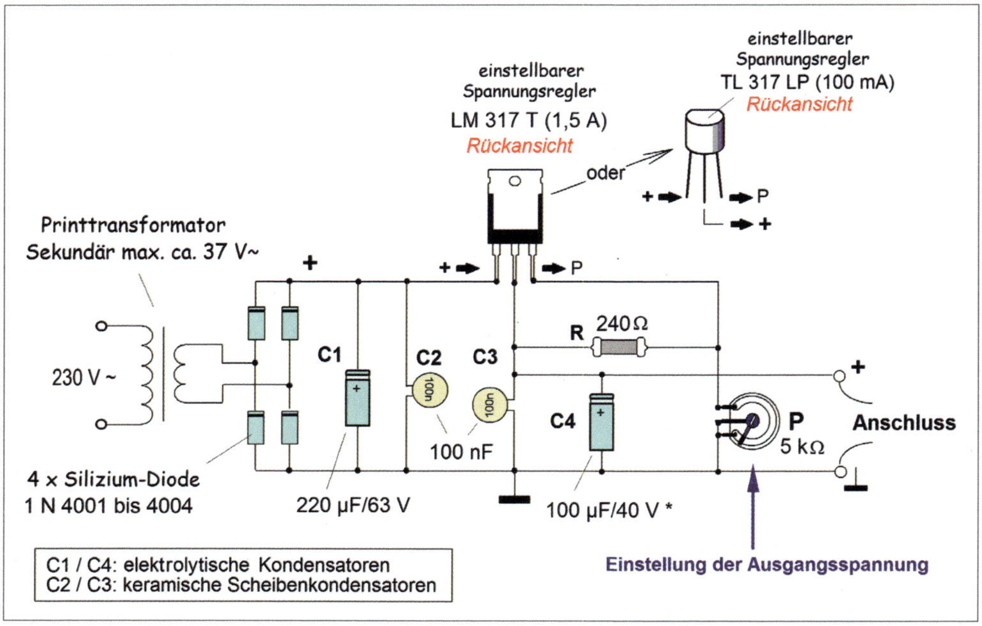

Abb. 16.5: Eine leicht nachzubauende Schaltung eines einstellbaren Spannungsreglers (Potentiometer P sollte bevorzugt als Drahtpotentiometer ausgeführt sein, damit es länger zuverlässig funktioniert)

Kritisch bei dieser Schaltung ist der Widerstand **R**, der bei diesen Spannungsreglern 240 Ω haben muss – was jedoch nicht für alle einstellbaren Spannungsregler gilt. Da ist also auf die Hinweise des jeweiligen Herstellers zu achten. Das Gleiche gilt für die Schaltung aus Abb. 16.6, bei der wir die Gleichspannung von einem Netzgerät nochmals durch einen weiteren Spannungsregler »jagen«, damit sie sich unabhängig regeln lässt. Die eingezeichneten Leuchtdioden und das Multimeter am Ausgang des Spannungsreglers stellen nur ein Beispiel dar. An ihrer Stelle kann an einen solchen Spannungsregler einfach alles angeschlossen werden, was nicht mehr Strom bezieht, als der Spannungsregler verkraften würde.

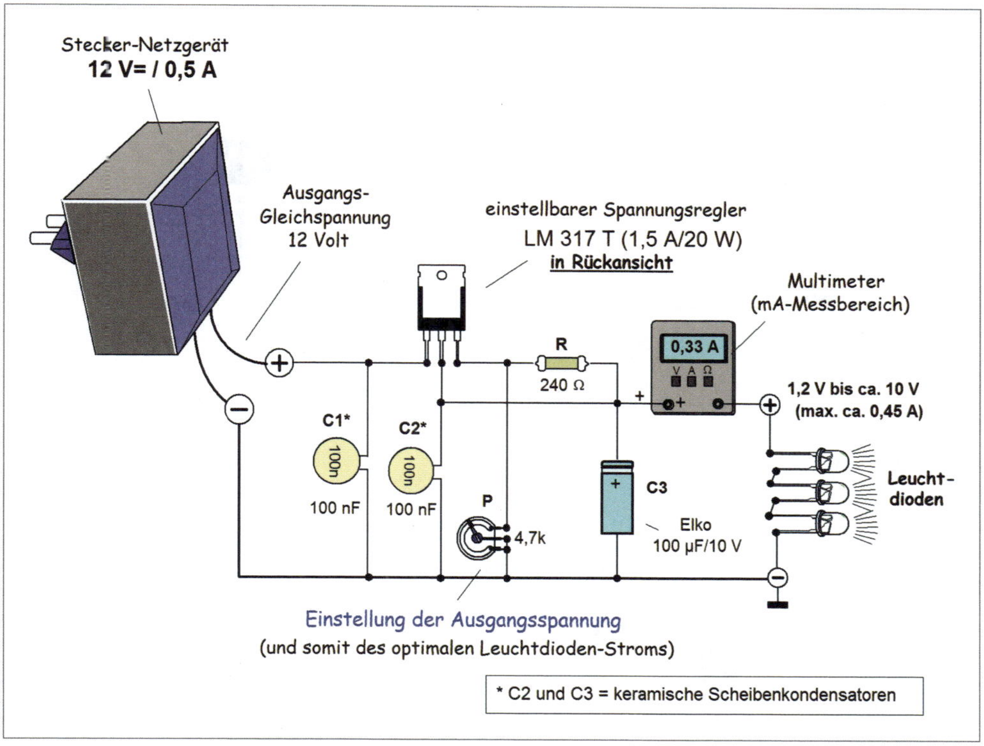

Abb. 16.6: Doppelt gemoppelt geht auch: Einen Spannungsregler kann man bei Bedarf auch an eine Gleichspannungsquelle anhängen, wenn man diese regeln möchte

Wird gelegentlich eine stabilisierte Spannung benötigt, die nur geringfügig höher sein müsste, als ein Festspannungsregler sie liefert, kann sie nach den Beispielen aus Abb. 16.7 erhöht werden. Wird besonderer Wert darauf gelegt, dass die stabilisierte Spannung durch diese Maßnahme keine winzigen Rillen enthält, kann nach dem Beispiel in Abb. 16.7f parallel zu der Zusatzdiode ein Elko angeschlossen werden.

Hinweis

Die Werte des Widerstands **R** und des Potentiometers **P**, die bei den hier aufgeführten Schaltungen angegeben sind, gelten nicht automatisch für alle Spannungsregler-Typen. Wenn Sie Ihre Netzgeräte mit anderen Spannungsreglern bestücken, achten Sie bitte auf die Herstellerdaten.

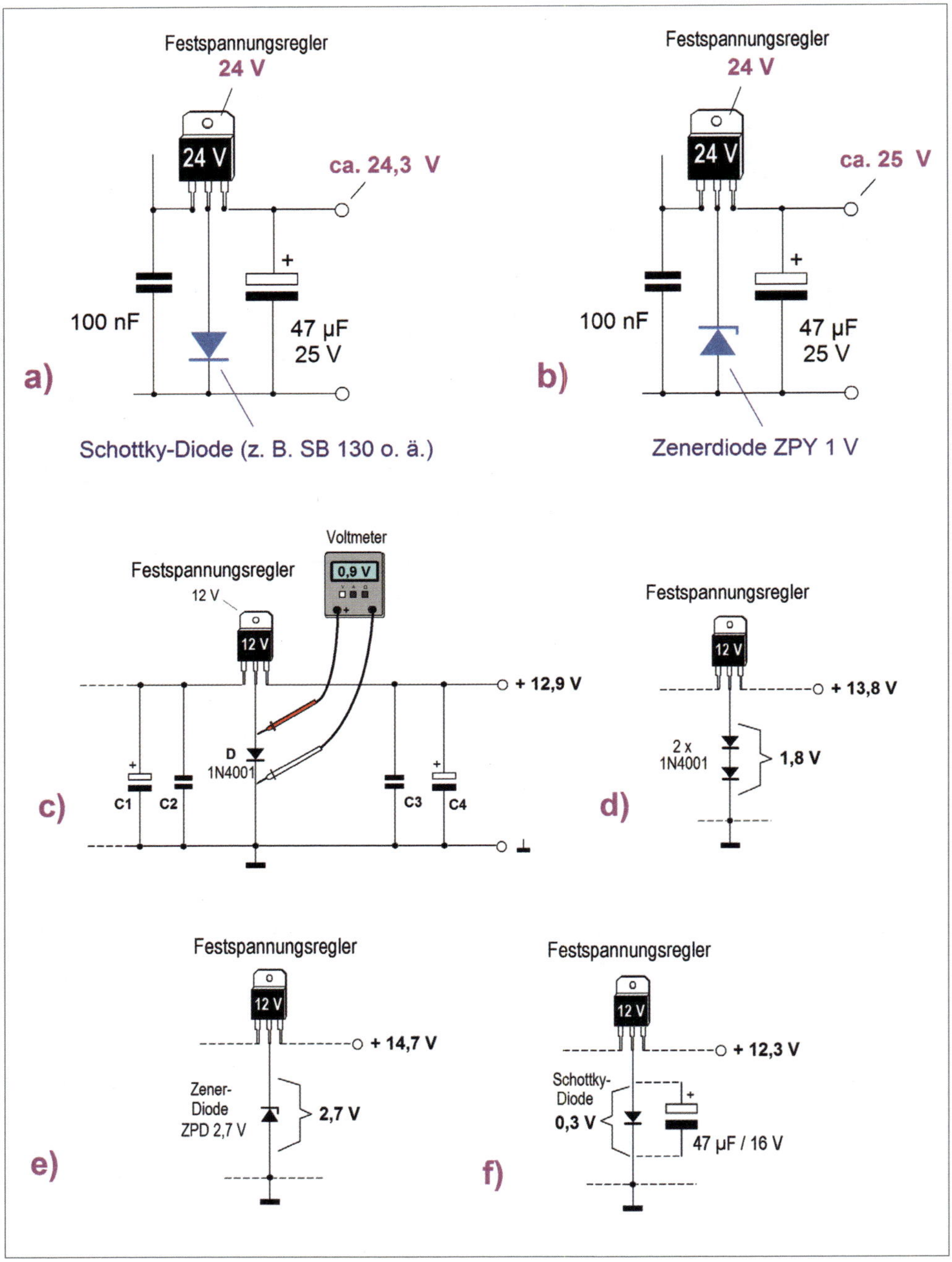

Abb. 16.7: Falls eine Gleichspannung benötigt wird, die nur ein kleines bisschen höher sein müsste, als ein Festspannungsregler sie bietet, lässt sich seine Ausgangsspannung mit diesen Tricks erhöhen

Wenn mehrere unterschiedlich hohe Spannungen benötigt werden, die der angewendete Transformator und Gleichrichter verkraften, können auch mehrere Kaskaden mit separaten Spannungsreglern nach dem Beispiel in Abb. 16.8 an den Gleichrichterausgang angeschlossen werden. Falls den zusätzlichen Spannungsreglern eine etwas zu hohe Eingangsspannung zugeführt wird, kann eine zusätzliche Gleichrichterdiode (bzw. auch mehrere solcher Dioden in Reihe) diese Spannung um ca. 0,9–1 V pro Diode verringern. Damit wird verhindert, dass sich der zusätzliche Spannungsregler zu sehr aufwärmt.

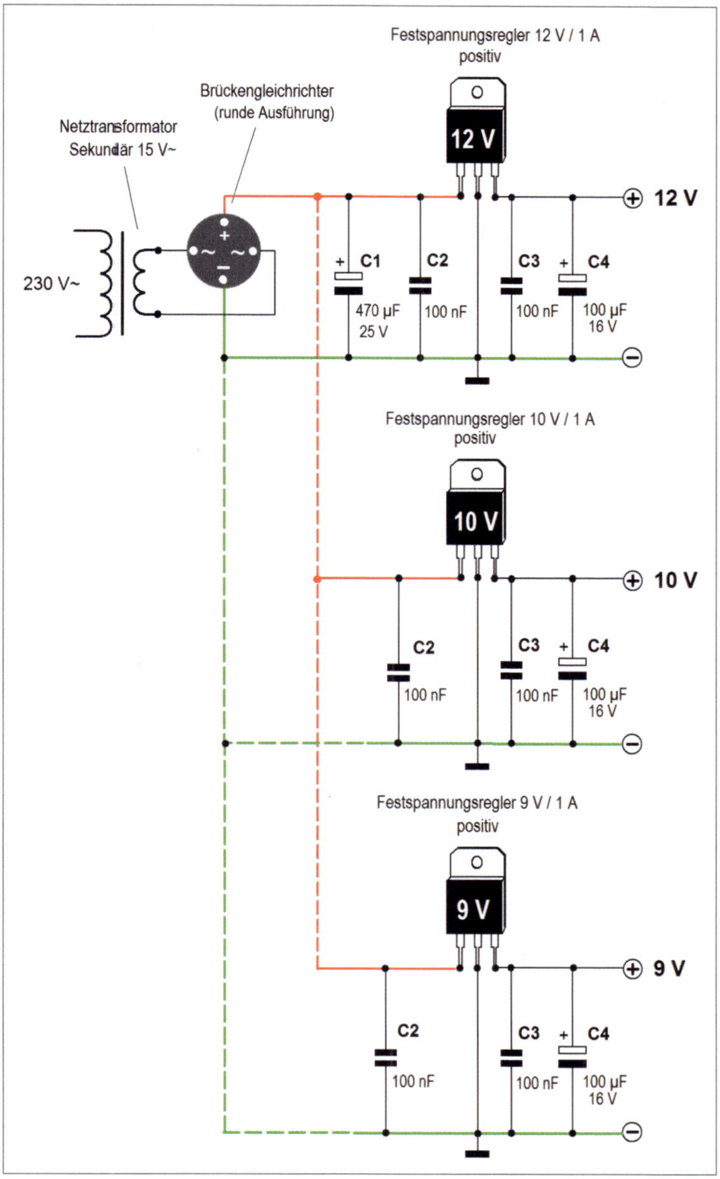

Abb. 16.8: Nach diesem Beispiel können auch mehrere optimal dimensionierte Spannungsregler-Kaskaden an den Gleichrichterausgang angeschlossen werden

17. Transistoren

Transistoren gehören zu den wichtigsten aktiven Bauteilen der Elektrotechnik. Die Bezeichnung »aktiv« weist darauf hin, dass sie fähig sind, eine ihnen zugeführte Spannung zu verstärken oder auf veränderte Situationen aktiv zu reagieren. In der Leistungselektrotechnik und der Leistungselektronik werden Transistoren u. a. als Schalter und »Ventile« verwendet. Sie können allerdings viel mehr, aber das wäre ein Thema für mehrere Bücher.

Das eigentliche Funktionsprinzip eines Transistors ist sehr einfach: Der elektrische Strom fließt in einem »einfachen« Transistor vom Kollektor **K** zum Emitter **E** auf die gleiche Weise wie das Wasser in der Rohrleitung. Die Basis **B** des Transistors hat eine ähnliche Funktion wie das Ventil an der Rohrleitung: Sie kann den Stromdurchfluss regeln oder ganz schließen.

Es gibt eine Unmenge an verschiedensten Transistoren. Die einfachsten haben nur drei Anschlüsse (drei Füßchen), einige der spezielleren *Feldeffekt-Transistoren* haben bis zu fünf Anschlüsse, die eine aufwendigere Steuerung oder Signalzufuhr ermöglichen. Die *Feldeffekt-Transistoren* repräsentieren sozusagen die modernere Gattung der herkömmlichen Transistoren, die als *bipolare Transistoren* bezeichnet werden.

Bipolare Transistoren sind wahlweise als NPN- oder PNP-Typen ausgelegt. Der Unterschied wird bei dem Schaltzeichen durch die Pfeilrichtung des Emitter-Beinchens angezeigt. Ähnlich wie bei dem Schaltzeichen einer Diode zeigt auch hier der Pfeil die Polarität an: Bei einem NPN-Transistor wird der Kollektor **K**, bei einem PNP-Transistor dagegen der Emitter **E** an die Plusspannung angeschlossen (meist jedoch über einen Widerstand oder eine andere Last). Der Kreis um das eigentliche Schaltzeichen des Transistors wird oft weggelassen.

In der Praxis werden NPN-Transistoren den PNP-Transistoren vorgezogen, denn das erleichtert die Handhabung. Bei PNP-Transistoren muss man viele Denkvorgänge ins »Spiegelbild« transferieren und das kompliziert die Sache. Es gibt jedoch auch Schaltungen, in denen sogenannte *komplementäre Transistorenduos* angewendet werden, die jeweils aus einem NPN- und einem PNP-Transistor bestehen.

Feldeffekt-Transistoren, die auch als *unipolare Transistoren* bezeichnet werden, weisen gegenüber den bipolaren Transistoren etliche Vorteile auf. Sie können – im Vergleich zu den bipolaren Transistoren – mit einer wesentlich geringfügigeren Spannung und zudem fast ohne jeglichen Leistungsverbrauch gesteuert werden. Diesen Vorteil hatten zwar ursprünglich auch die Elektronenröhren, nicht aber die bipolaren Transistoren, deren Basis in der Hinsicht ziemlich »fresssüchtig« ist. In der gängigen Praxis werden für einfachere Schaltungen dennoch überwiegend die kostengünstigen bipolaren Transistoren verwendet.

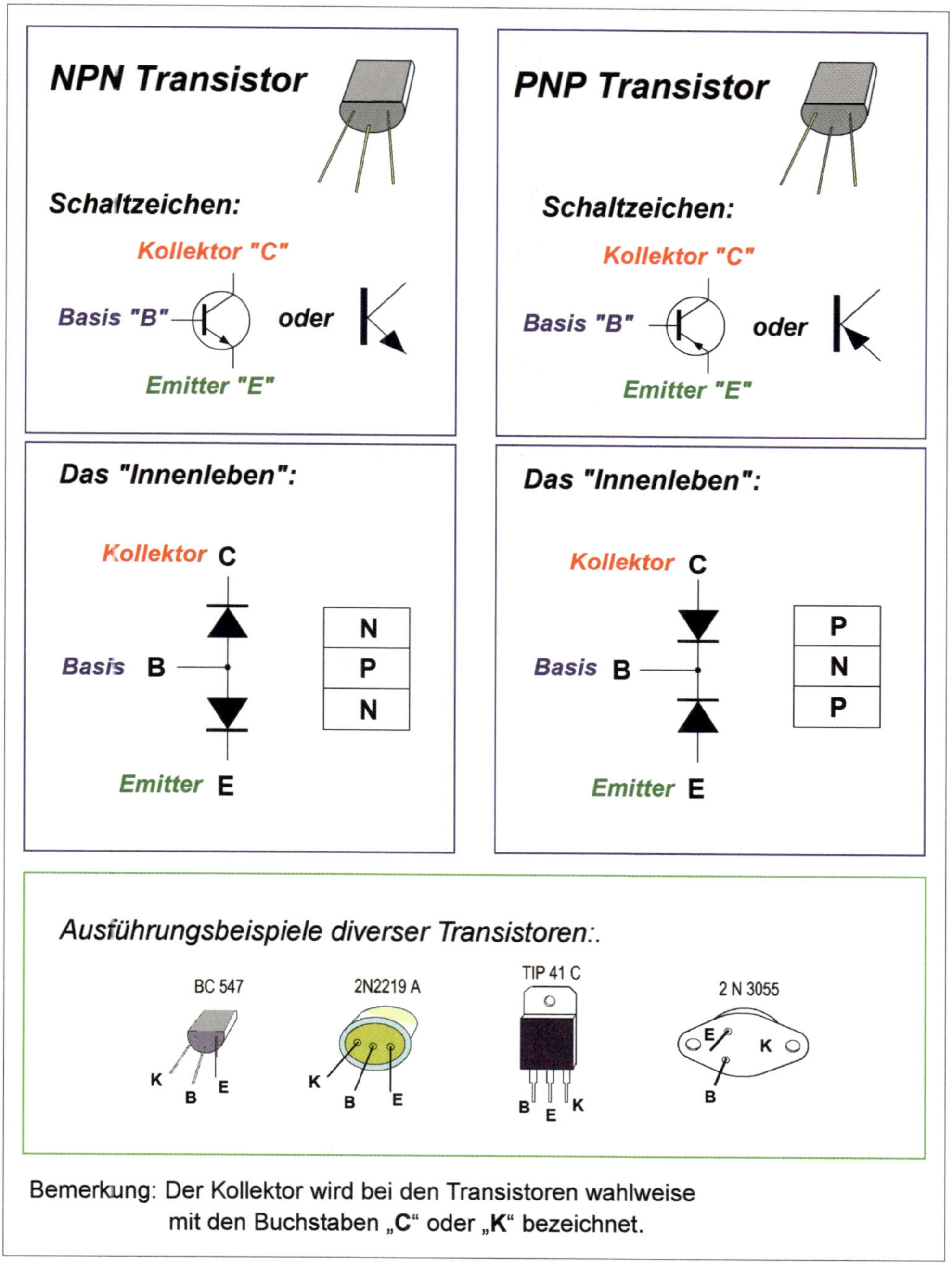

Abb. 17.1: Bipolarer Transistor: Schaltzeichen und Anschlüsse der NPN- und PNP-Transistoren

Ähnlich wie bei den NPN- und PNP-bipolaren Transistoren gibt es auch bei den Feldeffekt-Transistoren zwei polaritätsunterschiedliche Gruppen: *N-Kanal-* und *P-Kanal-FETs* (FET ist die gebräuchliche Abkürzung für Feldeffekt-Transistoren). Ihre Anschlüsse werden als *SOURCE*, *DRAIN* und *GATE* bezeichnet. Bei den FETs wird das Schaltzeichen in Schaltplänen überwiegend ohne Kreis gezeichnet.

Viele *Feldeffekt-Transistoren* werden als *MOSFETs* bezeichnet. Das MOS steht hier für **m**etal-**o**xide-**s**emiconductor, das FET für den **F**eld**e**ffekt-**T**ransistor.

Die *MOS-Technologie* bewirkt (unter anderem), dass sich der Eingangswiderstand des Halbleiters noch mehr erhöht.

Diese kurze Vorinformation über einige der spezielleren Transistoren kann vorerst nur locker gelesen und danach gleich vergessen werden, denn die Anwendung solcher Transistoren fällt etwas zu weit aus dem Rahmen unserer »Einsteiger-Themen«. Auf die interessanteren Transistoren kommen wir noch zurück, und der Rest darf ruhig in der Schublade mit all den vielen Bausteinen bleiben, in der man erst dann herumsucht, wenn man etwas Spezielles für eine besondere Aufgabenbewältigung braucht. Bis es jedoch irgendwann so weit ist, wird es wieder ganz andere, ganz spezielle Transistoren geben, die sich für ein bestimmtes Vorhaben am besten eignen. Das schieben wir also einfach aus Gründen des Selbsterhaltungstriebs lieber präventiv in die Rubrik »Kommt Zeit, kommt Rat« und sehen uns stattdessen lieber näher an, was ein normaler Mensch mit den einfacheren Transistoren so ungefähr machen kann.

Die Schaltzeichen und das Innenleben der beiden gängigsten Transistorentypen – NPN- und PNP-Transistoren – zeigt Abb. 17.1. Das hier angedeutete »Innenleben« zeigt, dass in einem solchen Transistor eigentlich nur zwei Dioden sitzen, die sich dann zu sehr interessanten Aufgabenbewältigungen animieren lassen.

Übrigens ...

Die Kollektoren der Transistoren werden in technischen Zeichnungen wahlweise mit den Buchstaben **K** oder **C** bezeichnet – was jedoch nur bei einfacheren Schaltungen sinnvoll oder möglich ist. Schon in Schaltplänen von kleineren integrierten Schaltungen (ICs) wimmelt es nur so von winzigen Transistoren, um die herum es absolut keinen Platz für zusätzliche Buchstaben an ihren Füßchen gibt. Da muss man halt schauen, an welchen der Füßchen der kleine Pfeil (am Emitter **E**) sitzt, der auch anzeigt, ob es sich um einen NPN- oder einen PNP-Transistor handelt.

In Wirklichkeit interessiert bei einem IC kaum noch jemanden, was drinsitzt, denn wichtig sind hier nur noch die technischen Fähigkeiten und Parameter, die mit den Anwendungsmöglichkeiten zusammenhängen. Es ist hier also nicht von Bedeutung, was alles in ihm drinsteckt, sondern was sich konkret aus ihm herausholen lässt.

> Ein Profi wird gegenwärtig nur ziemlich selten etwas mit einzelnen Transistoren zu tun haben, denn überall gibt es nur ICs (Chips) und man darf sich dann glücklich schätzen, wenn man überhaupt darüber im Bilde ist, für welche Funktionen der eine oder andere IC zuständig ist. Dennoch: Es ist zumindest gut zu wissen, dass es Chips gibt, die man essen kann, und solche, die man nicht essen kann. Und wenn man sich vorstellt, dass in den Chips, die man nicht essen kann, sehr viele von den inzwischen bekannten Transistoren und anderen elektronischen Bauteilen (aus diesem Buch) stecken, hat man es mit der Technik für den Rest des Lebens immerhin viel leichter.

Und jetzt geht's weiter: Die Funktionsweise eines »normalen« (bipolaren) Transistors aus Abb. 17.1 zeigen die zwei Beispiele in Abb. 17.2: Mit dem Einstellpotentiometer **P** kann die Basisspannung des Transistors und damit nach Abb. 17.2a die Lichtintensität der LED geregelt werden. Alternativ kann nach Abb. 17.2b ein elektromagnetisches Relais durch die Spannungserhöhung an der Basis des Transistors (mit Potentiometer **P**) aktiviert oder durch Herabdrehen der Spannung wieder abgeschaltet werden.

Für den Nachbau dieser Schaltungen kann fast jeder beliebige bipolare NPN-Kleintransistor verwendet werden – z. B. die preiswerten Typen *BC547* und *BC548*. Der Schleifer des Einstellpotentiometers **P** muss **vor Inbetriebnahme der Schaltung** ganz zu der Masse herabgedreht werden. Nach dem Einschalten der Versorgungsspannung wird der Schleifer langsam und vorsichtig in Richtung Widerstand **R1** gedreht, wodurch die Spannung an der Basis **B** des Transistors langsam erhöht wird – bis sich der Transistor öffnet und das Lämpchen aufleuchtet bzw. bis das Relais anspringt.

Solche Versuchsschaltungen können bevorzugt auf einer handelsüblichen *zweireihigen Pertinax-Lötleiste* aufgebaut werden.

> **Wichtig**
>
> Die Belegung der »Füßchen-Anschlüsse« ist bei solchen NPN-Transistoren typbezogen unterschiedlich. Obwohl für den Nachbau unserer Schaltungen fast alle beliebigen Transistoren angewendet werden können, muss zuvor festgestellt werden, an welche der Füßchen des vorhandenen Transistors die Anschlüsse gehören. Dies trifft selbstverständlich nicht auf Transistoren zu, die bei einer Schaltung jeweils namentlich aufgeführt sind.

Die in Abb. 17.2 gezeigten Anwendungsbeispiele eines Transistors gehören eigentlich nicht zu ihren bedeutendsten Aufgaben. Ursprünglich wurden die Transistoren als Nachfolger der Radioröhren entwickelt, die hauptsächlich als Verstärker der Audiosignale gebraucht wurden. So dürfte auch diese Aufgabe eines Transistors angesprochen werden – obwohl es da mit einer experimentellen Schaltung nicht so einfach ist wie im Beispiel aus Abb. 17.2a. Hier begnügen wir uns daher mit einer zeichnerischen Darstellung in

Abb. 17.3: Führen wir der Basis des Transistors ein schwaches Signal zu, verstärkt es der Transistor und liefert es über den Kondensator weiter – z. B. an einen Endverstärker oder einfach an die nächste Stufe der Signalverarbeitung. Wenn man diese Schaltung mit der Schaltung aus Abb. 17.2a vergleicht, dürfte man dem geschilderten Vorgang Glauben schenken, denn auch da funktionierte der Transistor als Verstärker.

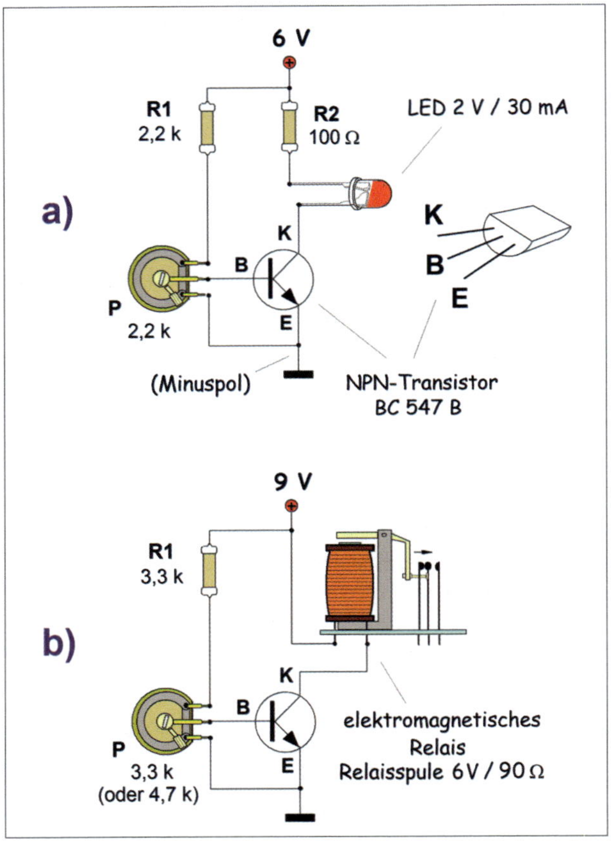

Abb. 17.2: Zwei einfache Versuchsschaltungen mit einem NPN-Transistor

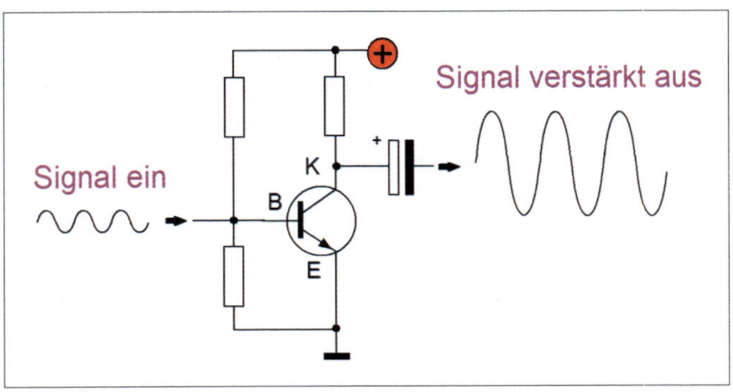

Abb. 17.3: Ein Transistor als Verstärker eines Audiosignals

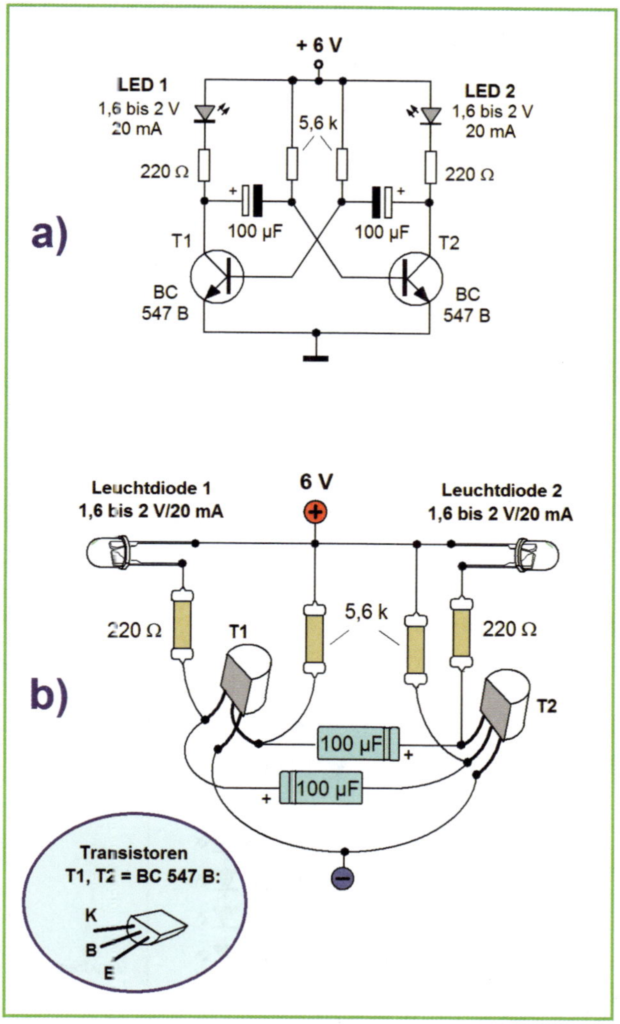

Abb. 17.4: Leicht nachzubauende Schaltung eines Multivibrators: a) schematisch; b) bildlich dargestellt

Etwas mehr Bewegung in die Sache bringt z. B. ein Multivibrator (siehe Abb. 17.4). In unserer Schaltung, die wir – für einen leichteren Überblick der Zusammenhänge – auf zwei Arten (schematisch und bildlich) gezeichnet haben, schalten die beiden Transistoren die an sie angeschlossenen LEDs in einem vorgegebenen Takt. Seine Frequenz bestimmen die Kondensatoren **C1**, **C2** und die Widerstände **R1**, **R2**. So ein Multivibrator schaukelt also hin und her, und was man an die Kollektoren der zwei Transistoren auch anschließt, pumpt da brav mit – vorausgesetzt, es ist entsprechend an die Leistung und Fähigkeit der Transistoren angepasst. Möchte man die Taktfrequenz des Multivibrators regeln, lässt sich das nach dem Beispiel in Abb. 17.5 mit einem zusätzlichen Potentiometer oder Trimmer leicht bewerkstelligen. Zur Verdeutlichung: Die Transistoren sind für einen Arbeitsstrom von 100 mA ausgelegt und können daher bei Bedarf auch längere oder mehrere parallel angeschlossene LED-Ketten (siehe Abb. 17.6) verkraften, die z. B. als Kinderparty-Gags abwechselnd blinken.

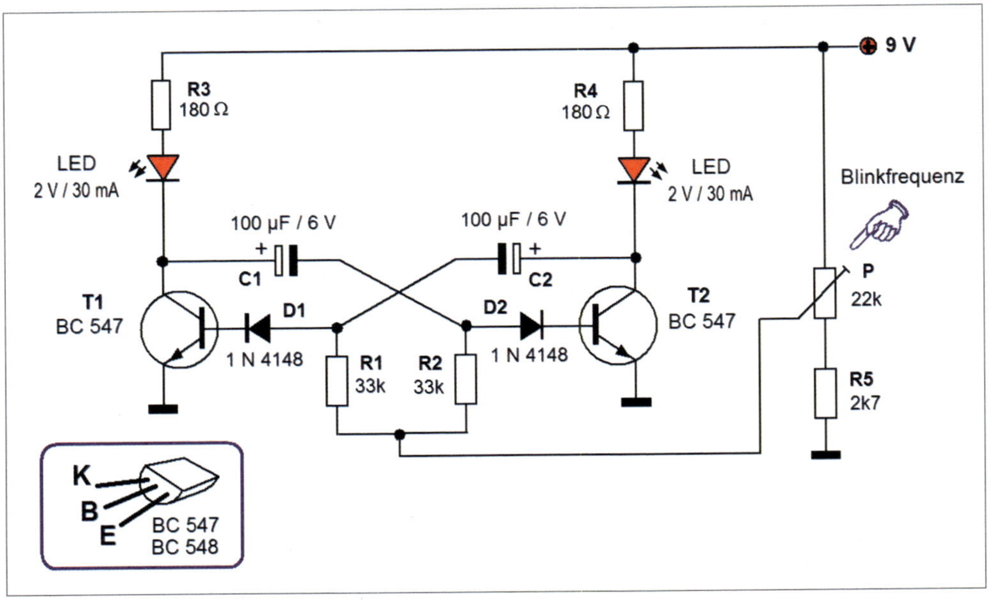

Abb. 17.5: Blinkfrequenz-Steuerung des Multivibrators aus Abb. 17.4

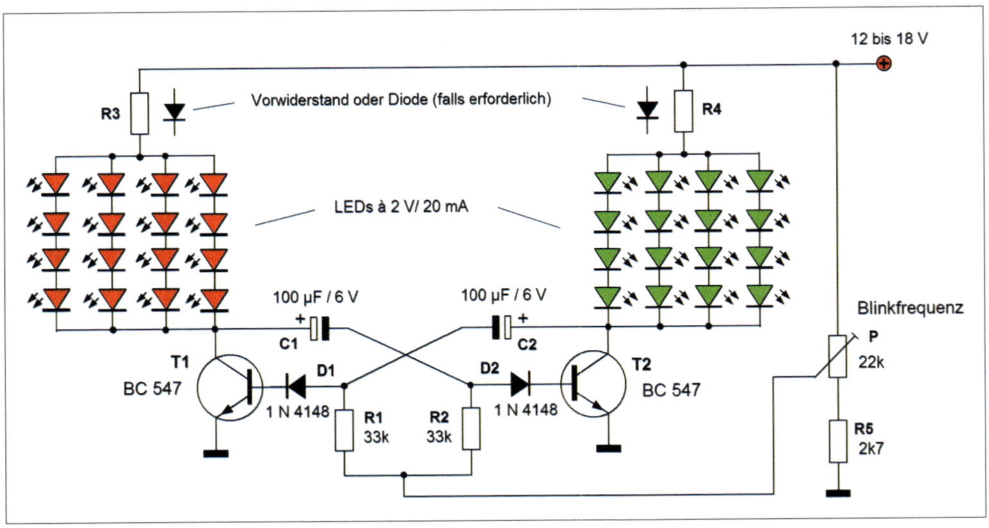

Abb. 17.6: Anstelle einer einzigen LED kann an jeden (oder auch nur an einen) der Transistoren eine angemessen dimensionierte größere Anzahl von LEDs angeschlossen werden

Durch Erhöhung der Kapazität der zwei Elektrolyt-Kondensatoren **C1**, **C2** sinkt die Taktfrequenz – und umgekehrt. Wenn die Kondensatoren ungleiche Kapazitäten haben, wird das Blinken »hinken« (die eine LED leuchtet jeweils länger als die andere).

Manchmal passiert es, dass eine solche Schaltung gar nicht daran denkt, mit dem Blinken anzufangen, und einfach nur eine der Leuchtdioden (oder LED-Sektion) konstant leuchten lässt. In dem Fall zwingt man ihr den Start dadurch auf, dass an einer der Leuchtdioden (LED-Sektion) kurz die Verbindung mit der Plusspannung unterbrochen wird.

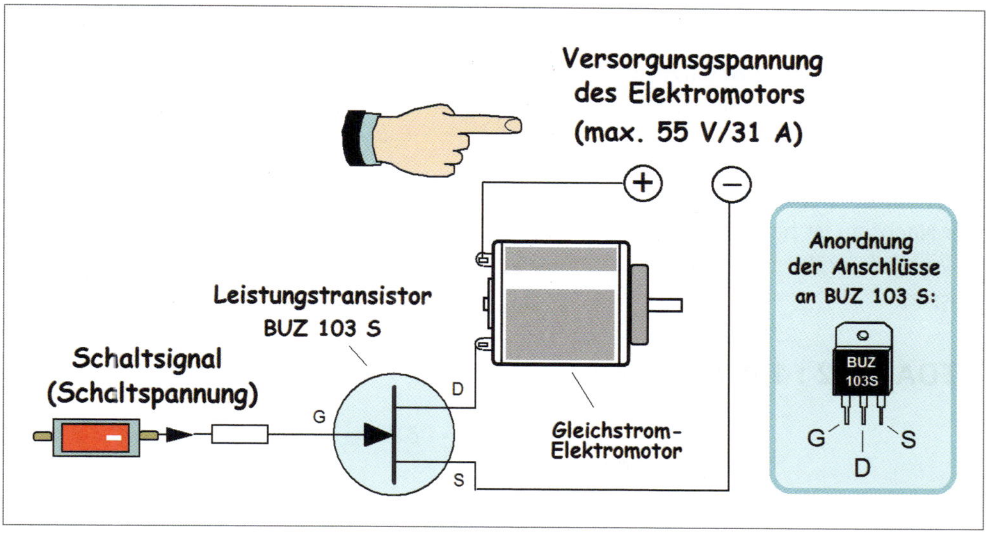

Abb. 17.7: Spezielle Leistungstransistoren werden gern auch als elektronische Schalter verwendet

Die hier gezeigten Schaltungen dürften Ihnen den Umgang mit Transistoren etwas näherbringen. Die Vielfalt der Anwendungsmöglichkeiten verschiedener Transistoren ist sehr groß. So gibt es z. B. auch sehr leistungsstarke Transistoren, die – wie Abb. 17.7 mit dem *BUZ 103 S* zeigt – auch verblüffend kräftige Verbraucher schalten können.

Wir werden in diesem Buch noch mehrere interessante Schaltungen mit Transistoren bringen – und es wird Spaß machen, sich Schritt für Schritt mit ihnen und ihren Fähigkeiten näher anzufreunden.

18. Integrierte Schaltungen (ICs)

Eine integrierte Schaltung (Abkürzung IC – für **I**ntegreated **C**ircuit) ist vom Prinzip her nichts anderes als eine größere (bis sehr große) Menge winziger Transistoren, Dioden und eventuell auch anderer spezieller Komponenten, die auf einer gemeinsamen kleinen Siliziumscheibe (Chip) eingeätzt sind. Nachdem die Anschlüsse des Chips mit dünnen Drähten an die »IC-Füßchen« angeschlossen wurden, wird der Chip in einen Kunststoffkörper eingegossen.

Ein praktisches Anwendungsbeispiel eines kleinen 1-Watt-Verstärker-ICs zeigt Abb. 18.1. Der Nachbau ist hier sehr einfach und die Funktion leicht nachvollziehbar. Vergleichbare IC-Verstärker gibt es in großer Auswahl sowie in verschiedenen Leistungs- und Qualitätsklassen.

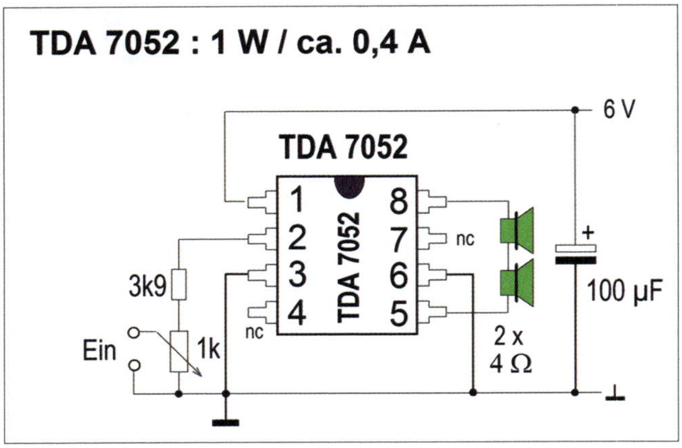

Abb. 18.1: Ein einfacher integrierter 1-Watt-Verstärker

Integrierte Verstärker bieten dem Anwender allerdings keinen großen Spielraum an zusätzlichen Änderungen oder Anpassungen. Sie sind für eine ganz konkrete Anwendung vorbestimmt und damit hat es sich. Für eine fest vorgegebene Anwendung sind auch viele der komplexeren ICs entwickelt und vorgesehen. Unter diesen ICs gibt es auch verschiedene kleinere, die nur für eine ganz bestimmte Aufgabe verwendet werden – wie z. B. der IC *SAE 800*, der als Dreiklang-Gong (siehe Abb. 18.2) entwickelt wurde.

Die Schaltung ist leicht nachzubauen: Die Tasten T1 bis T3 sind Klingeltasten, die wahlweise einen Ein-, Zwei- oder Dreiklang-Gong aktivieren (T1 = 1 Klang, T2 = 2 Klänge, T3 = 3 Klänge). Falls nur eine Klingeltaste benötigt wird, entfallen die Tasten T1 und T2. Der IC ist in der Ansicht von oben gezeichnet.

Achten Sie bei jedem Nachbau bitte darauf, dass die Nummerierung der IC-Anschlüsse (Pins) immer **gegen den Uhrzeigersinn** von der Einkerbung verläuft (dies gilt für jeden IC solcher Bauart). Die hier eingezeichneten Anschlüsse sollten nicht direkt auf die Füßchen des IC, sondern bevorzugt auf eine passende IC-Fassung angelötet werden.

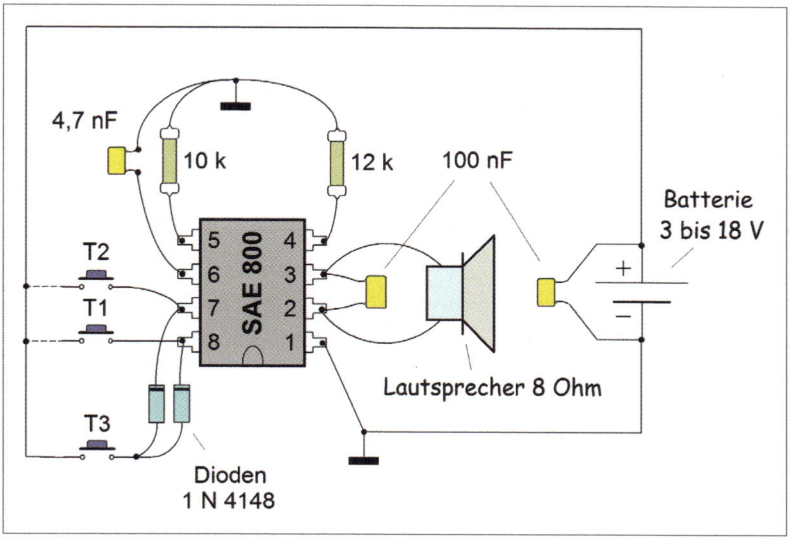

Abb. 18.2: Ein kleiner Gong-IC als Selbstbau-Baustein

Im Gegensatz zu dem vorhergehenden Gong-IC, der speziell für eine vorgegebene Anwendung entwickelt wurde, gibt es auch sehr viele ICs, die vielseitig verwendet werden können. Einer der bekanntesten Repräsentanten ist der kleine Timer-IC *NE 555* (oder nur *555*), der verblüffend vielseitig angewendet werden kann. Natürlich auch als einfacher Timer, dessen leicht nachzubauende Schaltung (Abb. 18.3) hervorragend fürs Experimentieren geeignet ist.

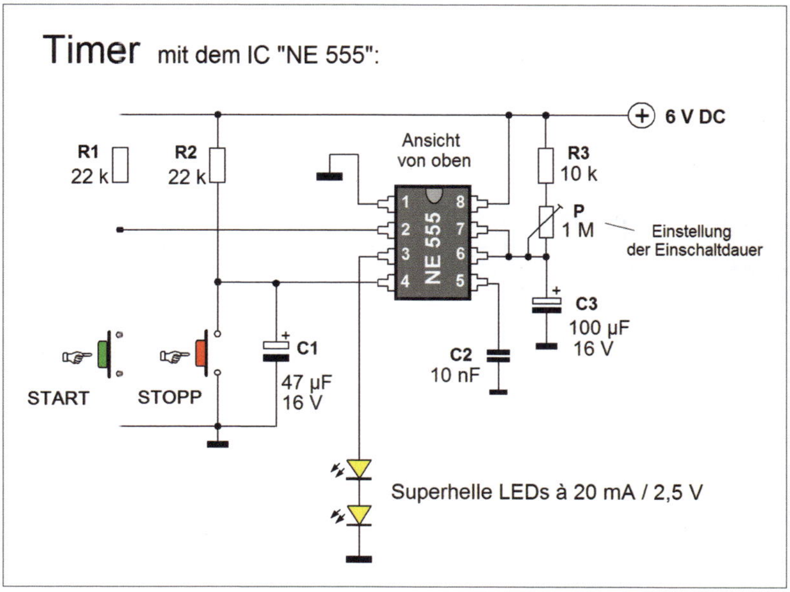

Abb. 18.3: Grundschaltung des Timers NE 555

Ein Timer in dieser einfachen Form kann an seinem Schaltausgang theoretisch einen Strom von bis zu 200 mA schalten (praktisch sollten wir ihn mit höchstens ca. 150 mA belasten). Sobald die Start-Taste betätigt wird, leuchten die zwei gelben LEDs auf. Ihre Einschaltdauer hängt von der Einstellung des Potentiometers **P** und von der Kapazität des Kondensators **C2** ab. Bei einer Kapazität von ca. 470 µF beträgt die maximale Einschaltdauer etwa eine halbe Stunde, bei einer Kapazität von 220 µF nur etwa 14 Minuten usw.

Hinweis

Falls Sie für diese experimentelle Timer-Schaltung eine Spannungsversorgung von 9 V (anstelle der eingezeichneten 6 V) anwenden, müssten die an Pin 3 des Timers angeschlossenen LEDs einen Vorwiderstand erhalten. Ansonsten braucht an der Schaltung keine Veränderung vorgenommen zu werden. Die maximale Versorgungsspannung darf höchstens 15 V betragen.

Anstelle der im vorhergehenden Schaltplan eingezeichneten Leuchtdioden kann der Timer auch ein elektromagnetisches Relais wie in Abb. 18.4 betätigen. Die Nennspannung der Relaisspule muss auf die angewendete Spannungsversorgung der Schaltung abgestimmt werden. Genau genommen darf die Versorgungsspannung um ca. 1,2 Volt höher liegen als die Nennspannung der Relaisspule – was auch im Hinblick auf die Spannungsverluste in dem IC von Vorteil ist. Die Schutzdiode *1 N 4002*, die parallel zur Relaisspule eingezeichnet ist, darf nicht fehlen! Sie schützt den IC vor zu großen Spannungsstößen, die beim Abschalten der Relaisspule entstehen. Bei der Suche nach einem passenden elektromagnetischen Relais ist auf die Regeln zu achten, die in Abb. 18.5 übersichtlich aufgeführt sind.

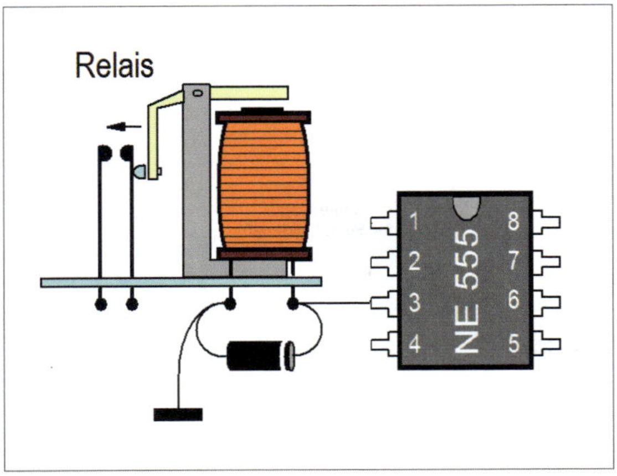

Abb. 18.4: Über ein elektromagnetisches Relais kann der 555-Timer beliebige Verbraucher problemlos schalten – und dies nicht nur in der Funktion als Timer

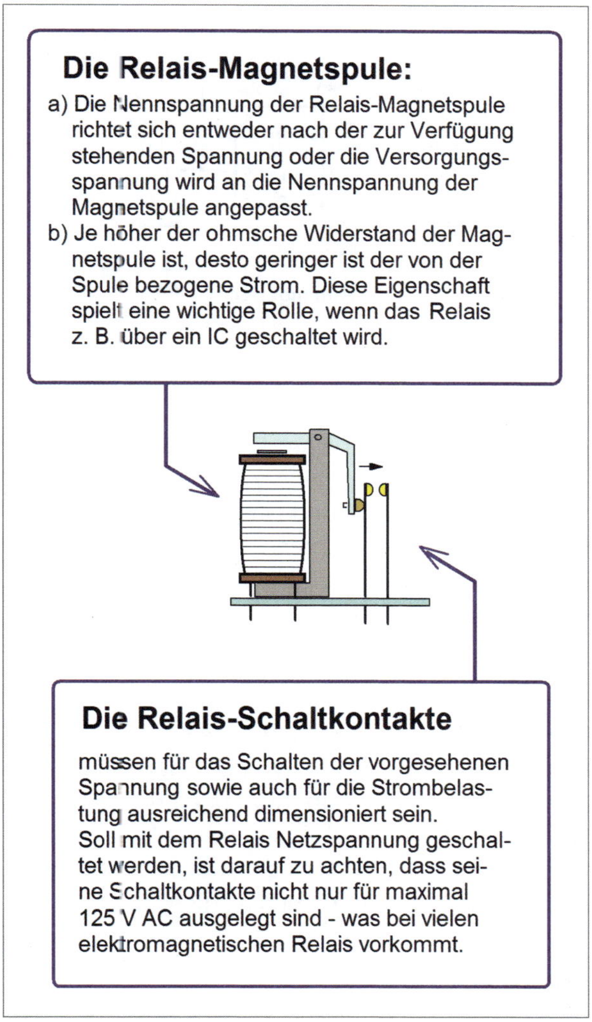

Abb. 18.5: Wichtige Regeln für Relais-Anwendungen

In Kombination mit einem Relais kann sich der Timer z. B. als Treppenautomat oder als Alarmgeber nützlich machen. Die STOPP-Taste kann entfallen und die START-Taste bei Alarmgeben durch einen Alarmkontakt oder auch durch mehrere parallel angeschlossene Alarmkontakte, die z. B. als Tür- oder Trittmattenkontakte ausgelegt sind, ersetzt werden.

Braucht man einen Timer, der erst nach Ablauf der eingestellten Zeit einen Alarm auslöst, ist dafür eine zusätzliche Verzögerung erforderlich. Solch eine Lösung hat den Vorteil, dass z. B. ein Einbrecher nicht nachvollziehen kann, womit er den Alarm ausgelöst hat – und worauf er somit beim nächsten Einbruchsversuch aufpassen müsste. Das kann mithilfe zweier in Reihe geschalteter Timer nach Abb. 18.6 bewerkstelligt werden. Diese Schaltung funktioniert folgendermaßen:

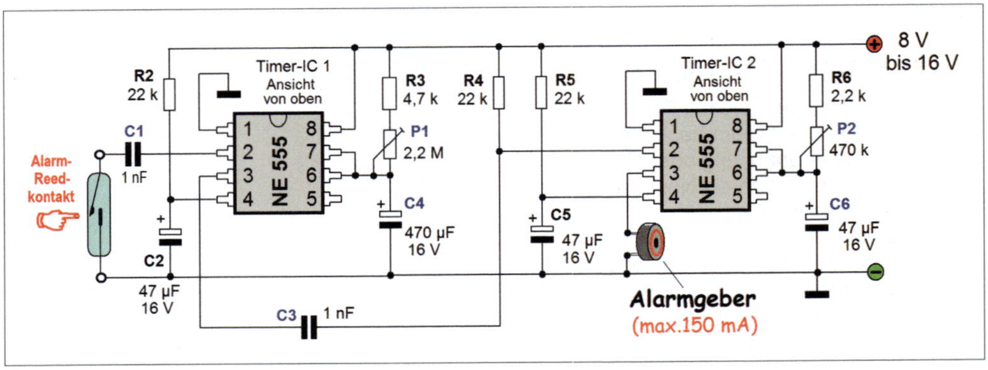

Abb. 18.6: Ein Alarmgeber mit Einschaltverzögerung

Sobald der Alarmkontakt (in diesem Beispiel der Kontakt eines Reed-Schalters) betätigt wird, wird Pin 2 von Timer 1 über den Kondensator **C1** kurz mit der Masse verbunden und startet. Seine Einschaltdauer bestimmen Kondensator **C4** und Einstellpotentiometer **P1**. In dem Moment, wenn Timer 1 abschaltet, erhält Pin 2 des Timers 2 über den Kondensator **C3** einen kurzen Startimpuls. Die Spannung an seinem Pin 3 springt im selben Moment von null auf Plus und aktiviert den angeschlossenen Alarmgeber (oder alternativ ein Relais, das dann über seine kräftigeren Kontakte z. B. eine größere Sirene einschaltet). Für die Einschaltdauer des Timers 2 sind **P2** und **C6** zuständig.

Ein Dämmerungsschalter, der nach der Dämmerung automatisch eine Außenlampe einschaltet (und beim Morgengrauen wieder ausschaltet), ist eine Vorrichtung, die vor allem als Einbruchschutz wertvolle Dienste leisten kann. Die in Abb. 18.7 angeführte Schaltung funktioniert praktisch mit jedem Fotowiderstand auf Anhieb. Während des Experimentierens kann der Fotowiderstand z. B. mit einem Tuch verdeckt werden, um auszutesten, wie (und wann) die Schaltung auf eine solche künstliche Dämmerung reagiert.

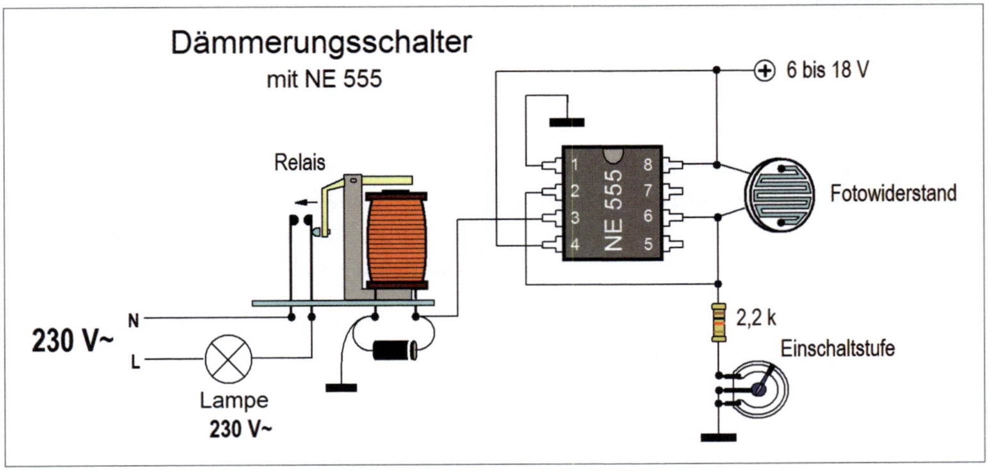

Abb. 18.7: Ein leicht nachzubauender Dämmerungsschalter mit dem NE 555

Das eigentliche Funktionsprinzip ist einfach: Solange der Fotowiderstand beleuchtet ist, liegt sein Widerstand zwischen einigen Hundert und einigen Tausend Ohm (was sich bei abgeschalteter Spannung mit einem Ohmmeter leicht ermitteln lässt). Somit erhalten über ihn die Pins 6 und 2 des IC eine positive Spannung, was zur Folge hat, dass der Schaltausgang des IC an Pin 3 fast spannungsfrei ist.

Sobald bei Dämmerung der Fotowiderstand nur noch sehr schwach beleuchtet ist, steigt sein ohmscher Wert auf einige Hundert Kiloohm an. Damit sinkt die Steuerspannung an den Pins 6 und 2 auf einen Wert, bei dem der Schaltausgang (Pin 3) von seiner Fast-Nullspannung auf eine positive Spannung kippt, die das Relais einschaltet.

Ein solcher Dämmerungsschalter benötigt allerdings eine Versorgungsspannung (Netzteil) – aber damit kennen wir uns ja inzwischen schon gut aus: Der Stromverbrauch der Relais-Magnetspule wird hier für die Wahl des Nennstroms der Trafo-Sekundärwicklung bestimmend sein. Die Relaisspulenspannung muss sich allerdings nach der eingeplanten Spannungsversorgung des Dämmerungsschalters richten. Wählen wir dafür z. B. 12 Volt, können wir ein 12-Volt-Relais einplanen. Von der 12-V-Versorgungsspannung gehen zwar ca. 1,2 V im IC verloren, aber jedes der handelsüblichen 12-V-Relais wird auch bei ca. 10,8 V gut schalten.

Wenn wir zudem ein Relais verwenden, dessen Magnetspule einen Widerstand von ca. 1.000 Ohm hat, dann sehen wir uns gleich an, wie es bei einem solchen Relais mit dem Stromverbrauch aussehen dürfte:

Versorgungsspannung von 10,8 V : 1.000 Ohm = 0,01 A bzw. 10 mA, die das Relais beziehen würde.

Für das Netzgerät würde somit ein winziger Print-Transformator genügen, dessen Sekundärwicklung für ca. 15 mA oder 20 mA ausgelegt ist.

Abb. 18.8 zeigt eine weitere Anwendungsmöglichkeit des NE 555: Er arbeitet sehr entgegenkommend auch als Blinker. Da sein Pin 3 einen Strom von bis zu etwa 150 mA problemlos verkraftet, kann er nach dem Beispiel aus Abb. 18.8b auch ziemlich viele LEDs direkt betreiben (hier muss die Versorgungsspannung auf die LEDs gut abgestimmt werden).

Anstelle der LEDs können andernfalls von Pin 3 aus auch mehrere Relais getaktet betrieben werden, um über ihre Schaltkontakte separate Party-Lichteffekte oder andere elektromechanische Vorrichtungen zu steuern. Diese müssen dann allerdings separate Stromquellen erhalten.

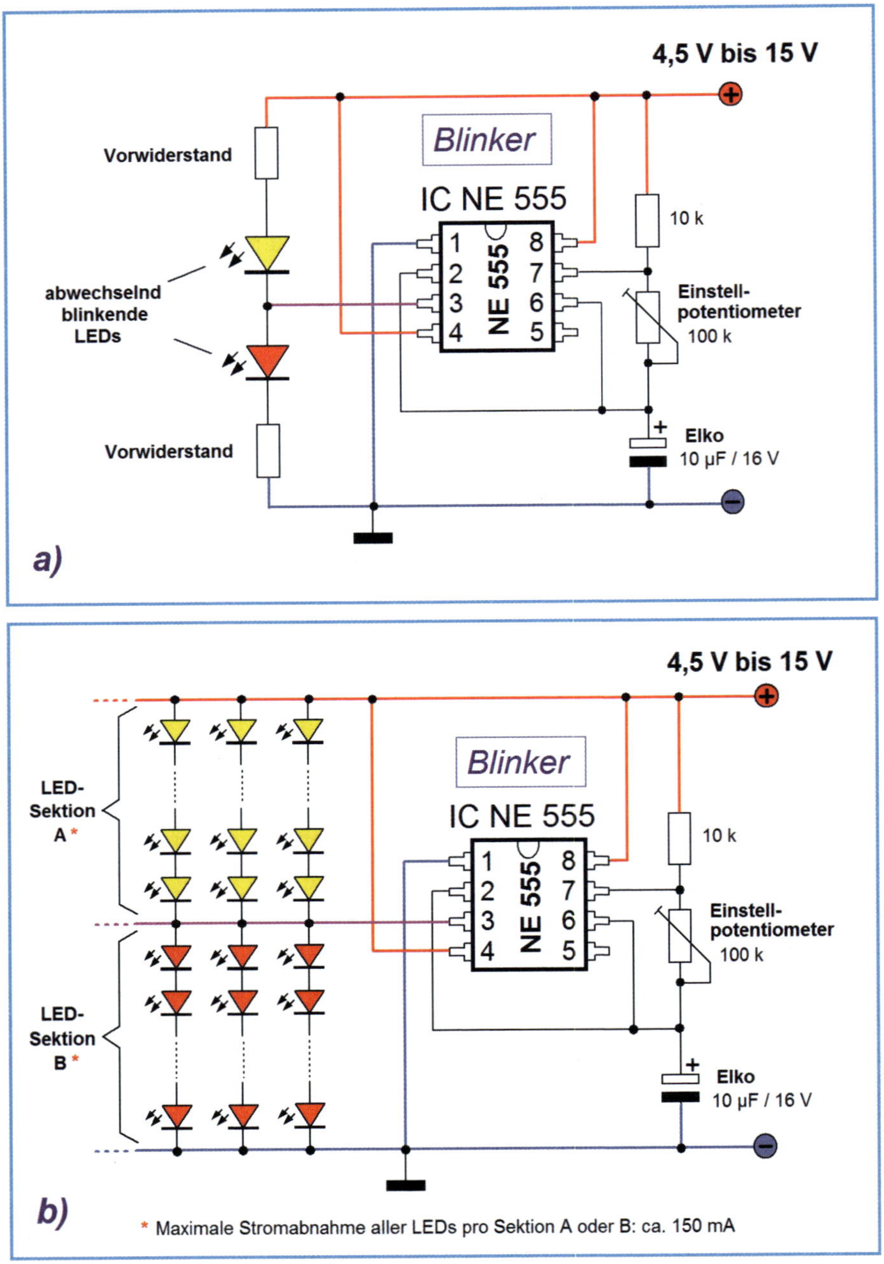

Abb. 18.8: Als ein fleißiger Blinker ist der IC NE 555 unschlagbar!

Eine Prioritätsschaltung nach Abb. 18.9 funktioniert auf Anhieb und kann Kinderpartys attraktiv beleben.

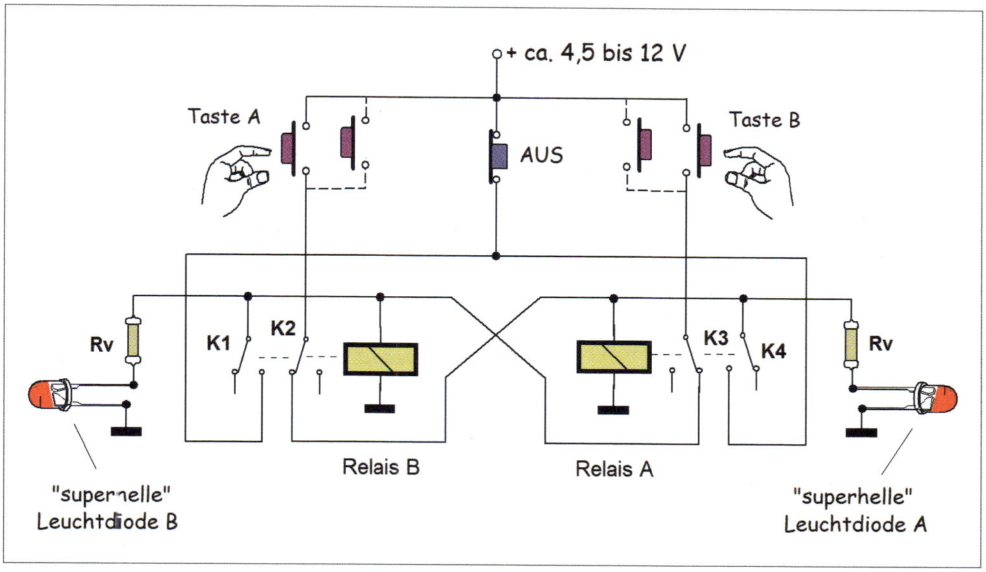

Abb. 18.9: Eine einfache Prioritätsschaltung für Kinderparty-Ratespiele (wer die Antwort schneller kennt, drückt die Taste A oder B)

Neben solchen Spielereien kann der IC NE 555 viele weitere Aufgaben meistern, die sich auch für die individuelle Einbruchschutz-Elektronik als sehr nützlich erweisen dürften. Da bei den meisten Einbruchschutz-Vorrichtungen viele Alarmmelder oder Alarmauslöser gezielt getimt werden müssen, wie z. B. Alarmgeber, die nicht ewig herumbrüllen dürfen, findet der Timer NE 555 hier eine breite »Spielfläche«.

Bei individuell entworfenen – und errichteten – Einbruchschutz-Vorrichtungen werden nach Möglichkeit vor allem kleine, passende und kostengünstige Fertigprodukte verwendet, die sich leicht mit einfachen Selbstbau-Vorrichtungen kombinieren lassen. Die meisten solcher Fertigprodukte – z. B. Funksender an Alarmkontakten und Funkschalter mit Alarmgebern – verfügen oft nur über sehr beschränkte Funktionen und brauchen dann zusätzliche Elektronik, um weitere Aufgaben zu meistern.

Nehmen wir als Beispiel einen Alarmkontakt (oder eine Alarm-Trittmatte) an der Terrassentür: Den Alarmkontakt können wir leicht mit einem Funksender verbinden, und an den Funkempfänger lässt sich auch leicht ein passender Alarmgeber anschließen. Gelöst werden muss hier dann noch das Problem, dass der einmal ausgelöste Alarm nach einer eingestellten Zeitspanne wieder automatisch ausgeschaltet werden muss. Da kommt unser Timer ins Spiel und Abb. 18.10 zeigt wie.

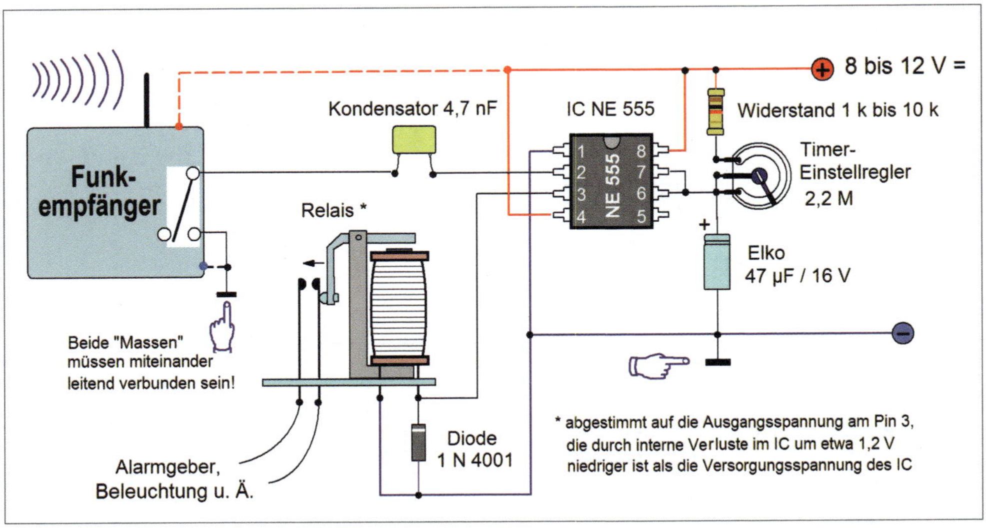

Abb. 18.10: Ein Funk-Alarmsystem, bei dem ein zusätzlicher Timer-IC die Zeitspanne des akustischen Alarms bestimmt

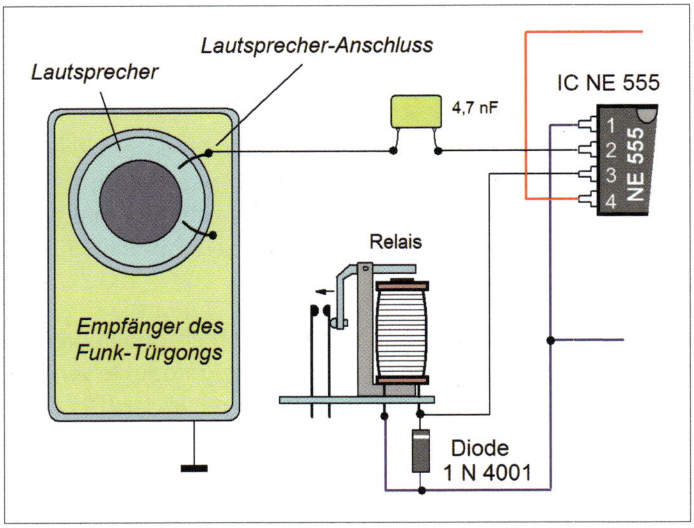

Abb. 18.11: Eine Funk-Türglocke kann bei Bedarf den Funkempfänger aus Abb. 18.10 ersetzen

Hinweise zu der Schaltung aus Abb. 18.11:

- Es muss hier experimentell ausprobiert werden, welcher der zwei Lautsprecheranschlüsse einen kräftigeren Startimpuls für den NE 555 liefern kann.
- Die Masse der Türglocke muss mit der Masse des NE 555 leitend verbunden sein!

Nun könnten noch zahlreiche weitere leicht nachzubauende Beispiele folgen, denn integrierte Schaltungen gibt es in einer sehr großen Auswahl. Und nicht nur integrierte Schaltungen, sondern auch andere Bausteine der Elektrotechnik und Elektronik. Wenn Sie dieses Buch bis hierher durchgelesen haben, wird Ihnen die Elektrotechnik ziemlich vertraut sein und es wird Ihnen nicht schwerfallen, dieses Grundwissen Schritt für Schritt weiter auszubauen. Am besten (und am unterhaltsamsten) geht so etwas mit Experimentieren und Basteln.

Diesen vorläufigen »kleinen Spaziergang« durch die Welt der kleinsten ICs werden wir später noch mit einigen weiteren Anwendungsbeispielen ähnlicher Art erweitern. Vorläufig wurde dieses Thema etwas einfacher erläutert und mit nachvollziehbaren Beispielen leicht verständlich gemacht. Onlineangebote und andere im Netz abrufbare Informationen sowie auch Kataloge der Elektronik-Versandhäuser gehören zu der »Literatur«, aus der Sie auch sehr viel über die kleinsten Details aus diesem Fachgebiet erfahren können, wenn Sie sich in die Thematik mehr vertiefen möchten.

19. Digitaltechnik und Digitalisierung

Unter die Begriffe *Digitaltechnik* und *Digitalisierung* fallen gegenwärtig sehr unterschiedliche Anwendungsgebiete. Der digitale Hörfunk, das digitale Fernsehen, PCs, Smartphones sowie auch die »quasi moderne« Digitalisierung unserer Gesellschaft gehören zunehmend zu den populärsten Medienthemen.

Viele Laien sind immer noch der Meinung, dass es sich bei der Digitaltechnik und Digitalisierung um eine revolutionäre Technik handelt, die erst im Kommen ist. Dabei gibt es die Digitaltechnik und die Digitalisierung schon mehr als ein halbes Jahrhundert. Es handelt sich also um ein Fachgebiet, mit dem sich schon die meisten unserer Großeltern im Kindesalter anfreunden konnten. Sie waren eigentlich schon damals »digitalisiert«, nur war das Zauberwort Digitalisierung da noch nicht in.

Der wirkliche Boom mit der Digitaltechnik begann schon um das Jahr 1975 so richtig – was offensichtlich vielen Menschen völlig entgangen ist. Es verlief jedoch ganz normal und unauffällig. Die Digitaltechnik etablierte sich ganz langsam und als eine einfache Fortentwicklung auf dem Gebiet der Elektronik. Ähnlich wie sich beispielsweise in den Schreinereien Hobelmaschinen anstelle von kleinen Handhobeln durchgesetzt haben.

Schon vor 50 Jahren hatten jedenfalls unsere Großeltern digitale Taschenrechner, »digital« weinende und pinkelnde Puppen als Spielzeug und einiges mehr. Die Elektronik-Industrie arbeitete schon damals, wo es nur ging, mit der Digitaltechnik und mit integrierten Schaltungen. Nur hat man es damals als etwas ganz Normales gesehen, weil das Wort »Digitalisierung« noch niemandem als eine riesige Neuerfindung untergejubelt wurde. Schon vor 60 Jahren haben auch in Europa z. B. viele der kleinen Hersteller von elektronischen Orgeln ganz normal digitale Frequenzteiler und Schalt-ICs in ihren Produkten eingesetzt, denn die elektronisch produzierten Töne haben diese Techniken vorrangig gebraucht.

Wer also heute auf diesem Gebiet fachkompetent mitreden möchte, sollte dies alles wissen und sich nicht einreden lassen, dass es sich bei der Digitaltechnik um etwas ganz Neues oder sogar Revolutionäres handelt. Dass schon unsere Großeltern digitalisiert waren, ist eine nachvollziehbare Tatsache. Es handelt sich bei der Digitaltechnik und der sogenannten Digitalisierung also keinesfalls um etwas Neues unter der Sonne.

Der technische Fortschritt wird allerdings bei uns laufend neue Spielflächen mit sich bringen, die einen Wandel bei den Ansprüchen an fachliche Fähigkeiten eines Elektrikers oder Elektronikers zur Folge haben. Es wird immer weniger repariert, wenig individuell handwerklich hergestellt, weil es bei uns unbezahlbar ist. Stattdessen wird nur mit Fertigprodukten gearbeitet, und Defekte werden nur noch durch das Ersetzen kompakter Fertigteile und Fertigmodule behoben. Dies einerseits aus dem Grund, dass die meisten der neuen elektronischen und elektromechanischen Produkte zunehmend als nicht mehr demontierbar und somit als nicht reparierbar konzipiert sind. Andererseits auch aus dem

Grund, dass bei uns eine Reparatur inzwischen mehr kostet als ein neues Fertigprodukt, das allerdings woanders kostengünstiger hergestellt werden muss.

Abb. 19.1: Digitale Bausteine, die wir auch als sogenannte Mikroprozessoren kennen, ersetzen auf fingernagelgroßen Flächen die früheren großen Platinen, die mit vielen einzelnen Bausteinen bestückt werden mussten

Längst vorbei sind die Zeiten, als der Techniker die defekte Diode auf einer Platine ausfindig machen und ersetzen musste. Klappt heute nicht mehr, denn die Diode ist zwischen all den stecknadelkopfgroßen elektronischen Komponenten auf den kleinen Platinen kaum auffindbar und kann in Handarbeit meist ohnehin nicht mehr herausgelötet und ersetzt werden. Da wird also nur noch die ganze Platine ersetzt. Und welche der Platinen bei einem Defekt ersetzt werden soll, das erfährt der Servicetechniker vom zuständigen Hersteller entweder sofort über sein Smartphone oder das Gerät informiert ihn selbst, was er weiterhin Schritt für Schritt tun soll, um den Defekt zu beheben.

Je komplexer und intelligenter die modernsten Automaten werden, umso leichter wird es ein Servicetechniker mit ihnen haben, denn in wenigen Jahren werden sie ihm selbst sagen, wo ihnen was fehlt und wie er es beheben soll. Der Techniker von morgen wird eigentlich kein übertrieben vorzeigefähiges Fachwissen mitbringen müssen, aber dafür zwei geschickte Hände und eine emotional gute Beziehung zu der Technik.

Diese Entwicklung bringt die Digitaltechnik einfach mit sich mit, denn alles wird ständig kleiner und kleiner und irgendwann viel zu klein für die Hände eines Menschen. Das schaffen dann nur noch gut ausgetüftelte und sehr zeitaufwendig programmierte Roboter.

Und was dürfen wir uns nun unter der Digitaltechnik und der Digitalisierung gegenwärtig konkret vorstellen? Wir haben in diesem Buch bereits einige integrierte Bausteine (ICs) beschrieben, die sich von den Einzelbausteinen dadurch unterscheiden, dass in ihnen komplette – und oft auch sehr aufwendige – Schaltungen unzugänglich eingegossen sind. Oft befinden sich in einem solchen IC sogar mehrere voneinander unabhängige Minischaltungen, die wahlweise entweder nur für eine bestimmte Anwendung vorgesehen sind oder die man nach Bedarf für andere passende Aufgabenlösungen verwenden kann.

Einige einfachere Beispiele wurden bereits im vorhergehenden Kapitel gezeigt und erklärt – und das war auch schon ein Teil der Digitaltechnik, denn in der Welt der Elektrotechnik und Elektronik fließt alles Digitale ineinander ohne irgendeine feste Abgrenzung. Es hängt auch damit zusammen, dass die Menge der Geräte und der verschiedensten integrierten Schaltungen derart riesig geworden ist, dass sich inzwischen ein jeder Fachmann nur noch mit den wenigen Geräten oder den wenigen ICs auskennt, mit denen er gerade arbeitet.

Es gibt immer noch viele Laien, die unter dem Begriff »Digitalisierung« etwas suchen, was es da überhaupt nicht gibt – nämlich den Weg in eine irgendwie tolle Zukunft. In Wirklichkeit mausert sich da einfach nur eine neue Welt mit einem hohen Automatisierungsstandard bei der Vernetzung und Güterherstellung. Das klingt zwar ganz vielversprechend, setzt aber leider voraus, dass es gerade bei der so wichtigen Güterherstellung für die so schnell und so massenhaft hergestellten Produkte auch eine entsprechend große Menge an Abnehmern geben muss. Und die müssen für die Ware genauso schnell einen kontinuierlichen Absatz ermöglichen, wie die Ware hergestellt wird. Gerade diese so wichtige Vorbedingung wird sich für unsere kleinen europäischen Länder als ein Stolperstein und für viele Unternehmen als eine kaum lösbare Aufgabe erweisen. Das ist auch der größte Pferdefuß an der Automatisierung und an der damit verbundenen Digitalisierung, bei der zudem ohne eine aufwendige und kostspielige Programmierung nichts läuft. Daran sind inzwischen auch in Europa viele der kleineren Betriebe pleitegegangen. Einer perfekt automatisierten Herstellung genügt es nicht, dass die Fabrik am laufenden Band Ware produzieren kann – es muss dafür auch entsprechend große Mengen an Abnehmern geben, sonst funktioniert es nicht.

Einer Digitalisierung mit einer besseren Vernetzung im Gesundheitswesen, bei Behörden, Banken, Verkaufsketten usw. steht jedoch auch bei uns eine große Spielfläche zur Verfügung. Teils auch bei der Hardware, zu der z. B. Bankautomaten, Verkaufsautomaten, intelligente kundenfreundliche Automaten in Großmärkten sowie diverse kleine Roboter für Haushalte und Pflegeeinrichtungen gehören bzw. zunehmend gehören werden. Den

Elektrotechnikern und Elektronikern von morgen werden sich interessante Tätigkeitsschwerpunkte bei den Installationen und Instandhaltungen moderner, intelligenter Automaten und Roboter aller Art eröffnen.

Zu den größten Vorteilen der Digitalisierung gehört, dass sie vor allem bei der Übertragung komplexer elektronischer Signale wie Daten, Bildern und Tönen wesentlich weniger störanfällig ist als die Analogtechnik. Das Prinzip der digitalen Übertragung von Bild oder Ton lässt sich am einfachsten erklären, wenn man sich vorstellt, dass man ein Bild oder einen Gegenstand ähnlich in dünne Scheiben schneiden kann wie eine Zwiebel für den Kartoffelsalat. Jede der Scheiben erhält dann eine Zahl, und als solche kann sie bei Bedarf bis ans andere Ende der Welt verschickt werden. Dort setzt man die Zahlen wieder in Scheiben um und die Zwiebel steht wieder am Tisch wie gewachsen.

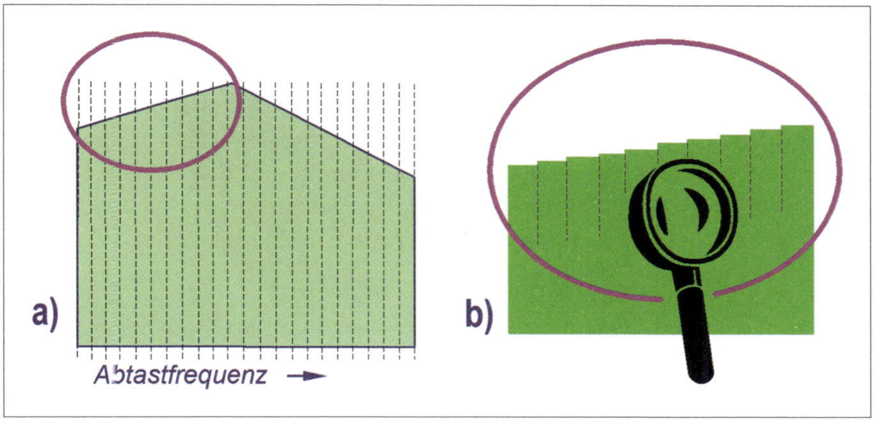

Abb. 19.2: Von der Feinheit der Digitalisierung (also von der Abtastfrequenz) hängt es ab, wie fein in einem solchen Fall auf der so erstellten Zeichnung die Umrisse sein werden

Eine bildliche Darstellung kann am einfachsten nach Abb. 19.2 erfolgen: Wir stellen uns da vor, dass die in Abb. 19.2a gezeichnete grüne Fläche ein Baugrundstück darstellt, dessen Form wir jemandem am anderen Ende der Welt zeigen möchten. Wir digitalisieren also diese Abbildung auf die Weise, dass wir sie in die bereits angesprochenen dünnen Scheiben (nach Abb. 19.2b) schneiden und diese nur als Zahlen versenden.

Von der angewendeten *Abtastfrequenz* hängt dann die Breite der Scheiben ab, die wiederum bestimmt, wie grob oder wie fein das Bild gezeichnet oder dargestellt werden kann. Etwas Ähnliches kennen wir ja bereits aus der Fotografie, in der die Bildqualität von der Anzahl der Pixel abhängt.

Je höher die Abtastfrequenz ist, desto schmaler werden in unserem Beispiel die einzelnen Scheiben – und desto feiner wird dadurch der obere Teil unserer Zeichnung sein. Wenn wir diesen oberen Teil nach Abb19.2b und 19.3 etwas vergrößern, zeigt sich deutlich, dass der obere Rand der Zeichnung einen treppenförmigen Verlauf hat. Das ist zwar für eine Digitalisierung typisch, aber die »Treppenstufen« sind umso kleiner, je höher die Abtastfrequenz ist – also je schmaler die vertikalen Schnitte in unserer Zeichnung wären. In der Praxis ist es dann oft nur eine Kostenfrage, eine Frage der Speichergröße oder anderer Aspekte, wie hoch die Abtastfrequenz wird und ab wann dann auch die kleinsten Treppen so klein werden, dass sie zumindest annähernd eine glatte Linie bilden: Wie unser Beispiel in Abb. 19.3 zeigt, kann jedoch eine zu grobe Digitalisierung eine glatte Linie etwas treppenförmig deformieren.

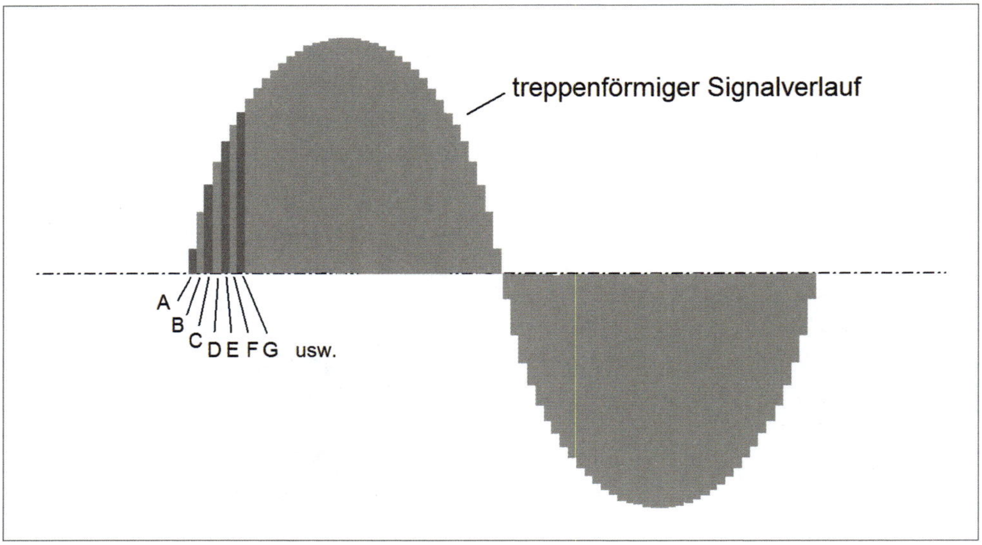

Abb. 19.3: Eine etwas gröbere Digitalisierung zwingt einer glatten Form einen treppenförmigen Verlauf auf

Dass sich ein Klang oder ein Ton ebenfalls wie eine Zwiebel in Scheiben schneiden lässt, mag zwar etwas verwirrend erscheinen, aber wenn man es sich als eine Zeichnung vorstellt, klappt es. Nach demselben Prinzip verläuft auch eine digitale Audio-Übertragung.

Als man sich vor längerer Zeit für die digitale Audio-Übertragung eine einheitliche Abtastfrequenz von »nur« 44.100 Hz einfallen ließ, musste leider Rücksicht auf den damaligen Stand der Technik genommen werden. Damals hatten die PCs und die Datenträger noch ziemlich niedrige Taktfrequenzen und bescheidene Speicherkapazitäten. Demzufolge blieb die Qualität der Digitalisierung gerade bei der Bearbeitung der Sprache und Musik (auch auf CDs) auf einem ziemlich niedrigen Niveau, mit dem sich die meisten von uns vielleicht immer noch viel zu gutmütig abfinden.

Dabei stellt gerade das Gehör bei allen Lebewesen den mit Abstand wichtigsten der Sinne dar, denn in der Natur ist ein gutes Gehör bei Tag und Nacht wichtig fürs Überleben. Die Augen stehen da erst an zweiter Stelle, denn sie sehen nicht alles und sie sehen nicht immer ausreichend gut. Aber: Wir Menschen kaufen unsere Güter nicht mit den Ohren, sondern mit den Augen. Danach richten sich auch die Hersteller von Fernsehern: Das Bild muss exzellent und verkaufsfördernd sein, der Klang dagegen spielt bei einem Kaufentschluss kaum eine Rolle – bzw. er ist nicht »ersichtlich«. Und so wird beim Klang geschlampt! Und das auch auf dem Gebiet der Digitalisierung, denn wir können zwar bei dem, was wir sehen oder schmecken, noch wählerisch sein, aber wenn es um den Klang geht, gibt man sich bevorzugt nur mit dem Parameter Lautstärke zufrieden, denn das andere wird wohl schon mit der Lautstärke irgendwie automatisch mitschwimmen.

Aber worum geht es da eigentlich konkret?

Um das anschließend näher erklärte Ausmaß der Klangverstümmelungen durch eine zu bescheidene Digitalisierung gut verstehen zu können, müssen wir uns nochmals kurz aus dem Gedächtnis abrufen, was man uns schon in der Schule beizubringen versuchte:

Theoretisch sollten Menschen Schwingungen (Töne) zwischen ca. 16 Hertz (Hz) und 20.000 Hertz – teils sogar bis zu 22.000 Hz hören. Die 16 Hz (als 16 Schwingungen pro Sekunde) stellen die tiefsten Töne, die oberen Frequenzen die höchsten Töne dar, die mehr oder weniger in allen uns umgebenden Klängen vorhanden sind.

Bei der Musik beinhalten zudem sehr viele Musikinstrumente eine große Menge an sogenannten *oberen harmonischen Frequenzen* (*Oberwellen*), die für die einzelnen musikalischen Klangfarben charakteristisch sind. Dank ihnen können wir den Ton einer Violine vom Ton einer Trompete unterscheiden, die Musik mit all den feinen Klangnuancen genießen und einen bekannten Menschen an seiner Stimme erkennen. Aber gerade da hapert es noch schwer mit der Digitalisierung, denn die angewendeten Abtastfrequenzen sind zu niedrig. Und je höher die Töne der Musikinstrumente oder auch die Frequenzen der Klänge in unserem Lebensraum sind, desto stärker sind ihre Verzerrungen und Deformationen durch die Digitalisierung. Das lässt sich sogar zeichnerisch leicht (in Abb. 19.4) nachvollziehen.

Da in der Technik nur Daten zählen, betrachten wir erst mal, wie sich z. B. ein 6.300-Hz-Sinuston mit der bereits angesprochenen Abtastfrequenz von 44.100 Hz digitalisieren lässt. Da fangen leider die Probleme nicht nur sichtbar, sondern auch ziemlich hörbar an: Der ansonsten sehr warm und angenehm klingende Sinuston wird hier zu einer verstümmelten sägezahnähnlichen Form deformiert, wodurch der Klang eine unangenehme Schärfe erhält. Das sind leicht nachvollziehbare akustische Folgen, die geometrisch bedingt die Digitalisierung mit dieser Abtastfrequenz verursacht. Bei dieser Abtastfrequenz haben wir sozusagen nur sieben »digitale Balken« (wie in Abb. 19.2 rechts) zur Verfügung, mit denen wir die schöne Sinuskurve digital (und hier zeichnerisch) ersetzen können. Möchten wir einen zumutbar glatten sinusförmigen Verlauf dieses Tons erreichen, müsste die Abtastfrequenz so hoch sein, dass die Schnitte nicht störend treppenförmig verlaufen müssten, wie es in Abb. 19.2 rechts unter der Lupe eingezeichnet ist.

Der in Abb. 19.4 grafisch dargestellte Sinuston mit der Frequenz von 6.300 Hz liegt immerhin noch unter der Mitte des hörbaren Tonbereichs. Dennoch wird schon da dieser ursprünglich warme Ton hörbar viel schärfer klingen. Die darunter folgenden zwei Sinuswellen höherer Frequenz schneiden deutlich noch viel schlimmer ab, sowohl grafisch als auch akustisch.

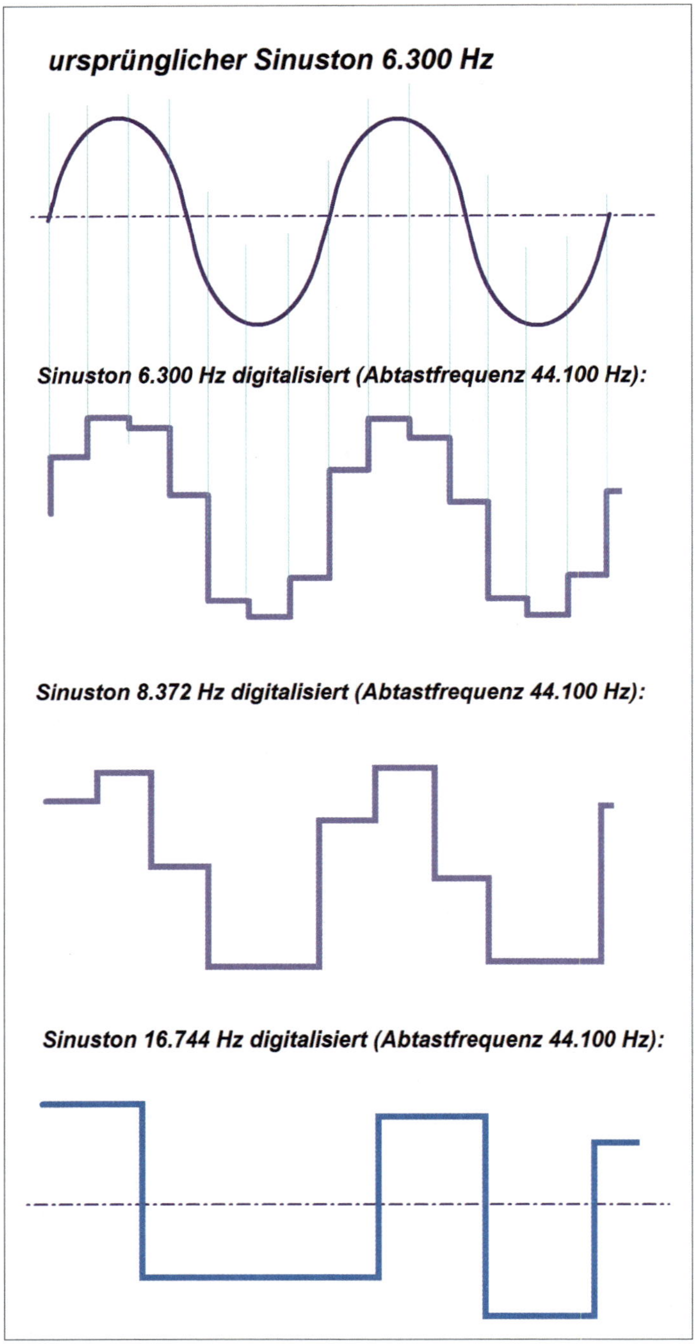

Abb. 19.4: Je höher eine digitalisierte Tonfrequenz ist, desto mehr wird sie bei einer zu bescheidenen Digitalisierung verstümmelt

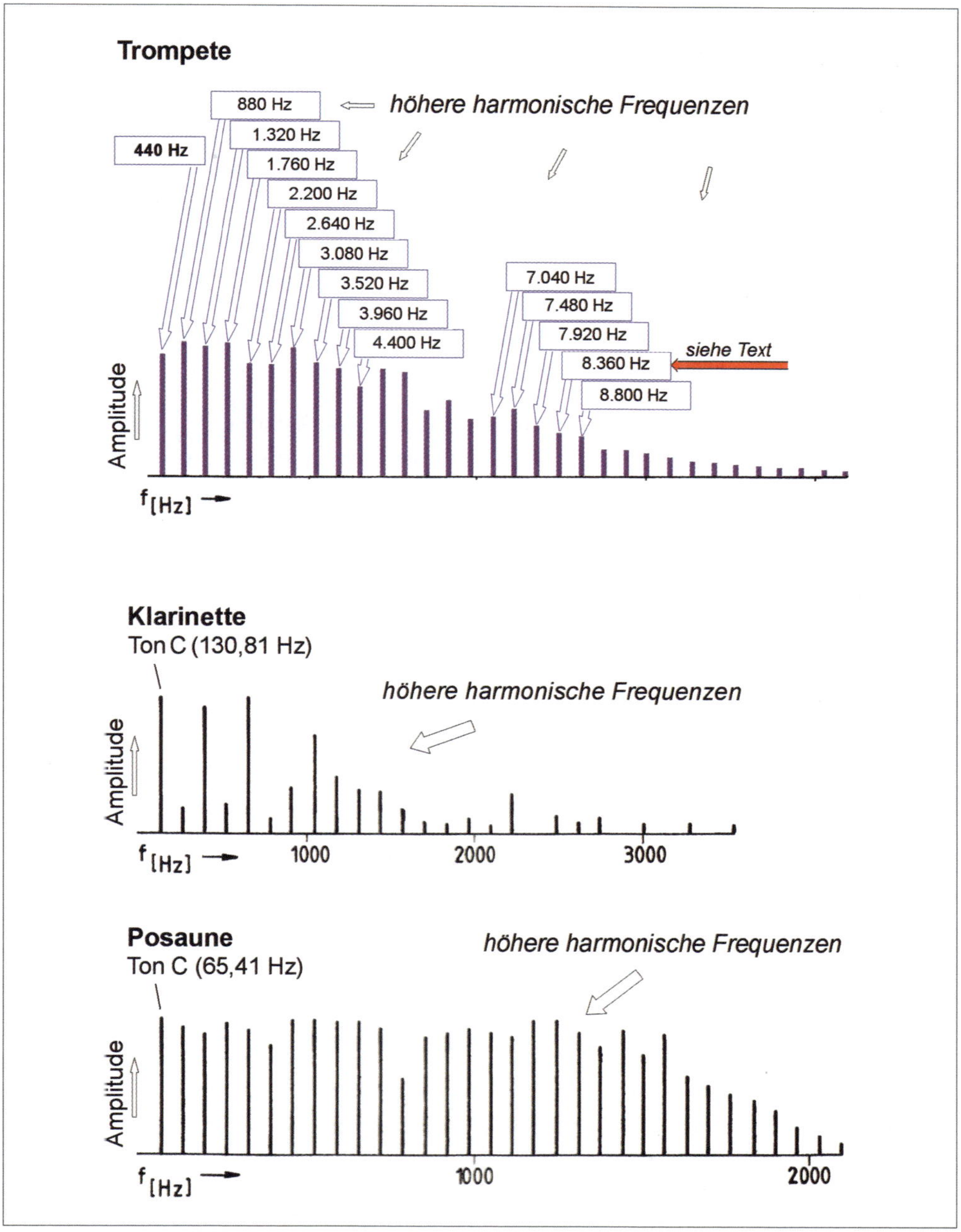

Abb. 19.5: Klangspektren von drei bekannten Musikinstrumenten

Wie wir bereits erwähnt haben, bestehen praktisch alle musikalischen Töne aus einem Gemisch aus dem Grundton und seinen höheren harmonischen Frequenzen, die dem Ton seinen Klangcharakter verleihen. Drei Beispiele der Klangspektren zeigt Abb. 19.5: Wir haben hier beim Klangspektrum der Trompete zu den meisten der einzelnen Oberwellen ihre jeweiligen Frequenzen ausgerechnet und aufgeführt, damit man sich eine genauere Vorstellung von der enormen Breite des Klangspektrums machen kann. Dabei handelt es sich hier nur um die Töne A (Trompete) und C (Klarinette und Posaune).

Ziemlich verblüffend ist nicht nur die lange Reihe der Obertöne, von denen ein jeder – physikalisch bedingt – ein perfekter Sinuston ist. Der hier gewählte Grundton von 440 Hz ist der ziemlich niedrige Kammerton A, den auch eine Stimmgabel erzeugt. Und sogar bei diesem niedrigen Grundton ziehen sich seine Obertöne fast durch den ganzen Hörbereich. Jeder einzelne von ihnen bekommt dann durch die Digitalisierung »eins über den Kopf«. Die tieferen Oberwellen weniger, die höheren dagegen kräftiger. So wird hier der Oberton von 8.360 Hz genauso schlimm durch die Digitalisierung verstümmelt wie der 8.372-Hz-Sinuston in Abb. 19.4.

Wie Abb. 19.5 zeigt, hat die Klarinette etwas weniger, die Posaune dagegen sehr viele Obertöne, denn die Anzahl und die Lautstärke der Obertöne weist sowohl bei jedem Musikinstrument als auch bei jedem seiner Töne Unterschiede auf. Die Summe der Verstümmelungen einzelner Sinuswellen verzerrt dann immer das Originalklangbild aller Töne, aller Stimmen und schlicht aller Klänge, die nach diesen Beispielen digital bearbeitet werden.

Diese technisch bedingten Verstümmelungen der Klänge dürften den anspruchsvolleren Musikliebhabern verraten, weshalb auch eine noch so perfekte – und oft auch noch sehr teure – elektronische Klangwiedergabe immer noch so unnatürlich elektronisch klingt. Wie die Abbildungen 19.4 und 19.5 zeigen, deformieren die elektronisch verursachten Verstümmelungen nicht nur die eigentlichen Grundtöne als solche, sondern gleichzeitig auch ihre höheren harmonischen Frequenzen, die bei vielen Musikinstrumenten einen bedeutenden Bestandteil ihres Klangbildes ausmachen. Und dieses Phänomen manifestiert sich bei allen derartigen elektroakustischen Klangverarbeitungen und Klangwiedergaben. Gerade dadurch erschrecken beispielsweise viele Haustiere zwar bei einem echten Hundegebell (von draußen), aber ignorieren es, wenn es aus dem Fernseher kommt, denn sie hören da viel deutlicher als wir Menschen, dass es sich nicht um einen natürlichen Klang handelt.

Dennoch: Analoge Audiosignale unterliegen im Vergleich mit digitalen Audiosignalen nicht nur bei längeren Übertragungswegen, sondern auch intern in den Vor- und Endverstärkern wesentlich stärkeren Verzerrungen als digitale Signale. Der große Vorteil der Digitaltechnik besteht darin, dass die Informationen (also auch Klang und Bild) gegen alle vorkommenden Übertragungs- und Verarbeitungsstrapazen ziemlich immun sind, weil sie nur als Zahlen ver- und bearbeitet werden. Eine Zahl kann nicht rauschen, kann nicht ihre einmal angenommene Form ändern und bleibt schön intakt, auch wenn man sie zehnmal um die ganze Erdkugel jagt.

Unseren Radio- und Fernsehsendern genügt die etwas zu bescheidene Qualität der Musikwiedergabe scheinbar ohnehin, wie sie ist. Als Hintergrundmusik für Kaufhausaufzüge oder für die Werbung genügt es ja auch, und es ist nicht jedermanns Sache, sich gerade mit solchen detaillierten technischen Auskünften intensiver zu befassen. Die Digitalisierung bezieht sich nun mal auf Daten, auf Bilder und auf Töne. Und leider schneiden da die Töne als der »Dritte im Bunde« nur deshalb so schlecht ab, weil es einfach geduldet wird.

In den meisten Fachbüchern über die Digitalisierung wird solchen Themen kaum Aufmerksamkeit gewidmet, denn da fängt es meist mit dem Innenleben der digitalen Bausteine, ihren Konfigurationen, Daten und den dazugehörenden Theorien an – und darauf lässt man es letztendlich beruhen.

Momentan gibt es kaum noch andere Fachgebiete, bei denen die technischen Entwicklungen so schnell fortschreiten wie bei der Rechnertechnik und ihren digitalen Bausteinen. Alles läuft immer schneller und schneller und die Bausteine müssen zudem immer noch kleiner werden. Die Taktfrequenzen und die Speicherkapazitäten steigen, alles wird immer komplexer, und bevor sich ein Entwicklungsingenieur mit einer der neuesten Techniken so richtig anfreunden kann, ist alles schon wieder überholt. Es ändern sich die Spielwiesen, es ändern sich die Spielgeräte und im übertragenen Sinn auch die Größen der Spielbälle und Spielkugeln.

Es bringt durchaus Vorteile mit sich, von denen zum Beispiel auch die Medizin und somit wir alle profitieren können. Es ist aber – wie es so schön heißt – gewöhnungsbedürftig und wir tun uns damit schon deshalb schwer, weil auch wir Menschen – genetisch verankert – als Gewohnheitstiere geboren sind. Jetzt hat uns aber die Technik ziemlich brutal erwischt, denn sie liefert uns viele neue Geräte mit ständig neuen Ansprüchen an ihre Bedienung, sie bringt neue Kommunikationsformen hervor usw. Die Kluft zwischen den Fähigkeiten der Technik und den Fähigkeiten der Menschen wird immer größer, und die meisten der Produkte sind so entwickelt, dass wir sie zwar zumindest einigermaßen bedienen, aber kaum noch verstehen können. Wir beherrschen die Technik nicht mehr. Sie beherrscht uns.

Dahinter steckt allerdings nicht die Technik als solche, sondern Menschen, die sich bei der Entwicklung solcher neuen Produkte nur auf die Technik fokussieren. Der Mensch darf sich dann oft freuen, wenn er zumindest eine der vielen vorhandenen Gerätefunktionen etwas in den Griff bekommt. So haben wir zunehmend den Haushalt voller Geräte und Vorrichtungen, denen wir uns einfach unterordnen müssen, weil sie nicht für den Anwender, sondern gewissermaßen nur für ihre eigene Existenz entwickelt wurden. Und momentan haben wir Menschen gerade die Periode erwischt, in der die technischen Fortschritte viel schneller sind als die dazugehörenden Beziehungsbrücken, die uns einen leichteren Zugriff und leichteren Umgang mit der Technik ermöglichen würden.

Der optimale Weg ist längst geklärt: Wir müssen mit den technischen Geräten verbal kommunizieren können. Bevorzugt noch, bevor wir ganz vergessen haben, dass uns für die Kommunikation mit der Umgebung die Natur nicht nur zwei flinke Daumen, sondern auch noch den Mund mit dem ganzen Sprachzubehör geschenkt hat. Und dank der KI wird es der Technik zunehmend leichter fallen, mit uns zu sprechen, uns zuzuhören und uns zu erklären, was sie für uns tun kann und was nicht – oder was wir für sie tun müssen, damit sie wiederum für uns das tut, wofür wir sie gekauft haben.

Mit diesem Stadium der momentanen Lücken zwischen dem, was unsere Hirne schaffen, und dem, was im Vergleich dazu die blitzschnelle Digitaltechnik zustande bringt, müssen wir uns anfreunden, damit wir mit ihr weiterhin gut zurechtkommen. Das trifft vor allem auf diejenigen zu, die mit der Digitaltechnik täglich beruflich konfrontiert sind. Sie sollten zu den Bausteinen und Platinen eine ähnlich enge emotionale Beziehung aufbauen wie z. B. ein Tierpfleger zu seinen Tieren: Er soll wissen, wer was gern frisst, was wer mag, was ihm schaden kann, wen man streicheln darf und wen nicht, wer beißt, wer kratzt und wie es in seiner Seele aussieht. Am wichtigsten ist dabei aber nur eines: wissen, wie das eine oder andere Tier quasi »funktioniert«. Und das Gleiche gilt bei der Digitalisierung und bei der Technik überhaupt: wissen, wie etwas funktioniert.

Kaum jemand von den Servicetechnikern braucht gegenwärtig noch das Innenleben der einen oder anderen integrierten Schaltung zu kennen, die mit vielen anderen Bausteinen eine kompakte Gruppe bildet, die quasi nur als eine Einheit zu funktionieren hat. Wenn auf der auswechselbaren Platine einer der integrierten Bausteine nicht richtig funktioniert, ist er meistens messtechnisch kaum als »der Verursacher« identifizierbar. In der Praxis wird also nach ihm nicht gesucht, denn es wird nur die Funktionsweise der ganzen Platine – oder der ganzen auswechselbaren Einheit nach vorgegebenen Messwerten durchgetestet. Der Servicetechniker muss nur möglichst genau wissen (oder bei Bedarf in Erfahrung bringen), wie die einzelnen Einheiten funktionieren sollen, welche Aufgaben sie genau zu bewerkstelligen haben, wo ihre Messpunkte auf der Platine zu finden sind und was eventuelle Abweichungen in den Messwerten signalisieren.

Um das Gefühl für diese Technik aufbauen zu können, ist es dennoch von Vorteil, wenn man sich zumindest mit einigen der gerade noch greifbaren digitalen Bausteine und ihren Funktionen näher anfreundet. Sie alle haben spezielle Fähigkeiten, individuelle Eigenheiten und ihre technischen Parameter sind sehr unterschiedlich. Ein kurzes »Beschnuppern« dieser Bausteine mit Anwendungsbeispielen ist sicherlich viel besser als zu viel Theorie ohne einen Bezug zu praktischen Anwendungen.

Zu den einfachsten digitalen Bausteinen gehören digitale Schalter, von denen meistens mehrere in einem gemeinsamen Kunststoffgehäuse untergebracht sind und die offiziell als *Treiber*, *Buffer* oder *Puffer* (Abb. 19.6) bezeichnet werden. Sie treiben allerdings keine Kuhherden vor sich her, genau genommen treiben sie überhaupt nichts irgendwohin, sondern sie bringen es nur fertig, ein sehr schwaches Eingangssignal intern zu verstärken und dann ausgangsseitig eine externe Last kräftiger zu schalten. Sie trennen nach dem Beispiel aus Abb. 19.6 den Ausgang eines schwachen IC von einer stärkeren Last, die es ausgangsseitig zwar schalten sollte, aber die es selbst nicht verkraften kann.

Sehr viele der integrierten Schaltungen haben nämlich nur sehr schwach dimensionierte Signalausgänge. Bei manchen ist z. B. eine maximale Stromabnahme von nur 5 mA, bei anderen von maximal 10 mA oder 20 mA erlaubt. Hier werden daher Treiber (nach dem Beispiel aus Abb. 19.6) als leistungsverstärkende Zwischenglieder verwendet. Der Treiber-IC 7407 kann zwar pro Treiberglied auch nur einen Strom von maximal 40 mA pro Schaltstufe schalten, aber damit lässt sich in der Elektronik schon ziemlich viel anfangen. Wie Abb. 19.7b zeigt, sind die Treiberglieder mit *offenen Kollektorausgängen* ausgelegt, die den angeschlossenen Verbraucher jeweils an die Masse durchschalten.

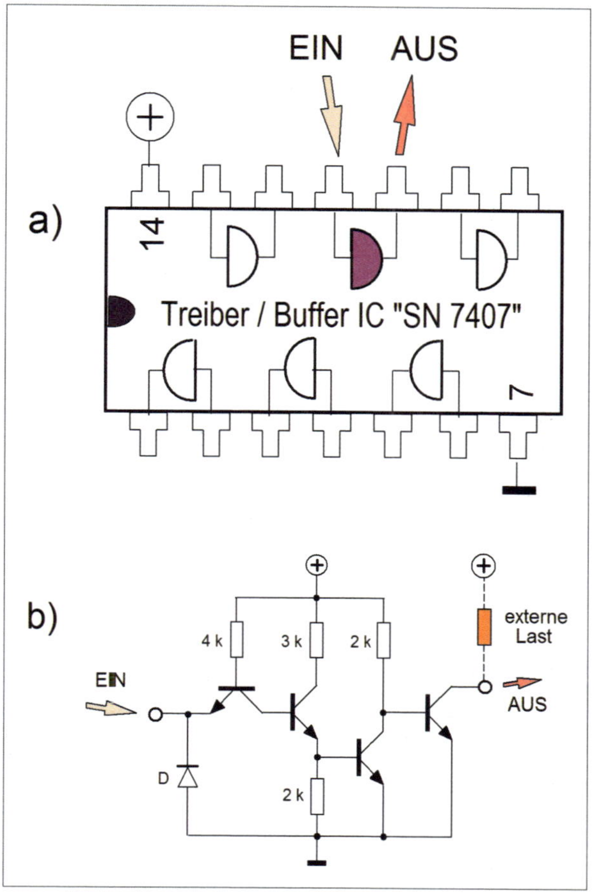

Abb. 19.6: Der Treiber-IC SN7407: a) Anordnung der einzelnen Treiberglieder im IC; b) Schaltschema eines der sechs Treiberglieder des IC

Abb. 19.7 zeigt zwei praktische Beispiele der Anwendung des IC SN7407. Er kann, wie bereits erläutert, ein ihm zugeleitetes schwaches Signal (von einem externem IC) als einen Einschalt-Befehl wahrnehmen und ausgangsseitig dann eine an seinem Port angeschlossene Last schalten (bei diesem IC an die Masse durchschalten). In Abb. 19.7a wurde als Last ein Relais eingezeichnet, dessen Magnetspule für eine Spannung von 9 V ausgelegt ist und einen ohmschen Widerstand von 500 Ohm hat. Da man bei solchen Lasten grundsätzlich immer vorher prüfen muss, ob da ein einziger Port des IC 7407 die Last auch tatsächlich verkraftet, sehen wir es uns genauer an: **9 Volt : 500 Ohm = 18 mA**. Gut so!

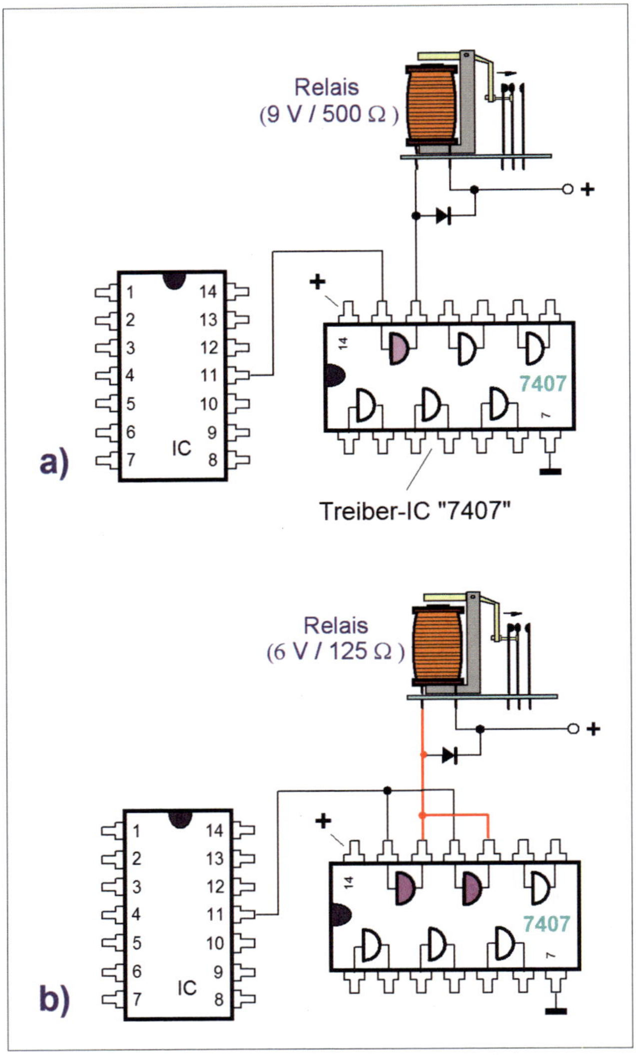

Abb. 19.7: Jedes einzelne Glied dieses Treibers kann einen Strom von maximal 40 mA schalten: a) einfaches Schaltbeispiel mit Anwendung eines einzigen Schaltgliedes; b) bei Bedarf können beliebig viele der sechs Schaltglieder des IC parallel verschaltet werden, um einen höheren Strom schalten zu können

Im Schaltbeispiel aus Abb. 19.7b sind zwei Treiberglieder parallel verbunden und können somit einen Strom von bis zu 80 mA schalten. Das kann sich als erforderlich erweisen, wenn eine stärkere Last geschaltet werden soll. In diesem Beispiel bezieht das Relais einen Strom von 48 mA (**6 Volt : 125 Ohm = 48 mA**). Das würde ein einziges Treiberglied nicht verkraften, also werden hier zwei Glieder parallel miteinander verschaltet. So einfach ist es!

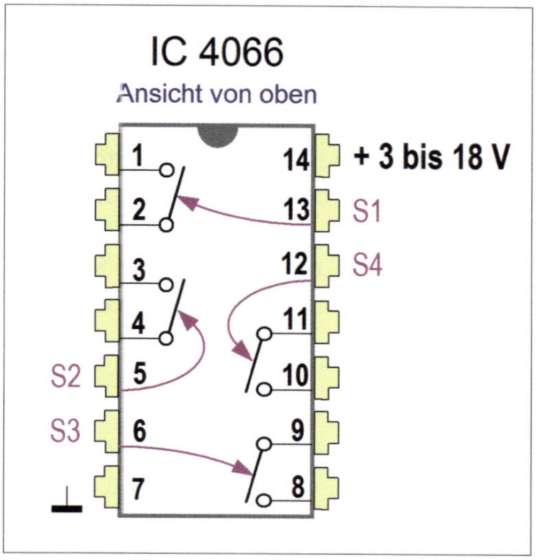

Abb. 19.8: Anordnung der einzelnen Schaltglieder im IC 4066

Manche der ICs dieser Gruppe sind als Schalter mit *potenzialfreien* Schaltkontakten ausgelegt. So hat in Abb. 19.8 bei dem IC 4066 jeder seiner Schalter drei Anschlüsse (Pins): einen Steueranschluss und zwei Pins des Schalters. Auch bei diesem IC dürfen bei Bedarf (siehe Abb. 19.9) beliebig viele seiner Schaltkontakte parallel miteinander verbunden werden.

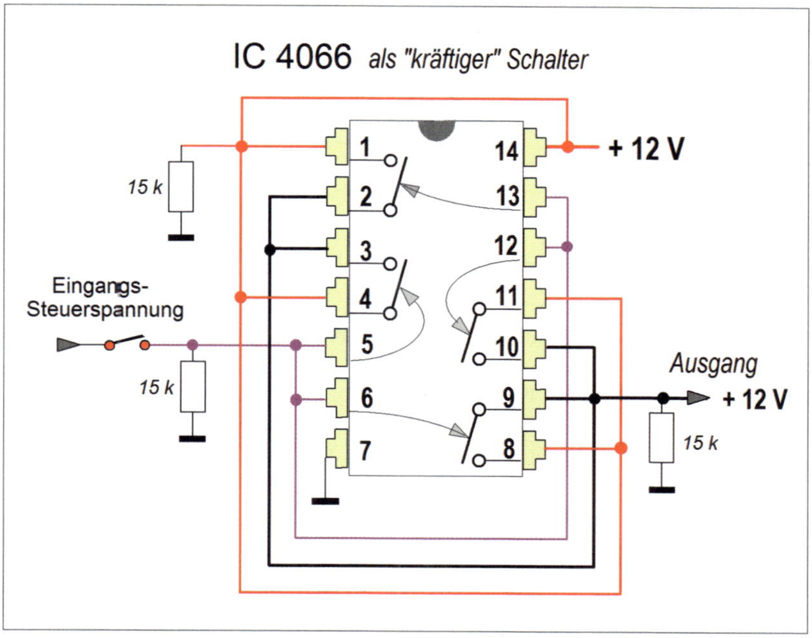

Abb. 19.9: Auch beim IC 4066 dürfen beliebig viele Schaltglieder parallel miteinander verbunden werden, um einen höheren Schaltstrom (hier bis zu 100 mA) schalten zu können

Pro Schaltkontakt verkraftet dieser IC zwar nur maximal 25 mA, hat jedoch den Vorteil, dass über seine Kontakte auch Audiosignale, Gleichstrom- und Wechselstromspannungen geschaltet werden können. Allerdings mit der Vorbedingung, dass die Höhe der geschalteten Spannungen oder ihrer Spannungsspitzen nicht die Höhe der jeweiligen Versorgungsspannung des IC überschreiten darf. Bei einer normalen sinusförmigen Wechselspannung zählt daher nicht ihr Nennwert, sondern die Höhe ihrer Spannungsspitzen, die – wie bereits erklärt wurde – theoretisch genau 1,41-mal höher sind als der messtechnisch ermittelte Spannungsnennwert. Beträgt z. B. die Spannungsversorgung des IC 15 V DC, darf er maximal eine Wechselspannung von 10,6 V AC schalten, denn 10,6 V x 1,41 = 14, 94 V.

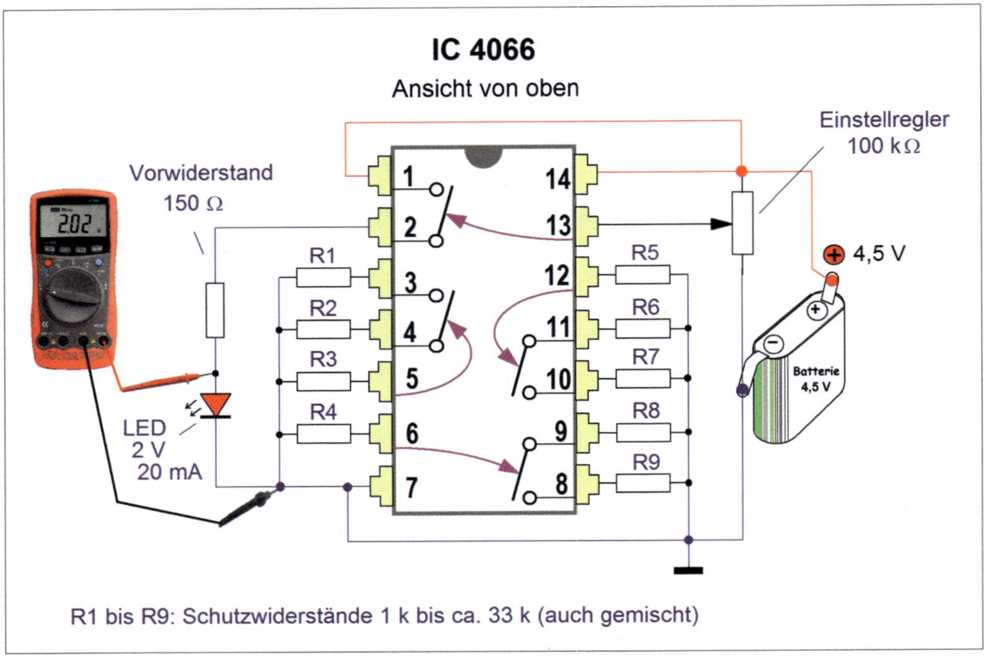

Abb. 19.10: Ein einfacher Funktions- oder Beschnuppertest mit dem IC 4066

Einen Funktionstest kann man mit dem IC 4066 nach Abb. 19.10 vornehmen: Am Pin 13 und an der LED kann mit einem Voltmeter kontrolliert werden, bei welcher Steuerspannung an der Gegenseite (über Pin 2) der IC tatsächlich schaltet und die LED aufleuchtet.

Wichtig: Alle nicht verwendeten (freien) Pins dieses IC müssen, wie Abb. 19.10 zeigt, über zusätzliche Schutzwiderstände mit der Masse verbunden werden, da andernfalls der IC oszilliert. Auch bei diesem IC können zwei oder mehrere seiner Schaltkontakte parallel miteinander verbunden werden, damit sie – nach dem Beispiel in Abb. 19.11 – eine größere Last schalten können. Nebenbei: In technischen Schaltungen werden die einzelnen internen Schalter solcher ICs gern als separate »Kästchen« dargestellt (das vereinfacht oft die Anordnung und erleichtert die Übersicht).

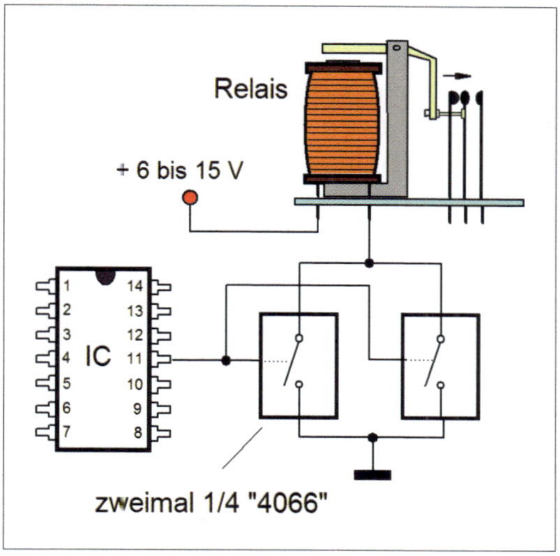

Abb. 19.11: Auch bei diesem IC dürfen bei Bedarf mehrere seiner Schalter parallel verbunden werden

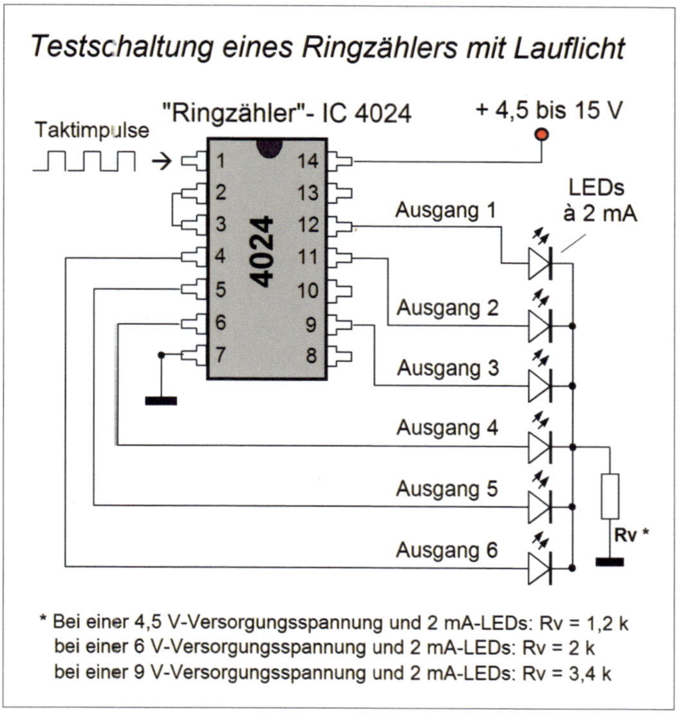

Abb. 19.12: Demo-Schaltung eines Ringzählers mit dem IC 4024

Bei unserem kleinen Spaziergang durch die Welt der digitalen ICs, die auch für diverse Einzelanfertigungen und Selbstbau-Projekte interessant sein dürften, wollen wir uns auch kurz die digitalen *Ringzähler* anschauen. Die Funktion eines Ringzählers erklären wir mithilfe der Abb. 19.12: Dieser Ringzähler hat insgesamt sieben Ausgänge, von denen jeweils sechs spannungsfrei sind. Nur einer von ihnen ist jeweils EIN (High) und schaltet die Versorgungsspannung des IC durch. Technisch eleganter formuliert, schaltet er von **L** (Low) auf **H** (High) um, und zwar nach und nach von Impuls zu Impuls. Sobald Pin 1 einen (ausreichend starken) elektrischen Impuls erhält, schaltet sein Ausgang 1 (Pin 12) die an ihm angeschlossene LED ein. Erhält Pin 1 einen weiteren Impuls, schaltet er an seinem Ausgang 1 die Spannung aus und schaltet dafür die Spannung am Ausgang 2 (Pin 11) ein und somit auch die an diesem Pin angeschlossene LED ein usw.

Bei jedem weiteren Impuls schaltet also der Ringzähler einfach von einem Schaltausgang auf den nächsten Schaltausgang um. Der Ringzähler kann wahlweise entweder nur mit einzelnen Impulsen (mit beliebigen Zeitintervallen) oder mit einem Taktgeber am Laufen gehalten werden. Die Schaltung eines einfachen Taktgebers zeigt Abb. 19.13. Bei den letzten zwei Schaltungen geben wir uns vorerst damit zufrieden, dass wir einfach nur auf ihre Existenz und Funktionen hingewiesen haben, die für diverse Selbstbau-Projekte interessant sein dürften.

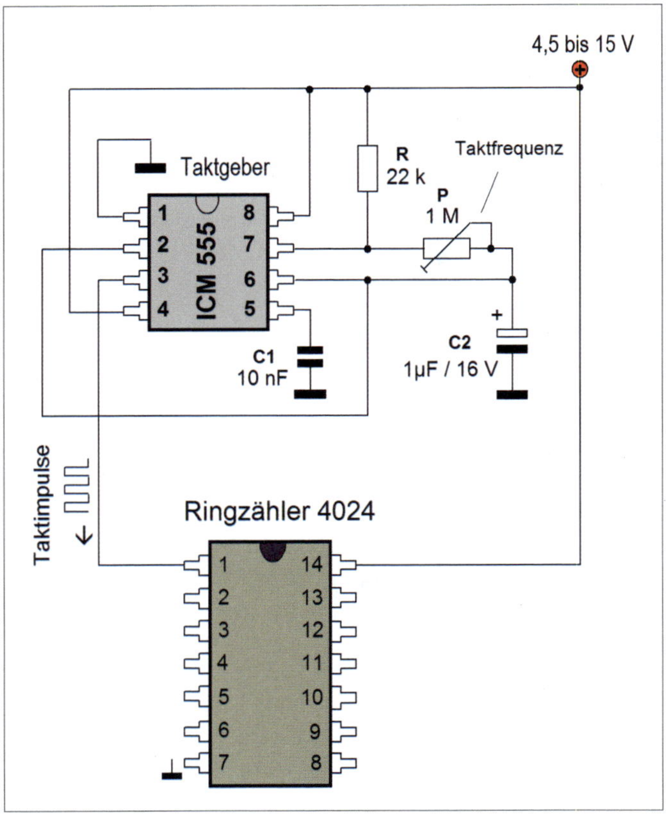

Abb. 19.13: Ein einfacher Taktgeber für den Ringzähler-IC 4024

Nachdem wir nun greifbar zeigen konnten, was man sich unter der Bezeichnung »digitale Bausteine« in etwa vorstellen kann, dürften noch einige kurze Hintergrund-Informationen bei der Aufklärung sinnvoll sein:

Die normalen integrierten Schaltungen, zu denen z. B. auch der IC *SAE 800* (Abb. 18.2) gehört, werden als *lineare integrierte Bausteine* (lineare ICs) bezeichnet. Wenn so ein linearer IC beispielsweise als Verstärker oder Vorverstärker arbeitet, verstärkt er linear das Eingangssignal auf die vorgegebene Lautstärke – zum Beispiel 100-mal. Die Form des Signals wird dabei möglichst haargenau verstärkt so wiedergegeben, wie sie dem IC-Eingang zugeführt wurde. Das Analog-Eingangssignal wird also in dem linearen IC weiter intern nur analog bearbeitet und nach der Verstärkung dann unverzerrt als Ausgangssignal (z. B. an einen Lautsprecher) weitergeleitet.

Mit der Perfektion klappt es bei der linearen Verarbeitung nicht optimal, da das bearbeitete Signal unterwegs im IC immer zumindest sehr geringfügigen Verzerrungen ausgesetzt ist, die frequenzabhängig die Qualität des Signals beeinträchtigen. Abgesehen davon ist es oft erwünscht, dass einige der dafür vorgesehenen linearen ICs so ausgelegt sind, dass sie etwa als ein Kettenglied zwischen einem Vor- und Endverstärker z. B. die Höhen und Tiefen der durchlaufenden Signale nach Bedarf formen.

Die klassischen digitalen Bausteine sind dagegen prinzipiell so ausgelegt, dass sie vor allem als Schalter (zumindest typabhängig) arbeiten. Ursprünglich wurden die digitalen Bausteine als Rechnerbausteine entwickelt. Bei ihnen genügt es, wenn sie nur nach dem Ja/Nein-Prinzip arbeiten. An ihrem Ausgang gibt es daher nur zwei Zustände: entweder *volle Spannung* (**H**) oder *keine Spannung* (**L**). Von dem IC bzw. seiner Funktion hängt es dann ab, wie hoch die Spannung im Schaltzustand EIN ist oder ob im Schaltzustand AUS noch eine geringe Spannung vorhanden ist. Daher hat man sich einfallen lassen, dass man anstelle von »Spannung JA« und »Spannung NEIN« den Buchstaben **H** für High (hoch) und den Buchstaben **L** für Low (niedrig) verwendet.

Dieses Entweder-oder-Verhalten der digitalen ICs zeigen die Beispiele in den Abbildungen 19.6 bis 19.11. Etwas anders verhält sich der Ringzähler aus Abb. 19.12. Der bringt es fertig, dass er die jeweiligen Schaltvorgänge nach jedem neuen Eingangs-Schaltimpuls von Pin zu Pin weiterleitet. So etwas ist für eine integrierte Schaltung eine sehr leichte Aufgabe, die ihr natürlich viel weniger abverlangt, als ein kleiner Taschenrechner können muss. Da müssen viele der komplexeren ICs wesentlich aufwendigere Aufgaben bewältigen. Die meisten solchen ICs werden als *Mikroprozessoren* bezeichnet und bilden bei vielen Geräten die Steuerzentrale. Es sind quasi »Tausendfüßler«, und wie Abb. 19.1 erahnen lässt, braucht man bei ihnen an zusätzliches Herumlöten nicht einmal zu denken.

Mikroprozessoren unterscheiden sich von den bisher vorgestellten ICs dadurch, dass sie sich individuell so programmieren lassen, dass sie genau das machen, was von ihnen verlangt wird. Sie reagieren dann auf einprogrammierte Befehlsarten, die sie über ihre internen Verknüpfungen in die gewünschten Schaltbefehle umwandeln. Im Vergleich mit einem einfachen IC kann ein Mikroprozessor sehr viele und sehr komplexe Steuerungen bewältigen. Da er jedoch seine Ausgangs-Schaltbefehle quasi nur in Form von schwachen Schaltspannungen und Schaltströmen bieten kann, benötigt er zusätzliche Hilfsbausteine mit »kräftigeren Muskeln« – also Treiberbausteine und Relais mit stärkeren Schaltleistungen.

20. Schalten, steuern und regeln

Mit Schaltern kennen sich die meisten von uns seit ihrer Kindheit aus. Es beginnt mit Schaltern an Spielzeugen und wächst sich zunehmend zu einer Unmenge an Schaltvorgängen aus, die ein jeder von uns täglich vornehmen muss. Oft fängt es gleich am frühen Morgen mit dem ersten Schaltvorgang an: Da wird der Wecker abgeschaltet. Im Winter wird kurz danach das Licht eingeschaltet und anschließend geht es mit dem Schalten weiter, ob am Radio, Wasserkocher, der Kaffeemaschine usw. Allerdings: Es klappt mit dem Schalten nicht unbedingt immer, und dann kommt der Spruch »Selbst ist der Mann« bzw. »Selbst ist die Frau« ins Spiel.

Einige Schalter haben wir in diesem Buch schon gezeigt und ihre Funktion gleich näher erklärt, damit sich die jeweiligen Themen nicht mit offenen Fragen durchs ganze Buch ziehen.

Einigen von uns ist es wahrscheinlich auch schon bekannt, dass es bereits bei den einfachsten Schaltern sowohl einpolige als auch zweipolige Schalter gibt.

Normale mit der Hand bediente Lichtschalter sind als einpolige Schalter ausgelegt und sollten daher unbedingt die Phase (den **L**-Leiter) und keinesfalls den Neutralleiter schalten, da andernfalls die Phase in der Leitung weiterhin ihr Dasein fristet. Geht dann jemand gutgläubig davon aus, dass der Stromkreis abgeschaltet und ungefährlich ist, bekommt er in dem Fall einen Stromschlag von einem Deckenlampenanschluss. Bei einem professionell und vorschriftsmäßig ausgeführten Hausnetz dürfte das zwar nicht passieren, aber in unserem Leben passieren laufend Dinge, die eigentlich gar nicht passieren dürften.

Neben den vielen Schaltern, die für die Handbedienung ausgelegt sind, gibt es aber auch verschiedene speziellere Schalter, die oft in Geräten, Maschinen und Vorrichtungen verborgen sind oder gar nicht wie Schalter aussehen. Einer dieser Schalter – der Zungenschalter (Reed-Schalter) – wurde bereits in Kapitel 8.1 gezeigt und beschrieben.

20.1 Mikroschalter und Neigungsschalter

Zu den Favoriten in der Elektrotechnik gehört jedoch der sogenannte *Mikroschalter*. Ein einfacher Mikroschalter befindet sich – als ein »verdeckter Türschalter« – auch in jedem Kühlschrank, um beim Öffnen der Tür das Licht einzuschalten. Im Maschinen- und Anlagenbau werden Mikroschalter vor allem als Endschalter verwendet, die den Motor stoppen, sobald die von ihm angetriebene Vorrichtung das eine oder das andere Ende der vorgesehenen Bahn erreicht hat und den Betätigungsknopf oder den Metallhebel des Mikroschalters dabei leicht eindrückt.

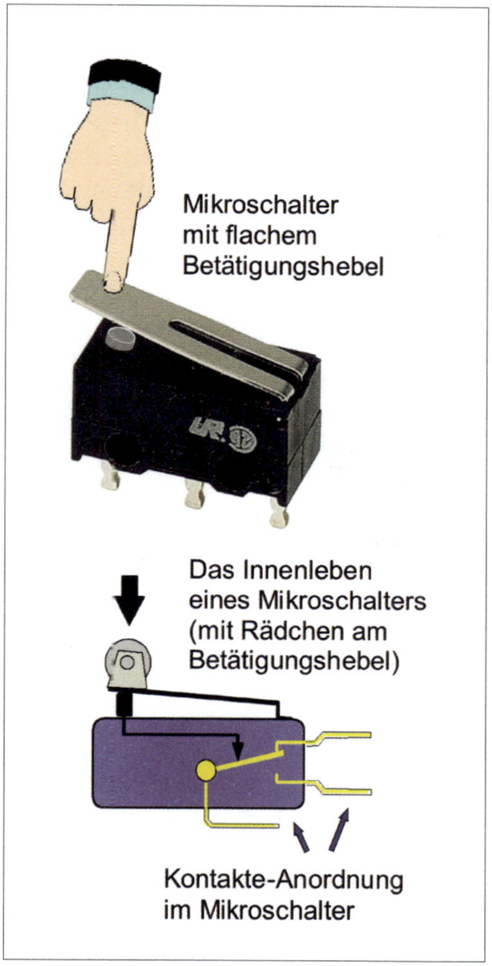

Abb. 20.1: Ausführungsbeispiel eines Mikroschalters, der wahlweise als Schließer (1 x EIN) oder als Wechsler (1 x UM) ausgeführt ist

Wird ein Motorantrieb z. B. zum Herausfahren oder Herausschwenken eines Fernsehers ausgelegt, benötigt die Vorrichtung zwei Endschalter (Mikroschalter nach Abb. 20.2), die den Motor stoppen, sobald die jeweilige Endposition erreicht ist. Anstelle der Mikroschalter könnten selbstverständlich auch diverse andere Sensoren, Lichtschranken oder die bereits beschriebenen Zungenschalter (Reed-Kontakte) verwendet werden, wenn etwas positionsgerecht gestoppt werden soll.

Ist es erwünscht, dass eine Veränderung der Neigung auf eine einfache Weise einen Schaltvorgang auslöst, kann dafür ein *Neigungsschalter* nach Abb. 20.3 verwendet werden. Früher wurden Neigungsschalter ausschließlich in Form von Quecksilberschaltern ausgeführt. Anhand der Abbildung lässt sich die Funktion eines Neigungsschalters leicht nachvollziehen. Inzwischen gibt es sie in verschiedensten Ausführungen auch ohne Quecksilber – und sie funktionieren ähnlich. Anstelle von Quecksilber wird bei Quecksilberschaltern neuerer (umweltfreundlicherer) Bauart eine elektrisch leitende, rollende

Kugel verwendet, die auf ähnliche Weise eine Stromverbindung erstellt oder unterbricht. Allerdings unsichtbar, da das Schaltergehäuse undurchsichtig ist.

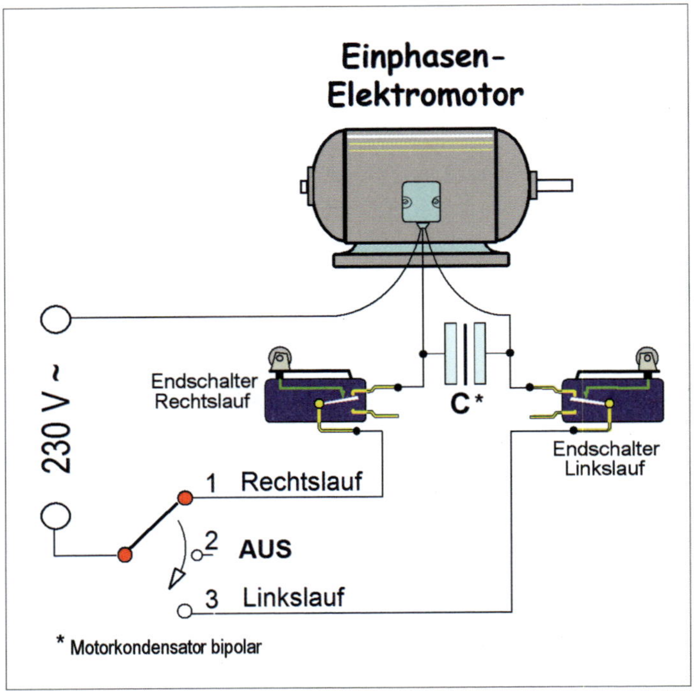

Abb. 20.2: Schaltbeispiel eines Wechselstrom-Kondensatormotors mit zwei Mikroschaltern, die z. B. nach einer Aus- und Einfahrt den Motor in der Endposition stoppen

Das Funktionsprinzip eines Neigungsschalters ist sehr einfach: Sobald er – wie die Abbildung zeigt – in der Richtung des Pfeils seine Neigung verändert, rollt der Quecksilbertropfen von links nach rechts und verbindet die zwei Anschlusskontakte leitend miteinander (Quecksilber ist ein guter elektrischer Leiter). Neigungsschalter werden mit Vorliebe bei Pumpen-Schwimmerschaltern angewendet, die z. B. die Höhe des Wasserspiegels überwachen.

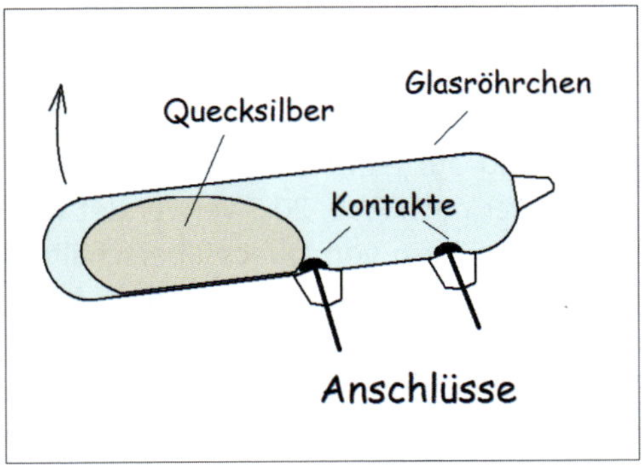

Abb. 20.3: Bei einem Quecksilber-Neigungsschalter bildet ein größerer Quecksilbertropfen den fließend beweglichen Kontakt

20.2 Schalten mit oder ohne Relais?

Was man so alles nur manuell und ohne Relais schalten kann, erfordert keine Auflistung. Das manuelle Schalten ist eigentlich die einfachste Form des Schaltens, die bei der Beleuchtung, an vielen kleineren Geräten, Maschinen und Vorrichtungen genutzt wird.

Wie man etwas schalten könnte, stellt bei den meisten Planungsüberlegungen kein Problem dar. Etwas komplexer kann es mit dem Schalten von Elektromotoren sein, die in zwei Drehrichtungen betrieben werden sollen. Da bieten sich für diverse Eigenbau-Projekte als »Motorantriebe« bevorzugt diverse Akku-Schrauber/Akku-Bohrer an, bei denen der Akku bereits aufgegeben hat, die aber ansonsten intakt sind. Wenn es das Vorhaben erlaubt, dass so ein Motor nur manuell geschaltet werden darf, bietet sich dafür eine einfache Lösung nach Abb. 20.4 an.

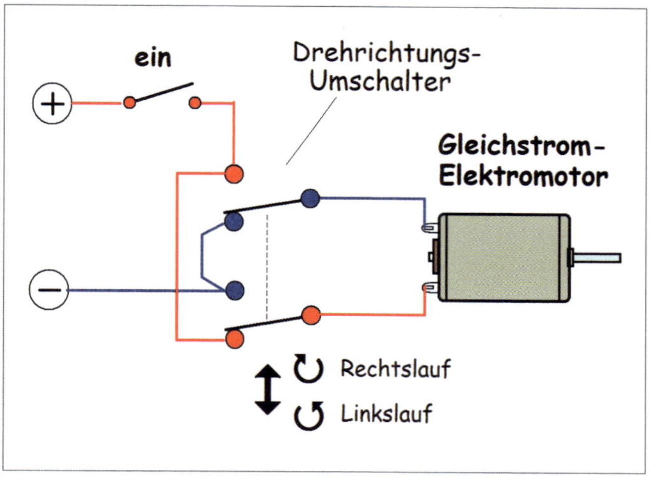

Abb. 20.4: Manuelles Schalten eines Gleichstrommotors, der in beide Drehrichtungen arbeiten soll

Ähnlich einfach ist es mit dem manuellen Schalten eines Kondensator-Wechselstrommotors, das bereits bei Abb. 20.2 im Zusammenhang mit der Anwendung von Mikroschaltern gezeigt wurde. Etwas aufwendiger wird es, wenn man auf das Schalten mit Relais umsteigen möchte.

Die Funktion der elektromagnetischen Relais und Zungenrelais wurde in Kapitel 8 bereits erläutert, und einige einfache Anwendungsbeispiele haben dort gezeigt, wozu solche Relais konkret gut sein können. Zu manchen Relais sind ausführlichere Datenblätter wie in Abb. 20.5 erhältlich (abrufbar), aus denen neben den technischen Parametern auch Näheres über die Eigenheiten der Relais hervorgeht. Bei vielen der preisgünstigeren Onlineanbieter sind solche Auskünfte jedoch nur selten zu finden, man muss sich da mit weniger zufriedengeben – was für einfachere Experimente meistens auch genügt.

Printrelais 10 A, 1 x UM

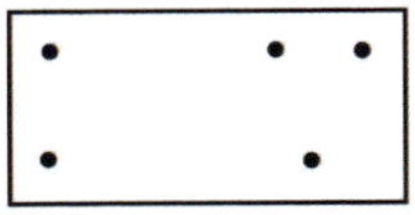

Monostabil neutral

Technische Daten:

Ansprechzeit: 15 ms
Prüfspannung: Spule/Kontakt 5000 V/AC, Kontakt/Kontakt 1000 V/AC
Schaltleistung: 2200 VA/300 W
Max. Schaltspannung: 150 V/DC / 250 V/AC
Max. Schaltstrom: 10 A
Kontaktmaterial AgCdO
Temperaturbereich: -40 bis + 70 °C
Abmessungen: (L x B x H) 29 x 13 x 25,5 mm
Abfallzeit: 5 ms
Spulenleistung: ca. 530 mW

Nennspannung	R_{Spule}
6 V/DC	68 Ω
12 V/DC	275 Ω
24 V/DC	1100 Ω
240 V/AC	3800 Ω

Abb. 20.5: Beispiel eines aussagekräftigen Relais-Datenblatts

In der Elektrotechnik und Elektronik spielen vor allem die elektromagnetischen Relais eine sehr wichtige Rolle, denn sie ermöglichen es, dass Elektromotoren und andere Elektrogeräte entweder manuell mithilfe eines Tasters geschaltet oder auf verschiedenste Weise fernbedient bzw. automatisch gesteuert werden können. Wir zeigen nun einige weitere Anwendungen der elektromagnetischen Relais und fangen mit Beispielen an, die auch fürs individuelle Experimentieren interessant sind und die sich für die private Nutzung als brauchbar erweisen dürften.

Was man auch schalten möchte, neben einem rein mechanischen Schalter eignet sich das elektromagnetische Relais dafür oft am besten. Wenn dabei ein Elektromotor nur in einer Drehrichtung geschaltet werden soll, ist es sehr einfach: Man sucht sich dafür ein Relais aus, dessen Schaltkontakte für die Schaltspannung und den Schaltstrom ausreichend dimensioniert sind, und danach muss nur der Relais-Schaltkontakt ähnlich wie ein mechanischer Schalter behandelt werden. Etwas aufwendiger wird es, wenn der Motor über Relais in zwei Drehrichtungen ordentlich geschaltet werden soll. Das Wort »ordentlich« bezieht sich nämlich auf ein Problem, das in der Elektrotechnik eine wichtige Rolle spielt: Es muss präventiv verhindert werden, dass beide Relais gleichzeitig anspringen können, denn das würde einen Kurzschluss verursachen, den die Relais-Kontakte nicht überleben würden. Das lässt sich technisch zwar sehr leicht verhindern, aber es werden dafür Relais benötigt, die wie in Abb. 20.6 über mehr Schaltkontakte verfügen, als für das reine Schalten erforderlich wäre.

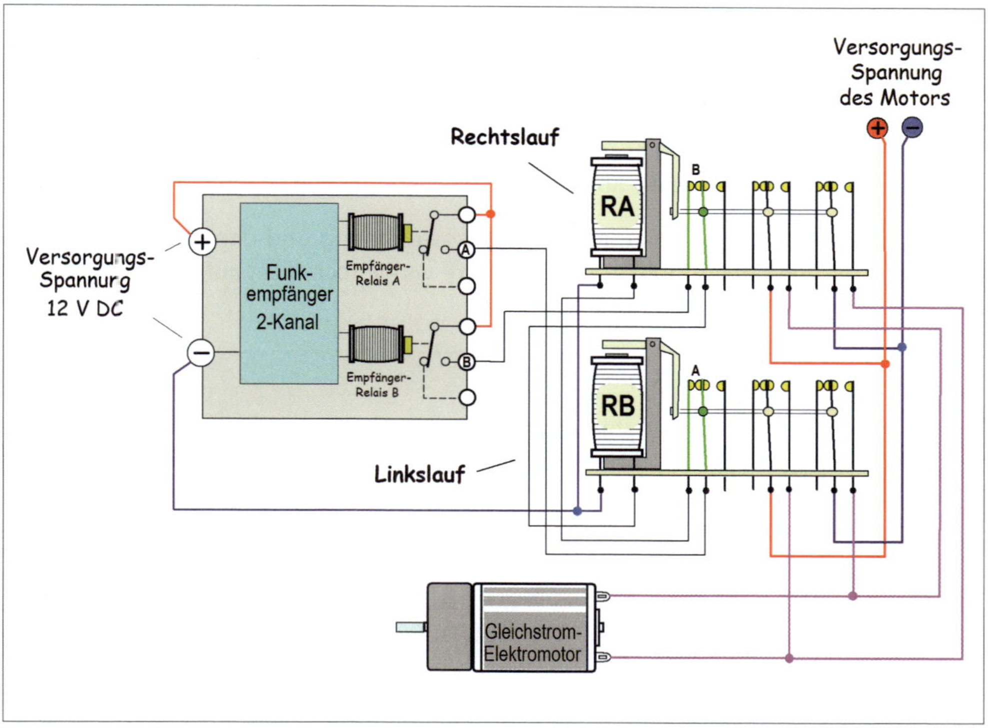

Abb. 20.6: Schaltbeispiel eines über Funk und Relais geschalteten Gleichstrommotors, der in beide Drehrichtungen arbeiten muss

Auf den ersten Blick mag die Schaltung in Abb. 20.6 nach einer etwas abschreckenden Menge von Strichen aussehen, aber in Wirklichkeit geht es um eine ganz harmlose Schaltung ohne Mysterien. Bei dieser Schaltung kompliziert die ganze Verdrahtung nur eine einzige zusätzliche Blockierung, damit keinesfalls beide Relais gleichzeitig geschaltet werden können. Wir haben hier zudem noch einen Zweikanal-Funkschalter eingezeichnet, denn ohne ihn hätte das Schalten über zusätzliche Relais oft keinen Sinn.

Die Blockierung des gleichzeitigen Einschaltens beider Relais ist leicht nachvollziehbar: Wir fangen bei dem Schaltkontakt des Funkempfänger-Relais **A** (oben) an: Wenn dieses Relais anspringt, erhält sein Kontakt A die 12-V-Spannung und ist folglich unter Strom. Dieser Strom fließt dann zum Schaltkontakt A des Relais **RB**, der bei dem Relais im Ruhezustand den Strom über diesen Kontakt zu der Magnetspule des Relais **RA** weiterführt und somit das Relais **RA** einschaltet. In dem Moment schaltet dieses Relais den Motor ein und gleichzeitig schaltet er seinen Blockier-Kontakt **B** aus, sodass verhindert wird, dass ab nun Relais **RB** gleichzeitig auch noch eingeschaltet werden kann – was sich leicht in der Zeichnung nachvollziehen lässt.

Wenn also gleichzeitig auch das Empfänger-Relais **B** (der zweite Kanal des Funksenders) aktiviert wird, passiert nichts, denn der Kontakt B des Relais **RA** ist offen und die Stromzufuhr zu der Magnetspule des Relais **RB** bleibt so lange unterbrochen, bis Relais **RA** wieder ausgeschaltet wird. Der Stromanschluss für den Gleichstrommotor wird ansonsten ganz normal über die weiteren Relais-Kontakte in der erforderlichen Drehrichtung geschaltet.

Klar ist, dass die Relais-Kontakte auf die Betriebsspannung und den Betriebsstrom des Motors ausreichend dimensioniert sein müssen – was jedoch nicht auf die **B**- und **A**-Kontakte der Relais **RA** und **RB** zutrifft.

Unser Tipp

Wenn Sie sich etwa zwei Minuten Zeit nehmen, um sich in aller Ruhe nach und nach anzuschauen, wohin jeder einzelne der »Verbindungsdrähte« in Abb. 20.6 führt (und weshalb), dann werden Sie keine Angst mehr vor solchen Schaltungen haben. Wir haben in dieser Schaltung absichtlich eine bildliche Darstellung gewählt, weil sich dadurch die technischen Zusammenhänge greifbarer nachvollziehen lassen, und man muss dabei nicht immer überlegen, was das eine oder andere Symbol bedeutet. Wir mischen in diesem Buch in unsere Zeichnungen dennoch ab und zu auch Zeichnungen mit technischen Symbolen, damit sich alles »schön locker« einprägen kann, ohne dass dadurch Stolpersteine (in der Form »Himmel, wie war das denn wieder?«) entstehen.

Dennoch: Wer einen Elektromotor nur in einer Drehrichtung funkgesteuert betreiben möchte, der hat es unvergleichbar leichter, denn so ein Motor braucht nur einen einpoligen (EIN/AUS-)Schalter bzw. ein Relais mit nur einem Schaltkontakt. Über einen solchen Schaltkontakt verfügen die meisten Relais in den meisten Funkempfängern. In denen ist der Schaltkontakt normalerweise immer *potenzialfrei* (siehe Abb. 20.7) ausgelegt.

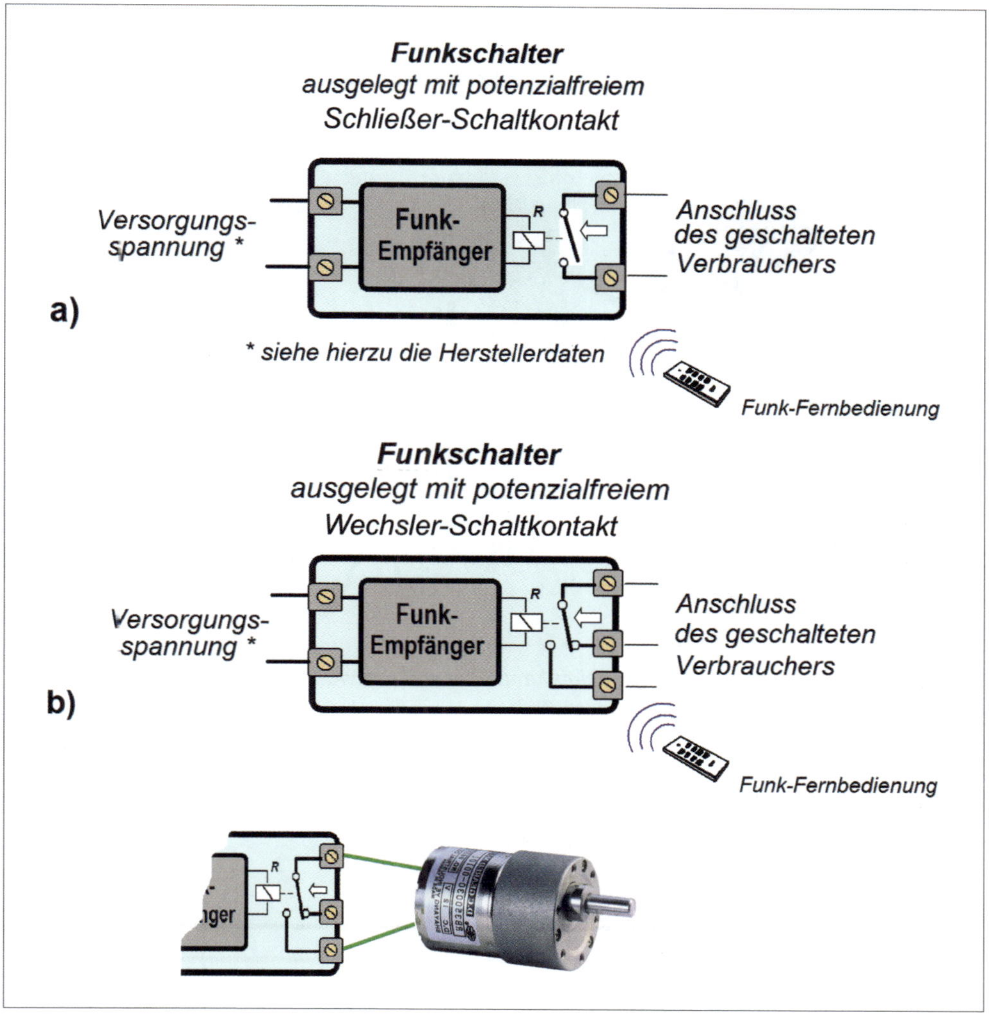

Abb. 20.7: Ausführung und Anordnung der Relais-Schaltkontakte bei netzunabhängigen Funkempfängern sind unterschiedlich ausgelegt; die meisten Funkempfänger sind mit einem Wechsler-Schaltkontakt ausgelegt, bei dem die beiden richtigen Anschlussklemmen manchmal probeweise ermittelt werden müssen

Wenn ein Vorhaben es erlaubt, kann z. B. ein Gleichspannungs-Elektromotor auch über einen Steckdosen-Funkschalter nach dem Beispiel aus Abb. 20.8 geschaltet werden.

Nur zur Gedächtnisauffrischung: Bei handelsüblichen Steckdosen-Funkschaltern schaltet das interne elektromagnetische Relais die Netzspannung durch (Abb. 7.26). Möchte man einen Elektromotor schalten, der nicht für die durchgeschaltete 230-V-Netzspannung vorgesehen ist, geht es am einfachsten mit einem zusätzlichen elektromagnetischen Relais (siehe Abb. 20.8), dessen Magnetspule für 230 V~ ausgelegt ist.

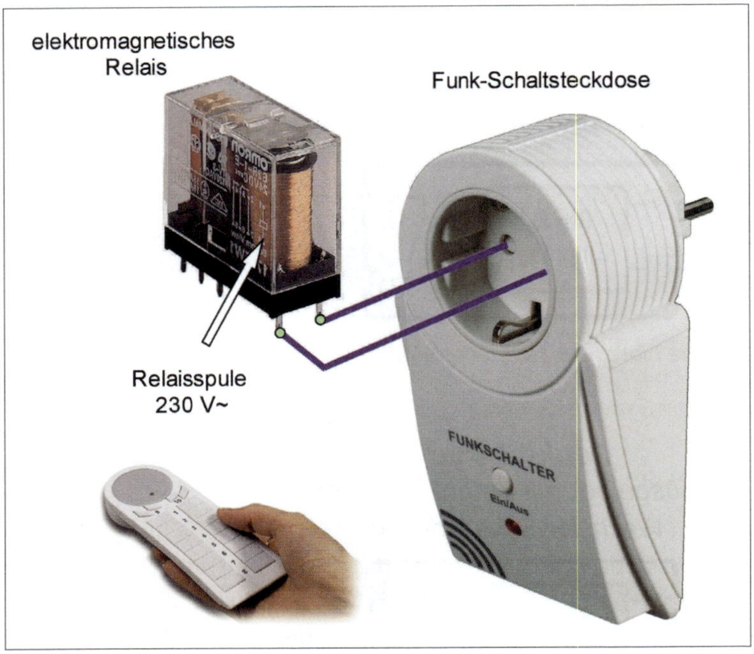

Abb. 20.8: Mithilfe eines zusätzlichen Relais kann über einen gewöhnlichen Steckdosen-Funkschalter potenzialfrei geschaltet werden

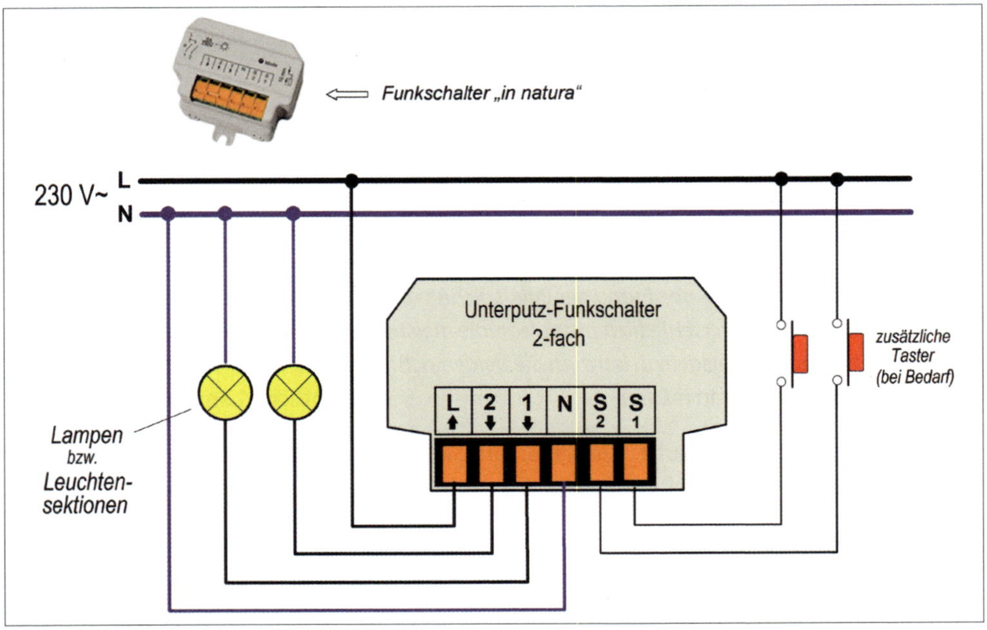

Abb. 20.9: Ausführungsbeispiel und Anschlüsse eines Unterputz-Funkschalters, der für unabhängiges Schalten von zwei Leuchten-Sektionen ausgelegt ist

Netzunabhängige Funkschalter bestehen in der Grundausführung aus einem Funksender und einem Funkempfänger, können aber ansonsten auch mehrere Funksender oder auch mehrere Funkempfänger haben. Wie bereits Abb. 7.20 zeigte, sind sie auch als wasserdichte Ausgabe – also für den Außenbereich – erhältlich. Bei den einfacheren Funkschaltern ist in den Funkempfängern als Schaltelement ein elektromagnetisches Relais vorhanden, das entweder mit einem Schließer (1 x EIN) oder mit einem Wechsler (1 x UM) ausgelegt ist, wie Abb. 20.7 zeigt. Die Schaltkontakte sind bei diesen Funkempfängern üblicherweise als potenzialfrei ausgelegt. An den Kontakten ist also intern absolut nichts angeschlossen.

Bei der Wahl eines passenden Funkschalters ist neben seiner Reichweite auch noch auf die maximal zugelassene Schaltspannung und den Schaltstrom zu achten. Wenn keine Bedienungsanleitung zur Verfügung steht, kann man meist auf den internen Relais ablesen, welche maximale Spannung und welchen maximalen Strom es schalten darf (bei den meisten Funkempfängern ist das Relais leicht zugänglich).

Das Gleiche gilt auch für alle elektromagnetischen Relais aller Art. Bei der Suche nach einem passenden Relais spielen neben der Schaltleistung, der Form und den Abmessungen die Nennspannung sowie der ohmsche Widerstand der Magnetspule eine sehr wichtige Rolle.

Bei den technischen Daten wird neben der Nennspannung der Magnetspule auch der tatsächliche Spannungsbereich angegeben, bei dem das Relais gut funktioniert. So wird z. B. bei einer Magnetspule, die für eine Nennspannung von 12 V ausgelegt ist, oft noch *[9 ... 15] V* aufgeführt. Das bedeutet, dass das Relais bereits ab 9 V anspringt und alternativ auch noch 15 V als Versorgungsspannung der Magnetspule problemlos verkraftet. Ob das Relais auch schon bei 8 V oder 8,5 V anspringt, kann bei Bedarf natürlich auch ausprobiert werden (was jedoch nur bei experimentellen oder provisorischen Schaltungen in Betracht kommen sollte). Abgesehen davon spielt bei einem elektromagnetischen Relais der ohmsche Widerstand der Magnetspule eine wichtige Rolle, vor allem dort, wo es erforderlich ist, dass das Relais möglichst wenig Strom bezieht. Das trifft – wie schon kurz erläutert wurde – vor allem dann zu, wenn das Relais direkt von einem IC aus geschaltet wird.

Sehr einfach sind die Installationen mit Funkschalterduos für die Beleuchtung, denn die Funkempfänger werden zunehmend kleiner und lassen sich manchmal sogar (siehe Abb. 20.10) im Inneren einer Leuchte unterbringen. Die eigentliche Lampe darf allerdings nicht heiß werden – was bei einer LED-Lampe kaum droht.

Eine etwas andere Art der Funkschalter bilden die Funk-Türglocken (Abb. 20.11/20.12), die sich im Vergleich mit den kabelgebundenen Türglocken viel leichter und kostengünstiger installieren lassen. Die Sender einiger der neuesten Funk-Türglocken sind inzwischen wahlweise auch als Kinetik-Power-Sender erhältlich, die keine Batterie benötigen. Die kinetische Energie, die durch die kleine Bewegung der gedrückten Taste entsteht, genügt dem Sender für das Versenden eines kurzen Funksignals an den Empfänger.

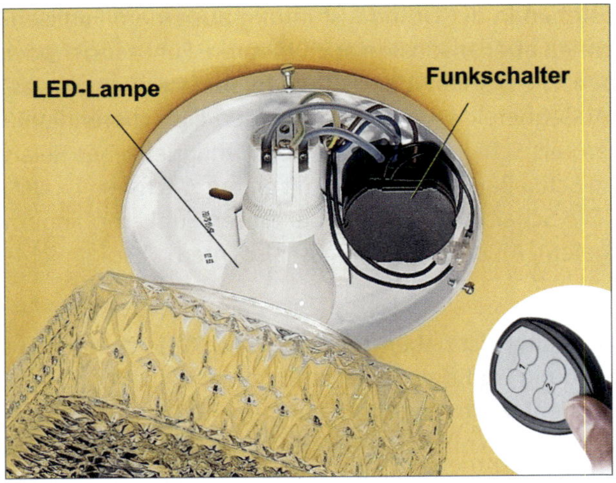

Abb. 20.10: Kleine Funkschalter-Empfänger lassen sich oft in größeren Leuchten unterbringen

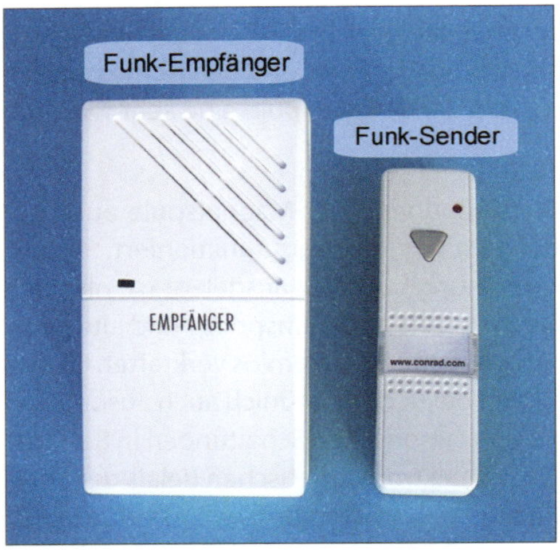

Abb. 20.11: Funk-Türglocken sind inzwischen preiswert und in einer sehr großen Auswahl erhältlich

Abb. 20.12: Steckdosen-Türklingel-Empfänger haben den Vorteil, dass sie sich einfach – und in beliebiger Menge – überall in Hausnetz-Steckdosen einstecken lassen und somit auch keine zusätzliche Stromversorgung benötigen

Neben den einfachen Funk-Türglocken erobern in letzter Zeit Funk-Gegensprechanlagen den Markt (und die Haushalte), die sich leicht installieren lassen: Die Auswahl ist sehr groß, die Preise sind erschwinglich, aber die Reichweiten der preiswerteren Geräte liegen nur zwischen ca. 20 m bei Hindernissen und bis zu 80 m im Freien. Das reicht jedoch in den meisten Fällen völlig aus.

Unter den teureren Gegensprechanlagen, die auch als Türsprechanlagen bezeichnet werden, gibt es eine große Auswahl an drahtlosen Geräten mit größerer Reichweite sowie auch Zweidraht- und Vierdrahtsysteme. Wer zum Beispiel bereits eine Türklingel mit einer »normalen« Zweidrahtleitung hat, kann an sie einfach eine Zweidraht-Audio-/Video-Anlage anschließen.

Das Angebot an diesen Geräten wächst ständig, preisbestimmend sind die Bildschirmgröße, Bildauflösung (2K oder 4K) sowie spezielle weitere Features, etwa die Gesichts- und Handflächenerkennung, Touchscreen, Fernentriegelung der Tür per App und Dual-Band-WLAN usw. Bei drahtlosen Audio-/Video-Gegensprechanlagen ist für den Preis auch die Reichweite mitbestimmend.

21. Einbruchschutz

Sicherheitstechnische Vorrichtungen, zu denen auch der Einbruchschutz gehört, können wahlweise netzunabhängig (batteriebetrieben) oder netzbetrieben arbeiten. Sie können – je nach Bedarf – entweder miteinander verknüpft werden oder nur als völlig unabhängige funktionelle Einheiten installiert werden. Die meisten dieser Vorrichtungen werden in Hinsicht auf den jeweiligen Bedarf individuell entworfen und modular installiert.

Einbruchschutz-Anlagen bestehen meist aus kleineren Alarmzentralen, die in verschiedensten Ausführungen erhältlich sind. An diese Alarmzentralen werden dann – je nach Gerätekonzept – entweder über Kabel oder via Funk diverse zusätzliche Sensoren (Tür- und Fensterkontakte, Glasbruchmelder, Bewegungsmelder, Alarm-Trittmatten) sowie auch Alarmgeber oder Videokameras angeschlossen.

Eine Einbruchschutz-Vorrichtung benötigt nicht immer eine Alarmzentrale. Wenn es die Gegebenheiten erlauben, kann bei einer Wohnung oder einem Haus auch nur mit wenigen Bausteinen ein einfaches, individuell konzipiertes Alarmsystem errichtet werden. Eine individuelle Lösung hat den Vorteil, dass sie genau und lückenlos auf das geschützte Objekt angepasst werden kann. Zudem gibt es dann keine Probleme mit der Wartung, die bei manchen Fertigprodukten durch zu viel überflüssigen Schnickschnack unnötig kompliziert wird.

Zu den wichtigsten Sicherheitsvorrichtungen, die vor allem auch als Einbruchschutz dienen, gehört unbedingt ein guter »Türspion«. Bevorzugt eine Türsprechanlage mit Videokamera. Die einfacheren Geräte sind inzwischen (bei Onlineanbietern) sehr preiswert und benötigen keinen Installationsaufwand. Sie können bei Bedarf einfach wie Bilder an der Wand aufgehängt (oder angeklebt) werden: innen der kleine Monitor, außen die Kamera, die gleichzeitig als Funktürklingel dient. Alternativ gibt es auch spezielle »Video-Türspione«, aber die sind meist nicht fürs Gegensprechen ausgelegt.

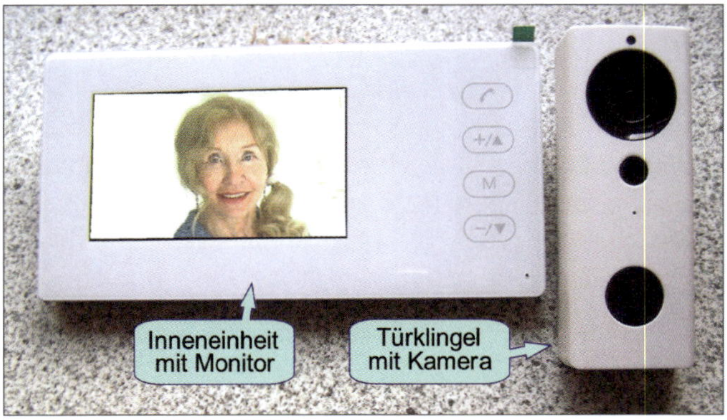

Abb. 21.1: Das Angebot an Türsprechanlagen ist sehr groß, und einige kosten nicht viel mehr als eine größere Schachtel überteuerter Schokoladenpralinen

Da es gegenwärtig in Mode gekommen ist, dass sich viele Einbrecher unter einem oft fantasievoll fingierten Vorwand Zutritt zu einer Wohnung (bzw. zum Haus) verschaffen, ist ein guter Türspion Gold wert. Allerdings kein kleines Guckloch, sondern eine Lösung, die es ermöglicht, dass man nicht nur gut sehen kann, wer vor der Tür steht, sondern auch, wer sich seitlich neben der Tür versteckt hält. Falls eine einzige Videokamera der Türsprechanlage nicht genügt, dann bitte unbedingt eine zweite Kamera anbringen. Das lohnt sich garantiert!

Einbrüche in Wohnungen und Häuser nehmen leider in Deutschland stark zu. Und es gibt keine Versicherung, bei der man sich gegen Einbruch versichern lassen kann. Man kann sich nur gegen den materiellen Schaden versichern lassen, der durch einen Einbruch erlitten wird, aber nicht dagegen, dass man z. B. nachts um 3 Uhr von zwei Einbrechern aus dem Schlaf gerissen wird, die mitten im Schlafzimmer stehen. Und das kommt nicht selten vor, denn im Schlafzimmer wird in der Regel Schmuck aufbewahrt, der für die meisten Einbrecher zum begehrtesten Diebesgut gehört, da er sich leicht transportieren und günstig absetzen lässt.

Deutschland stellt für Einbrecher aus der ganzen Welt eine der attraktivsten Spielwiesen dar. Die Menschen sind hier (angeblich alle) gut situiert, besitzen keine Waffen und verhalten sich bei Einbrüchen meist sehr entgegenkommend. Schließlich können auch die Behörden für sie nicht viel mehr tun, als ihnen den Rat zu geben, bei einem Einbruch keinen Widerstand zu leisten.

Ein perfekter Einbruchschutz sollte die Wohnung, das Haus oder Objekt möglichst lückenlos und störungsfrei schützen. Diese Anforderungen kann am besten ein Einbruchschutz gewährleisten, den man selbst gut durchdacht entwirft, installiert und wartet. Schon dadurch, dass ein Einbruchschutz in Eigenleistung entworfen und errichtet wurde, entfällt die Gefahr, dass ein anderer über das System im Bilde ist.

Sehr viele Einbrüche finden zunehmend auch tagsüber statt. Manche davon verlaufen nach einem sehr primitiven Drehbuch, andere sind verblüffend filmreif. Nicht immer, aber zumindest oft hat bei den Einbrüchen der Faktor Zeit für die Einbrecher einen wichtigen Stellenwert: Die ganze Aktion darf in den meisten Fällen nicht länger als etwa neun Minuten dauern, denn das ist die Zeitspanne, in der auch eine umgehend alarmierte Polizei kaum erscheinen wird. Richtet man den Einbruchschutz so ein, dass es mit einem Einbruchsversuch nicht ausreichend schnell klappt, geben die meisten Einbrecher auf und ziehen weiter zur nächsten Adresse. Zusätzliche lautstarke Sirenen im unmittelbaren »Arbeitsbereich« des Einbrechers machen zudem auch einen mutigen Einbrecher nervös und nehmen ihm die akustische Kontrolle darüber, was in seiner direkten Umgebung geschieht, und wenn er nicht zu sehr unter dem Einfluss von Drogen oder Alkohol steht, sucht er dann lieber das Weite.

Hinweis
Informieren Sie sich bitte rechtzeitig bei der örtlichen Polizei, ob sie in Ihrem Wohnort eine Außensirene erlaubt (dem ist nicht überall so) bzw. ob sie nur eine kurze Alarmton-Zeitdauer erlaubt (was sich leicht mit einem Timer einstellen lässt).

Beim Entwurf eines guten Einbruchschutzes sollte an erster Stelle angestrebt werden, dass der Einbrecher gar nicht erst die Gelegenheit bekommt, einen Schaden an den Türen oder Fenstern anzurichten. Dies lässt sich z. B. bei einem Einfamilienhaus leichter erzielen als bei einer Wohnung.

Zugang ins Haus oder in eine Wohnung verschaffen sich Einbrecher üblicherweise durch Fenster und Türen. Das trifft teilweise auch auf Fenster oder Balkontüren zu, die in höheren Stockwerken sind. Wer allerdings in seinem Haus oder seiner Wohnung nicht gerade teure Kunststücke oder Münzsammlungen aufbewahrt, zu dem werden sich Einbrecher kaum übers Dach abseilen, wie es in manchen Filmen gezeigt wird.

Der Aufwand, den ein Einbrecher unternimmt, hängt im Prinzip von der Attraktivität der voraussichtlichen Beute ab. Es kann aber vorkommen, dass der Einbrecher bzw. eine Einbrecherbande die Beute oder die ganze Situation falsch einschätzt oder falsch informiert wurde und einen unangemessen hohen Aufwand in Kauf nimmt, um letztendlich bei jemandem einzubrechen, bei dem eigentlich nichts zu holen ist.

Ein guter Einbruchschutz soll vor allem verhindern, dass sich die Einbrecher einen leichten Zugang zum Wohn- oder Schlafbereich verschaffen können. Von Vorteil ist auch eine zusätzliche Vorrichtung, die Ihnen oder Ihren Familienmitgliedern bei der Rückkehr in Haus oder Wohnung anzeigt, dass während Ihrer Abwesenheit der Einbruchschutz aktiviert wurde. Es kommt vor, dass in solchen Fällen ein überraschter Einbrecher durchdreht und die plötzlich auftauchende Person einfach eliminiert.

Ein perfekter Einbruchschutz kommt selbstverständlich ohne zusätzliche mechanische Absicherung der Türen und Fenster nicht aus. Türen, die nur mit einem Zylinderschloss verschlossen sind, das sich leicht mit einem »handelsüblichen« Universalschlüssel öffnen lässt, sowie Türen, die sich leicht aushebeln lassen, bieten Einbrechern den attraktivsten Zugang.

Kellertüren, Terrassen- und Hintereingangstüren werden bei Einbrüchen bevorzugt. Verschlossene Türen und Fenster werden meist nur mit einem Brecheisen ausgehebelt (erfahrene Einbrecher brauchen dazu bei älteren Fenstern nur wenige Sekunden). Das Einschlagen von Fensterglas, wie wir es aus diversen Filmen kennen, ist bei den Einbrechern nicht ausgesprochen »in«, denn die doppelte (manchmal auch dreifache) Verglasung macht das Ganze zu arbeitsintensiv und zu laut.

Neben guten Verriegelungen, Sicherheitsglas oder Fenstergittern bieten vor allem an Keller-, Garagen-, Wintergarten- oder Dachfenstern empfindliche Alarmschalter – z. B. kleine Mikro- oder Zungenschalter – einen optimalen Einbruchschutz. Auch Garagentore können leicht mit Alarmschaltern nachgerüstet werden, die einen Alarm auslösen und eventuell gleichzeitig über zusätzliche Elektronik eine Videokamera aktivieren.

Wer handwerklich begabt ist und dieses Buch bis hierher in aller Ruhe durchgelesen hat, dem wird es nicht schwerfallen, um zumindest den elektronischen Teil des Einbruchschutzes gut in den Griff zu bekommen.

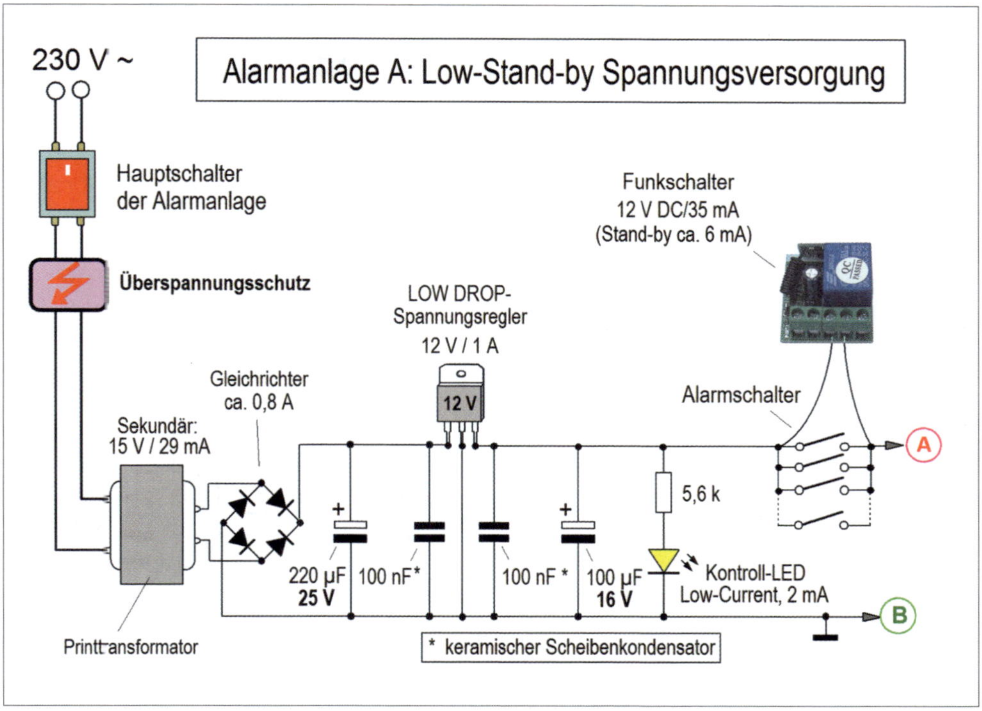

Abb. 21.2: Teil A: Schaltung eines Alarmanlagen-Netzteils mit sehr geringem Stand-by-Verbrauch

Die Abbildungen 21.2 und 21.3 zeigen eine leicht nachzubauende Selbstbau-Schaltung eines Hausalarm-Systems, das wir für dieses Buch entwickelt (und perfekt ausgetestet) haben. Diese Schaltung kann bei Bedarf in beliebigen Varianten zum Schutz einzelner Räumlichkeiten modifiziert werden. Sie ist gezielt so ausgelegt, dass ihr Teil A einen einmalig geringen Stand-by-Verbrauch und ihr Teil B einen Null-Stand-by-Verbrauch hat, solange er in Ruhe gelassen wird – also solange kein Alarm ausgelöst wird.

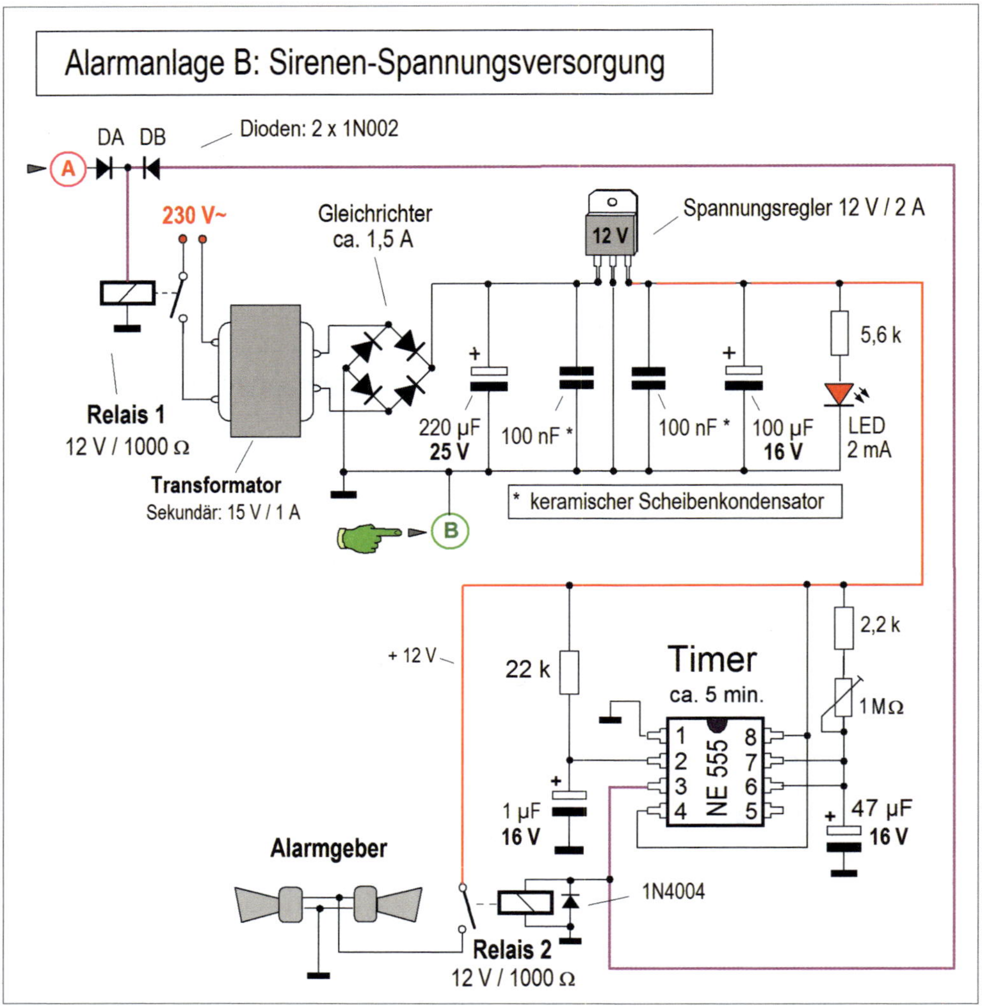

Abb. 21.3: Teil B: Einfache Selbstbau-Alarmanlage zum Teil A

Zum Netzteil aus Abb. 21.2: Vergleichbare Netzteile haben wir im Buch bereits beschrieben. Hier haben wir eingangsseitig noch einen Überspannungsschutz eingezeichnet, der vor allem bei den ersten Experimenten entfallen darf. Eine erhöhte Aufmerksamkeit verdient der kleine Transformator, der für den Stand-by-Verbrauch des Netzteils bestimmend ist. Er verbraucht nur etwa 1 kWh für sechs Wochen und könnte noch etwas kleiner sein, wenn das Relais 1 im Teil B einen ohmschen Widerstand von 1.000 Ohm hat und somit nur 12 mA bezieht, aber noch kleinere Transformatoren als der hier eingezeichnete sind nicht handelsüblich. Den Gleichrichter und den Festspannungsregler haben wir hier sicherheitshalber großzügig überdimensioniert (eine Erfahrungssache). Die Anzahl und die

Art der eingezeichneten Alarmschalter müssen sich einfach den Gegebenheiten unterordnen. Es können Mikroschalter, Zungenschalter, Funkschalter (Funkempfänger) oder Schalter der Infrarot-Lichtschranken angewendet werden, wenn und wo es die Gegebenheiten anbieten.

Der hier eingezeichnete Kleintransformator müsste allerdings großzügiger dimensioniert werden, wenn diese Spannungsversorgung zusätzlich auch für Funkschalter oder IR-Lichtschranken-Empfänger verwendet wird, denn diese benötigen laufend Strom. Funksender kommen dagegen im Stand-by ohne Strom aus, benötigen jedoch z. B. eine geringe Knopfzellen-Spannungsversorgung (die Knopfzelle ist im Sender bereits untergebracht).

Zum Teil B aus Abb. 21.3: Um den Stand-by-Verbrauch niedrig zu halten, wurde für diesen Teil ein zweiter Transformator verwendet, der das Relais 1 nur dann zuschaltet, wenn Alarm ausgelöst wird. Das Relais benötigt dazu nur einen ganz kurzen Impuls von einem der Alarmkontakte (den erhält es über die Diode **DA**). Sobald das Relais 1 anspringt, springt auch die Spannungsversorgung von Teil B an und Pin 3 des Timers springt auf »High« (also auf eine Plusspannung von ca. 10,5 V). Diese Plusspannung aktiviert Relais 2 (die Sirene legt los), und gleichzeitig erhält von diesem Pin 3 über die lilafarbene Verbindung und über die Diode **DB** eine Haltespannung. Dadurch bleibt das Relais 1 weiterhin aktiv, wenn der Alarmkontakt nur einen kurzen Spannungsimpuls liefert. Es macht jedoch nichts aus, wenn der Alarmkontakt beliebig lange eingeschaltet bleibt, denn dem Relais ist es egal, wer ihm seine Versorgungsspannung liefert.

Der Sekundärstrom des Transformators, der hier 1 A beträgt, muss selbstverständlich auf die Abnahmeleistung der angeschlossenen Alarmgeber oder eventuell Lampen usw. abgestimmt werden. Relais 2 kann neben den eingezeichneten Sirenen auch noch Lampen, Scheinwerfer oder andere Verbraucher schalten, wofür meist ein zweiter Schaltkontakt genutzt wird. Alternativ kann an Pin 3 ein zweites Kleinrelais angeschlossen werden. Da dieser Timer-IC theoretisch einen Strom von bis zu 200 mA (über seinen Pin 3) schalten kann, würde er problemlos zwei oder sogar drei Relais verkraften, deren Magnetspulen-Widerstände nicht zu weit unterhalb von ca. 800 Ω liegen.

Bitte beachten

Anstelle des bipolaren IC des Typs NE 555 – der oft schlicht nur als 555 angeboten wird, sollte nicht der – oft als identisch bezeichnete – CMOS-IC ICM7555 verwendet werden, denn er verkraftet erprobt meistens nicht die Spannungsstöße der elektromagnetischen Relais. Dies gilt auch für weitere unserer Schaltungen, in denen an den Timer-IC 555 ein elektromagnetisches Relais angeschlossen wird.

Generell sollte bei den angewendeten elektromagnetischen Relais immer darauf geachtet werden, dass der ohmsche Widerstand der Relais-Magnetspule möglichst hoch ist. Das verringert den Spulenstrom, und der IC, der diesen Strom über Pin 3 liefert, heizt sich nicht unnötig auf. Bei etlichen Relais, deren Magnetspulen für eine 12-V-Nennspannung ausgelegt sind, liegt der maximale Widerstand der Magnetspule zwischen ca. 800 Ω und 1.200 Ω. Achten Sie beim Kauf des Relais auf die in seinen technischen Daten aufgeführte maximale **Schaltspannung**, wenn es die 230-V~-Netzspannung schalten soll (hier muss das Relais für eine Schaltspannung von mindestens 250 V/AC ausgelegt sein). Die Schutzdiode 1N4004, die parallel an die Relaisspule angeschlossen ist, schützt den Timer-IC vor zu hohen Spannungsstößen, die jeweils beim Abschalten der Spule entstehen. Hier ist auf die richtige Polarität der Schutzdiode zu achten, denn bei einer falschen Polung wird der NE 555 blitzschnell vernichtet.

Die Alarmanlage aus den Abbildungen 21.2 und 21.3 funktioniert auf Anhieb. Die Einschaltdauer des Timers kann einfach durch eine höhere Kapazität der an seinen Pins 6 und 7 angeschlossenen Elkos oder/und der 1-MΩ-Einstellregler beliebig erhöht werden.

In der Praxis kommt es bei solchen Alarmanlagen oft vor, dass z. B. irgendein Fenster nicht gut verschlossen wurde, und die Alarmsirene brüllt dann nach dem Einschalten des Alarms gleich kräftig los. Das lässt sich leicht dadurch verhindern, dass man nach Abb. 21.4 zum ersten Timer in Teil B noch einen zweiten Timer huckepack anschließt. Der erste Timer kann dann mit einer leisen Minisirene, einem Piepser oder einer Blink-LED vorwarnen – damit man die Alarmelektronik wieder schnell abschaltet, um zu kontrollieren, wo etwa ein Fenster noch offen geblieben ist usw.

Wenn es die geringe Stromabnahme (unter ca. 150 mA) eines kleinen Alarmpiepsers oder Alarmmelders erlaubt, kann er ohne das Relais 2 direkt an Pin 3 von Timer 1 angeschlossen werden. Hier geht es ja nur darum, dass eine Vorwarnung meldet, dass noch irgendeiner der Alarmschalter aktiviert ist.

Auf den ersten Blick fällt bei dieser Schaltung auf, dass der erste Timer nach dem Einschalten der Alarmanlage nur für eine Vorwarnung zuständig ist. Sobald alles in Ordnung ist, bleibt nach dem Einschalten des Alarms die ganze Elektronik des Teils C spannungsfrei. Ansonsten: Sobald ein Alarm ausgelöst wird, springt erst Timer 1 an und schaltet die Mini-Warnsirene für die eingestellte Zeitdauer (von z. B. vier Sekunden) ein. Während der Einschaltdauer steht Pin 3 des Timers 1 auf »High«. Sobald er nach etwa vier Sekunden die Vorwarnung abschaltet, springt sein Pin 3 auf »Low« (quasi auf null) und startet somit über den Kondensator C1 mit einem kurzen Impuls den Timer 2, der mit Relais 3 die Außensirene(n) aktiviert. Die Zeitspannen beider Timer können nach Ermessen eingestellt werden.

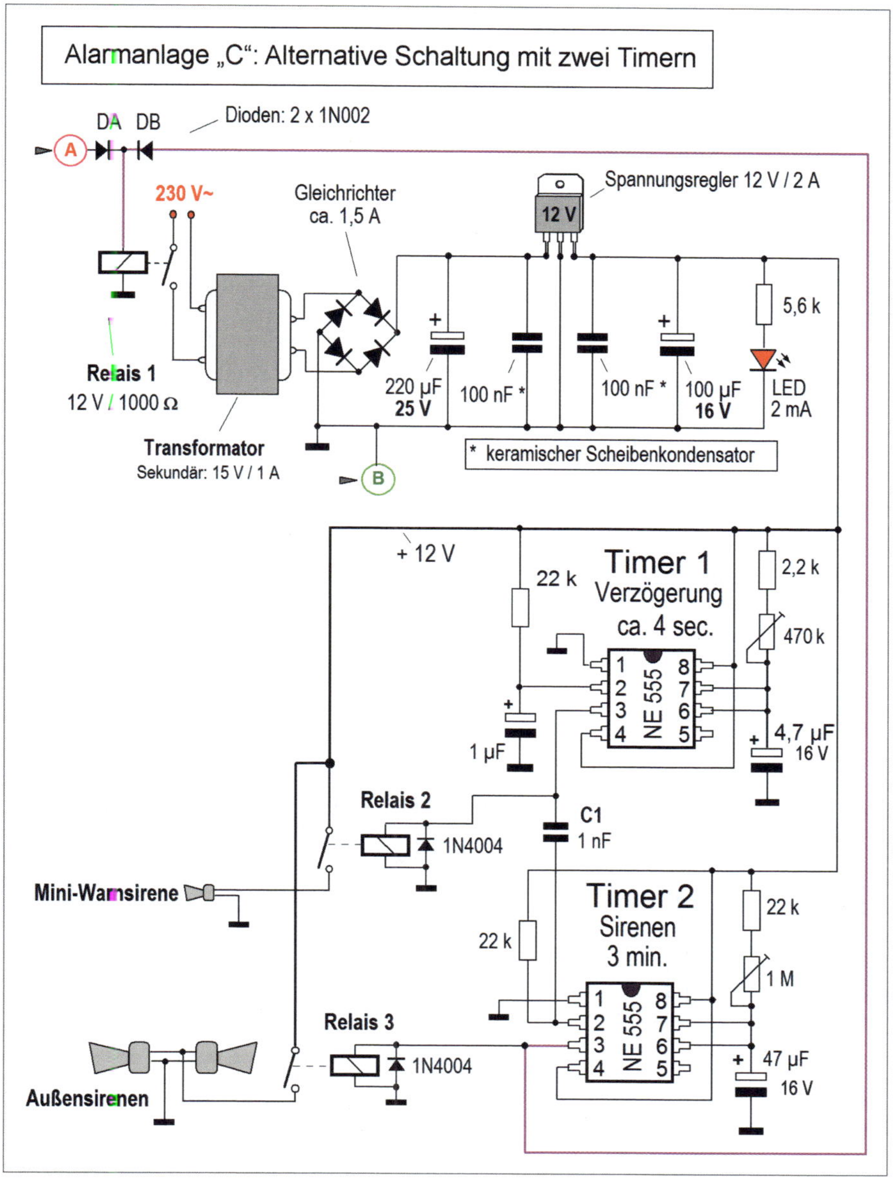

Abb. 21.4: Alarmanlage Teil C: alternative Schaltung mit zwei Timern

Unser Tipp

Es lohnt sich, die Timer-ICs 555 in Fassungen zu setzen, denn auch wenn es gelingt, den IC bei den Experimenten intakt zu erhalten, erleichtert ein schneller Austausch die Suche nach einem Defekt.

Bei den Überlegungen, welche der Alarmschalter für eine Schutzvorrichtung am besten geeignet sind, dürfte auch der Aspekt des Stromverbrauchs in Betracht gezogen werden: Mikroschalter, Zungenschalter oder Neigungsschalter benötigen als solche keinen Strom. Bei Funkschaltern hat der Sender Null-Stand-by, denn er bezieht von seiner Batterie (Knopfzelle) Strom nur dann, wenn er betätigt wird (während er sendet). Sein Empfänger bezieht dagegen einen Stand-by-Strom von ca. 6 mA, aktiviert von ca. 35 mA. Wenn der Empfänger so eingestellt wird, dass er bei jedem Alarmsignal nur einen einzigen Impuls an sein Relais abgibt, ist sein Energieverbrauch minimal. Aber: Die 35 mA braucht sein elektromagnetisches Relais, um den kurzen Schaltvorgang zu bewältigen.

Möchte man jedoch einen solchen Funkempfänger beispielsweise an das energiesparende Netzteil aus Abb. 21.2 anschließen, würde es der kleine Transformator bei diesem Netzgerät nicht zuverlässig verkraften. Falls ohnehin mehrere Funksender dieser Art benötigt werden, bleibt nichts anderes übrig, als dass sie entweder eine separate Stromversorgung erhalten oder dass der Transformator aus Abb. 21.2 durch einen größeren ersetzt wird. Der Transformator müsste dann einen Sekundärstrom von z. B. 50 mA bieten können – vorausgesetzt, dass die Magnetspule des Relais 1 in Teil B (Abb. 21.3) tatsächlich einen Widerstand von mindestens 1.000 Ohm hat. Dann bezieht das Relais nur einen Strom von ca. 11–12 mA, und der Rest bleibt für den Funkschalter zur Verfügung.

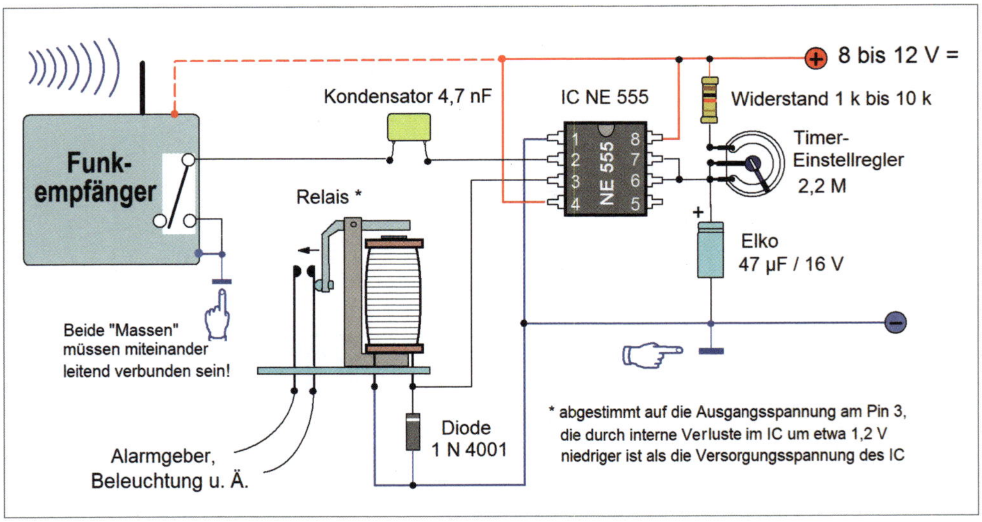

Abb. 21.5: Wird die Kapazität des Elkos am Spannungsregler-Ausgang etwas erhöht, steht einem zusätzlichen Funkschalter eine höhere Einschaltenergie zur Verfügung

Wer den Strombedarf des Funkschalters verringern möchte, dem steht noch eine Möglichkeit offen: Die Magnetspulen der Funkschalter-Relais haben oft einen zu niedrigen ohmschen Widerstand, wodurch bei den Funksendern der Unterschied im Stromverbrauch zwischen Stand-by und aktiviertem Relais unnötig hoch ist. Wird dieses Relais durch ein Relais ersetzt, dessen Spulenwiderstand mindestens 1.000 Ohm (besser noch 1.200 Ohm) beträgt, können etwa 10 mA an Strombedarf eingespart werden. Es handelt sich dann zwar nur um den »kleinen Tropfen auf den heißen Stein«, aber durch diesen Trick kann der Stand-by-Verbrauch einer Selbstbau-Alarmanlage sehr gering gehalten werden. Als eine andere – bzw. auch zusätzliche – Lösung bietet sich bei unserem Netzteil aus Abb. 21.2 eine Erhöhung der Kapazität des ursprünglichen 100-µF-Elkos am Ausgang des Spannungsreglers (nach Abb. 21.4) auf ca. 330 µF bis 470 µF an. Dadurch speichert dieser Elko eine zusätzliche Energiereserve, die für den kurzen Einschaltimpuls des Funkschalter-Relais ausreicht – was jedoch gut ausgetestet werden sollte.

Übrigens: Für die ersten Experimente genügt oft eine einfachere Alarmanlage, die für eine schnellere Übersicht teilweise mit bildlich dargestellten Bausteinen in Abb. 21.2 gezeichnet ist. Da wir anschließend noch Funkschalter ansprechen werden, zeigen wir in diesem Beispiel gleich eine Steuerung (Alarmauslösung) mit Funkschalter. Da viele IR-Lichtschranken im Empfängerteil ausgangsseitig das gleiche elektromagnetische Relais haben wie der Funkschalter, eignet sich diese Schaltung auch sehr gut fürs Experimentieren mit IR-Lichtschranken (die es als kostengünstige Fertigbausteine gibt).

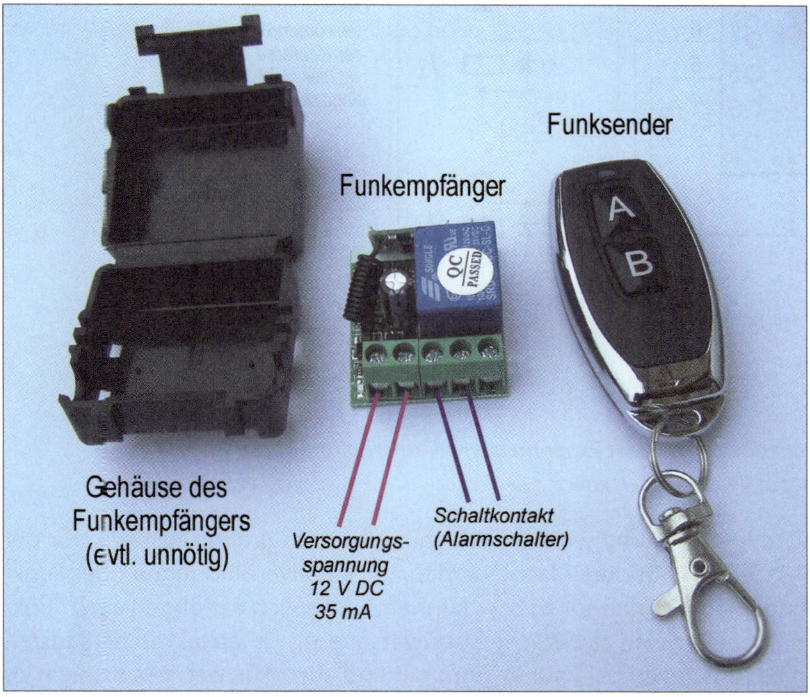

Abb. 21.6: Ausführungsbeispiel eines kleinen Funkempfängers: Seine Relais-Kontakte können als normale Alarmkontakte behandelt werden, wie auch die Abbildungen 21.2 und 21.5 zeigen

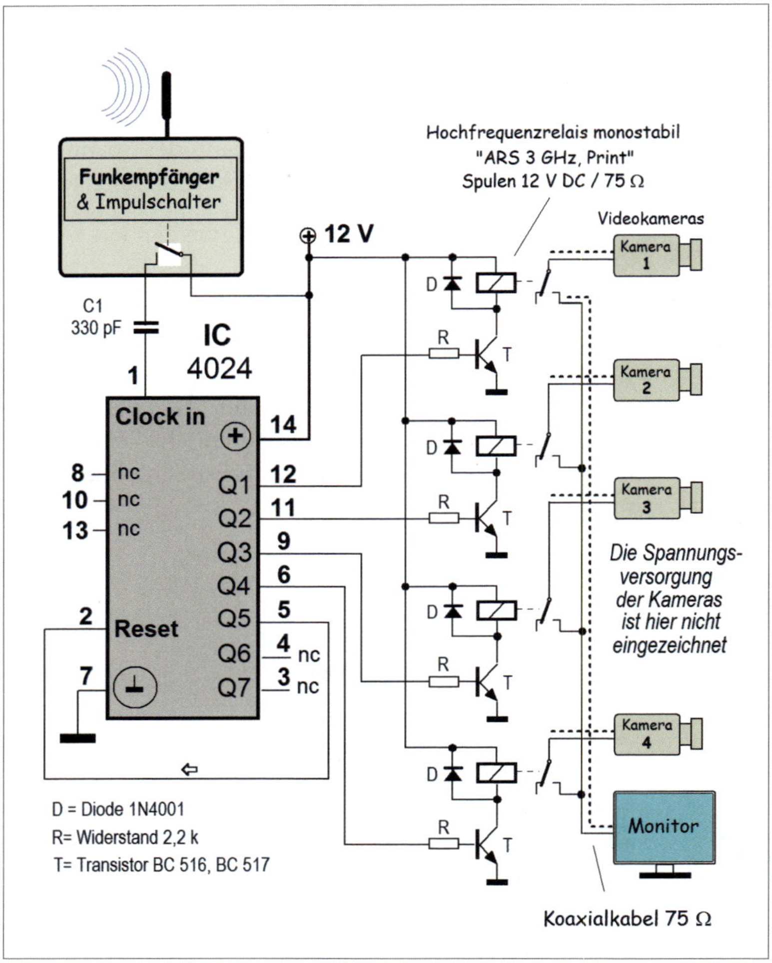

Abb. 21.7: Eine leicht nachzubauende Experimentier-Alarmschaltung, die mit einem Funkschalter aktiviert werden kann

Alarmmelder, Alarmkontakte und weiteres Zubehör gibt es in großer Auswahl, vor der Anschaffung sollte jedoch gut durchdacht werden, wo Kabelverbindungen oder Funkverbindungen eingeplant werden sollen bzw. können. Schließlich benötigen auch Funkkameras oder Funkschalter eine zusätzliche Stromversorgung. Solarelektrische Bausteine funktionieren bei uns zuverlässig nur im Sommer und auch nur, wenn es da nicht zu viele sonnenarme Tage gibt. Da ist es viel besser, wenn die ganze Stromversorgung aller Alarmbausteine über die Alarmzentrale bezogen wird, die man z. B. jeweils nur nachts einschaltet. Funksender beziehen Strom zum Glück nur dann, wenn sie aktiviert werden. Da geht eine kleine Knopfzelle mindestens drei Jahre mit, und da dürfte auch eine kleine Solarzelle mit einem winzigen Akku angewendet werden, wenn es die jeweiligen

Gegebenheiten erlauben. Handelsübliche Funk-Videokameras benötigen jedoch jeweils eine Netzspannungs-Versorgung – also eine Steckdose. Das muss bei den Planungen berücksichtigt werden.

Kleine Funkschalter (meist 12-V-Funkschalter nach Abb. 21.6) sind nicht teuer, aber wenn man ihre kostengünstigen Funksender als Alarmschalter anwenden will, müssen sie etwas umgebaut werden. Das geht meist sehr leicht, denn die Böden der meisten Funksender sind mit nur zwei oder drei winzigen Schrauben befestigt. Die Kontakte des Senders werden dann einfach mit dem Fenster- oder Tür-Alarmkontakt eines Zungen- oder Mikroschalters leitend verbunden. Auf ähnliche Weise kann auch der Alarmkontakt einer IR-Lichtschranke wie der Funkschalter in Abb. 21.2 an die »Alarmschalter« angeschlossen werden.

Eine elektronische Selbstbau-Schaltung kann z. B. auf einer Experimentierplatine aufgebaut werden. Sie beinhaltet keine Stolpersteine und gibt sich auch mit Widerständen und Kondensatoren zufrieden, die von den hier angegebenen Werten etwas abweichen. Bauen und testen Sie die Schaltung bevorzugt nur schrittweise, dann lassen sich auftretende Fehler leichter entdecken. Und nicht vergessen: Die in unseren Schaltungen bildlich dargestellten ICs sind als Ansicht von oben eingezeichnet. Beim Bestücken der ICs wird oft an ihrer Unterseite gearbeitet. Da muss man sich die Schaltung jeweils im Spiegelbild vorstellen.

Tipp
Um zu vermeiden, dass während einer aktivierten Alarmanlage versehentlich z. B. eine abgesicherte Tür geöffnet wird, können blinkende Warn-LEDs an mehreren Stellen in der Wohnung bzw. im Haus anzeigen, dass der Alarm (noch) aktiviert ist.

Eine ausreichende Videoüberwachung sollte bei einem Einbruchschutz nicht fehlen. Sie braucht nicht unbedingt mit der Elektronik der Alarmanlage verbunden zu sein, aber es ist praktisch, wenn z. B. gleichzeitig mit einem ausgelösten Alarm auch die Stromversorgung des Videosystems automatisch eingeschaltet wird.

Da auch die besten Einbruchschutz-Vorrichtungen gelegentlich einen Fehlalarm auslösen, sollte jeder komplexere Einbruchschutz bevorzugt über einen Kontrollmonitor bzw. Fernseher oder Beamer im Schlafzimmer verfügen. Ein schneller Einblick in alle geschützten Sektionen ist dabei von großem Vorteil. Natürlich auch dann, wenn es sich nicht um einen Fehlalarm, sondern um einen tatsächlichen Einbruchsversuch handelt. Dies setzt oft eine Installation mehrerer Videokameras voraus, die z. B. bei einem ausgelösten Alarm zusammen mit dem Kontrollmonitor (Fernseher) und eventuell einem Quadrantenteiler automatisch eingeschaltet werden, damit z. B. vier überwachte Sektionen gleichzeitig auf dem Bildschirm erscheinen. Ein frei stehendes Einfamilienhaus kann auf diese Weise mithilfe von vier Videokameras von allen Seiten erfasst werden.

Ist die Alarmanlage so ausgelegt, dass bei der Auslösung eines Alarms keine zusätzliche Beleuchtung eingeschaltet wird, bieten Videokameras mit integriertem IR-Licht eine vorteilhafte Lösung. Bei Bedarf können noch zusätzliche IR-Strahler die Sichtweite der Videokameras erweitern. Zum Schalten von zusätzlicher Beleuchtung, die wahlweise auch als IR-Beleuchtung nützlich sein kann, werden oft PIR-Bewegungsmelder angeboten bzw. als Zubehör von Alarmanlagen installiert. Das sind jedoch sehr kritische Bausteine, denn sie reagieren nicht nur auf Einbrecher, sondern auch auf Katzen, Igel, Fledermäuse, Nachtfalter und Raupen. Als Alarm auslösende Bausteine sollten sie daher lieber vermieden werden, denn sie haben sich beim Einbruchschutz vor allem als nervende Stressquellen erwiesen.

Hinweis
Ist eine Videokamera für die Montage hinter Glas (Fensterglas) vorgesehen, darf sie nicht mit internen IR-LEDs (für Nachtbeleuchtung) versehen sein, da es dadurch zu einem Wärmestau kommt, der gern einen undurchsichtigen Schleier bildet (Ausprobieren ist da angesagt).

Wer während seiner Abwesenheit via Smartphone darüber informiert werden möchte, dass bei ihm zu Hause gerade der Alarm aktiviert wurde, der findet u. a. bei Onlineanbietern viele passende Kleingeräte, aber auch viele Alarmanlagen, die es automatisch bewerkstelligen. Eine Video-Fernüberwachung übers Internet bzw. übers Smartphone ist inzwischen kein Problem mehr. Es gibt auch viele handelsübliche Alarmanlagen, die neben der eigentlichen Bildübertragung auch für Alarmmeldungen bzw. Gefahrenmeldungen (am Arbeitsplatz oder am Urlaubsort) ausgelegt sind. Die Ansprüche an den Installationsaufwand bzw. an die Kompatibilität mit anderem Zubehör müssen jedoch vor dem Kaufentschluss gut geprüft werden.

Das Angebot an allen möglichen Einbruchschutz-Vorrichtungen ist zwar riesig, aber wer neben seinen zwei Daumen am Smartphone auch noch seine acht restlichen Finger so anwenden kann, wie es ursprünglich die Natur vorgesehen hat, der kann auch selbst vieles machen, was als Fertigprodukt nicht zu bekommen oder nicht mit der erwünschten Funktion erhältlich ist.

Zu solchen nicht erhältlichen Vorrichtungen gehört auch ein Funk-Alarmmelder, der bei Bewegung der Türgriffe aktiviert wird: Den haben wir speziell für dieses Buch entwickelt, ausgetestet und er hat sich als bauleicht und sehr vorteilhaft erwiesen. Er ist für Türgriffe vorgesehen, die auch an der Außenseite eine Türklinke oder einen drehbaren Türgriff haben.

Abb. 21.8 zeigt das Konstruktionsprinzip der Vorrichtung: Ganz hinten an der Verbindungsrundung der Klinke wird mit einer schmalen Selbstbau-Klemme ein kleiner Hebel angebracht, der bei Herabdrücken der Klinke einen kleinen Mikroschalter betätigt, der einen Funksender aktiviert. Da der eigentliche Taster des Funksenders für einen zu starken Druck ausgelegt ist, werden seine Kontakte einfach mit den Kontakten eines Mikroschalters verbunden, damit nur eine leichte Betätigung der Klinke den erwünschten Kontakt auslöst. Die hier skizzierte Konstruktion kann beliebig verändert werden. Wichtig ist nur, dass diese zusätzliche Vorrichtung die Betätigung der Innenklinke nicht erschwert bzw. dass man sich dabei nicht gleich die Hand verletzt.

Wichtig ist zudem, dass man mit dieser Vorrichtung die Tür nicht beschädigt. Dies lässt sich am einfachsten dadurch vermeiden, dass man das Langschild demontiert (sind ja nur zwei Schrauben) und darunter eine schmale, ca. 2,5 mm dicke Plexiglasplatte unterlegt, die oben lang genug für das Anbringen des Funksenders (oder nur seiner Innenelektronik) ist. So braucht man nicht die Tür mit zusätzlichen Bohrungen oder Klebern zu verschandeln.

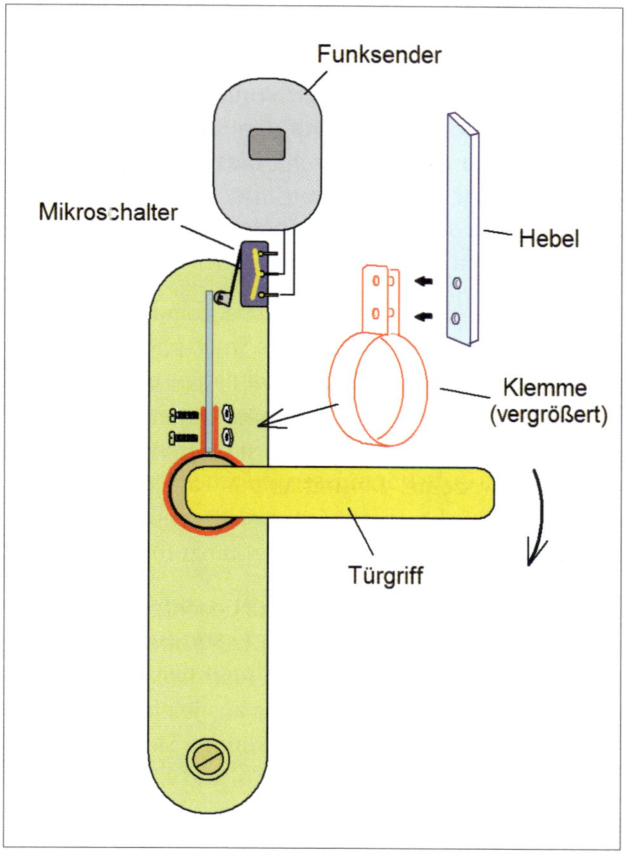

Abb. 21.8: Wird die Türklinke betätigt, geht der Alarm los

Welche Rolle dabei dem Funkempfänger zugeteilt wird, bleibt weiterhin einfach der kreativen Fantasie und der Handfertigkeit des Einbauers überlassen. Notfalls genügt es, dass der Funkempfänger nur einen Alarmgeber beliebiger Art betätigt.

Vergleichbare Vorrichtungen können auch an diversen anderen Stellen durchdacht installiert werden. Dabei werden anstelle von Mikroschaltern gern auch Zungenschalter

(Reed-Schalter) genutzt, die sich mit einer sanften Annäherung eines kleinen Dauermagneten aktivieren lassen. Und wo es die Gegebenheiten erlauben, da kann eine IR-Lichtschranke ins Spiel kommen, deren Empfänger meist ähnlich wie die normalen Funkschalter-Empfänger ein internes potenzialfreies Relais betätigt. Wird der IR-Strahl unterbrochen, schaltet das Relais des IR-Empfängers seinen Kontakt ein, aus oder um – das kann bei den IR-Empfängern unterschiedlich sein. Oft ist auch hier der Relais-Kontakt als Wechsler ausgelegt und kann daher wahlweise entweder für das Einschalten oder Ausschalten einer angeschlossenen Elektronik oder eines Alarmgebers angewendet werden.

Bei professionellen Alarmanlagen bevorzugen die Hersteller oft ein einziges Netzteil, das bei einem ausgelösten Alarm die erforderliche Leistung verkraften kann. Das verringert zwar die Herstellungskosten, hat aber den Nachteil, dass dadurch der Stand-by-Verbrauch während der ganzen Überwachungsperiode verständlicherweise unnötig hoch ist. Auch ein nur schwach belastetes größeres Netzgerät bezieht nämlich unnötig viel Strom. Daran ist vor allem sein Netztransformator schuld, der nicht auf den Stand-by-Verbrauch, sondern auf den maximalen Energiebedarf dimensioniert wird. Dies kann zwar bei getakteten Netzteilen wesentlich energiesparender funktionieren, aber das wird der Kunde erst dann in Erfahrung bringen, wenn er nach der Inbetriebnahme den Stromverbrauch auch kontrolliert. Es ist jedenfalls gut zu wissen, dass bei solchen Verbrauchern Vorsicht vor dieser Schwachstelle geboten ist, denn in den technischen Daten der Geräte wird so etwas meist gar nicht erwähnt.

Da in letzter Zeit die Alarmanlagen (made in »nicht bei uns«) teilweise sehr kostengünstig und zudem sehr ausbaufähig geworden sind, verdienen sie auch eine angemessene Portion an Aufmerksamkeit: Sie sind attraktiv, sie bieten sehr viel, aber sie bieten natürlich nur selten das, was man eigentlich gern haben möchte. Wer mit all den Fachinformationen aus diesem Buch auch gern etwas anfangen möchte, dem wird es nicht schwerfallen, eine der handelsüblichen Alarmanlagen nach seinem Bedarf nach- oder umzurüsten.

Bei der Suche nach einer passenden Alarmanlage sollte u. a. darauf geachtet werden, wie viele zusätzliche Fenster- und Tür-Alarmkontakte sie als Zubehör beinhaltet und ob alle für die Funkverbindung ausgelegt sind. So manche der neueren Alarmanlagen beinhalten erfreulich viele Fenster-/Tür-Alarm-Funkschalter, die meistens aus je einem Zungenschalter und einem kleinen Permanentmagneten bestehen. Die kennen Sie ja schon aus diesem Buch! Sie sind sehr praktisch, sie sind oft sehr kostengünstig, und wer dieses Buch mit etwas Muße durchgelesen hat, dem wird die Installation nicht schwerfallen. Und gerade für solche Projekte kann sich das hier erworbene oder aufgefrischte Wissen als sehr nützlich erweisen!

Der allerbeste Einbruchschutz ist nur dann wirklich gut, wenn er individuell entworfen und eigenhändig errichtet wird. Da hilft einem Einbrecher seine Erfahrung mit diversen Standard-Alarmanlagen gar nichts. Und wenn so ein Alarmsystem wirklich fantasievoll ausgetüftelt und errichtet wird, schreckt es auch oder gerade einen erfahrenen Einbrecher ab.

Sehen, was eigentlich los ist – das ist bei einem Einbruchschutz natürlich sehr wichtig. Eine einfache Lösungsmöglichkeit bietet auch ein Video-Überwachungssystem, das nach Abb. 21.9 über eine Kombination von mehreren Funk-Videokameras und einem gemeinsamen Funkempfänger verfügt, der an eine Video-TV-Buchse angeschlossen werden kann. Die Stromversorgung der einzelnen Kameras können wahlweise einfache Steckdosen-Funkschalter bedarfsgerecht fernbedient schalten.

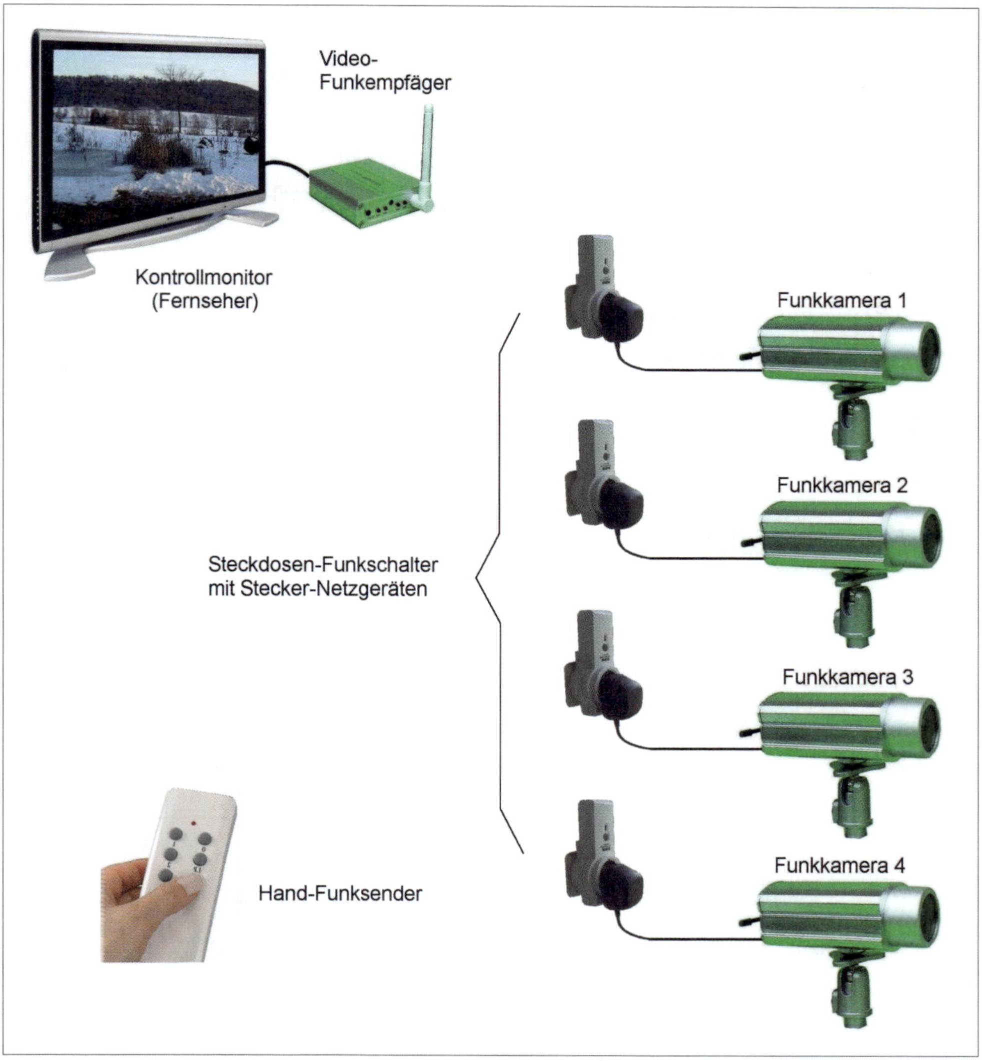

Abb. 21.9: Bei einem Überwachungssystem mit mehreren Funkkameras, die bei Bedarf auch nur einzeln abgerufen werden, kann per Fernbedienung das Ein- und Ausschalten der Netzgeräte einfach und preiswert erfolgen

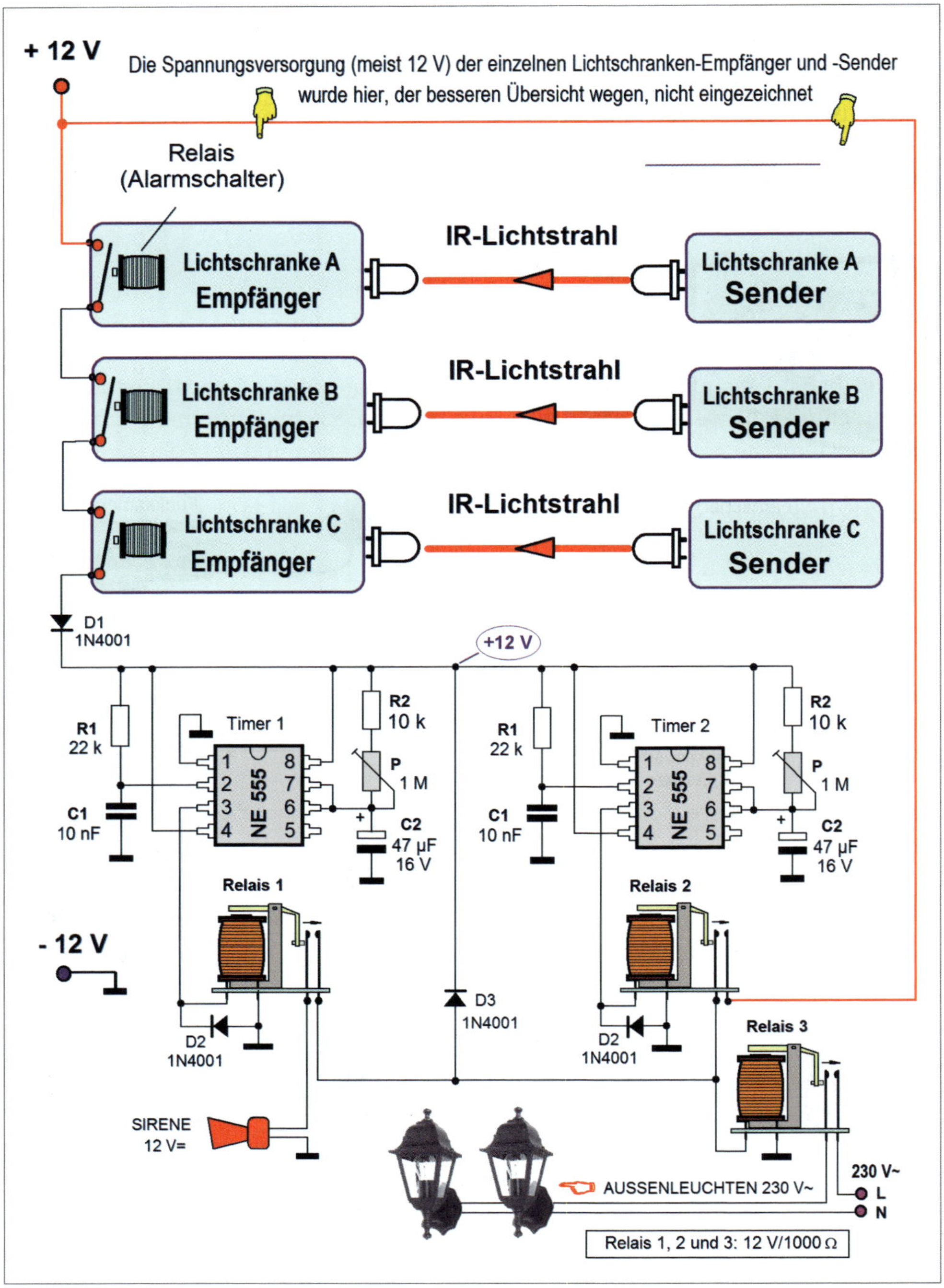

Abb. 21.10: Werden drei solche Lichtschranken vertikal in einem angemessenen Abstand installiert, bilden sie eine sehr zuverlässige Einbruch-Schutzwand, die nur durch sie schreitende Menschen wahrnimmt, aber keine Tiere bzw. Haustiere

In Abb. 14.12 auf Seite 217 haben wir eine einfache Lichtschranke gezeigt, die auch für den Einbruchschutz eingesetzt werden kann. Die praktischen Anwendungen solcher Lichtschranken kennt wohl jeder von uns schon aus diversen Filmen, in denen sie als Einbruchschutz fungieren. Einzelne IR-Lichtstrahlen eignen sich – ähnlich wie auch alle Bewegungsmelder – nur für Innenräume, in die nicht einmal ein Nachtfalter Zugang findet. Wenn sich nämlich so ein harmloser Falter auf dem IR-Sender vor die (so herrlich wärmende) Sendediode oder auf den Fotosensor des IR-Empfängers setzt, löst er einen Alarm aus. Noch schlimmer ist es dann im Außenbereich, denn da ist in der Nacht viel los.

In sehr vielen Situationen kann sich ein IR-Lichtstrahlen-Trio nach Abb. 21.10 hervorragend bewähren, wenn man die drei Einzel-Lichtschranken quasi als »Säulen-Schranken« so anordnet, dass nur ein Mensch sie auslösen kann, der gleichzeitig ihre drei Strahlen unterbricht. So kann z. B. der unterste IR-Strahl in einer Höhe von ca. 45 cm ausgerichtet werden und die weiteren IR-Strahlen jeweils um ca. 25 cm höher. Ihre Alarmschalter schalten dann die ihnen zugeführte +12-V-Versorgungsspannung über die Diode D1 nur dann an die Timer 1 und 2 durch, wenn alle drei IR-Strahlen (beliebig kurz) gleichzeitig unterbrochen werden.

Und so geht's weiter: Beide Timer werden nun gleichzeitig aktiviert. **Timer 1** schaltet über sein **Relais 1** die Alarmsirene für eine Dauer ein, die mit dem Potentiometer (Einstellregler) **P** eingestellt wird. **Timer 2** schaltet sein **Relais 2** ein, das schaltet blitzschnell **Relais 3** ein. Aber nicht nur das: Es schaltet nämlich gleichzeitig auch die +12-V-Versorgungsspannung (von oben) an den Schaltkontakt von Relais 1 und an die beiden Timer durch.

Die beiden Timer erhalten von den IR-Schranken die +12-V-Spannung nur sehr kurz (nur solange die IR-Strahlen unterbrochen bleiben). Daher muss es jeweils blitzschnell Relais 2 übernehmen. Es schaltet sofort die rot eingezeichnete +12-V-Versorgungsspannung von der (oberen) Spannungsquelle über **Diode 3** auf die beiden Timer durch. Gleichzeitig erhält diese +12-V-Spannung auch der rechte Schaltkontakt des **Relais 1** sowie auch die Magnetspule des **Relais 3**. Das alles geschieht blitzschnell und gleichzeitig: Die Alarmsirene schrillt, die Außenbeleuchtung leuchtet, und wenn man möchte, könnten Relais mit jeweils zwei – oder auch mehreren Schaltkontakten verwendet werden, an die weitere Alarm-Bausteine (etwa Überwachungskameras) angeschlossen werden.

Die Einstelldauer von **Timer 2** wird hier auf eine längere Zeitspanne eingestellt als die von **Timer 1**, denn das Licht dürfte ja länger anbleiben als die Sirene.

Die ganze Schaltung funktioniert auf Anhieb, aber man sollte bevorzugt erst einen Timer auf einer Experimentierplatine probeweise aufbauen und testen. Diese Schaltung arbeitet auch dann problemlos, wenn die Werte der angewendeten Widerstände und Kondensatoren um bis zu etwa 20 % von den hier angegebenen Werten abweichen.

Die 555-Timer-ICs dürfen über ihren **Pin 3** einen Strom von maximal 200 mA schalten. Wir haben da Relais empfohlen, deren Magnetspule einen Widerstand von 1.000 W hat. Dies ist ein Optimalwert (auch bei den preiswerten Relais), denn man strebt hier ja grundsätzlich immer möglichst geringe Strombelastungen an. Wird eine 1.000-W-Relais-Magnetspule an Pin 3 eines der Timer angeschlossen, bezieht sie bei aktiviertem Timer einen Strom von nur ca. 11 mA.

Hat die Relaisspule z. B. nur einen Widerstand von 680 W, erhöht sich ihre Stromabnahme auf ca. 16 mA. Bei diesen Berechnungen (**U : R = I**) gehen wir davon aus, dass die tatsächliche »Schaltspannung« am Pin 3 des Timers nur ca. 10,5 V beträgt. Etwa 1,5 V gehen nämlich in der internen Timer-Elektronik verloren (gut zu wissen beim Testen einer Timer-Schaltung). Über seinen Pin 3 kann der Timer 555 auch mehrere parallel angeschlossene Relais schalten. Da jedoch die Magnetspule eines elektromagnetischen Relais beim Einschalten kurz einen um bis zu fünfmal höheren Stromstoß bezieht, darf die Anzahl der angewendeten Relais nicht übertrieben werden. Beliebig übertrieben werden kann hier jedoch (bei Bedarf) die Anzahl der Timer (die Nummerierung der Bauteile wurde hier bei beiden Timern gleich gehalten, um den Nachbau zu erleichtern).

Bei der Wahl der IR-Lichtschranken – oder Lichtschranken-Bausätze – sollte ihre Reichweite auf den vorgesehenen Standort abgestimmt werden. Die Auswahl ist inzwischen sehr groß geworden, was zum Glück für die Preise nicht zutrifft. Sehr kostengünstig sind Lichtschranken, die als Schutz für Garagentore erhältlich sind. Sie eignen sich auch gut als Schutz für Hauseingänge, Terrassen und Balkone.

A

Abgabeleistung 63
Abisolierzange 109
Abnahmeleistung 63
Abtastfrequenz 269
AC (Alternating Current) 11
Akku 11
  Innenwiderstand 35
  Kapazität 23
  laden 18
  Nennspannung 20
  Selbstentladung 34
  Separator 17
Akustische Frequenzen 199
Alarmkontakt 263
Alarmschalter 195, 299
Alarmzentrale 296
Alternator 41
Ampere 50
Amperemeter 51, 170
Amperestunden 24
Analog-Multimeter 45, 173, 182
Analog-Voltmeter 43
Audio-Frequenzen 181
Audioschaltung 193
Ausgangsleistung 67
Außenleiter 49

B

Batterie 11
  elektrische Eigenschaften 20
  Elektroden 11
  Kapazität 23
  Knopfzellen 13
  Nennspannung 20
  Pole 50
  Selbstentladung 34
Betriebsstunden 61
Bewegungsschalter 118
Bi-Color-LED 230
Bipolare Transistoren 248
Blink-LED 233
Brückengleichrichter 192, 209

D

Dämmerungsschalter 118, 260
Dauermagnet 124
DC (Direct Current) 11
Deckenleuchte anschließen 102
Dielektrikum 188, 191
Digital-Multimeter 181, 182
Digitaltechnik 266
Digital-Voltmeter 43, 171
Dioden-Durchlassspannung 207
Drahtwiderstände 158
DRAIN 250
Drehkondensatoren 188
Drehmagnet 141
Drehstrom-Anschlüsse 48
Dreileiter-Anschluss 122
Drei-Phasen-Anschlüsse 48
Dreiwege-Frequenzweiche 204
Drossel 202
Durchlassspannung 224
Dynamobleche 147

E

E12-Reihe 160
EIB-System 101
Einbruchschutz 195, 296
  Funk-Alarmmelder 308
  Hausalarm-System 299
Einstellbare Spannungsregler 243
Einstellpotentiometer 165
Einstellregler 165
Elektrische Energie 11
Elektrische Generatoren 55
Elektrische Geräte 42
Elektrische Leistung 57, 63

Elektrische Leitungen 90
Elektrischer Leiter 155
Elektrischer Wechselstrom 50
Elektrische Spannung 72, 182
Elektrisches Potenzial 11
Elektrische Wechselspannung 42
Elektroakustik 199
Elektrolyt 15
Elektrolyt-Kondensatoren 187, 189
Elektromagnet 126, 131
Elektromagnetische Felder 53, 151
Elektromagnetische Relais 131, 134
  Schaltkontakte 132
Elektromagnetische Türklingel 142
Energiespeicher 187
Entmagnetisieren 126

F

Fahrraddynamo 41
Farad 189
Faraday-Widerstand 35
Fehlstrom-Schutzschalter 94
Feldeffekt-Transistoren 248
Festspannungsregler 238
Folienkondensatoren 191
Formel
  Leistung 60, 64
  Spannung 60, 161
  Strom 62
  Widerstand 221
Fotodioden 215
Fotowiderstände 167
Frequenzen 181
Frequenzweiche 191, 197
  aktive 205
  passive 199
Funkschalter 113, 304
Funk-Türglocken 293

G

GATE 250
Gegensprechanlage 296
Germaniumdioden 210
Gitarren-Tonabnehmer 197
Glättungs-Kondensatoren 187
Gleichrichter 237
Gleichrichterdioden 209
Gleichspannung 11
Gleichstrom 11, 52
Gleichstrommotor 193

H

Halbleiterdioden 207
Hausalarm-System 299
Hausnetz 51, 90
  EIB/KNX-System 101
  Funkschalter 114
  Spannungsprüfer 103
  Steckdosen 122
  Stromleiter 164
Hausnetz-Normspannung 42
Haustechnik 102
Hochton-Lautsprecher 197
Hubmagnete 140

I

Infrarotdioden 216
Infrarotscheinwerfer 217
Integrierte Schaltungen (ICs) 256
IR-Lichtschranken 217, 313
IR-Strahler 308

K

Kapazität 188
Keramische Kondensatoren 191
Kilowattstunden (kWh) 61

Kleintransformatoren 149
KNX-System 101
Kohleschicht-Widerstände 158, 160
Kompassnadel 125
Kondensatoren 187
  Betriebsspannung 189
  Kapazität 189
Konstantstrom-Vorschaltgerät 228
Kupfer 155
Kurzschluss 51

L

Ladespannung 18
Ladestrom 18
Lautsprecher 144, 200
LDR 168
LED 218
  Farbtemperatur 58
  Lichtfarbe 58
LED-Kette 225
LED-Lampe 57
Leerlaufspannung 84
Leistung 61, 64
Leiter 48, 155
Leitfähigkeit 155
Leitungsschutzschalter 51, 93
Leuchtdioden 218, 235
Lichtschalter 109
Lithium-Ionen-Akku 14, 15
Low-Current-LEDs 221, 229
Luftspulen 205

M

Magnetfeld 124
Magnetismus 124
Memory-Effekt 40
Messgeräte 170
Metallschicht-Widerstände 158, 160
Mikrofon 146
Mikroprozessoren 283
Mikroschalter 284
Milliampere 50
Minitransformatoren 150
Mittelpunktschaltung 209, 242
MOS-Technologie 250
Motoren-Kondensatoren 191
Multimeter 43, 172

N

Nachwiderstand 163, 220
Neigungsschalter 285
Nennleistung 68
Nennspannung 18, 20
Netzgeräte 243
Netzspannung 46
Netzteile 243
Netztransformatoren 149
NiCd-Akku 34
NiMH-Akkus 40
N-Kanal-FET 250
Nullleiter 48, 96, 104

O

Oberwellen 271
Ohmmeter 169, 185
Ohmscher Widerstand 155
Ohmsches Gesetz 161
Oszilloskope 181

P

Permanentmagnet 124
Phase 49
Phasenwinkel 64
Photovoltaik 72
  Parameter 84
  Tiefentladung 37
  Zellentoleranz 82

Photovoltaikmodul 74
PIR-Bewegungsmelder 121
P-Kanal-FET 250
Polarität 182
Potentiometer 165
Primärwicklung 149

R

Radar-Bewegungsmelder 121
Radiowellen 152
Reed-Relais 130
Reed-Schalter 128
Relais 124, 287
  bistabil 132
  monostabil 132
  Schließer 132
  Wechsler 132
Relais-Magnetspule 140, 195
Richtig messen 182
Ringkern-Transformatoren 148
Ringzähler 281
Rotor 53

S

Schalter 284
Schaltkontakte 134
Schleifer 166
Schottky-Dioden 211
Schutzleiter 48
Sekundärwicklung 149
Sekundärzellen 15
Selbstentladung 34
Sendedioden 217
Sicherheit 102
Sicherung 51
Siliziumdioden 207
Sinusspannung 54, 88
Sinuston 271
SMD-LEDs 233
Solarstrom 72
Solarzellen 72, 80
  Nennleistung 84
  Nennspannung 84
  Nennstrom 84
  Wirkungsgrad 85
Solarzellenmodul 74
SOURCE 250
Spannung 161
Spannungsdifferenzen 182
Spannungsmessung 183
Spannungsprüfer 103, 178
Spannungsregler 194, 213
Spannungssperren 207
Spannungssprünge 89
Spannungsverlauf 181
Speicherkondensatoren 187
Sperrrichtung 213
Spule 202
Standard-LED 219
Stator 53
Steckdosen 122
Steckdosen-Energiemessgerät 61
Steckdosen-Funkschalter 123
Stecker-Transformatoren 150
Stift-Multimeter 178
Stromgenerator 53
Stromleitungen 90
Strommesszange 32
Stromstoß-Relais 134
Stromstoßschalter 113
Styroflex-Kondensatoren 191

T

Tantal-Kondensatoren 191
Tiefentladeschwelle 36
Timer 257, 259, 302
Tonfrequenz-Kondensatoren 191

Transformatoren 147
Sekundärspannung 151
Sekundärstrom 151
Transistoren 248
Trenntransformatoren 149

U

Übertrager 149
Umschaltkontakt 195
Universal-LED 219
Unterspannung 164

V

Verlustspannung 163, 182
Versorgungsspannung 164, 223
Verteilerdosen 48
Verteilerschrank 93
Videokamera 308
Videoschaltung 193
Volt 42
Voltmeter 43, 170
Vorwiderstand 163, 220, 223

W

Wärmeleitpaste 241
Watt 57
Wechselrichter 87
Wechselspannung 11, 42, 54
Wechselstrom 11, 50, 52
Widerstand 155
Belastbarkeit 161
Formel 221
Nennbelastung 160
Windenergie 67
Windgeneratoren 68
Wirkleistung 64
Wirkungsgrad 85

Z

Zeiger-Multimeter 45, 182
Zeiger-Voltmeter 43
Zenerdioden 212
Zenerspannung 213
Zugmagnet 141
Zungenrelais 130
Zungenschalter 128
Zwei-Dioden-Gleichrichter 209
Zweispulen-Elektromagnete 142